21 世纪高等教育土木工程系列教材

岩石力学基础教程

第②版

侯公羽　编

机械工业出版社

本书共13章：第1章介绍了岩石力学的定义，研究的范畴、内容、方法，以及岩石力学发展简史等；第2~3章介绍了岩石的形成、组构、特点，及基本物理性质；第4章介绍了岩石力学试验的主要设备及试验方法；第5~8章介绍了岩石的基本力学性质，包括岩石的变形、强度、流变、屈服与破坏准则；第9章介绍了岩体的基本力学性质；第10章介绍了岩石工程中的力的来源——地应力；第11~13章介绍了岩石力学的工程应用，包括岩体质量评价及其分类、岩石地下工程稳定分析方法、岩质边坡工程稳定分析方法。

为了提高读者对学习本书的兴趣和效率，各章附有复习思考题，既能帮助读者更好地理解和消化基本概念，又便于读者自学。

本书可作为工科类专业本科生的岩石力学课程的通用教材，也可作为高等院校相关专业教师、相关部门科研人员和工程技术人员的参考书。

图书在版编目（CIP）数据

岩石力学基础教程/侯公羽编 . —2 版 . —北京：机械工业出版社，2023.4

21世纪高等教育土木工程系列教材

ISBN 978-7-111-72349-3

Ⅰ.①岩…　Ⅱ.①侯…　Ⅲ.①岩石力学-高等学校-教材　Ⅳ.①TU45

中国国家版本馆 CIP 数据核字（2023）第 048293 号

机械工业出版社（北京市百万庄大街 22 号　邮政编码 100037）

策划编辑：马军平　　　　　责任编辑：马军平

责任校对：贾海霞　张　征　封面设计：张　静

责任印制：常天培

北京机工印刷厂有限公司印刷

2023 年 8 月第 2 版第 1 次印刷

184mm×260mm · 21 印张 · 518 千字

标准书号：ISBN 978-7-111-72349-3

定价：65.00 元

电话服务　　　　　　　　　网络服务

客服电话：010-88361066　机 工 官 网：www.cmpbook.com

　　　　　010-88379833　机 工 官 博：weibo.com/cmp1952

　　　　　010-68326294　金 书 网：www.golden-book.com

封底无防伪标均为盗版　机工教育服务网：www.cmpedu.com

前 言

　　岩石力学的诞生是以解决岩石工程稳定性问题和研究岩石的破碎条件为目的的。岩石力学的研究介质不仅非常复杂，而且存在许多力学性质不稳定或不确定的因素，这就使得本学科独立、完善、系统的基础理论难以建立。岩石力学的发展始终引用和发展固体力学、土力学、工程地质学等学科的基本理论和研究成果，或者引用这些相关学科的研究成果来解决岩石工程中的问题。因此，偏重不同行业应用的岩石力学往往有不同的定义，迄今岩石力学也没有统一的定义。

　　岩石力学的应用对象是基础工程设施的建设和自然资源的开发，因此，与相关工程科学的结合是必然的。近 30 年来，国内外岩石工程建设的不断发展，工程规模和复杂程度的不断加大，促进了岩石力学的飞速发展——理论研究获得重大突破、工程实践经验得以系统地总结和提升，也对岩石力学人才的培养、岩石力学课程的建设提出了更高的要求。

　　《岩石力学基础教程》第 1 版（2008 年），是在中国矿业大学（北京）20 余年的岩石力学课程讲义的基础上，参考兄弟院校的教材成果编写而成的，定位于普通高等院校本科生岩石力学课程的基础教材，力求反映岩石力学的基本概念、基本原理、基本内容及最新研究思想与进展，引导学生融会贯通、学以致用，努力提高学生运用所学的岩石力学内容和知识，简单地分析乃至解决岩石工程实际问题的能力。

　　近年来，新工科建设的兴起和深入，以及移动互联网时代的碎片化特征（时间碎片化、学习碎片化、知识碎片化），对教材的编写也提出了时代要求。本书是在第 1 版的基础上，为满足新工科对人才培养的要求，以培养实践能力强、创新能力强、具备国际竞争力的高素质复合型新工科人才为目标而编写的岩石力学入门教材。

　　本书的特色：①基础（面向初学者的基本概念、基本原理、基本方法）；②系统性（涵盖岩石力学的基础内容）；③新颖性（与时俱进，介绍一些新内容、新进展、新问题）；④四化（标准化、本土化、通用化、特色化）；⑤五突出（人文关怀、能力培养、时代性、可读性、融会贯通）；⑥创新意识（对围岩-支护相互作用机制，给出了新的认识；对常规条件下的巷道支护，给出了设计的内容、原理、方法和流程等）。

　　本书共 13 章：第 1 章介绍了岩石力学的定义，研究的范畴、内容、方法，以及岩石力学发展简史等；第 2~3 章介绍了岩石的形成、组构、特点，及基本物理性质；第 4 章介绍了岩石力学试验的主要设备及试验方法；第 5~8 章介绍了岩石的基本力学性质，包括岩石的变形、强度、流变、屈服与破坏准则；第 9 章介绍了岩体的基本力学性质；第 10 章介绍了岩石工程中的力的来源——地应力；第 11~13 章介绍了岩石力学的工程应用，包括岩体质量评价及其分类、岩石地下工程稳定分析方法、岩质边坡工程稳定分析方法。本书的内容和知识结构体系适用于32~48学时的岩石力学课程的教学，可以满足工科专业本科生对岩石力学的学习要求。

本书既可作为工科专业本科生的岩石力学课程的通用教材，又可作为高等院校相关专业教师、相关部门科研人员和工程技术人员的参考书。

本书由中国矿业大学（北京）侯公羽教授编写。研究生邵耀华、周禹良、赵铁林、王一哲、刘春雷、于续楠、尚宇豪为本书的顺利编写查阅、整理了大量的文献资料，绘制了部分图表，并参与了繁重的校对工作。

本书参考了大量文献，在此谨向文献作者表示感谢。

限于编者水平，书中难免有欠妥之处，敬请读者批评指正。

侯公羽

目　录

1.1　岩石力学的定义

岩石力学（rock mechanics）是近代发展起来的一门新兴学科和交叉学科，是一门应用性和实践性很强的应用基础学科。1964 年，美国地质协会岩石力学委员会对岩石力学给予以下定义："岩石力学是研究岩石的力学性状的一门理论和应用学科，它是力学的一个分支，是探讨岩石对其周围物理环境中力场的反应。"

岩石力学的诞生是以解决岩石工程稳定性问题和研究岩石的破碎条件为目的的。岩石力学的研究介质不仅非常复杂，而且存在许多力学性质不稳定或不确定的因素，这就使得本学科独立、完善、系统的基础理论难以建立。岩石力学的发展始终引用和发展固体力学、土力学、工程地质学等学科的基本理论和研究成果，或者引用这些相关学科的研究成果来解决岩石工程中的问题，因此，偏重不同行业应用的岩石力学往往有不同的定义，迄今岩石力学也没有统一的定义。

岩石力学作为一门学科发展至今，对岩块与岩体已有严格的区分，因此有人认为将岩石力学改为岩体力学更切合本学科的研究主题。但是，岩石力学这一名词沿用已久且使用普遍，目前的"岩石力学"可以理解为既包含岩块的力学问题又包含岩体的力学问题，因此本书作以下约定：岩石为不区分"岩体"和"岩块"时的统称，或者根据语境可以清晰地表明是指岩块；岩体=岩块+结构面，岩体中由结构面分割包围的部分，即岩块。

1.2　岩石力学的研究范畴、研究内容及工程应用领域

1.2.1　岩石力学的研究范畴

岩石力学的研究范畴主要有以下四个方面：

（1）基本原理研究　主要包括：岩石的地质力学模型和本构规律，岩石的连续介质和不连续介质力学原理，岩石破坏、断裂、蠕变、损伤的机理及其力学原理，岩石力学参数辨识与力学机制建模，岩石计算力学等。

（2）试验研究　主要包括：室内和现场的岩石与岩体的力学试验原理、内容及方法；模型模拟试验；动、静荷载作用下岩石和岩体力学性能的反应，各项岩石和岩体物理、力学性质指标的统计与分析，试验设备与技术的改进，现场监测技术等。

（3）应用研究　主要包括：地下工程、采矿工程、地基工程、边坡工程、岩石破碎和

爆破工程、地震工程、地学、岩体加固等方面的应用。

（4）监测研究　通常量测岩石的应力和变形变化、蠕变、断裂、损伤，以及承载能力和稳定性等项目及其各自随着时间的延长而变化的特性，并预测各项岩石力学数据。

综上所述，岩石力学的研究范畴是非常广泛的，而且具有相当大的难度。要完成这些研究，必须从实践中总结岩石工程方面的经验，不断地提高理论分析水平和技术，再应用到工程实践中去，解决实践中提出的有关岩石工程的问题，这就是解决岩石力学问题的基本原则和方法。

1.2.2　岩石力学的研究内容

1. 岩石的物理、力学性质研究

此类研究是表征岩石的力学性能的基础，岩石的物理、力学性质指标是评价岩石工程稳定性十分重要的依据。通过室内和现场试验获取各项物理、力学性质数据，研究各种试验的方法和技术，以及静、动荷载下岩石力学性能的变化规律。

2. 岩石的地质力学模型及其特征研究

此类研究是岩石力学分析的基础和依据，主要研究岩石和岩体的成分、结构、构造、地质特征和分类；岩体的自重应力、天然应力、工程应力及赋存于岩体中的各类地质因子，如水、气、温度及各种地质形迹等。它们对岩体的静、动力学特性有很大的影响。

3. 岩石力学在各类工程中的应用研究

岩石力学在工程应用中是非常重要的，许多重大工程中其重要性更显著。如洞室围岩、岩基和岩坡三大类岩石工程的稳定与安全都与岩石力学的恰当应用息息相关。

在工程实践中，由于岩体不稳定而失事的例子实属不少，既有岩坡失稳事故，也有水工史上的坝基失稳事故等。此外，洞室围岩崩塌、岩爆、矿山地表沉陷和开裂，以及房屋岩基的失稳等，在工程建设中也时有发生。

为了防止重大岩石工程事故的发生，保证工程顺利进行，必须对岩石工程进行系统的岩石力学试验及理论研究和分析，预测岩石与岩体的强度、变形和稳定性，为工程设计提供可靠的数据和有关材料。

4. 岩石力学新理论、新方法的研究

当今各门学科发展很快，岩石力学理论的发展要充分利用其他学科的成果。岩体本身已很复杂，再加上天然环境和工程环境的影响，直接进行力学计算有时很难获得可靠的结果，而且有些数据一时又很难从试验中得到，因而岩石力学在20世纪70年代后期兴起了反演分析技术。之后，伴随着思维方法的变革而提出的不确定性系统分析方法、智能岩石力学等，为大型岩石工程的分析和设计提供了有效的方法与手段。为使基础数据的采集更全面和深入，又发展和采用了新的探测与试验技术，如遥感技术、切层扫描技术、三维地震CT成像技术、高精度地应力测量技术、高温高压刚性伺服岩石试验系统和多功能高效率原位岩体测试系统等。现场检测，除采用常规手段外，正大力发展和完善GPS检测技术、声发射和微震检测技术、岩体能量聚集和破裂损伤探测技术等。

此外，流变学、断裂力学、损伤力学及一些软科学近年来发展很快。无疑，岩石力学将利用这些新兴的理论、方法和试验技术来发展自己。

绪　　论　第1章

1.2.3　岩石力学的工程应用领域

岩石力学的工程应用领域非常广泛，主要涉及以下五个方面：

1）岩石地基工程研究，如研究高坝、高层建筑、核电站及输电线路塔等地基的稳定、变形及处理问题。

2）岩石边坡工程研究，如水库、边坡、高坝、岸坡、渠道、运河、路堑、露天开采矿坑等天然和人工边坡的稳定、变形及加固问题。

3）岩石地下工程研究，如研究地下电站、水工隧洞、交通隧道、采矿巷道、战备地道、油气库等的围岩的稳定和变形问题，地下开挖施工及围岩的加固（如固结灌浆、锚喷、预应力锚固等）问题。

4）岩石破碎研究，如将岩石破碎成要求的规格，作为相关建筑材料（建筑物面石、土坝护石、堆石坝和坡堤石料、混凝土骨料等）。

5）岩石爆破研究，如用定向爆破筑坝，巷道/隧道掘进和采矿等。

此外，岩石力学还可用于某些地质问题的研究，如分析因开采地下矿体和液体而导致的地表下陷，解释地球构造理论，预估地震和控制地震等。

1.3　岩石力学的研究方法

岩石力学的研究方法是采用科学试验、理论分析与工程紧密结合的综合性研究方法。

科学试验是岩石力学研究工作的基础，这是岩石力学研究中的第一手原始资料。岩石力学工作的第一步就是对现场的地质条件和工程环境进行调查分析，建立地质力学模型，进而开展室内外的物理、力学性质试验，模型试验或原型试验，作为建立岩石力学概念、模型和分析理论的基础。

岩石力学的理论是建立在科学试验的基础上的。岩体具有结构面和结构体的特点，所以要建立岩体的力学模型，以便分别采用如下的力学理论：连续介质或非连续介质理论；松散介质或紧密固体理论；在此基础上，按地质和工程环境的特点分别采用弹性理论、塑性理论、流变理论，以及断裂、损伤等力学理论进行计算分析。采用正确的理论作为岩石力学研究的依据是非常重要的，否则会导致理论与实际相脱离。当然，理论的假设条件与岩体的实况之间是存在一定差距的，但应尽量缩小这个差距。目前，尚有许多岩石力学问题应用现有的理论、知识仍不能得到完善的解答，因此紧密地结合工程实际，重视实践中得来的经验，并将其发展为理论或充实到相关的理论中，这是岩石力学理论和技术发展的必经之路。

随着现代计算技术的迅速发展，计算机已广泛应用于岩石力学的计算中，这不仅为岩石力学的分析解决了复杂的计算问题，还为岩石力学的数值法计算提供了有效的计算手段。目前，力学范畴的数值法，如有限元、离散元、边界元等方法，已在岩石力学中得到了普遍应用。

按照学科的领域划分，岩石力学的研究方法有以下四个方面：

（1）地质研究方法　着重研究与岩石的力学性质和力学行为有关的岩体，主要包括：

1）岩石岩相、岩层特征的研究，包括软弱成分、可溶盐类、含水蚀变矿物、不抗风化成分、原生结构等。

2）岩体结构研究，包括软弱结构面、软弱面的起伏度、结构面的充填物等。

3）环境因素研究，包括地应力的成因、分布，地下水性态，地质条件等。

（2）**物理测试方法** 主要包括：

1）结构探测，指采用地球物理方法和技术，探查各种结构面的力学行为。

2）环境物理探测，包括地应力机制、渗透水系探测。

3）岩石物理、力学性质测试，包括室内岩块的物理性质、力学性质，原位岩体的力学性质、钻孔测试、变形监测及位移反分析方法确定岩体的参数。

（3）**力学分析方法** 主要包括：

1）力学模型研究，如弹塑性模型、流变模型、断裂模型、损伤模型、渗透网络模型、拓扑模型。

2）数值分析方法，如有限元法、边界元法、离散元法、有限差分法、DDA法、系统分析方法和设计施工风险决策的人工智能方法。

3）可靠度和概率分析，如随机分析、灵敏度分析、趋势分析、时间序列分析、灰箱问题。

4）模拟分析，如光弹应力分析、相似材料模型试验、离心模型试验。

（4）**整体综合分析方法** 以整个工程为对象，以系统工程的理念和思路，采用多种手段、多种方法进行综合性分析与研究。

研究岩石力学的步骤如图1.1所示，图中的内容和步骤可根据岩石工程的特点和需要做相应调整。

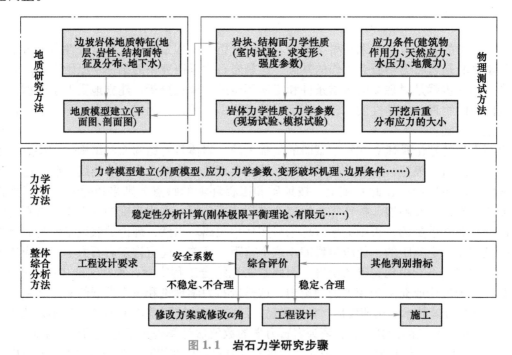

图1.1 岩石力学研究步骤

1.4 岩石力学涉及的两大学科——地质学科和力学学科

1.4.1 地质学科在岩石力学中的作用

岩石本身是一种地质材料，这种材料的属性是由地质历史和地质环境影响形成的，所以首先要进行地质调查，利用地质学的基本理论和研究方法来解决岩石力学问题。广义上讲，岩石力学是力学与地质学相结合的交叉学科；若更有针对性地看，岩石力学侧重于固体力学与岩石地质学的结合。此外，岩体中含有节理裂隙，并赋存地应力、水、气及其他地质作用的因子，它们对岩体的力学性质和稳定性影响很大。这就需要运用构造地质学和岩石学，以及地球物理学等地质学科的理论、技术和研究方法来综合处理岩体的力学问题。

岩石力学属于应用基础学科，它的研究任务是以岩石工程建设为目标，也包括地质资源的开发工程。力学、地质学与工程学科形成深度结合是大势所趋，因此地质学必然会成为岩石力学与岩石工程学科的支柱性基础学科之一。

地质学是地球科学的一个分支学科，地球科学包括大气、海洋、地理和固体地球科学等，而固体地球科学包含地质学、地球物理学和地球化学。从广义和实用的角度看，地质学同其他地球科学的分支有着密切的交叉，因而也含有与它们相关的研究内容。

从岩石力学与工程学科研究和发展的角度看，主要相关地质学科和领域见表1.1。

表 1.1 主要相关地质学科和领域

编号	学科	分支学科和领域	与岩石力学的关系
1	岩石地质学科	矿物学、岩浆岩石学、沉积岩石学及地层学、地球化学等	研究岩石物质组成及岩组特性
2	地质构造学科	大地构造学、构造物理、地质力学、地球动力学、构造地质学	研究岩石结构及应力历史
3	地质动力学科	地圈动力学、地震地质学、灾害地质学、地貌动力学	研究岩石失稳及运动
4	历史地质学科	前寒武纪地质学、第四纪地质学、古生物学、地质历史	研究岩石演化的地质环境
5	工程地质学科	工程地质学、水文地质学、环境地质学、工程地球物理学	研究岩石的物理、力学特性及工程、环境条件

1.4.2 力学学科在岩石力学中的作用

岩石力学是力学学科的一个分支，属于固体力学范畴，但岩石有别于一般的致密固体。在力学学科的历史发展过程中，最初建立的是刚性体的力学规律，这就是理论力学。在自然界中是没有不变形的固体的，因此理论力学在岩石力学中的应用受到约束，但理论力学知识能提供物体的运动规律和平衡条件，这为岩石力学奠定了一个非常重要的力学理论基础。

研究变形物体的固体力学有弹性力学、塑性力学和流变学等，岩石力学的变形研究就是基于这些力学发展起来的。但工程岩体是一个多相体，且含有结构面和结构体等结构构造，许多岩体的力学性质具有非连续和非均质的特性，因而在利用一般变形物体的力学理论和方法时会受到限制。但是，对于岩块，采用上述力学作为基础理论来解决问题，一般认为是可行的，与实测结果的数据颇为接近。

天然的地质固体材料包括岩石与土。随着相关学科的发展，土力学在20世纪初已成为一门学科，土力学的研究对象是土。土是一种疏松的物质，具有孔隙和弱连接的骨架，受荷载作用后容易发生孔隙的减小而变形；而岩石是致密固体，岩体则含有岩块和节理裂隙，故岩石与土的结构、构造有很大的不同。岩石与岩体在承受荷载后的变形是岩块本身及节理裂隙的变形，以及岩块的变位，可见岩石力学与土力学各自的研究对象是不同的。但是，土与岩石有时是很难区分的，如某些风化严重的岩石、某些岩性特别软弱或胶结很差的沉积岩，它们既可称为岩石，也可称为土。因而，在这类岩石中，使用土力学的理论和方法往往会得到较为接近实际的结果。

1.5 岩石力学发展简史

1.5.1 岩石力学发展概况

1. 形成两大学派

一门学科的诞生和发展都与当时的社会状况、经济发展和工业建设等有关。原始人曾利用岩石制成简陋的工具和兵器；人类进化后，又挖洞采岩石，利用岩石作为建筑材料，建房屋、水坝、防御工事等。可见，人类与岩石打交道由来已久，将岩石或岩石力学作为一门技术学科并持续地发展起来则是 20 世纪中期以后的事。

岩石力学在早期多为零星的研究，且多数借助土力学理论，发展缓慢。第一部出版的以岩石力学命名的专著，是 1934 年苏联秦巴列维奇写的 *Механнка Горных пород* 一书。随后，由于岩石工程的增多，特别是在第二次世界大战后世界各国大量兴建各类岩石工程的背景下，促进了岩石力学的研究，并使其逐渐发展成为一门独立学科。这门学科从 20 世纪 50 年代以来的发展过程中，出现了以地质学为观点的岩石力学学派和以工程为观点的工程岩石力学学派。

以地质学为观点的岩石力学学派称为奥地利学派或萨尔茨堡学派，该学派是由缪勒（Müller）和施蒂尼（Stini）开创的。该学派偏重于地质力学方面，主张岩块与岩体要严格区分；岩体的变形不是岩块本身的变形，而是岩块移动导致岩体的变形；否认小岩块试件的力学试验，主张通过现场（原位）力学测定才能有效地获取岩石力学的真实性。这个学派创立了新奥地利隧道掘进法（新奥法），为地下工程技术作了一项重大的技术革新，促进了岩石力学的发展。

以工程为观点的工程岩石力学学派以法国塔洛布尔（Talober）为代表，该学派以工程观点来研究岩石力学，偏重于岩石的工程特性方面，注重以弹塑性理论方面的研究而将岩体的不均匀性概化为均质的连续介质，并将小岩块试件的力学试验与原位力学测试并举。塔洛布尔于 1951 年著有《岩石力学》一书，这是该学派最早的代表著作。尔后，英国的耶格（Jaeger）于 1969 年按此观点又著有《岩石力学基础》一书，这是一本在国际上较为著名的著作。

2. 形成阶段性的标志性成果

在岩石力学的发展历史上，有以下几个阶段的标志性成果[1]。

（1）初始阶段（19 世纪末、20 世纪初）——对地应力进行了估算

1）1912 年，海姆提出了静水压力理论。

2）朗肯的侧压理论，侧压力系数 $\lambda = \tan^2(\pi/4 - \varphi/2)$，$\varphi$ 为岩石的内摩擦角。

3）金尼克的侧压理论，侧压力系数 $\lambda = \nu/(1 - \nu)$，ν 为岩石的泊松比。

（2）经验理论阶段（20 世纪初~20 世纪 30 年代）——对围岩压力进行了估算

1）普罗托吉雅克诺夫-普氏理论：顶板围岩冒落的自然平衡拱理论。

2）太沙基理论：塌落拱理论。

（3）经典理论阶段（20 世纪 30~60 年代）——岩石力学形成的重要阶段

1）弹性力学、塑性力学和流变理论被引入岩石力学，导出经典计算公式。

2）形成围岩与支护体共同作用理论，结构面影响受到重视。

3）试验方法更加完善。

4）连续介质理论的特点与不足。

5）有限单元方法被引入。

6）地应力测量受到重视。

7）形成地质力学理论与学派。

8）形成工程岩石力学学派。

（4）现代发展阶段（20 世纪 60 年代至今）——以非线性问题为主

1）现代力学、数学、计算机数值分析方法的广泛应用。

2）流变学、断裂力学、非连续介质、数值方法、人工智能、神经网络、专家系统。

3）损伤力学、离散元法、DDA 法、数值流形分析。

4）非线性理论、分叉混沌理论等。

3. 成立国际岩石力学学会

1959 年法国马尔帕塞拱坝坝基失事和 1963 年意大利瓦依昂水库岩坡滑动，震动了世界各国从事岩石工程的工作者。1962 年由奥地利地质力学学会发起，成立了国际岩石力学学会（ISRM）。此后每 4 年召开一次，并出版相应的刊物，这对促进岩石力学的发展起到了很大的作用。

4. 创立岩石力学期刊

国际上的岩石力学期刊主要有以下三种：

1）在英国出版的《国际岩石力学与采矿科学杂志及岩土力学文摘》（*International Journal of Rock Mechanics and Mining Sciences & Geomechanics Abstracts*），1963 年创刊。

2）在美国出版的《岩石力学与岩石工程》（*Rock Mechanics and Rock Engineering*），1969 年创刊。

3）在英国出版的《国际岩土力学数值及解析方法杂志》（*International Journal for Analytical Methods in Geomechanics*），1976 年创刊。

1.5.2 中国岩石力学发展概况

在我国，岩石力学作为一门专门学科起步较晚。中华人民共和国成立后，随着国家建设的逐步推进，大规模的厂矿、交通、国防、水利等基本建设的兴起，对岩石力学的发展起到了重要的推动作用。回顾我国岩石力学的发展，大体上可划分为三个阶段：

（1）第一阶段（20 世纪 50~60 年代中期） 我国建设了一些中小型的岩石工程，也进行了与其相适应的岩石力学试验研究工作，但这时期的理论和试验研究与国外相似，是运用材料力学、土力学、弹塑性理论等作为基础来开展的。1958 年三峡岩基专题组的成立，开始了岩石力学研究的系统规划和实施。这一时期我国岩石力学的发展处于萌芽阶段。

（2）第二阶段（20 世纪 60 年代中期~70 年代中期） 由于大部分工程停建和缓建，岩石力学发展非常缓慢。

（3）第三阶段（20 世纪 70 年代后期至今） 在改革开放的大潮中，各项大规模工程的不断涌现，也提出了许多岩石力学的新课题，使岩石力学进入了一个全面的蓬勃发展的新阶段。我国岩石工程工作者结合我国的重大工程，为提高岩石力学的理论水平和测试技术，开展了大规模的研究工作，总结了一系列成功的经验与失败的教训。不仅成功地解决了葛洲坝工程、三峡工程、湖北大冶和江西德兴露天矿场、秦山核电站等重大工程的一系列岩石工程问题，而且在岩石力学理论研究方面（如岩体结构、岩石流变及岩坡和围岩稳定性研究等）也取得了重大的成就，这些成就在国际上已产生了重大影响并占有了重要的学术地位。

自 1978 年以来，我国陆续成立了分属各有关学会的岩石力学专业机构，如中国土木工程学会的隧道及地下工程分会、土力学及岩土工程分会，中国水利学会岩土力学专业委员会，中国力学学会土力学专业委员会，中国煤炭学会岩石力学专业委员会等。1985 年，我国正式成立了中国岩石力学与工程学会。

我国主要的岩石力学期刊有《岩土工程学报》《岩土力学》《岩石力学与工程学报》《地下空间与工程学报》等。自 20 世纪 70 年代末期开始，国内许多高校相继编著了《岩石力学》或《岩体力学》教材。上述工作和成就，对推动我国岩石力学学科的发展和学术水平的提高起到了积极的作用。

1.5.3　中国岩石力学与工程学科的主要成果

早在 20 世纪 70 年代，中国科学院地质研究所的谷德振等人就开展了以岩体结构为核心内容的全面、系统的研究工作，并创建了"岩体工程地质力学"理论。王思敬进一步深入探讨了这一理论并指出，它的主题是岩体结构在其力学特性和工程稳定性中的基础性与关键性作用。孙广忠研究了岩体结构的力学效应，对岩体力学介质做了划分，并撰写了《岩体结构力学》专著。

岩石和岩体在工程状态下的力学性质与行为，总是会明显地表现出与时间有关的特性；岩石力学的理论研究和岩体在工程状态下的力学行为预测，往往要考虑"时效性"问题。陈宗基等人最早提出并率先开展了岩石流变课题的研究。在同济大学孙钧等人的推动下，岩石流变力学的研究从理论到试验技术、方法都得到了发展和突破。岩体力学在本构关系模型的研究上，一方面借鉴其他固体力学的研究成果并考虑岩体的特殊性，建立了各种力学模型，如弹塑性、刚塑性、黏弹塑性、断裂蠕变、蠕变损失等，以及岩土广义塑性力学、随机颗粒介质力学模型等；另一方面也取得了一些自己的新成果，如将智能"学习"与对现象发生机理的理解结合起来所建立的模型（如采用遗传规划识别模型的结构，再用遗传算法等进行模型中参数的识别）。近年来，基于试验事实，有人提出成岩地质体无初始应变能的记忆固化压力假说，用基于这种岩体材料性能的本构关系编制的计算程序，首次成功地模拟了露天和地下开挖引起的位移场的基本特征，解决了露天开挖引起地面上升的问题，这是一个国内外一直未曾解决的问题。

钱七虎将国外的总体结构层次概念、深部条件下岩体力学的非线性力学现象（如分区破裂化现象、摆型波、超低摩擦现象）等知识介绍到我国，并大力提倡开展岩石变形逆转和分区破裂化等现象的研究工作。研究了深部岩体块系结构的成因、变形、力学性质及数学模拟等，并利用连续相变的理论开展对巷道围岩分区破裂化现象的研究，还利用模拟试验得到了分区破裂化现象的显现。国内一些学者在几个矿区巷道的工程实例中也发现了同类岩石力学现象的存在。顾金才用试验的方法，再现了分区破裂化现象，并指出这种现象发生的条件。

近年来，岩体力学的研究借鉴了如结构面分布的统计、可靠度、模糊数学、人工智能、分形理论、非线性系统等方法，获得了一些新成果。

纵观近年来我国岩石力学理论的发展，主要有以下特点：

1）在我国大量的岩石工程特别是一些大型岩石工程的实践中，不断地提出和遇到新问题，使岩石力学理论在挑战中得到了促进和发展。广大研究者和工程技术人员要不断地解释工程岩石力学现象发生的条件、过程和机理，这既促进了他们的理性思维，也促进研究者们把更多的经验提高到理论上来。

2）已经认识到对发生在工程状态下的岩石力学现象的研究必须经历三个阶段，即一般地质工作阶段、工程地质工作阶段和岩体力学工作阶段，从而使给出的模型能在更高程度上符合实际。

3）不断吸收或借鉴相关学科的研究成果和国外本领域的研究成果，将其发展成我国的岩石力学理论，并大量地、广泛地借鉴了现代软科学的理论作为方法论来开展本学科研究，从而促进了学科的发展。

4）在岩石力学特性的研究上，对所考虑的影响因素，如荷载的多变性，岩体构造面的条件，岩体的其他条件和状态（如水、构造应力、温度），物理、力学的性质与参数，以及岩石的水理性质参数等，从较为简单趋向更为复杂、全面，从而使对原型研究的模型化水平得到明显的提高。

5）计算技术的发展使对岩石力学现象的模拟、分析及研究水平得到了大幅度的提高。

人类如果离开了"岩石力学与岩石工程"学科知识的武装，任何一个落地的或与地质体有依存关系的大型工程的设计、施工和兴建，可以说都是不可能的。我国的一些重大工程项目，岩石开挖的规模非常大，持续时间有的长达几十年甚至百余年。在这些项目中遇到的岩石力学问题也越来越突出，其中每一个重大问题的解决都留下了岩石力学工作者大量的甚至是多次重复研究探索的足迹，与此同时，也体现出了他们的专业智慧。一些重大的工程项目，如三峡、葛洲坝、小浪底、二滩等大型水利水电工程，南水北调工程，成昆、南昆、京九、青藏等铁路工程，大冶、攀枝花、金川、三山岛等金属矿山开采工程，抚顺、大同、两淮、兖州、鸡西、阜新等煤炭开采工程，大庆、胜利、大港、克拉玛依等石油开采工程，秦山、大亚湾、岭澳等核电工程，北京、上海、广州、深圳等地铁工程，以及成千上万的各种类型的中小型工程，它们的成功告竣和顺利运行都与岩石力学工作者的工作密不可分。

1.5.4 岩石力学的发展前景

1. 挑战性的岩石工程

1）水利枢纽工程，水电站大坝。

2）地下厂房、储油库。

3）露天矿高边坡。

4）深井开采。

5）跨海隧道。

2. 岩石力学的前沿课题

1）计算机数值模型、有限元位移反分析方法、有限元强度折减法。

2）流变模型、流变试验、大变形理论、隧道/巷道流变大变形控制技术。

3）非线性模型的唯一性，非线性方法，人工智能。

4）裂隙化岩体的强度、破坏机理及破坏判据问题。

5）岩体结构与结构面的仿真模拟、力学表述及其力学机理问题。

6）岩体结构整体综合仿真反馈系统与优化技术。

7）岩体与工程结构的相互作用与稳定性评价问题。

8）软岩的力学特性及其岩体力学问题。

9）高地应力岩石力学问题。

10）水-岩-应力耦合作用及岩体工程稳定性问题。

11）岩体动力学、水力学与热力学问题。

12）工程岩体的开挖卸荷效应。

1.6　本书的主要内容与知识结构体系

本书的内容和知识结构体系适用于32～48学时的岩石力学课程的基础知识学习，可以满足岩土工程类各专业对岩石力学的学习要求。主要内容与知识结构体系如图1.2所示。

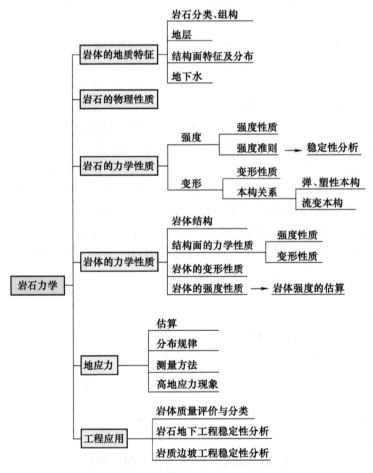

图1.2　岩石力学基础教程的主要内容与知识结构体系

 **拓展阅读**

典型岩石力学与工程——三峡工程

三峡工程于 1994 年正式动工修建，2006 年全线修建成功，2020 年完成整体竣工验收。采用预裂爆破、光面爆破等先进工艺完成土石方开挖。

三峡工程大坝坝址选定在湖北省宜昌市三斗坪。大坝坝顶总长 2309m，坝高 185m。枢纽建筑物基础为坚硬完整的花岗岩体，岩石抗压强度约为 100MPa，岩体内断层、裂隙不发育，且大多胶结良好，岩体透水性微弱，具有修建混凝土高坝的优良地质条件。两岸山体岩石风化壳较厚，一般在 20~40m，主河槽则几乎无风化层。

在三峡工程建设过程中，涉及的岩石力学问题主要有：

（1）大坝建基岩面开挖 大坝基岩岩体按风化程度由地表向下分为全、强、弱、微四个风化带，若将坝基可利用岩面全部座落在微风化和新鲜岩体上，则基岩完整，力学强度高，透水性微弱，肯定满足修建混凝土高坝的要求，但坝基开挖工程量和坝体混凝土工程量会很大。经勘探试验和分析论证，认为弱风化带是强风化带至微风化带中间的一个过渡风化带，其顶部风化程度接近强风化，底部接近微风化，因而可将弱风化带岩体划分为弱风化上部和弱风化下部两个亚带。为慎重起见，利用弱风化下部岩体的坝基，主要是位于两岸滩地和岸坡部位的坝段。考虑到弱风化带下部与微风化岩体的顶板均呈波状起伏，岩体厚度不均一，在保证建基面基本平顺的前提下，大坝建基部分利用了弱风化带下部岩体。

（2）三峡大坝左厂坝段和升船机上闸的抗滑稳定 采取了适当降低建基面高程，个别坝段适当加固，并将坝体与厂房紧密结合，基础采用抽排等措施，以确保大坝的深层抗滑安全系数能满足要求。

（3）永久船闸高陡边坡稳定和变形 主要开展了船闸线路选择的勘测及论证比选，船闸区地应力场测试及分析，高边坡卸荷岩体力学参数测试研究，高边坡的地质力学模型试验及二、三维数值模拟分析，高边坡长期变形预测，高边坡渗流场分析研究，高边坡开挖及加固分析研究，高边坡控制爆破及快速施工技术研究，高边坡监测及快速反馈系统分析研究等。根据多年研究的成果，采用设置防渗和排水系统、控制爆破、喷锚支护及预应力锚索、高强锚杆加固等一系列措施。

永久船闸高边坡开挖设计施工是成功的，采取的一系列确保稳定的技术措施是正确有效的，高边坡整体上处于稳定状态；开挖后岩体变形不大，在设计预测的范围内，边坡长期变形不影响结构的正常运行；设计排水系统实施后，高边坡地下水位降至设计线以下。总体而言，永久船闸高边坡设计和施工是成功的，解决了三峡工程多年来的一个重大技术难题。

三峡工程规模巨大、技术复杂，施工过程中又遇到了一系列新的技术问题，在广大建设者的共同努力下，70 万千瓦水轮机组引进消化吸收再创新、二期大坝混凝土快速施工技术、大型船闸高边坡技术、导截流关键技术等一系列关键技术问题得以一一攻克。

岩石力学的开拓者——约瑟夫·施蒂尼（Josef Stini）、
利奥波德·缪勒（Leopold Müller）和陈宗基

施蒂尼（1880—1958）：奥地利地质学家，土木工程或"工程地质学"的联合创始人之一，致力于将地质学和土木工程的关联部分发展为一门独立的学科，即工程地质学。他是第一位强调结构不连续性对岩体工程稳定性具有重要影响的学者，在对岩体中的断层等结构面有着精确描述和定义。1929 年，他创办了 *Geologie und Bauwesen*（《地质与土木工程》）。1958 年施蒂尼教授去世后，由缪勒接任编辑职务。该期刊目前已改名为 *Rock Mechanics and Rock Engineering*（《岩石力学和岩石工程》），是著名的岩石力学和岩石工程的国际期刊之一。

缪勒（1908—1988）：奥地利地质力学、岩体力学和工程地质学家，奥地利地质力学学派创始人。1951 年缪勒与施蒂尼等人创建了著名的奥地利地质力学学派，并于 1951 年在萨尔茨堡发起召开第一次国际地质力学讨论会，同年担任了国际工程地质力学工作小组主席。1962 年，缪勒以创建者的荣誉身份出任了国际岩石力学学会第一任主席。20 世纪 50 年代，缪勒与拉布舍维奇（L. V. Rabcewicz）等人提出了"新奥地利隧道施工新方法"，在岩石隧道工程中获得广泛应用。在岩体力学理论方面，他首先提出岩体是由地质不连续面切割而成的非连续介质，岩体具有多种结构，强调工程与岩体的联合作用。在他的科学理论和研究方法的影响下，地质学与工程力学的结合，成为现代岩体力学的基本指导思想。

陈宗基（1922—1991）：土力学、岩石力学、流变力学和地球动力学家。1954 年，在国际上首创土流变学。提出的"陈氏固结流变理论""陈氏黏土卡片结构""陈氏屈服值""陈氏流变仪"等均被国际上公认。1980 当选为中国科学院院士（学部委员）。1988 年研制成功 800t 高温高压伺服三轴流变仪。参与指导过我国的一些重大工程，研究了唐山大地震的机制、华北地震规律、喜马拉雅造山运动、攀西裂谷成因和新疆塔里木盆地的矿产资源。创立了三峡岩基组，针对三峡工程中的岩土力学问题进行了前期攻关研究。陈宗基曾数十次参加国际学术会议并发表演讲，多次应邀赴美国、日本、欧洲等地讲学，在多种国际学术机构任职，为中国赢得了荣誉。

复习思考题

1.1 简述岩石力学的定义。

1.2 解释岩石与岩体的概念，指出二者的主要区别与联系。

1.3 简述岩石力学发展的标志性阶段。

1.4 简述岩石力学的工程应用领域。

1.5 简述岩石力学的研究范畴。

1.6 简述岩石力学的研究内容。

1.7 查阅相关资料，分析并论述岩石力学的研究方法和步骤。

1.8 查阅相关资料，分析并论述中国岩石力学的发展现状。

参 考 文 献

[1] 中国科学技术协会. 岩石力学与岩石工程学科发展报告（2009—2010）[M]. 北京：中国科学技术出版社，2010.

岩石是构成地球最基本的材料，是地球内部和外部地质作用的产物。正因为如此，研究地球上的诸多现象和过程，都离不开对岩石物理性质的理解和认识。不仅如此，在研究有关地球的能源、资源、环境和灾害等众多应用学科时，也都要求对岩石的性质有清楚的认识。因此，本书首先介绍地球上的岩石。

2.1 岩石和矿物

2.1.1 地球的固体圈

地球上的物质可以分为固体圈、水圈和大气圈三个圈层结构。地球的固体圈（图2.1）是由内核、外核、地幔和地壳组成的，其中岩石是构成固体圈的最主要的物质。

在地球的总质量中，大气圈的质量不到百万分之一，水圈也仅占千分之一左右，而固体圈的质量则占99%以上。

地球固体圈的物质组分包括了绝大多数已发现的化学元素，如O、Si、Al、Fe、Ca、K、Na、Mg、Ti、P和S等，它们大多以化合物的形式存在，只有极少量的一部分呈游离的单质态。这些元素的天然产出（主要以化合物形式）即矿物。

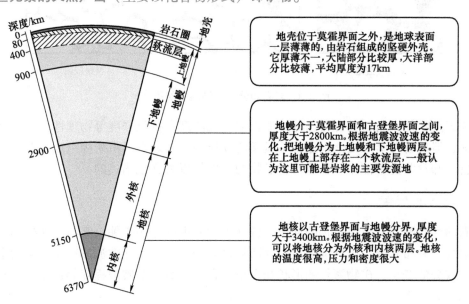

地壳位于莫霍界面之外，是地球表面一层薄薄的、由岩石组成的坚硬外壳。它厚薄不一，大陆部分比较厚，大洋部分比较薄，平均厚度为17km

地幔介于莫霍界面和古登堡界面之间，厚度大于2800km。根据地震波波速的变化，把地幔分为上地幔和下地幔两层。在上地幔上部存在一个软流层，一般认为这里可能是岩浆的主要发源地

地核以古登堡界面与地幔分界，厚度大于3400km。根据地震波波速的变化，可以将地核分为外核和内核两层。地核的温度很高，压力和密度很大

图2.1 地球的固体圈

2.1.2 矿物

矿物是天然产出的，通常由无机作用形成的，具有一定化学成分和特定的原子排列（结构）的均匀固体。煤和石油都是有机作用的产物，且无一定的化学成分，故均非矿物。

矿物的均匀性表现在不能用物理的方法把它分成在化学上互不相同的物质，这正是矿物与岩石的根本差别。

矿物千姿百态，但多表现为颗粒状，其大小悬殊，小的要借助于显微镜辨认，大的颗粒直径可达数厘米，仅凭肉眼即可见。显然，矿物在地质上是构成地球的非常小的材料单元。

地球上已知的矿物有 3300 多种。岩石中常见的矿物只有二十几种，其中又以长石、石英、辉石、闪石、云母、橄榄石、方解石、磁铁矿和黏土矿物为多。

研究各种矿物的物理性质随外力、电磁场和温度变化时的变化，是矿物学和矿物物理学的主要内容。这方面已积累了大量的资料和数据，为发展地球深部的动力学研究提供了科学依据[1, 2]。

2.1.3 岩石

岩石是由一种或几种造岩矿物按一定方式结合而成的矿物的天然集合体。岩石是在地球发展到一定阶段时，经各种地质作用形成的坚硬产物，它是构成地壳和地幔的主要物质。图2.2 是岩石颗粒的胶结连接类型，其中石英为主要组成矿物，图中深色部分为黏土矿物，它们部分包裹了颗粒的边缘及颗粒的接触处，并且部分填充了一些孔隙。

a) 基质胶结　　　　　　b) 孔隙胶结　　　　　　c) 接触胶结

图2.2　岩石颗粒的胶结连接类型[3]

作为天然物体，岩石具有自己特定的密度、孔隙度、抗压强度等物理性质。正如矿物由原子组成，但矿物可显示出个别原子不具备的性质一样，岩石虽由矿物组成，但岩石表现出来的特性，却常常是不能用一种或几种矿物的特性加以替代或描述的。

2.1.4 岩石的尺度

岩石的性质既与其组成矿物的性质、各种矿物所占的比例有关，又与这些矿物在岩石中的几何表现、分布状况、胶结情况及矿物颗粒之间的孔隙度与孔隙流体有关。矿物颗粒的排列、矿物成分的变化、矿物颗粒的形状和大小、孔隙的数目及破裂程度等造成了岩石微构造的不均匀和无序性。

岩石的物理性质是与测量的尺度有关的。在不同的尺度范围内研究岩石的性质时，得到的结果必然会有显著的差别。例如，在组成岩石的矿物颗粒大小的范围内进行测量时，岩石表现出了不均匀和无序的物理性质；但在比矿物颗粒大许多的范围内进行测量时，就可以把岩石看成是均一的，即一种统计上的均一性；若在足够大的尺度范围内进行测量，就可以认为岩石的所有部分都具有相同的物理性质，而这时的测量结果可以视作是与尺度无关的（理想化结果）。

一个重要的问题：怎样才能把在实验室内小尺度测量得到的结果外推应用至大尺度的自然界呢？显然，研究岩石的尺度效应是十分重要的，这可以将岩石的整体性质与其组成矿物的性质和岩石内部微结构的特点联系起来。

矿物颗粒的大小提供了一种特征尺度。当研究尺度远远大于特征尺度时，岩石可以近似地看成是均匀的，而这种均匀是体积平均意义上的物理性质的均匀。在这样的认识的基础上，岩石（本课程研究的对象）就具有了下限尺度：它必须包括足够多的矿物颗粒，以便显示出整体上、统计上稳定的物理特性。无论是在研究能源、资源、环境，还是在研究地球基本过程等问题时，我们遇到的尺度都符合这个最低下限的要求。从这个意义上来说，我们研究的对象主要是岩石，而不是矿物和组成矿物的元素。

在地球运动中，整块的岩石不可避免地会发生破裂，其中会出现许多断层、节理和劈理等结构面，这些大小不一的结构面和岩石就构成了岩体。例如，沉积过程中形成的沉积间断就会产生许多层面，岩体是在内部的黏结力较弱的层理、片理、节理和断层等切割下形成的，明显的不连续性是岩体的重要特点。岩体性质在很大程度上要受到结构面的影响，如岩体强度远远低于岩石强度，岩体变形远远大于岩石变形，岩体的渗透性远远大于岩石的渗透性等。由于岩体中结构面的存在，提供了岩石测量的上限尺度。

对岩石的下限尺度和上限尺度的正确理解，是区分矿物、岩石和岩体的基础概念。在研究岩石的物理学性质及应用岩石物理学解决实际问题时，这种尺度概念是十分重要的。

地球材料存在着不同的研究尺度，如图 2.3 所示。

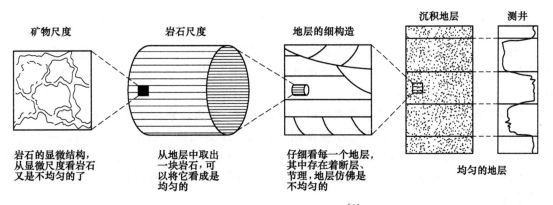

图 2.3　地球材料的研究尺度[3]

1）矿物尺度：矿物颗粒的尺度，研究各个矿物的性质，矿物与矿物之间相互的接触几何等。

2）岩石尺度：研究由多个矿物组成的岩石尺度。在这种尺度下，矿物的性质被平均掉了，取而代之的是岩石的性质。

3）岩体尺度：这种尺度更大了，不仅包括了完整的岩石，还包括了多种岩石的组合及岩石中的节理等结构面。岩体性质取决于岩石的组成和各种结构面的控制。

4）地质尺度：它是各级尺度性质的非常复杂的综合。地质现象是由矿物、岩石、岩体和构造运动的总体所决定的。

2.2　岩石的分类

通常，按照岩石包含的矿物种类、各种矿物的比例、矿物的空间分布等进行岩石分类。但也可以针对一种或两种岩石的具体性质进行分类。例如，当研究流体在岩石中的输运过程时，最重要的是矿物颗粒的大小，而矿物的磁性却可放在一边。于是，可以把矿物颗粒和孔隙度大小作为岩石分类的依据。

目前，通用的分类方法是按照岩石的形成过程进行分类，即按照不同的成岩过程对岩石进行地质学上的分类。

2.2.1　成岩过程

1）**火成岩的火成过程**：地壳深部融化的物质、熔融的岩浆在地下或喷出地表，发生结晶和固化的过程。

2）**沉积岩的沉积过程**：地表岩石风化的产物，经过风、流水和冰川等的搬运，在某些低洼地方沉积下来的过程。有些易溶解的岩石、矿物经过流水溶解、搬运和沉积，也属于沉积过程的一种。

3）**变质岩的变质过程**：在地球内部高温或高压环境下，之前已存在的岩石发生各种物理、化学变化，使其中的矿物重结晶或发生交互作用，进而形成新的矿物组合。这些变化可以在低于硅的熔化温度时发生，所以之前已存在的岩石可以始终保持固态。这种过程不同于前面叙述过的火成过程或沉积过程，一般称为变质过程。

2.2.2　火成岩

火成岩一般指岩浆在地下或喷出地表冷凝后形成的岩石，又称岩浆岩，是组成地壳的主要岩石。火成岩多为晶粒结构。构成火成岩的主要元素有 O、Si、Al、Ca、Na、K、Mg 和 Ti。

在各种不相同的地质环境下岩浆都可以冷凝成岩。如果岩浆在地下活动，冷凝固化后可以形成侵入岩；如果岩浆由火山活动喷发到地表后才冷凝固化，则形成喷出岩。一般说来，细粒火成岩（玄武岩、安山岩和流纹岩等）大多是喷出岩，它们的温度先是急剧下降，然后至地面冷却；而粗粒火成岩（辉长岩、闪长岩和花岗岩等）多是侵入岩，它们的温度是逐渐冷却的。

2.2.3　沉积岩

尽管火成岩占据了地壳总体积的 95%，但在地壳表层分布最广泛的是沉积岩。沉积岩覆盖了大陆面积的 75%（平均厚度为 2km）和几乎全部的海洋地壳（平均厚度为 1km）面积。

沉积岩是成层堆积的松散沉积物固结而成的岩石。也就是说，它是早先形成的岩石被破坏后，又通过物理或化学作用在地球表面（大陆和海洋）的低凹部位沉积，经过压实、胶结和再次硬化形成的具有层状构造特征的岩石。

沉积岩的特殊生成环境决定了沉积岩内部的微结构明显不同于火成岩。火成岩多为晶粒结构，沉积岩的结构则随岩石的类型和成因而变化，有的具有碎屑结构，有的则具有泥状结构、晶粒结构等。大多数火成岩在结晶时，其中的各种矿物彼此紧密接触，很少有空隙。而在沉积岩的形成过程中，中间留有很大的空隙，很难像火成岩那样连续紧密地结合起来。

年轻的海洋中未固结很好的沉积岩的孔隙度可达 80%，但在地下深部，沉积岩的孔隙度平均在 5%~30%。岩石孔隙中可以流动的液体既是化学反应的组分，也是岩石中物质传运的通道。沉积岩的多孔性和高渗透性使烃类物质在其中的聚集成为可能。因此，了解沉积岩的演化及其物理性质，具有重要的工程和经济意义。

沉积岩的种类很多，但若考虑矿物颗粒的大小及矿物成分等方面的因素，可以将沉积岩分为砂岩、页岩和石灰岩三类，详见表 2.1。

表 2.1　沉积岩的类型与特征

类型	来源	主要矿物及颗粒大小	在沉积岩总量中占比	经济与工程意义
砂岩	风化等侵蚀作用后的火成岩的矿物颗粒或岩石碎片	颗粒大小为 0.0625~2mm 主要矿物是石英，还有长石（特别是钾长石）	占比约为 25% 在地表出露较多	砂岩是十分重要的一种岩石，它是石油、天然气的储层在工业方面，砂岩也有着重要用途
页岩	主要由黏土沉积，经压力和温度形成的岩石	直径一般不超过 0.0625mm 主要矿物是黏土矿物，也包含许多细颗粒的石英、长石等其他矿物	占比约为 50% 在地表出露不如砂岩多	页岩颗粒致密，渗透性很差，可以形成不透水层，能防止石油、水、天然气等的流失，是水、气等理想的天然储体
石灰岩	主要以粒屑石灰岩经流水搬运、沉积而成	主要矿物是方解石和白云石	占比约为 20%	石灰岩在冶金、建材、化工、轻工、建筑、农业及其他特殊工业部门都是重要的工业原料

对于沉积岩来说，一个重要的概念是其中的矿物颗粒大小。为什么矿物颗粒大小对于沉积岩如此重要呢？举两个例子来说明：

1）岩石中的流体输运过程。流体能否在岩石内部输运，主要取决于岩石的渗透率，而渗透率与矿物颗粒大小密切相关，因为颗粒大小及其分布决定了岩石中孔隙的多少和大小。

2）岩石内部的化学反应率。化学反应率的大小与矿物颗粒的表面积有关，颗粒越大，固定体积内的颗粒表面积越小。

因此，岩石内部的各种过程、沉积岩的性质等与其矿物颗粒大小及分布有着密切的关系。

2.2.4　变质岩

火成岩和沉积岩都会发生变质作用。如在保持固态情况下，石灰岩通过热力变质作用发生了矿物的重结晶，使矿物颗粒的粒度不断加大，形成了大理岩，因此，大理岩是一种变质岩。变质岩的成分和结构比火成岩和沉积岩要复杂，因为这不仅取决于变质作用的种类，也与原来岩石的成分和结构有关。所以，变质岩的化学成分和结构变化的范围都比较大。例如，由石灰岩变质形成的大理岩中，几乎不含有 SiO_2；而由石英砂岩等变质形成的石英岩中，SiO_2 的含量高达 90%。

大陆和海底都有变质岩的存在，它在地壳内分布很广，约占大陆面积的 18%。

一般说来，岩石的物理性质主要由以下三个方面的因素决定：

1）岩石的组成，包括组成岩石的矿物成分、岩石内部的孔隙度、岩石的饱和状态和孔隙流体的性质等。

2）岩石内部的结构，包括矿物颗粒的大小、形状及胶结情况，岩石内部的裂隙和其他不连续界面等。

3）岩石所处的热力学环境，包括温度、压力和地应力场等。

表 2.2 给出了三大类岩石中常见岩石的物理性质，可以看出：沉积岩的孔隙度比其他岩石要大；而对于抗压强度，火成岩则明显高于沉积岩。因此，上面介绍的岩石分类方法对于描述多种岩石的共同特性是十分有意义的。

表 2.2　常见岩石的物理性质

岩石类型		密度/（g/cm³）	孔隙度（%）	抗压强度/MPa	抗拉强度/MPa
火成岩	花岗岩	2.6~2.7	1	200~300	
	闪长岩	2.7~2.9	0.5	230~270	4~7
	玄武岩	2.7~2.8	1	150~200	
沉积岩	砂岩	2.1~2.5	5~30	35~100	
	页岩	1.9~2.4	7~25	35~70	1~2
	石灰岩	2.2~2.5	2~20	15~140	
变质岩	大理岩	2.5~2.8	0.5~2	70~200	
	石英岩	2.5~2.6	1~2	100~270	4~7
	板岩	2.4~2.6	0.5~5	100~200	

2.2.5　成岩旋回

从火成岩、沉积岩和变质岩的形成过程可以看出，它们之间有着密切的联系，随着地球上主要地质过程的演变，这三类岩石之间可以互相转变（图 2.4）。对这种转变过程的研究不但可以加深对岩石生成过程的认识，还可以了解在某类岩石变到另一类岩石的转变过程中包含的地质现象。

图 2.4 中的实线给出了一个完整的岩石循环过程：地下熔化的岩浆冷

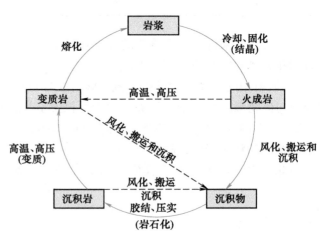

图 2.4　成岩旋回[3]

却、固化、结晶，或者通过火山喷发的方式在地面以上结晶，从而形成了**火成岩**；暴露在地球表面的火成岩遭受着长期的风化，剥落的物质在风、雨、流水、冰川和重力等作用下，搬运到低洼地方沉积，经过胶结和压实后形成了沉积岩；在造山运动等地球动力学作用下，沉积岩又被埋入地下，这些沉积岩在周围巨大压力和很高的温度作用下，最终发生变质形成了变质岩；其后，变质岩或进入更深的地球内部，或遭受到更高的温度，再次熔融后变成了岩浆，经固结或喷发冷凝又生成了新的火成岩。

图 2.4 中的虚线表示的是岩石循环中的另外一些可能途径。如火成岩直接在高温和高压作用下发生变质作用，形成了变质岩；变质岩直接出露于地表，也可以成为沉积岩的原始材料。对于一个运动的地球，上述过程是在不停地进行着的，这就构成了成岩旋回。

2.3　岩石的特点

2.3.1　高压、高温环境

地壳是地球（半径为 6371km）最外面的一个壳层，平均厚度在大陆上为 35km，海洋里为数千米。地壳底部的压力约为 1GPa（1 万个大气压），温度约为 600℃[3]。从这些数据不难算出地球内部地壳以下 99% 的物质都处于 1GPa 和 600℃ 以上的高压高温状态。在这种高压高温环境下，岩石表现出了许多特殊的性质。例如，常压、常温下，在两种材料组成的界面处的剪应力（摩擦力）是

$$\tau = \mu\sigma \tag{2.1}$$

式中，σ 为界面上的压应力；τ 为剪应力；μ 为摩擦系数。

如果将 τ 视作临界剪应力强度，则上述计算式可理解为在两种材料组成的界面处发生摩擦滑动的条件。不同的材料、不同的界面情况，摩擦系数 μ 也将不同，其变化可达两个数量级。但当压力增加到 0.2GPa（地球上 99.9% 的岩石处于这种压力之上）时，沿某一界面发生摩擦滑动的条件为

$$\tau = 0.85\sigma \tag{2.2}$$

式中，σ 和 τ 的意义与式（2.1）相同，但摩擦系数却变成了一个普适常数 0.85。

这个高压力下摩擦滑动的计算式，与岩石种类、界面性质、温度条件等诸多因素完全无关，表现了一种罕见的普遍适用的关系。

这种高压、高温环境下岩石的性质是岩石物理学研究的重要内容。

2.3.2　多孔介质

岩石是由固体的矿物和矿物颗粒之间的孔隙组成的，孔隙中通常有孔隙流体存在。图 2.5 是基于 CT 技术获取的砂岩孔隙空间的三维透视图[4]。从图 2.5 中可以清楚地看到砂岩中的石英颗粒，并且可以看到石英颗粒之间存在着流体流通的网络。岩石正是这样一种特殊的多孔介质，一种由固体矿物和流动的孔隙流体组成的多相体。孔隙流体的存在，对岩石性质有着极其重要的影响。例如，岩石中孔隙体积增加 1%，会导致岩石弹性参数变化 10 倍或者更多，也会导致岩石渗透率发生几个数量级的变化。

岩石内部孔隙及孔隙流体的存在，是石油得以生成、矿物得以富集的前提。这种存在与人类生活密切相关，如地下水的形成、深埋地下核废料的扩散、环境污染和保护等问题都与孔隙流体的运移有关。岩石的多孔性和孔隙流体的输运性，也是岩石物理学研究的重要内容。

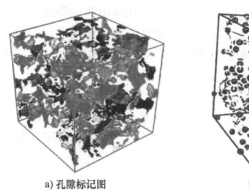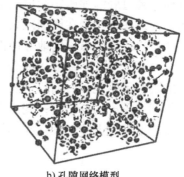

a) 孔隙标记图　　　　　　　　　　　b) 孔隙网络模型

图 2.5　孔隙结构量化及表征——基于 CT 技术获取的砂岩孔隙空间的三维透视图[4]

2.3.3　长期作用

岩石在短时间外力的作用下，表现为完全弹性体；但在长时间力的作用下（可以与地质年代相比较），则表现出非完全弹性。如：①接近地表的岩石由于温度低，压力不大，在外力作用时间不太长的情况下，岩石可作为弹性体看待，表现出脆性的性质；②随着深度的增加，岩石所处的温度和压力增高，承受形变的能力显著增加，介质就从脆性转变为塑性（或称为韧性）；③当外力作用的时间很长时，如造山运动、地幔对流等，岩石可以像流体那样产生形变。

在漫长的地质年代里，岩石在外力的作用下不断地发生变形，其受力作用时间之长、变形过程之久，是在其他材料学科研究中很难遇到的。人们很难想到在长期的内力和外力作用下，印象中既硬又脆的岩石竟会发生塑性变形。实验室中同样也可以看到矿物巨大的塑性变形。

岩石在长期作用下可表现出许多与时间有关的特性，如：①岩石的蠕变和流动；②岩石的断裂也经过了一个与时间有关的过程；③裂纹扩展直至最后断层形成。

2.3.4　广泛应用的材料

岩石最后一个特点是显而易见的。如果把岩石也看作一种材料的话，它是世界上分布最广、储量最多、应用最广泛的一种材料，这是目前其他任何一种材料不能相比的。

 拓展阅读

太空探索——月壤与太空采矿

目前，人类利用地基天文望远镜对月观测、太空望远镜和环月卫星的遥感探测、无人驾驶月球车以及 Apollo 宇航员的月表巡视获得了月球的大量图像和数据资料。所有结果都显示，整个月球表面除了极少数非常陡峭的山脉、撞击坑和火山通道的峭壁（这些区域可能有基岩出露）外，都覆盖着一层厚度不等的月壤。月海区月壤平均厚 4~5m，高地区平均厚 10~20m。

与地球土壤的形成过程相反，月壤是在 O_2、水、风和生命活动都不存在的情况下，由大大小小的陨石和微陨石撞击、宇宙射线和太阳风持续不断轰击、月表大幅度温差变化导致月球岩石热胀冷缩破碎等因素的共同作用下形成的。因此，月壤的形成基本上是机械破碎作用主导的。

月壤的基本组成颗粒包括：矿物碎屑（这里定义为含某种矿物 80% 以上的颗粒，主要为橄榄石、斜长石、辉石、钛铁矿、尖晶石等）、原始结晶岩碎屑（玄武岩、斜长岩、橄榄岩、苏长岩等）、角砾岩碎屑、各种玻璃（熔融岩、微角砾岩、撞击玻璃、黄色或黑色火成碎屑玻璃）、独特的月壤组分——黏合集块岩、陨石碎片等。因此，月壤的化学成分、岩石类型和矿物组成非常复杂，几乎每个月壤样品都包括多种岩石和矿物，仅月海玄武岩的就包括极低钛、低钛、高钛、极高钛四种，TiO_2 含量从 0.5% ~ 13% 不等。

月球遥感探测的目的除了回答有关月球整体的科学问题外，还包括选择合适的月表着陆场，为机器人和宇航员登陆月表创造条件，其最终目的是建立月球基地，并以月球为跳板，再载人登陆火星。在机器人和月球车月表巡视、载人登月和宇航员月表行走阶段，对月表月壤物理和机械性质的详细了解可以避免不必要的风险，保障航天任务的安全性，意义重大。在开发和利用月球资源、建立月球基地阶段，需要在月球上进行规模宏大的资源开发和工程建设，结构松散、易于开采的月壤层就成为首选目标，而这些工作的顺利开展必须建立在对月壤的物理和机械性质的详细研究的基础上。主要包括以下问题：月壤的颗粒组成，月壤的重度、孔隙比和孔隙率，月壤的电性和电磁性质，月壤的压缩性、抗剪性和承载力。

太空采矿是综合利用空间科学与技术（包括空间信息科学）、采矿学、行星学、天体力学、天体物理学、地质工程等理论与方法，研究与矿产资源、轨道资源、太阳资源等太空资源开发与利用相关的从近地到深空、从表层到深部的定位定向，资源评估，全息勘探，无人开采，智能分选和原位利用的科学与技术。目前有关太空采矿的研究仍处于基础阶段，但是人类进行了半个多世纪的深空探测，积累了较为丰富的资料及前期技术，其中部分技术经过改造、深化，未来可用于太空采矿，如资源勘查、钻孔技术及原位资源利用等主要太空采矿技术。

1）钻孔技术。地外天体钻孔技术最早可追溯至苏联的月球 16 号（Luna 16）探测器，其于 1970 年在月球取得了 101g 月壤样本，同时该系列最后一辆探测器月球 24 号（Luna 24）在月面下 2m 取得 170g 样本。同样使用钻孔在月球上取得岩石或月壤样本的还有美国的阿波罗 15~17 号（Apollo 15~17）、中国的嫦娥 5 号（Chang'e-5）。它们采用的钻孔方式是冲击回转钻进法，该方法可以减轻钻头的重量并降低能耗。

2）原位资源利用。太空采矿是一个长期的、昂贵的、极其复杂的工程。为减少克服地球引力所需消耗的燃料，大规模的太空采矿活动需要就地利用被采目标中的资源，如载人工作中采矿员所需的 H_2O 和 O_2，或者更可行的无人采矿时采矿机器所需的燃料 H_2 和 O_2。将月球上的钛铁矿加热还原可以制取 O_2，可为探测器提供必要的能源。

太空采矿的重点研究方向有太空资源探测、太空采矿智能机器人平台设计与制造、太空资源勘探与采选、太空采矿空间安全与资源原位利用。

岩石力学与工程学科专家——谢和平

谢和平，力学与能源工程专家，2001 年当选中国工程院院士。他长期致力于深地科学与绿色能源领域的基础研究与工程实践。20 世纪 80 年代，在中国最早建立了裂隙岩体宏观损伤力学模型来研究其自然性状及导致灾害性事故发生的机理和过程，开拓了裂隙岩体损伤力学研究新领域，并应用于深部巷道大变形预测、蠕变分析及其相关的巷道支护设计等重要工程领域。1985 年起创造性地引入分形方法对裂隙岩体进行非连续变形、强度和断裂破坏的研究，形成了裂隙岩体非连续行为分形研究的新方向，并与损伤力学相结合在岩爆、地表沉陷、顶煤破碎块度控制等重要工程中应用。在国际上首次提出了深部原位岩石力学和工程扰动岩石动力学构想并构建了其理论框架。深入探索了低碳技术与 CO_2 矿化及综合利用，形成一系列 CO_2 资源化、能源化利用的高效耦合技术原理和方法。目前正深入开展深地深海深空保真取芯探矿与测试基础、粤港澳大湾区地热勘探开发利用、中低温地热发电原理和技术、工程扰动岩石动力理论与技术、低碳与海水制氢技术、月基能源资源探测前沿技术、深部固体资源流态化开采理论和技术等方面的研究。

复习思考题

2.1　判断下列物质是否为矿物：

（1）人造金刚石；（2）人造水晶；（3）自然汞；（4）煤；（5）石油；（6）石墨。

2.2　说明经过下列过程生成的是哪一类岩石：

（1）地表岩石自地壳深部俯冲，保持固态，经历了高温高压状态。

（2）河流夹带泥沙，在河口沉积、压实和固化。

（3）地表岩石进入地下深部，熔融后再喷出。

2.3　假定大陆地壳厚 30km，并假定大陆地壳体积的 5% 为沉积岩，而大陆表面积的 75% 为沉积岩，试计算大陆沉积岩的平均厚度。

2.4　假定岩石由半径为 1 的矿物小球按立方堆积（图 2.6）组成。计算边长为 $2n$ 的立方体岩石（$n=1$，2，3）的孔隙比和孔隙比表面积，并讨论尺度效应。

2.5　简述三大类岩石的物理性质的主要特点。

2.6　简述岩石的特点。

图 2.6　复习思考题 2.4 图

参 考 文 献

[1] PUTNIS A. Introduction to mineral sciences [M]. Cambridge：Cambridge University Press，1992.

[2] KARATO. The dynamic structure of the deep earth：an interdisciplinary approach [M]. Princeton：Princeton University Press，2003.

[3] 陈颙. 岩石物理学 [M]. 合肥：中国科学技术大学出版社，2009.

[4] 刘向君，朱洪林，梁利喜. 基于微 CT 技术的砂岩数字岩石物理实验 [J]. 地球物理学报，2014，57（4）：1133-1140.

岩石的基本物理性质 | 第 3 章

岩石的物理性质是岩石力学研究的最基本的内容，其性质指标也是岩石力学研究和岩石工程设计的基本参数与依据。

岩石由固体、液体和气体三相介质组成，其物理性质是指岩石三相组成部分的相对比例关系不同所表现出来的物理状态。与工程密切相关的物理性质参数有密度、重度、相对密度（比重）、孔隙比、水理性、抗风化性，以及热学和磁学性质等。

3.1 岩石的重度和密度

岩石单位体积（包括岩石空隙体积）的重量称为岩石的重度。根据岩石试样的含水情况不同，岩石重度可以分为天然重度、干重度和饱和重度，分别用 γ、γ_d、γ_{sat} 表示，即

$$
\begin{cases}
\gamma = \dfrac{W}{V} = \dfrac{W_r + W_w}{V_r + V_a} \\[3mm]
\gamma_d = \dfrac{W_r}{V} = \dfrac{W_r}{V_r + V_a} \\[3mm]
\gamma_{sat} = \dfrac{W_r + V_a \gamma_w}{V} = \dfrac{W_r + V_a \gamma_w}{V_r + V_a}
\end{cases}
\tag{3.1}
$$

式中，W 为岩石试样的总重量；W_r 为岩石的重量；W_w 为岩石试样空隙中水的重量；V 为岩石试样的总体积；V_r 为岩石的体积（不包含岩石中空隙）；V_a 为岩石试样中空隙的体积；γ_w 为水的重度。

岩石单位体积（包括岩石空隙体积）的质量称为岩石的密度。根据岩石试样的含水情况不同，岩石密度可分为天然密度、干密度和饱和密度，分别用 ρ、ρ_d、ρ_{sat} 表示。如果设岩石试样的总质量（包括空隙中的水）为 m，岩石的干质量为 m_r，岩石试样空隙中水的质量为 m_w，水的密度为 ρ_w，则岩石的天然密度、干密度和饱和密度可分别用下式表示

$$
\begin{cases}
\rho = \dfrac{m}{V} = \dfrac{m_r + m_w}{V_r + V_a} \\[3mm]
\rho_d = \dfrac{m_r}{V} = \dfrac{m_r}{V_r + V_a} \\[3mm]
\rho_{sat} = \dfrac{m_r + V_a \rho_w}{V} = \dfrac{m_r + V_a \rho_w}{V_r + V_a}
\end{cases}
\tag{3.2}
$$

岩石密度与重度之间存在如下关系

$$\begin{cases} \gamma = \rho g \\ \gamma_d = \rho_d g \\ \gamma_{sat} = \rho_{sat} g \end{cases} \tag{3.3}$$

式中，g 为重力加速度。

岩石的相对密度 d 是指岩石的干重量（或干质量）除以岩石的实体体积（不包括空隙）所得值与4℃时纯水的重度 γ_w（或密度 ρ_w）的比值，即

$$d = \frac{W_r/V_r}{\gamma_w} = \frac{m_r/V_r}{\rho_w} \tag{3.4}$$

岩石的重度、密度与相对密度主要取决于组成岩石的矿物成分、空隙情况及其含水量。表3.1列出了某些岩石的重度、密度与相对密度值，可在实际工程应用中作为参考。

表3.1　常见岩石的物理性质指标

岩石类型	重度/(kN/m³)	密度/(kg/m³)	相对密度	孔隙率(%)	吸水率(%)	软化系数
花岗岩	26.0~27.0	2300~2800	2.50~2.84	0.04~2.8	0.1~0.7	0.72~0.97
闪长岩	26.0~30.0	2520~2960	2.85~3.00	0.2~0.5	0.3~0.38	0.60~0.80
辉绿岩	25.0~29.0	2530~2970	2.70~3.20	0.3~5.0	0.8~5.0	0.33~0.90
辉长岩	25.2~29.7	2550~2980	2.70~3.00	0.3~4.0	0.5~4.0	0.10~0.20
安山岩	22.0~26.8	2300~2700	2.65~2.85	1.1~4.5	0.3~4.5	0.81~0.91
玢岩	23.0~27.6	2400~2800	2.64~2.90	2.1~5.0	0.4~1.7	0.78~0.81
玄武岩	24.0~30.8	2500~3100	2.70~3.30	0.5~7.2	0.2~0.4	0.30~0.95
凝灰岩	22.0~24.7	2290~2500	2.20~2.50	1.5~25	0.5~7.5	0.52~0.86
砾岩	23.0~26.2	2400~2660	2.30~2.60	0.8~10.0	1.0~5.0	0.50~0.96
砂岩	21.5~27.0	2200~2710	2.20~2.70	1.6~28.0	0.2~9.0	0.65~0.97
页岩	22.0~26.0	2300~2620	2.30~2.60	0.4~10.0	0.5~3.2	0.24~0.74
石灰岩	22.5~27.0	2300~2770	2.30~2.70	0.5~27.0	0.1~4.5	0.70~0.94
泥灰岩	20.5~26.8	2100~2780	2.10~2.68	1.0~10.0	2.0~8.0	0.44~0.54
白云岩	20.0~26.5	2100~2700	2.00~2.62	0.3~25.0	0.1~3.0	0.80~0.96
片麻岩	22.4~29.5	2300~3000	2.30~3.00	0.3~2.2	0.1~0.7	0.75~0.97
石英片岩	20.4~26.7	2100~2700	2.10~2.69	0.7~3.0	0.1~0.3	0.44~0.84
绿泥石片岩	21.0~28.2	2100~2850	2.10~2.77	0.8~2.1	0.1~0.6	0.53~0.69
千枚岩	26.7~28.3	2710~2860	2.60~2.80	0.4~3.6	0.5~1.8	0.67~0.96
泥质板岩	22.8~27.8	2300~2800	2.29~2.78	0.1~0.5	0.1~0.3	0.39~0.52
大理岩	25.8~26.5	2600~2700	2.58~2.75	0.1~6.0	0.1~1.0	0.75~0.95
石英岩	23.6~27.6	2400~2800	2.40~2.76	0.1~8.7	0.1~1.5	0.94~0.96

3.2　岩石的孔隙性

岩石中的空隙包括孔隙与裂隙，岩石的孔隙性一般用孔隙率 n 与孔隙比 e 来描述。岩石的孔隙比是指岩石试样中孔隙（包括裂隙）的体积 V_a 与岩石体积（不包括岩石中空隙）V_r

之比，一般用小数表示，可用下面计算式计算

$$e = \frac{V_a}{V_r}$$ (3.5)

岩石的孔隙率是指岩石试样中孔隙（包括裂隙）的体积 V_a 与试样总体积 V（包括岩石中空隙）之比，一般用百分数表示，可用下面计算式计算

$$n = \frac{V_a}{V} \times 100\% = \frac{V - V_r}{V} \times 100\%$$ (3.6)

根据岩石中三相介质的关系，孔隙比与孔隙率存在如下关系

$$e = \frac{n}{1 - n}$$ (3.7)

岩石孔隙性指标，一般不易实测，只能通过相关的参数推算得到，即

$$e = 1 - \frac{\rho_d}{\rho_w}$$ (3.8)

3.3　岩石的水理性质

岩石遇到水作用后，某些物理、化学和力学等性质会发生变化。水对岩石的这种作用特性，称为岩石的水理性质。岩石的水理性质主要有吸水性、抗冻性、软化性、崩解性、膨胀性及透水性等。

3.3.1　岩石的吸水性

岩石在一定的试验条件下吸收水分的能力，称为岩石的吸水性。常用吸水率、饱和吸水率、含水量与饱水系数等指标表示。

（1）**吸水率**　岩石的吸水率 w_a 是指岩石试样在大气压力和室温条件下自由吸入水的质量 m_{w1} 与岩样干质量 m_r 之比，一般用百分数表示，即

$$w_a = \frac{m_{w1}}{m_r} \times 100\%$$ (3.9)

实测时先将岩石试样烘干并测定干质量，然后浸水饱和。岩石吸水率的大小取决于岩石所含孔隙数量和细微裂隙的连通情况，孔隙越大、越多，孔隙和细微裂缝的连通情况越好，则岩石的吸水率越大，因而岩石质量越差。

（2）**饱和吸水率**　岩石的饱和吸水率 w_{sat} 又称饱水率，是指岩石试样在高压（一般压力为 15MPa）或真空条件下吸入水的质量 m_{w2} 与岩样干质量 m_r 之比，一般也用百分数表示，即

$$w_{sat} = \frac{m_{w2}}{m_r} \times 100\%$$ (3.10)

在高压条件下，通常认为水能进入岩石试样中所有敞开的裂隙和孔隙中。现在的试验用高压设备，压力已达 15MPa，但由于高压设备较为复杂，因此实验室常用真空抽气法或煮沸法使岩样饱和。饱水率对于岩石的抗冻性具有较大的影响。饱水率越大，表明岩石中含水越多，因此，在冻结过程中就会对岩石中的孔隙、裂隙等结构产生较大的附加压力，从而引起

岩石的破坏。

（3）**含水量** 岩石的含水量 w 是指岩石空隙中含水的质量 m_w 与岩石干质量 m_r（不包括孔隙中水）之比，一般用百分数表示，即

$$w = \frac{m_w}{m_r} \times 100\% \qquad (3.11)$$

（4）**饱水系数** 岩石的吸水率 w_a 与饱和吸水率 w_{sat} 之比，称为饱水系数，用 K_w 表示，即

$$K_w = \frac{w_a}{w_{sat}} \qquad (3.12)$$

岩石的饱水系数一般介于 $0.5 \sim 0.8$，饱水系数对于判别岩石的抗冻性具有重要意义。几种常见岩石的饱水系数见表 3.2。

表 3.2   几种常见岩石的饱水系数

岩石名称	吸水率（%）	饱和吸水率（%）	饱水系数
花岗岩	0.46	0.84	0.55
石英闪长岩	0.32	0.54	0.59
玄武岩	0.27	0.39	0.69
基性斑岩	0.35	0.42	0.83
云母片岩	0.13	1.31	0.10
砂岩	7.01	11.99	0.60
石灰岩	0.09	0.25	0.36
白云质岩	0.74	0.92	0.80

3.3.2 岩石的抗冻性

岩石的抗冻性是指岩石抵抗冻融破坏的性能，通常用作评价岩石抗风化稳定性的重要指标。岩石抗冻性的高低取决于造岩矿物的热物理性质、粒间联结强度，以及岩石的含水特征等因素，常用抗冻系数和质量损失率来表示。

（1）**抗冻系数** 岩石的抗冻系数 R_d 是指岩石试件反复冻融后的干抗压强度 σ_{c2} 与冻融前干抗压强度 σ_{c1} 之比，用百分数表示，即

$$R_d = \frac{\sigma_{c2}}{\sigma_{c1}} \times 100\% \qquad (3.13)$$

（2）**质量损失率** 岩石的质量损失率 K_m 是指冻融试验前后干质量之差 $m_{s1} - m_{s2}$ 与试验前干质量 m_{s1} 之比，以百分数表示，即

$$K_m = \frac{m_{s1} - m_{s2}}{m_{s1}} \times 100\% \qquad (3.14)$$

岩石的冻融试验是在实验室内进行的，一般要求按规定制备试样 6～10 块，分两组，一组进行规定次数的冻融试验，另一组做干燥状态下的抗压强度试验。将做冻融试验的试样进行饱和处理后，放入（-20 ± 2）℃温度下冻 4h，然后取出放置在水温为（20 ± 5）℃水槽中融 4h，如此反复循环达到规定次数（日平均气温低于 -15℃时为 25 次，高于 -15℃时为 15 次）

后取出，测定岩石在冻融前后的强度变化和质量损失。

岩石在冻融作用下强度降低的主要原因：岩石中各组成矿物的体胀系数不同，以及在岩石变冷时不同层中温度的强烈不均匀性，从而产生内部应力；岩石空隙中冻结水的冻胀作用。

3.3.3　岩石的软化性

岩石浸水饱和后强度降低的性质，称为岩石的软化性，用软化系数 K_R 表示，即

$$K_R = \frac{\sigma_{cw}}{\sigma_c} \tag{3.15}$$

式中，σ_{cw} 为试样饱和抗压强度；σ_c 为试样干抗压强度。

显然，K_R 越小，岩石软化性越强。研究表明，岩石的软化性取决于岩石的矿物组成与孔隙性。当岩石中含有较多的亲水性和可溶性矿物，且含大、开空隙较多时，岩石的软化性较强，软化系数较小，如黏土岩、泥质胶结的砂岩、砾岩和泥灰岩等岩石，岩石的软化系数一般为 0.4~0.6，甚至更低。常见岩石的软化系数列于表 3.1 中。由表 3.1 可知，岩石的软化系数都小于 1.0，说明岩石具有不同程度的软化性。

3.3.4　岩石的崩解性

岩石在水中崩散解体的性质，称为岩石的崩解性，用耐崩解性指数表示。它直接反映了岩石在浸水和温度变化的环境下抵抗风化作用的能力。耐崩解性指数的试验是将经过烘干的试块（质量约为 500g，且分成 10 块左右）放入一个带有筛子的圆筒内，使该圆筒在水槽中以 20r/min 的速度连续旋转 10min；然后将留在圆筒内的岩块取出，再次烘干称重，如此反复进行两次后，按下式求得耐崩解性指数 I_{d2}

$$I_{d2} = \frac{m_r}{m_s} \times 100\% \tag{3.16}$$

式中，I_{d2} 为两次循环试验求得的耐崩解性指数；m_s 为试验前试块的烘干质量；m_r 为残留在圆筒内试块的烘干质量。

甘布尔（Gamble）认为，耐崩解性指数与岩石成岩的地质年代无明显关系，而与岩石的密度成正比，与岩石的含水量成反比。利用耐崩解性指数，可对岩石的耐崩解性进行分类，见表 3.3。

表 3.3　甘布尔的耐崩解性分类

分类	一次 10min 旋转后留下的百分数（按干质量计）(%)	两次 10min 旋转后留下的百分数（按干质量计）(%)
极高的耐久性	>99	>98
高耐久性	98~99	95~98
中等高的耐久性	95~98	85~95
中等的耐久性	85~95	60~85
低耐久性	60~85	30~60
极低的耐久性	<60	<30

3.3.5 岩石的膨胀性

含有黏土矿物尤其是含伊利石、蒙脱石等矿物的岩石，遇水后会发生膨胀现象，这是由于黏土矿物遇水促使其颗粒间的水膜增厚，因此对于含有黏土矿物的岩石，掌握开挖后遇水膨胀的特性是十分必要的。岩石的膨胀性通常以岩石的自由膨胀率、岩石的侧向约束膨胀率、膨胀压力等来表述。

（1）岩石的自由膨胀率　岩石的自由膨胀率是指岩石试件在无任何约束的条件下浸水后产生的膨胀变形与试件原尺寸的比值，常用的指标有岩石径向自由膨胀率 V_D 和轴向自由膨胀率 V_H，计算式分别为

$$V_H = \frac{\Delta H}{H} \times 100\% \tag{3.17}$$

$$V_D = \frac{\Delta D}{D} \times 100\% \tag{3.18}$$

式中，ΔH、ΔD 分别为浸水后岩石试件轴向、径向膨胀变形量；H、D 分别为岩石试件试验前的高度和直径。

自由膨胀率的试验通常是将加工完成的试件浸入水中，按一定时间间隔测量其变形量，最终按式（3.17）和式（3.18）计算求得。

（2）岩石的侧向约束膨胀率　与岩石的自由膨胀率不同，岩石的侧向约束膨胀率 V_{HP} 是将具有侧向约束的试件浸入水中，使岩石试件仅产生轴向膨胀变形而求得的膨胀率，其计算式为

$$V_{HP} = \frac{\Delta H_1}{H} \times 100\% \tag{3.19}$$

式中，ΔH_1 为侧向约束条件下测得的轴向膨胀变形量。

（3）膨胀压力　膨胀压力是指岩石试件浸水后，使试件保持原有体积需施加的最大压力。其试验方法类似于侧向约束膨胀率试验，只是要求在试件不出现变形（轴向和侧向）的情况下测量其相应的最大压力。

上述三个参数从不同的角度反映了岩石遇水膨胀的特性，进而可利用这些参数评价建造于含有黏土矿物岩体中洞室的稳定性，并为工程设计提供必要的参数。

3.3.6 岩石的透水性

地下水存在于岩石孔隙、裂隙之中，因大多数岩石的孔隙、裂隙是连通的，因而在一定的水力梯度或压力差作用下，岩石具有能被水透过的性质，称为透水性。衡量岩石透水性的指标为渗透率或渗透系数。一般认为，水在岩石中的流动服从达西（Darcy）定律，即

$$q_x = kA \frac{dh}{dx} \text{ 或 } V_x = ki_x \tag{3.20}$$

式中，q_x 为沿 x 方向水的流量；h 为水头高度；A 为垂直于 x 方向的截面面积；k 为岩石的渗透系数；V_x 为沿 x 方向水的渗流速度；i_x 为 x 方向水流的水力坡降（或水头梯度），可表示为 $i_x = dh/dx$。

渗透系数的定义为水力坡降为1时的渗流速度。应当指出，渗流速度是假想的水流速

度，它一般远小于水流质点的实际速度。

　　渗透系数是表征岩石透水性的重要指标，其大小取决于岩石中空隙的数量、规模及连通情况等，并可在室内根据达西定律测定。几种岩石的渗透系数见表 3.4，由表可知，岩石的渗透性一般很小，远低于相应岩体的透水性，新鲜致密岩石的渗透系数一般均小于 10^{-9} 量级。同一种岩石，有裂隙发育时，渗透系数急剧增大，一般比新鲜岩石大 4~6 个数量级，甚至更大，说明岩石的孔隙性对其透水性的影响是很大的。

表 3.4　几种岩石的渗透系数

岩石名称	空隙情况	渗透系数 $k/(\mathrm{cm/s})$
花岗岩	较致密、微裂隙	$1.1\times10^{-12}\sim9.5\times10^{-11}$
	含微裂隙	$1.1\times10^{-11}\sim2.5\times10^{-11}$
	微裂隙及部分粗裂隙	$2.8\times10^{-9}\sim7\times10^{-8}$
石灰岩	致密	$3\times10^{-12}\sim6\times10^{-10}$
	微裂隙、孔隙	$2\times10^{-9}\sim3\times10^{-6}$
	空隙较发育	$9\times10^{-5}\sim3\times10^{-4}$
片麻岩	致密	$<10^{-13}$
	微裂隙	$9\times10^{-8}\sim4\times10^{-7}$
	微裂隙发育	$2\times10^{-6}\sim3\times10^{-5}$
辉绿岩、玄武岩	致密	$<10^{-13}$
砂岩	较致密	$10^{-13}\sim2.5\times10^{-10}$
	空隙发育	5.5×10^{-6}
页岩	微裂隙发育	$2\times10^{-10}\sim8\times10^{-9}$
片岩	微裂隙发育	$10^{-9}\sim5\times10^{-5}$
石英岩	微裂隙	$1.2\times10^{-10}\sim1.8\times10^{-10}$

　　应当指出，对裂隙岩体来讲，不仅其透水性远比岩块大，而且在岩体中的渗流规律也比达西定律所表达的线性渗流规律要复杂得多。因此，**达西定律在多数情况下不适用于裂隙岩体，必须用裂隙岩体渗流理论来解决其水力学问题。**

3.4　岩石的热学性质

　　岩石具有热胀冷缩性质，并且有时表现得相当明显。当温度升高时，岩石不仅发生体积及线膨胀，而且其强度会降低，变形特性也随之改变。例如，灰岩在常温条件下由脆性向塑性转化需要增加的围压为 500MPa；而在 500℃ 温度条件下，由脆性向塑性转化只需要增加 0.1MPa 的围压。值得注意的是，在约束条件下，当温度升高时，岩石由于膨胀受限制而产生较大的膨胀压力，岩石的应力状态随之发生变化。这种由于温度变化表现出来的物理、力学性质称为岩石的热学性质。

　　近年来，随着地热发电、热采、核废料储存、深部地下空间利用等的兴起，高温下岩石和基岩特性的研究变得越来越重要。在地球上部刚性岩石层内，热的传输遵从固体中的热传导定律。把地球介质看成是均匀各向同性的，在这种假定条件下得到的热传导方程是讨论地球上层温度分布的基础。研究岩石的热理性常应用的指标有体胀系数、线胀系数、热导率、地温梯度及热流密度等。

3.4.1 热传导方程

热传导方程为

$$\lambda \, \nabla^2 T + H = \rho c \frac{\partial T}{\partial t} \qquad (3.21)$$

式中，λ 为固定介质的热导率；H 为单位体积单位时间内的热产量；ρ 为密度；c 为物质的比热容；t 为时间；$\partial T / \partial t$ 为温度 T 随时间的变化。

令 $a = \lambda / (\rho \bar{c})$，$\bar{c}$ 为岩石的平均比热容，$f = H / (\rho c)$，则式（3.21）变为

$$\frac{\partial T}{\partial t} = a \, \nabla^2 T + f \qquad (3.22)$$

式中，a 为热扩散系数；f 为单位时间内由热源引起的温度变化。式（3.22）为修正后的热传导方程，它给出了温度随时间的变化与温度随空间的分布之间的关系。

当热达到平衡态时，温度就不随时间变化，这时热传导方程变为

$$\lambda \, \nabla^2 T + H = 0 \qquad (3.23)$$

如果温度 T 只随深度 z 变化，则方程（3.23）可进一步简化为

$$\frac{\partial^2 T}{\partial z^2} = -\frac{H}{\lambda} \qquad (3.24)$$

若给出边界条件，如热流在地表的值 Q_0 及地表温度 $T(0)$，则对式（3.24）积分可得

$$T(z) = T(0) + \frac{Q_0 z}{\lambda} - \frac{Hz^2}{2\lambda} \qquad (3.25)$$

式（3.25）给出了温度随深度的变化，常用来计算地壳和上地幔的温度。

3.4.2 岩石的比热容、热导率和线胀系数

岩石的比热容、热导率和线胀系数是岩石热物理性质的基本参数，其中比热容和线胀系数表示岩石的内能和体积随温度变化的情况；热导率表示在岩石内部存在温度梯度时，热量由一点传递到另一点的速率变化。岩石的比热容 c，是指使 1g 质量的岩石试样温度升高 1℃ 所需要的热量。实际上 1g 岩石的热容量，表示了岩石的储热能力，其国际单位为 J/(kg·K)。物体温度升高 1℃ 所需的热量与过程的性质有关，如压强固定时岩石温度升高 1℃ 所需的热比其体积固定时温度升高 1℃ 所需的热要多。这两种过程中的比热容分别叫质量定压热容 c_p 与定容比热容 c_V。在测定时，使压强固定较容易，所以通常测定的比热容都是质量定压热容 c_p。岩石的热导率 λ 是指试样的面积为 1m²，相距为 1m 的一对平面间维持 1℃ 温差时，单位时间里所需的热量，其单位为 W/(m·K)。

组成岩体的各种矿物都具有各自不同的比热容和热导率值。所以，岩石的比热容和热导率均具有体积平均的意义。式（3.21）中的比热容 c 应为岩石的平均比热容 $\bar{c}$（$\bar{c}$ 是指岩石中所有组成矿物的比热容的体积平均值）。

岩石的热导率 λ 不仅取决于它的矿物组成及结构构造等，还与赋存的环境关系密切。也就是说，同一种岩石，在不同地区的 λ 是不同的。某地矿区地温实测值见表3.5。

等压膨胀时，设体胀系数为 α_V ，有

$$\alpha_V = \frac{(\partial V/\partial T)_p}{V} \tag{3.26}$$

式中，V 为体积；T 为温度；p 为压力。

等温压缩时，设压缩系数为

$$\beta = -\frac{(\partial V/\partial p)_T}{V} \tag{3.27}$$

表3.5　某地矿区地温实测值

岩石名称	凝灰角砾岩	粗安岩	石英岩	铁矿体
热导率/[W/(m·K)]	1.82	1.88	4.14	4.19
地温梯度/(℃/km)	40.0~50.0	35.0~40.0	17.0~20.0	17.0~20.0
热流密度/(W/m²)	0.075~0.078			

对单向拉应力 σ ，可得

$$\left(\frac{\partial T}{\partial \sigma}\right)_Q = -\frac{\alpha_V TV}{3c_p} \tag{3.28}$$

式中，$\alpha_V/3$ 为线膨胀系数。

$$\Delta\sigma = -\frac{3G\Delta T\rho}{MT\alpha_V} \tag{3.29}$$

式中，M 为摩尔质量；ρ 为密度。

由式（3.29）可见，拉应力使温度降低，压应力使温度升高。

线胀系数的计算式为

$$\alpha = \frac{1}{l}\cdot\frac{\mathrm{d}l}{\mathrm{d}T} \tag{3.30}$$

式中，l 为长度，此时的气压为1atm。

从对岩石线胀系数测试的结果来看，多数岩石的线胀系数在常温下都大体相同，随温度升高不断增大，不同岩石由于组成矿物成分的差异，线胀系数随温度增长的梯度不同。

一般认为，岩石的体胀系数 α_V 为线胀系数 α 的3倍，即 $\alpha_V = 3\alpha$ 。某些岩石的线胀系数 α 参考值见表3.6。

表3.6　某些岩石的线胀系数 α 参考值

岩石名称	线胀系数 $\alpha/(10^{-5}/℃)$	岩石名称	线胀系数 $\alpha/(10^{-5}/℃)$
粗粒花岗岩	0.6~6.0	石英岩	1.0~2.0
细粒花岗岩	1.0	白云岩	1.0~2.0
辉长岩	0.5~1.0	灰岩	0.6~3.0
辉绿岩	1.0~2.0	页岩	0.9~1.5
片麻岩	0.8~3.0	大理岩	1.2~3.3

 **拓展阅读**

典型岩石力学与工程——川藏铁路

　　川藏铁路是国家"十三五"重大建设项目计划中的重中之重,是西藏自治区对外运输通道的重要组成部分,是引导产业布局、促进沿线国土开发、整合旅游资源的黄金通道。规划建设川藏铁路对西藏、四川乃至中国西部经济社会发展具有重大而深远的意义。

　　川藏铁路雅安至林芝段地貌形态主要受青藏高原地貌隆升的影响,总体地势西高东低,是典型的 V 形高山峡谷地貌,具有"三高、两强"的典型地质特征。主要表现为高烈度地震、高地应力、高地温,强烈发育多样化地质灾害、强烈发育深大断裂,造就了川藏铁路极为复杂的宏观地质环境。隧道施工中高地应力作用下软岩大变形段的安全、快速、有效治理,一直被誉为"世界性难题",是决定川藏线建设成败的关键因素。

　　新建川藏铁路雅安至林芝段,新建正线长度 1008.41km,其中新建隧道 72 座 837.88km、占线路全长的 82.69%(10km 以上隧道 35 座 728.101km)。德达隧道、孜拉山隧道、色季拉山隧道、伯舒拉岭隧道、果拉山隧道等 5 座隧道采用 TBM 法施工(共 18 台正洞 TBM),其余隧道采用钻爆法施工。

　　川藏线软岩大变形类型为高地应力松动(散)型、挤压型、结构变形型三种。根据初测阶段地勘资料沿线实测最大水平地应力 44.3MPa(埋深 780m,高尔寺山隧道),预测隧道最大埋深 2100m 时,最大可达 80MPa。根据初测成果资料初步推测全线 38 座隧道局部段落存在不同程度软岩变形问题,涉及段落长度约 147km,占全线隧道长度的 17%,中等及以上软岩大变形段落约 66km。

　　川藏线软岩大变形特点:区域地质构造发育,隧道地质条件极其复杂,沿线主要通过 4 个一级构造,12 个二级构造;断裂、褶皱密集发育,以深大活动断裂为主控构造;枚岩、板岩、页岩、煤层、蚀变花岗岩、变质砂岩等地层,在高地应力环境下,易发生大变形。川藏铁路沿线隧道所处的地层,上述岩性均有分布且沿线隧道埋深大,地应力高,均具备发生大变形的地质因素。

　　川藏铁路软岩大变形隧道施工遵循"主动加固、优化轮廓、强化支护、适时锚固、工法配套"的基本原则。针对不同等级的大变形采用对应的预设计衬砌支护措施,根据围岩揭示情况,结合现场试验、理论分析和工程类比综合确定支护参数。变形控制支护体系要有一定的强度和刚度,合理选择支护时间,容许围岩适度变形,充分发挥和调动围岩的自承能力,初期支护及时施作并形成封闭支护体系。采用信息化施工管理,根据超前地质预报结果、开挖揭示的地质条件、支护结构状态及监控量测成果,及时调整变形等级、支护参数和施工方法等。

岩石力学与工程学科专家——珀西·威廉姆斯·布里奇曼(Percy Williams Bridgman)

　　1946 年,美国物理学家布里奇曼(1882—1961)因在高压物理方面的工作而赢得了诺贝尔物理学奖。

　　从 1905 年开始,布里奇曼就研究物质在高压下的性能。他创建了一种新的高压装置,可产生 10GPa 的压力。在此重大改进之前,类似装置的压力只能够达到 0.3GPa。新装置的建立，带来了一系列新的发现，包括压力对电阻、对液态和固态的影响。

从 1908 年起，布里奇曼在高压技术方面就一直处于领先地位，在后来的 40 年中，几乎所有的高压研究都离不开他设计的装置。一位美国学者 G. O. Jones 在综述高压物理学的论文中这样写道："几乎没有任何其他物理学领域能够与高压物理学相比，高压物理学主要是一个人的工作。"他所指的这个人就是布里奇曼。作为现代高压物理学的奠基人和开拓者，布里奇曼是当之无愧的。

布里奇曼是一位优秀的实验物理学家，他在工作研究中注重亲身实践。每一项实验研究，他都要亲自参加制作设备和仪器，甚至像加工机械零件，吹玻璃，钻孔这些事都亲自动手，实验过程中也亲自操作。他很重视独立工作，凡事都强调独立思考，研究工作往往是一个人单干。积 50 年的努力，他给人们留下了 260 多篇论文和 13 本著作。

布里奇曼之所以能够取得别人做不到的业绩，关键就在于他极端重视技术。他的特点是一边创新设备，一边研究高压技术的新原理，同时进行高压物理学研究，从而获得大量第一手数据和有关物质在超高压状态下各种特性的新知识，再根据这些崭新的知识探索进一步提高压力的途径。业已证明，他留下的许多数据对固体物理学的发展是非常宝贵的。

布里奇曼生前为美国科学院院士和英国皇家学会外籍会员，曾经于 1942 年担任过美国物理学会主席。

————————　复 习 思 考 题　————————

3.1　名词解释：孔隙比、孔隙率、吸水率、渗透性、软化性、抗冻性、地温梯度。

3.2　岩石的结构和构造有何区别？岩石颗粒间的联结有哪几种？

3.3　表征岩石物理性质的主要指标及其表示方式是什么？

参 考 文 献

[1] 陈颙. 岩石物理学 [M]. 合肥：中国科学技术大学出版社，2009.

[2] 席道瑛，徐松林. 岩石物理学基础 [M]. 合肥：中国科学技术大学出版社，2012.

4.1 试验机

4.1.1 概论

　　这一节主要介绍用什么样的试验机才能获得岩石真实的 σ-ε 曲线，这是做试验研究最基本的条件。如果使用普通试验机对岩石材料进行试验，可以看到，以恒定的加载速率对岩石试样（简称岩样）加载达到强度极限值时，试样会突然猛烈地崩溃；假若使用应力-应变曲线描绘岩样破坏过程的话，则该曲线只能描绘到峰值以前的一段曲线，如图4.1中曲线 b 所示，而峰值后的曲线则无法得到，如曲线 a 峰值后的虚线所示。这是由于普通试验机的刚度小于岩石类材料的刚度，使得岩石试验结果不能真实地反映岩石的力学性态（包括岩石强度特性、变形特征和破坏过程）。大刚度的试验机（其刚度大于 1GN/m）对岩石类材料进行试验时，能完整描绘出岩石的全程应力-应变曲线，它作为岩石类材料的试验手段能够较为真实地反映岩石类材料的力学形态。σ-ε 全过程曲线表明，岩石在承载超过其强度极限时，并非完全失去承载能

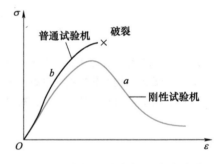

图4.1　岩石试样的应力-应变曲线

力，它的承载能力随着进一步的变形而逐渐降低。岩体的承载能力取决于材料本身和加载速率的快慢。这一结果对岩体工程结构的设计是具有重要意义的。

　　下面从三个方面分析普通试验机对岩石力学特性试验的影响。

1. 对实测刚度数据的分析

　　Speath 用普通试验机对脆性材料铸铁进行测试，他对所得应力-应变曲线没有明显屈服点便突然消失的现象表示怀疑，后来他分别对普通试验机和铸铁的刚度做了测试，结果表明大多数试验机的刚度为 0.2GN/m，而标准铸铁试样的刚度为 0.5GN/m，故他认为铸铁在塑性阶段曲线的突然下降可能是由于试验机刚度低于铸铁刚度引起的失真。因为在试验过程中，试验机的变形量大于试样的变形量，在试验机内部和试样内部各产生了一定的变形能，其值分别为

$$W_{\text{m}} = \frac{F^2}{2K_{\text{m}}}, \ W_{\text{s}} = \frac{F^2}{2K_{\text{s}}} \tag{4.1}$$

式中，W_{m} 为试验机储存的弹性变形能；W_{s} 为试样储存的弹性变形能；F 为荷载；K_{m} 为试验机刚度；K_{s} 为试样刚度。

若分别取标准值 $K_s = 0.8\text{GN/m}$，$K_m = 0.2\text{GN/m}$，由式（4.1）可得 $W_m = 4W_s$，即试验机储存的弹性变形能比试样储存的弹性变形能大3倍。当对试样施加的荷载值增加到极限值时，试样内出现宏观裂纹，则试验机内储存的大量弹性能会立即释放。此时，相当于对试样施加了一个远超过其极限强度值的附加荷载，加速了试样的破坏。因此，试样将会猛然爆裂。这也就是岩爆发生的机制之一。

2. 对力-位移曲线的分析

图4.2a表示三条典型的力-位移曲线，可见普通试验机的力-位移曲线 K_1 位于试样的力-位移曲线 K_s' 的上方，其斜率（刚度）远小于试样力-位移曲线的斜率（刚度）；而刚性试验机的力-位移曲线 K_2 位于试样的力-位移曲线的下方，故其斜率（刚度）大于试样的力-位移曲线的斜率（刚度）。

如果在三条曲线的公切点 A 附近（图4.2b）使试样压缩量 ΔS 增加导致岩石试样的承载能力减小了 $\Delta F_s = (\mathrm{d}F/\mathrm{d}S)\Delta S$，它同样导致试验机作用在岩样上的荷载减小了 $K\Delta S$，剩余的承载力为 F_2，此时试样的刚度为

$$K_s' = \frac{\Delta F_s}{\Delta S} = \frac{\mathrm{d}F}{\mathrm{d}S} \tag{4.2}$$

如果是 $|K_s'| > K_s$ 的情况（ K_s 为试样在强度极限前的刚度，$|K_s'|$ 为试样在强度极限后的刚度的绝对值），即相当于图4.2b中的 K_s' 和 K_1 两条曲线表示的情况，则试样在 $S + \Delta S$ 处的承载能力 F_2 将小于试验机所施加的附加荷载 F_1，这种状态是不稳定的，将导致试样突然而猛烈地崩溃。

如果是 $|K_s'| < K_s$ 的情况，相当于图4.2b中 K_s' 和 K_2 两条曲线表示的情况，则试样在 $S + \Delta S$ 处的承载能力 F_2 将大于试验机所施加的附加荷载 F_3，在这种情况下试样的破坏将是稳定的。

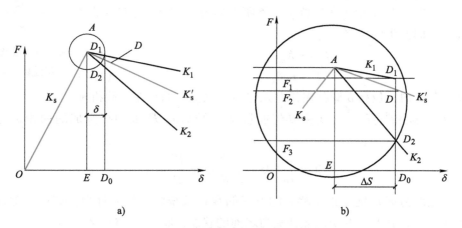

a) b)

图4.2 力-位移曲线与试验机刚度的关系

3. 对力-位移曲线与横轴围成的面积进行分析

从图4.3可以看出，K_2 曲线以下与横轴所围成的面积 AD_2D_0E 总是小于 K_s 曲线以下与横轴围成的面积 ADD_0E，即刚性试验机由于储存的弹性变形能量小于试样进一步压缩所需的能量。也就是说，要使试样进一步压缩变形，试验机必须连续不断地对试样施加荷载，达到试样强度极限之后也是如此。因此，试样的破坏是一个稳定的而不是突然的猛烈的破坏过

程，故试验过程中可以测得试样的全程应力-应变曲线。

由上述分析可看出，以往沿用的普通试验机本身的刚度比待测试样的刚度要低，且无法控制其加载速度，这是导致试验结果失真的主要原因。

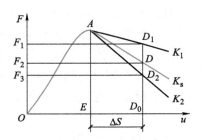

图 4.3　力-位移曲线与横轴围成面积的关系

4.1.2　试验机的刚度与岩样的可控破裂

以往绝大多数测量材料力学性质的试验都是用"柔性"形式的试验机做的，这种试验机的"柔性"特征可能掩盖材料的某些行为或性质。这些效应使得岩石或混凝土在受压到达刚好通过应力-应变曲线峰值后，由于试样的迅猛、几乎是爆炸性的崩溃而终止，但这种现象在地下开挖岩石的破裂中却很少见到，也就是与实际岩石的破裂不相符。

1935 年，Speath 推测，塑性变形时铸铁的应力-应变曲线的精确形式受到试验机刚度的影响，即试验机的卸载特性掩盖了铸铁应力-应变曲线的下降部分。正如分析的那样，因为大多数试验机的刚度约为 0.2GN/m，而标准尺寸的铸铁试样的刚度约为 0.5GN/m，试验机刚度小于试样的刚度。当使用试验机对岩石试样进行加载时，试验机和岩样两者同时发生变形。下面首先对试验机-岩样系统的力学关系进行分析，如图 4.4 所示。

用两根刚度不同的弹簧分别代表试验机和岩样，其中 K_m 代表试验机的刚度，K_s 代表岩样的刚度，有两个刚性支撑点 R 与 R'。如果支撑点 R' 保持不动，相对于试验机活塞的另一端顶住，当施加压力时，试验机和岩样都将受到压缩。观察两个弹簧的连接点 O 有：R 向下运动，把试验机弹簧的位移记做 $-\delta_m$；同样，O 点向下运动，相当于 R' 向上运动，记岩样弹簧的位移为 δ_s。如果岩样和试验机都是线弹性的，可以将弹簧的刚度定义为 $K = F/\delta$（产生单位位移所需的力）。其中，δ 是在力 F 作用下沿 F 方向产生的位移，有

图 4.4　试验机-岩样系统的力学关系

$$F = -K_m \delta_m \tag{4.3}$$

$$F = K_s \delta_s \tag{4.4}$$

当施加力 F 时，位移 δ 储存在弹性元件中，也就是储存在试验机和岩样中。当 F 减小到零时，它所恢复的能量 W，可以从 F-δ 曲线围成的面积进行积分求得，即

$$W = \int_0^\delta F \mathrm{d}\delta = \int \frac{F}{K} \mathrm{d}F = \frac{F^2}{2K} = A \tag{4.5}$$

所以，施加力 F 后能量以位移 δ 的形式储存在系统的弹性元件中，储存的弹性能就是 W。当卸掉力 F，弹簧将伸长恢复到受力之前的状态。将 $F = K\delta$ 代入，有

$$A = \frac{F^2}{2K} = \frac{1}{2K}K^2\delta^2 = \frac{1}{2}K\delta^2 \tag{4.6}$$

多数试验机的力-位移关系确实是线弹性的，但是岩石的力与变形关系却相当复杂，不能看成是线性的。若岩样的力-位移曲线是非线性的，一般可以用一个非线性函数 $F = f(\delta_s)$ 代替 $F = K_s\delta_s$。对于大多数岩石，$f(\delta_s)$ 的形状如图 4.5 所示。这时，试验机-岩样系统的平衡条件是

$$- K_m \delta_m = f(\delta_s) \tag{4.7}$$

下面研究试验机-岩样系统的稳定性问题。

假定图 4.4 中试验机与岩样的连接点 O 处发生了一个很小的位移 ΔS（两个刚性支撑点位置均不变），这就相当于试验机停止了加载，仅仅是试验机和岩样两个弹簧之间的相互作用、相互影响，则试验机对岩样所做的功 ΔW_m（图 4.5 左方阴影面积）为矩形 $abcd$ 的面积减去三角形 abe 的面积，即

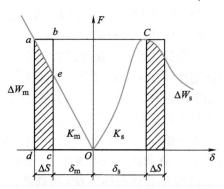

$$\Delta W_m = F \Delta S - \frac{(K_m \Delta S) \Delta S}{2} = \left(F - \frac{K_m \Delta S}{2} \right) \Delta S \tag{4.8}$$

图 4.5　试验机刚度与岩样刚度的关系

试验机在这一过程中产生的位移 ΔS 所储备的弹性能 ΔW_m，在适当的时候（岩样产生了裂纹，承载能力下降的时候）释放出来，这个能量就附加在岩样上对岩样做功，它就是岩样弹性能的增量，也是岩样受压缩 ΔS 时所需的能量（功）ΔW_s，即

$$\Delta W_s = \left[F - \frac{f'(\delta_s) \Delta S}{2} \right] \Delta S \tag{4.9}$$

这里，$f'(\delta_s)$ 相当于 K_s，即岩样刚度，而 $f(\delta_s)$ 相当于 $K_s \delta_s$。

试验机对岩样做的功与岩样弹性能量的增加之间的差值为负时，试验机储备的弹性能无力供给试件进一步生成新的破裂面的能量。这时，系统将是稳定的，则有

$$\Delta W_s - \Delta W_m = \frac{[K_m - f'(\delta_s)] \Delta S^2}{2}$$

稳定条件下有

$$\Delta W_s - \Delta W_m > 0 \tag{4.10}$$

即

$$\frac{[K_m - f'(\delta_s)] \Delta S^2}{2} > 0 \tag{4.11}$$

所以，试验机刚度 K_m 大于岩石的刚度 $f'(\delta_s)$。

也就是说，只要弹簧 K_m 不继续对弹簧 K_s 施加荷载，不再使岩石发生进一步的变形，便可以维持试验系统的平衡。如果荷载超过了试样强度极限 A 点（图 4.3），而仍能满足式（4.10）要求时，则该系统就能够使试样保持稳定，不至于发生猛烈的爆炸性破坏。在试验机加载时，R 点向 R' 点移动，两个弹簧同时受压缩，在试件受到破坏前，两个弹簧都是线弹性的；到达 A 点试件开始破坏，增加变形 ΔS，试件的力-位移曲线按 K_s 变化，试件的承载能力是 F_2。若为普通试验机，弹簧伸长了 ΔS，K_1 数值较小，普通试验机给试件施加的附加荷载为 F_1，$F_1 > F_2$（$K_s > K_1$），破裂无法控制，为非稳定的，导致试件迅速破坏，得到的力-位移曲线如图 4.2b 所示。达到了峰值点，试件并不是没有承载能力，而是试验机的能量释放并施加于岩样，使其过早破坏。若采用刚度较大的试验机，其刚度为 K_2，则 ΔS 变形引起作用力减小到 F_3，F_3 也就是试验机给岩样的作用力，$F_3 < F_2$ 时试件不破坏，继续承载时（$K_s < K_2$）破坏是可控的、稳定的，这样就可以得到应力-应变曲线的全过程，如图 4.2a 所示。所以，有以下结论：

1）当 $|f'(\delta_s)| < K_m$ 时，刚性试验机，破裂是可控的、稳定的。

2）当 $|f'(\delta_s)| > K_m$ 时，柔性试验机，破裂是无法控制、非稳定的。

综上所述，岩石的破裂是否可控，完全取决于试验机刚度和岩样刚度的相对大小。这是一个辩证的关系，要比较试验机刚度与岩样刚度的大小，若试验机刚度不大，可以采用降低岩样刚度的办法，如减小岩样直径、选择刚度小的岩样。所以，只要满足试验机刚度大于岩样刚度的条件，就可以测出岩石的全过程应力-应变曲线。从两种不同刚度的试验机对同一种岩样进行试验的结果也可看出，试验机的刚度对试验结果有着很大的影响（图4.6）。

由于试验机的刚度不同，力-位移曲线的形状和位置也不同，在普通试验机上得到试验机的力-位移曲线沿 OM 线移动，OM 线的斜率即该普通试验机的刚度；在刚性试验机上得到试验机的力-位移曲线沿 ON 线移动，ON 线的斜率即该试验机的刚度，而试样的力-位移曲线则为 $OABC$。

下面从卸载线能量的比较来分析试验机刚度的影响。

假设试样超过强度极限后的力-位移曲线为 ABC，若将两种试验机的刚度曲线 OM 和 ON 都平移过 A 点，则普通试验机将按 AE 线卸载，而刚性试验机将沿 AD 线卸载。此时，由各曲线与横轴围成的面积（能量）的大小可以看出，普通试验机释放出来的弹性变形能量（面积 $AEFA$）远超过试样稳定破坏所能承受的能量（面积 $ACFA$）。这就是在试验过程中，当岩样承受荷载达到强度极限时会突然猛烈崩溃的根本原因。然而，刚性试验机释放出来的弹性变形能（面积 $ADFA$）却小于岩石试样稳定破坏所需的能量（面积 $ACFA$），满足了岩样稳定破坏的条件，从而能够将超过强度极限后的应力-应变关系描绘出来。

由此看出，试验机的刚度决定了试验过程中试验机储存弹性变形能量的大小。试验机储存弹性能量小于岩石试样稳定破坏所需的能量，是得到岩石全过程应力-应变曲线的充分条件。

要获得一条全过程的应力-应变曲线，试验机刚度是一个关键因素，另外一个因素就是控制加载的速度。加载速度的快慢直接影响着岩石材料的变形性质，在同一刚度的试验机上对相同标本采用不同加载速度进行试验，所得的应力-应变曲线如图4.7所示。

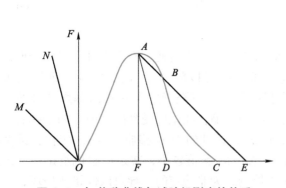

图 4.6　力-位移曲线与试验机刚度的关系

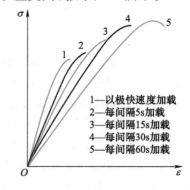

图 4.7　不同加载速度条件下 σ-ε 曲线

从曲线1看，岩样在其总变形量不大时便破坏了。这是由于加载速度太快，岩样受力后，其内部晶体之间的相对位置尚未得到充分变化时，施加的荷载已经很大，岩样必然很快地崩溃。若对该岩样的变形性质进行分析，它属于脆性。然而，从曲线5来看，由于加载速度较慢，岩样内部晶体之间的相对位置有充分的时间可供调整，故总的变形量增大。从变形性质进行分析，该岩样显示为塑性。这样，对同一种试样做试验，加载速度不同，试样变形的性质也不同。因此，要测试出岩石的全程应力-应变曲线，控制加载速度也是一种有效的途径。

4.1.3　影响试验机刚度的主要因素

试验机的刚度取决于组成试验机各构件的刚度，普通试验机由液压式螺杆传动加载系统、加载框架，以及可上下运动的加载头、加压板等构件组成。有关研究单位对国产 200t 试验机的刚度进行过测定，刚度约为 0.1GN/m；并对普通试验机各主要构件进行了刚度分析，得到各主要构件刚度分配如下：活塞杆 4.5GN/m，加载头 1.5GN/m，液压缸壁 1.37GN/m，联接螺栓 0.67GN/m，液压油 0.14GN/m。由上述分析得出，影响试验机整体刚度的主要构件为液压油及连接螺栓等，因为它们的刚度最低，如果提高这些构件的刚度，则整个试验机的刚度可相应地提高。

若将 n 个构件串联排列，则当各个构件受到同样大小的力后，试验机整体刚度为各构件刚度倒数和的倒数，即

$$K_{m-串} = 1 \Big/ \sum_{i=1}^{n} \frac{1}{K_i} \tag{4.12}$$

式中，K_m 为试验机整体刚度；K_i 为每个构件的刚度；n 为构件数。

若将 n 个构件并联排列，则试验机的组合刚度为各构件刚度之和，即

$$K_{m-并} = \sum_{i=1}^{n} K_i \tag{4.13}$$

从式（4.12）和式（4.13）可知，各构件并联可以提高整机的刚度，因此，如果在试验机上并联一组刚度较大的构件（如两根支撑钢柱或一整体圆筒），则可使整个试验系统的刚度显著提高。

一个构件的刚度 K_i，就是当其发生单位位移时所需的力。一个长度为 L、横截面面积为 A、弹性模量为 E 的弹性构件，在承受单向荷载压缩时，该构件的刚度可由下式求得

$$K_i = \frac{AE}{L} \tag{4.14}$$

由式（4.14）可知，构件的刚度与其弹性模量和横截面积成正比，与构件长度成反比，因此要尽量减小构件长度，增加横截面面积，并选择弹性模量较大的材料。另外，试验机的加载架、试样和加压板之间的垫块、压力传感器等，在试验时都同时承受荷载，提高它们的刚度也有助于提高整个试验机系统的刚度。

试验机的加载头和加压板的刚度，取决于受载面积的大小。加压板的刚度，一般可用加压板上的压痕来衡量。Timoshenko 等指出，直径为 D 的刚性圆形冲压器使平面压出凹痕的位移量是

$$u = \frac{P(1 - \nu^2)}{DE} \tag{4.15}$$

式中，u 为位移量；P 为荷载；ν 为泊松比；E 为平面弹性模量；D 为圆形冲压器的直径。

也就是说，两块刚性联接的加压板的刚度完全可以用 $DE/2$ 近似求得。试验时，可将由碳化钨合金制成的截头圆锥垫块垫在试样与加压板之间，以便荷载均匀分布。

液压加压系统的刚度是由液体的可压缩性，以及液压缸、管路、仪表和阀门等组件的膨胀性来决定的。设液柱的高度为 H，体积模量为 K，横截面面积为 A，则其液体刚度为

$$K_{\mathrm{H}} = \frac{AK}{H} \tag{4.16}$$

从式（4.16）可知，若减小液柱高度，增加液柱的横截面面积，则可以提高液体刚度。同时，缩短管路的长度，采用高强度的液压缸，特别是采用可压缩性极小的液体（如水银），都可以提高液压加压系统的刚度。

1965 年，Cook 在普通试验机上加上一组与试样长轴平行的刚性柱，如图 4.8 所示，有效地减轻了试样破坏时的猛烈程度，并测得了田纳西大理岩和圣克德花岗岩等岩样的全程 $\sigma\text{-}\varepsilon$ 曲线。

1966 年，Cook 和 Hojem 设计并制造了一台刚性试验机（图 4.9）。在该试验机上用液压千斤顶对试样进行预加载，到极限强度的 50%~70% 后依靠试验机框架（刚性柱）的收缩产生的位移对试样继续加载，从而测得了大理岩的全程 $\sigma\text{-}\varepsilon$ 曲线。

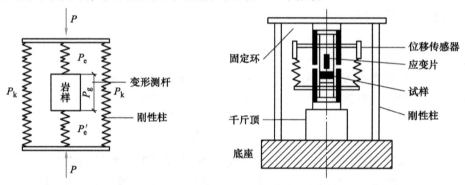

图 4.8　加刚性柱的普通试验机　　图 4.9　Cook 和 Hojem 设计制造的刚性试验机

4.2　三轴压缩试验设备

4.2.1　围压容器

图 4.10 是在围压下进行压缩试验的普通三轴压缩试验机的构造。先将岩样 S 放在气缸 C 中，然后嵌进套筒 T，再向下压紧塞子 H，使其不漏液；再用压缩试验机向活塞 P 适当加载，接着开动液压泵，调整气缸内的液压（围压）达到预定值；这时再增加活塞 P 的荷载，向岩样施加轴压。当岩样被压缩时，其高度有所降低的部分，正是活塞进入气缸的部分。因液压泵带有调压阀，故气缸内的液压能保持恒定。用液压计测定气缸内的液压（围压），活塞的加载量用压缩试验机上的刻度盘或压力传感器来测定。

因三轴压缩试验机用液体施加围压，因此在试验时为避免液体与岩样接触，一般都用塑料薄膜、橡胶或薄铜板将岩样包起来。用指示表测定活塞 P 和气缸 C 的相对位移。目前是用电阻应变仪直接测量应变量。

在施加围压 $\sigma_0 (= \sigma_2 = \sigma_3)$ 的状态下可以测定轴压 σ_1 与轴向应变 ε_1 的关系，以及破坏应力，将其结果用以轴压 σ_1 和围压 σ_0 的差值（应力差）为纵轴，轴向应变 ε_1 为横轴的坐

标系来表示。

三轴试验中，关键设备是围压容器，大多数岩石力学试验是在围压容器中进行的，它是由高强度金属制成的圆柱形容器，用压力泵将传压介质泵入容器，对岩样施加围压。一般的三轴围压容器的一端有一个可以运动的活塞，活塞可以沿轴向前进，对岩样施加一个轴向荷载，从而在岩样中产生差应力。围压和轴压可以分别独立地加以控制。

下面给出单轴和三轴压缩试验中弹性模量与泊松比的计算。

单轴试验（图4.11）的弹性模量与泊松比为

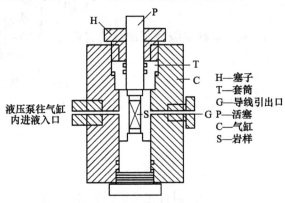

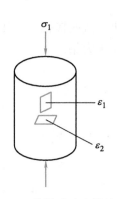

图 4.10　普通三轴压缩试验机的构造　　　图 4.11　单轴试验岩样的受力

H—塞子
T—套筒
G—导线引出口
P—活塞
C—气缸
S—岩样

液压泵往气缸内进液入口

$$E = \frac{\sigma_1}{\varepsilon_1} = \frac{F/S}{\varepsilon_1} = \frac{F}{S\varepsilon_1} \tag{4.17}$$

$$\nu = -\frac{\varepsilon_2}{\varepsilon_1} \tag{4.18}$$

三轴压缩试验的弹性模量为

$$E = \frac{\sigma_1 - 2\nu\sigma_3}{\varepsilon_1} \tag{4.19}$$

传压介质可以是固体（叶蜡石、金属）、液体（煤油、汽油）、气体（氩），各种传压介质能达到的温度-压力范围如下：

1）气体（G）：用于高温试验（300℃以上），达到的压力低于1GPa，难以密封，易发生事故，不太安全。

2）液体（F）：最大压力约为1.5GPa，压力是各向同性的，无压力梯度；温度一般在室温至300℃，使用方便，密封较容易。

3）固体（GSM）：压力越高，各向同性越高，适合用于压力高于1GPa的试验；温度可达400~1000℃，存在压力梯度。

4）更高的压力需通过金刚钻（BA）产生。

4.2.2　高压的产生

三轴试验的容器内使用的传压介质多为气体或液体，在这种情况下，产生围压主要用以下两种办法：

1）直接用高压泵将气体或液体直接泵入容器，如液压泵可以产生1000MPa的高压液体。

2）1000MPa 以上的高压，可用压力倍增器（图4.12）。压力倍增器是用往返柱塞泵来产生高压，将两个直径不同的活塞同轴相连，当低压液体推动活塞运动时，在截面面积较小的活塞处产生了高压。显然，低压液体的压力 p_1 与高压液体的压力 p_2 之比等于高压活塞的截面面积 S_2 与低压活塞的截面面积 S_1 之比（通常 $S_2 : S_1 = 1 : 10$ 或 $1 : 15$），即

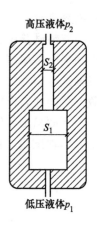

$$\frac{p_1}{p_2} = \frac{S_2}{S_1} \tag{4.20}$$

在两个截面接触处，压力增加 10~15 倍，这种多级活塞加载装置称为 Bridgman 压力钻。

图 4.12　压力倍增器原理

4.3　应力路径

4.3.1　加载与卸载

当材料中某点的应力状态满足屈服条件时，这一点就开始进入塑性状态。如果进一步加载，要用塑性变形的本构关系来描述它的力学状态。但首先必须回答什么叫加载？什么叫卸载？在简单应力状态下（图4.13），这是不成问题的。

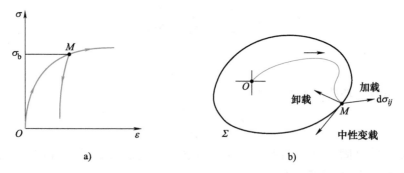

图 4.13　加（卸）载描述

在简单拉伸情况下，如图4.13a 所示，当到达状态 M 时，弹性极限是 σ_b，在 $0 \sim \sigma_b$ 的范围内材料可以称是弹性的。如果应力在这个范围内变化，材料只发生弹性变形。到 M 点再进一步加载，材料将发生塑性变形。因此，这个应力就像是一个即时的弹性极限 σ_b，它既与以前的弹性变形有关，还区分加载（伴随有进一步塑性变形）和卸载（伴随有纯弹性变形）。显然，对于单轴拉伸，应力增量 $d\sigma < 0$ 是加载，而 $d\sigma > 0$ 是卸载。对于单轴压缩，则 $d\sigma > 0$ 为加载，$d\sigma < 0$ 为卸载（σ 指代数值，压缩为正，拉伸为负）。为了将两者统一起来，可以定义简单应力情况为

$$\begin{cases} \sigma d\sigma > 0 & \text{加载} \\ \sigma d\sigma < 0 & \text{卸载} \end{cases}$$

在复杂应力状态下，描述这些概念就要困难得多，如应力强度 σ 和应变强度 ε 的同一个数值 σ_1 或 ε_1 可能是对应应力或应变状态的一个范围，而不是一个点。

设一物体处于塑性状态，在所考虑的瞬间以应力张量 σ_{ij} 表示其特征（图 4.13b）。如果给予 σ_{ij} 一微小的增量 $\mathrm{d}\sigma_{ij}$（附加加载），则这个附加的荷载将会产生进一步的塑性变形。所以，问题复杂化的原因是因为应力是一个张量 σ_{ij}，它要由六个独立的应力分量才能全部表示出来。即使对于各向同性材料，也仍然要用三个主应力 σ_1、σ_2、σ_3 才能完整地表示一点的应力状态。例如，一点的初始应力状态是 σ^0，它的三个主应力分别为 $\sigma_1 = 40\mathrm{MPa}$、$\sigma_2 = 20\mathrm{MPa}$、$\sigma_3 = 20\mathrm{MPa}$，即

$$\sigma^0 = \begin{pmatrix} 40 & 0 & 0 \\ 0 & 20 & 0 \\ 0 & 0 & 20 \end{pmatrix}$$

当它变为

$$\sigma^{\mathrm{I}} = \begin{pmatrix} 45 & 0 & 0 \\ 0 & 35 & 0 \\ 0 & 0 & 35 \end{pmatrix} \quad 或 \quad \sigma^{\mathrm{II}} = \begin{pmatrix} 30 & 0 & 0 \\ 0 & 10 & 0 \\ 0 & 0 & 0 \end{pmatrix}$$

时，到底是加载还是卸载？要回答这个问题，必须找到一个衡量应力状态对塑性变形起作用的物理量，它就是塑性条件或塑性屈服准则。按 Tresca 屈服准则，一点是否进入塑性状态的判据完全决定于该点最大剪应力 $\tau_{\max}$ 的大小，$\tau_{\max} = (\sigma_1 - \sigma_3)/2$。很自然地，也可以在该点进入塑性状态后是否进一步产生新的塑性变形这个问题上，继续用最大剪应力 $\tau_{\max}$ 的增大或减小来作为衡量加载与卸载的判据。如上面三种应力状态的 $\tau_{\max}$ 分别为

$$\tau_{\max}^0 = 10\mathrm{MPa}, \ \tau_{\max}^{\mathrm{I}} = 5\mathrm{MPa}, \ \tau_{\max}^{\mathrm{II}} = 15\mathrm{MPa}$$

按照这样的标准，可知有

$$从 \ \sigma^0 \rightarrow \sigma^{\mathrm{I}}，为卸载$$
$$从 \ \sigma^0 \rightarrow \sigma^{\mathrm{II}}，为加载$$
$$从 \ \sigma^{\mathrm{I}} \rightarrow \sigma^{\mathrm{II}}，为加载$$

现在引入加载曲面 Σ，在应力空间中它是一个曲面（图 4.13b）。对于介质的某一给定状态，能以它来区分弹性变形和塑性变形区域。坐标原点 O 对应于零应力，附加加载 $\mathrm{d}\sigma_{ij}$ 所产生的或者是弹性应变（如果 $\mathrm{d}\sigma_{ij}$ 从加载曲面 Σ 指向其内部，则是卸载）或者是塑性应变（如果 $\mathrm{d}\sigma_{ij}$ 从加载曲面 Σ 指向其外部，则是加载）。处于加载曲面的切平面上的增量 $\mathrm{d}\sigma_{ij}$（中性变载）只能导致弹性应变（连续性条件）。

加载曲面不是固定不变的（理想塑性是固定不变的），而在强化发展时，它既膨胀又发生位移。一般情况下，加载曲面 Σ 的形状和位置不仅依赖于瞬时的应力状态，也与以前的全部变形历史有关。

综上所述，如果屈服函数（屈服曲面的方程）为

$$f(\sigma_{ij}) = 0 \tag{4.21}$$

则加载或卸载条件的数学形式为

$$f(\sigma_{ij}) = 0, \ \mathrm{d}f = f(\sigma_{ij} + \mathrm{d}\sigma_{ij}) - f(\sigma_{ij}) = \partial f/\partial \sigma_{ij} > 0, \ 加载 \tag{4.22-1}$$

$$f(\sigma_{ij}) = 0, \ \mathrm{d}f = f(\sigma_{ij} + \mathrm{d}\sigma_{ij}) - f(\sigma_{ij}) = \partial f/\partial \sigma_{ij} < 0, \ 卸载 \tag{4.22-2}$$

$$f(\sigma_{ij}) = 0, \ \mathrm{d}f = f(\sigma_{ij} + \mathrm{d}\sigma_{ij}) - f(\sigma_{ij}) = \partial f/\partial \sigma_{ij} = 0, \ 中性变载 \tag{4.22-3}$$

当采用 von-Mises 屈服准则时，在 π 平面上屈服曲线为一圆，则视 $\mathrm{d}\sigma_{ij}$ 指向圆外、圆内或与圆相切而分别为加载、卸载和中性变载。所以，当应力点保持在屈服面上时，称为加

载，这时塑性变形可以任意增长；当应力点从屈服面之上变到屈服面之内时就称为卸载。

4.3.2 加载方式及比例加载

从应力状态 $\boldsymbol{\sigma}^{\mathrm{I}}$ 加载到应力状态 $\boldsymbol{\sigma}^{\mathrm{II}}$（图4.14）相当于应力空间中从点 P_1 变化到点 P_2，从 P_1 到 P_2 可以有无数多条各种形状的曲线，每一条曲线代表一种加载方式，这些曲线称为加载途径，即应力路径。加载途径反映了一种加载的方式，即应力状态是如何从 $\boldsymbol{\sigma}^{\mathrm{I}}$ 变化到 $\boldsymbol{\sigma}^{\mathrm{II}}$ 的。最简单的一种加载方式为比例加载，或称简单加载。它的特点为各应力分量之间的比值始终保持不变，为应力空间经过原点的一条直线。这一直线在 π 平面上的投影是一条通过原点的射线，比例加载是一种最简单的也是很重要的加载方式。

图4.15也是一种加载路径，$\sqrt{J_2'} = (\sigma_1 - \sigma_3)/\sqrt{3}$，$J_1 = P = (\sigma_1 + 2\sigma_3)/3$。先加静水压力使土固结，后施以差应力，直到剪切破坏，J_2' 为应力偏量的第二不变量。图4.16是应力空间中不同的加载途径（应力路径），在三轴加载情况下，即 $\sigma_2 = \sigma_3 = P$，岩石中的应力状态始终处于 $OABC$ 面上。要到达（σ_1^0，$\sigma_2^0 = \sigma_3^0$）应力状态，可以通过不同的应力途径：

1）Ⅰ：先增加 $\sigma_1 = \sigma_2 = \sigma_3 = \sigma_2^0 = P$，然后保持 σ_2、σ_3 不变，使 σ_1 由 σ_2^0 增至 σ_1^0，即均匀压力后施以差应力。先加静水压力，再加差应力。

2）Ⅱ：比例加载，使 $\sigma_1/\sigma_2 = \sigma_1^0/\sigma_2^0$，静水压与轴压同时按比例增加。

3）Ⅲ：由Ⅰ的方法先达到（$\sigma_1^0 + \Delta$，σ_2^0，σ_3^0）应力状态，然后使 σ_1 减少 Δ，即由 $\sigma_1^0 + \Delta$ 减至 σ_1^0。先加静水压力再加轴压调整。

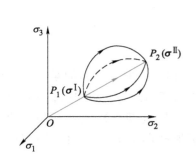

图4.14 加载路径

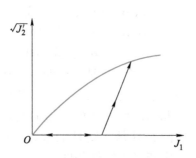

图4.15 三轴应力下的加载路径

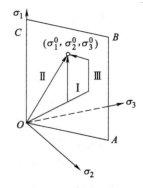

图4.16 应力空间中不同的加载途径

4.3.3 加载面

图4.17为强化材料的一维应力-应变关系。σ-ε 曲线由 O 到 B 属于弹性状态，应力超过 B 点材料进入塑性状态。如果继续加载到 C 点卸载，应力沿直线 CDE，与 OA 相同斜率返回到 E 点，OE 是留下的残余应变，即塑性应变 ε^{p}；如果再度加载，应力-应变曲线沿 EG，超过 C 点到 G 点才出现屈服。由于有了第一次应力沿 $OBCDE$ 路径加载的历史，所以材料的屈服点由 B 点提高到 G 点。从这个试验可知，应力历史影响屈服面。如果反复加载，但应力不超过 B 点，保持在弹性范围内，这部分应力历史就不影响屈服面；只有超过初始屈服点的应力历史才影响屈服面。因此，有人也称应力历史为塑性历史或应变历史。

在 $OBCDE$ 应力历史情况下，塑性应变是 ε^{p}。这时只有应力发生变化（加载超过 G 点）才能有进一步的塑性应变 $\varepsilon^{\mathrm{p}} + \mathrm{d}\varepsilon^{\mathrm{p}}$，即产生塑性应变增量 $\mathrm{d}\varepsilon^{\mathrm{p}}$。也可以看到，如果材料的应力达到 OB（第一次加载）或 OG（第二次加载）而维持不变，不会出现塑性应变的增加，只有应力在此基础上进一步增大后才会产生塑性应变增量（$\mathrm{d}\varepsilon^{\mathrm{p}}$）。这里强调的是应力历史和应力两方面的作用。

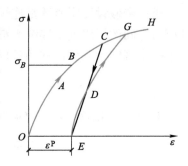

图4.17 强化材料的加载路径

由此可以得出，强化材料的屈服函数 f 是应力 $\boldsymbol{\sigma}_{ij}$ 和应力历史的函数。假设应力历史由 $H_a(a = 1 \sim n)$ 个参数组成，则强化材料的屈服函数或屈服面的数学表达式为

$$f(\boldsymbol{\sigma}_{ij},\ H_a) = 0 \tag{4.23}$$

式中，屈服函数 f 是应力 $\boldsymbol{\sigma}_{ij}$ 和应力历史 H_a 的多维空间的曲面，即应力空间中表示的屈服曲面；可以看作是当 H_a 为某一常数时的 $f(\boldsymbol{\sigma}_{ij},\ H_a)$ 的屈服面，即

$$f(\boldsymbol{\sigma}_{ij},\ H_a)_{H_a = 常数} = 0 \tag{4.24}$$

假如 H_a 没有变化，材料处于弹性状态，即当应力达到 $f(\boldsymbol{\sigma}_{ij},\ H_a) = 0$ 时，若应力再有一增量 $\mathrm{d}\boldsymbol{\sigma}_{ij}$ 产生，有

$$f(\boldsymbol{\sigma}_{ij} + \mathrm{d}\boldsymbol{\sigma}_{ij},\ H_a) < 0 \tag{4.25}$$

则称此 $\mathrm{d}\boldsymbol{\sigma}_{ij}$ 使材料卸载。此时，材料处于弹性状态，故应力历史 H_a 没有变化，对比式（4.24）和式（4.25），得到屈服函数增量是小于零的，即

$$\mathrm{d}f = \mathrm{d}f|_{H_a = 常数} < 0,\ 卸载 \tag{4.26}$$

假若有一应力增量 $\mathrm{d}\boldsymbol{\sigma}_{ij}$ 使得屈服函数的增量大于零，即

$$\mathrm{d}f|_{H_a = 常数} > 0,\ 加载 \tag{4.27}$$

应力增量 $\mathrm{d}\boldsymbol{\sigma}_{ij}$ 必然使应力历史发生变化，所以实际上此时 H_a 不再是常数，同时在应力空间的屈服函数即屈服面也发生大小、位置或形状上的变化。这种形式的应力增量使材料加载，新的应力（$\boldsymbol{\sigma}_{ij} + \mathrm{d}\boldsymbol{\sigma}_{ij}$）应该处在变化之后的新的屈服面上。因此，加载使得初始屈服面变为后继屈服面或称为加载面。初始屈服条件，也就是说初始屈服面在到达 B 点之前，该材料必须从未发生过塑性变形。因为，材料进入塑性状态后，再继续产生塑性变形时的条件可能不同于初始屈服条件，与此相应的曲面也不同于初始屈服面而称为加载面，这时加载面的数学形式变为

$$f(\boldsymbol{\sigma}_{ij} + \mathrm{d}\boldsymbol{\sigma}_{ij},\ H_a + \mathrm{d}H_a) = 0 \tag{4.28}$$

对比式（4.24）和式（4.28），可见使材料加载的应力增量引起屈服函数的增量为

$$\mathrm{d}f = 0 \tag{4.29}$$

可以把式（4.29）分解为

$$\mathrm{d}f = \mathrm{d}f|_{H_a = 常数} + \mathrm{d}f|_{\boldsymbol{\sigma}_{ij} = 常数} \tag{4.30}$$

由式（4.27）、式（4.29）和式（4.30）可得

$$\mathrm{d}f|_{\boldsymbol{\sigma}_{ij} = 常数} = -\,\mathrm{d}f|_{H_a = 常数} < 0 \tag{4.31}$$

对比式（4.31）和式（4.27）可知，当 $\boldsymbol{\sigma}_{ij}$ 为常数且应力历史也不变〔式（4.31）〕的情况下，只可能是卸载。

进一步假设屈服函数是连续可微的，这意味着在 H_a、$\boldsymbol{\sigma}_{ij}$ 空间的屈服函数或在 H_a 为常数的应力空间的屈服面是连续光滑的，屈服面上的每一个点有唯一的一个切平面。这样，便可以进一步规定加载和卸载的条件。假设某一微量的应力增量加到应力 $\boldsymbol{\sigma}_{ij}$ 上使 $f=0$，有

$$\mathrm{d}f\big|_{H_a = 常数} = \left(\frac{\partial f}{\partial \boldsymbol{\sigma}_{ij}}\right) \mathrm{d}\boldsymbol{\sigma}_{ij} \tag{4.32}$$

对比式（4.32）和式（4.26），可知对于卸载时有

$$f(\boldsymbol{\sigma}_{ij},\ H_a) = 0 \ 和 \left(\frac{\partial f}{\partial \boldsymbol{\sigma}_{ij}}\right) \mathrm{d}\boldsymbol{\sigma}_{ij} < 0,\ 卸载 \tag{4.33}$$

也就是说，应力历史为常数，应力增量 $\mathrm{d}\boldsymbol{\sigma}_{ij}$ 使屈服函数增量 $\mathrm{d}f < 0$。而加载时有

$$f(\boldsymbol{\sigma}_{ij},\ H_a) = 0 \ 和 \left(\frac{\partial f}{\partial \boldsymbol{\sigma}_{ij}}\right) \mathrm{d}\boldsymbol{\sigma}_{ij} > 0,\ 加载 \tag{4.34}$$

$$f(\boldsymbol{\sigma}_{ij},\ H_a) = 0 \ 和 \left(\frac{\partial f}{\partial \boldsymbol{\sigma}_{ij}}\right) \mathrm{d}\boldsymbol{\sigma}_{ij} = 0,\ 中性变载 \tag{4.35}$$

它相当于应力增量位于屈服面上，此时应力历史没有变化，$\mathrm{d}H_a = 0$，故没有新的塑性应变产生。

有人把屈服函数看成是应力 $\boldsymbol{\sigma}_{ij}$、塑性应变 $\boldsymbol{\varepsilon}_{ij}^{\mathrm{p}}$ 和强化系数 K 的函数，即以 $\boldsymbol{\varepsilon}_{ij}^{\mathrm{p}}$、$K$ 代表 H_a（$a = 1{\sim}2$），屈服函数就可写为

$$f(\boldsymbol{\sigma}_{ij},\ \boldsymbol{\varepsilon}_{ij}^{\mathrm{p}},\ K) = 0 \Rightarrow f(J_1,\ \sqrt{J_2'},\ \varepsilon_V^{\mathrm{p}},\ K_1,\ K_2,\ \cdots) = 0 \tag{4.36}$$

4.4　岩石动态试验方法

地学中遇到的往往是一个应变率范围很大（$10^{-16} \sim 10^7/\mathrm{s}$）的问题。在岩石工程和地震工程中，爆破和地震产生的应变可能是以秒计，而采矿过程可持续数年，应变率变化范围可能超过 10 个量级。远震地震波的应变率为 $10^{-6} \sim 10^{-3}/\mathrm{s}$，近震地震波的应变率为 $10^1 \sim 10^2/\mathrm{s}$；地质构造的应变率为 $10^{-16} \sim 10^{-14}/\mathrm{s}$，核爆炸的应变率为 $10^4 \sim 10^5/\mathrm{s}$ 等。实验室试验结果要外推到野外，必须要求变形机理相同，或者应变率相同。从这两点可见，应变率的变化对岩石（体）力学性质和断裂特性影响很大。由于应变率的变化及由此产生不同的断裂模型和几何形状，所以脆性岩石断裂扩展的速度也可能涉及几个量级，这就是动态试验方法的目的。岩石动态试验方法是岩石动力学的试验方法，岩石动力学又是连续介质力学的一个分支，它是研究岩石和岩体在各种动荷载或周期变化荷载作用下的基本力学性质及其工程效应。Kranz（1983）介绍过室内试验采用应变率来研究岩石的特性[2]。

表 4.1 给出了应变率为 $10^{-3} \sim 10^{-10}/\mathrm{s}$ 对抗压（断裂）强度的影响。研究表明，弹性模量、泊松比和抗压强度在很大程度上取决于应变率。当应变从 $10^{-3}/\mathrm{s}$ 降到 $10^{-9}/\mathrm{s}$ 时，Laurencekirk 砂岩的弹性模量降低了 15%，泊松比降低了 20%（Sangha 等，1972）。Chong 等（1987）进行的油页岩的试验，应变率从 $10^{-1}/\mathrm{s}$ 降到 $10^{-4}/\mathrm{s}$ 时，弹性模量降低了 15%，泊松比降低了 7%。如果有孔隙水存在，弹性模量会降低更多（Richard 等，1982）。$10^0 \sim 10^{-4}/\mathrm{s}$ 的应变率对断裂动力特性的影响，已在某些地质文献中进行了研究（Grady 等，1979）。在高应变率条件下，断裂应力与断裂尺度和断裂形状无关。因此，在某些岩石中观察到的应变率决定着断裂应力是构造效应而不是材料的基本性质。从冲击或爆破试验中获得

的油页岩动力断裂特性数据表明，应变率对其结果起着决定性作用。当应变率超过 $10^1 \sim 10^5/s$ 时，断裂应力可能增大一个量级（Chong 等，1980）。

表 4.1　应变率对不同材料的断裂应力的影响

周期	应变率/s	混凝土 σ_f/MPa	砂岩 I σ_f/MPa	砂岩 II σ_f/MPa	大理岩 σ_f/MPa	碳酸岩 σ_f/MPa
1~5s	10^{-3}			83.5	27.0	34.0
0.1~1min	10^{-4}		111.0	78.9	25.0	30.0
1~10min	10^{-5}	19.8	109.0	75.0	21.0	28.0
0.2~2h	10^{-6}	19.3	103.0	72.0	19.0	26.0
2~20h	10^{-7}	19.2	99.0	70.2	17.0	25.0
2~20d	10^{-8}	19.1	97.0	69.4	16.0	24.0
1~6m	10^{-9}	19.0	95.0	68.8		
1~3y	10^{-10}	18.5	90.0	68.3		

岩石受到的动荷载主要有爆炸、冲击或撞击、振动、地震或瞬时构造力、潮汐或风等其他随时间而快速变化的力。在这些动荷载作用下，岩石和岩体的变形形状和破坏特性的研究，以及应力波的传播及其效应的研究对于水利、矿业、石油勘探、土木建筑、铁路或道路工程等都有很重要的意义。所以，岩石动态试验研究具有科学和现实意义，是相当重要的。

静态、准静态试验：一般在液压试验机上进行，其应变率一般为 $10^{-6} \sim 10^{-4}/s$，总是小于 $10^{-2}/s$。

准动态或动态试验：伺服控制试验机（MTS、岛津、Instron），应变率一般为 $10^{-6} \sim 10^1/s$；霍普金森压杆，应变率一般为 $10^2 \sim 10^3/s$；爆炸或冲击加载，应变率一般$>10^4/s$。

4.4.1　岩石动力学性质

当炮孔中的炸药爆炸时，在石灰岩中最高压力约为 6GPa，在这一压力下，波头质点速度为 $400 \sim 500m/s$，波头的体应变约为 11%，相应的应变率为 $(8 \sim 10) \times 10^3/s$。当应力峰值衰减到 $2 \sim 0.5GPa$ 时，相应的体应变为 4%~2%。因此，除破裂带附近外，可用小变形来描述岩石在爆破作用下的运动规律。爆破时塑性变形引起岩石的温升估计为 50~60℃。所以，研究岩石爆破问题及其他撞击问题（应变速率与爆破相近的动载问题）时，需要知道压力在 5~6GPa 以下，应变率在 $10^4/s$ 以下的岩石的动力学性质（包括断裂特性在内）。

应变率对应力-应变关系的影响会使岩石的模量提高，如砂岩、石灰岩的应变率每提高一个量级，其模量分别提高 7%和3%（应变率到 $10^2/s$）。应变率每提高一个量级，随着岩石不同，强度提高 1.5%~10%。在有些试验中，当岩石的应变率 $\dot{\varepsilon} = 10^3/s$ 左右时，其强度对应变率的敏感程度会突然增大。强度随应变率的关系可以写为

$$\left(\frac{\sigma}{\sigma_s}\right) \propto \left(\frac{\dot{\varepsilon}}{\dot{\varepsilon}_s}\right)^n \tag{4.37}$$

式中，σ 为强度；σ_s 为静态加载下的强度；$\dot{\varepsilon}_s$ 为静态加载下的应变率。

研究表明，随着应变率的增加，材料强度增高、韧性降低，滞后现象变得明显，但应变

率对强度的影响是有限的。总之，材料性质在动荷载下和静荷载下有着很大区别。因此，研究在高应变率下的材料力学性能已成为材料科学中的一项重要研究课题。一些学者相继提出了各种试验装置（如霍普金森压杆、"轻气炮"、炸药平面透镜等），试图研究和测量各种材料在高应变率下的力学性能，为工程设计、新技术的应用及新材料的研究奠定基础。

4.4.2 研究岩石动力学性质的方法

研究岩石动力学性质有以下方法：

1）声波法。

2）分段式霍普金森压杆，见4.4.3节。

3）一维应变方法—轻气炮，试验时利用相对分子质量较低的气体（如氢气）推动平头炮弹，炮弹再撞击试件。在一个炮筒内不允许横向变形，所以是一维的，应变率可以达到 $10^7/s$。

4）炸药平面透镜，又称为平面波发生器。将炸药装成锥形，在顶点爆炸，使其产生平面波。炸药在顶点爆炸时，开始是球面波；当波碰到两边的自由边界时，反射出来子波使波阵面成为近似平面的形状，就可以把它看成是平面波。西安的21所曾用这种设备做岩石和陨石的动态试验。

4.4.3 分段式霍普金森压杆

分段式霍普金森压杆（Split Hopkinson Pressure Bar，简称SHPB），是研究和测量固体材料在高应变率下的力学性质的一种常用装置，由于它具有结构简单、使用方便、数据处理容易等优点，因此获得了广泛应用。但是由于SHPB中最大应力和最大打击速度受压杆屈服强度的限制，所以它的应变率不高，通常用于应变率在 $10^2 \sim 10^4/s$ 范围内材料的 $\sigma\text{-}\varepsilon$ 关系研究。

1. 试验装置

SHPB试验已被广泛应用于确定材料在单轴压缩载荷下的动态响应特征，也可进行普通的三轴压缩试验。主要的理论假设要求在冲击试验过程中试件的 σ、ε 分布是均匀的。图4.18所示的装置，由输入-输出刚性圆柱杆，其间再夹一试件构成。

试验时，采用高压气体将圆柱形的子弹射出去，并撞击到输入杆上，于是一个幅度为 ε_1 的一维弹性应变脉冲沿着输入杆传播，并用贴于离试件交界面2.54cm处的应变片记录；接着，将应变脉冲 ε_1 输入超动态应变仪，在第一交界面上 ε_1 一部分反射（ε_R），另一部分通过试件透射，其强度依赖于材料的相对声抗；在第二交界面上，应变脉冲又部分地反射和通过输出杆透射（ε_0），并通过另一应变片记录下来。对于足够短的试件，在初始波阵面达到输入-输出杆自由端之前，应变脉冲在试件中发生多次反射，在用于确定动态 $\sigma\text{-}\varepsilon$ 特性的简单分析中已经表明，只要短试件的长径比至少为1，且接触面涂以润滑剂，就可以忽略掉纵向、横向惯性的影响。

2. 装置设计原理

SHPB试验技术是建立在杆中一维应力波的初等理论基础上的，有两个最基本的假定，即平面假定和均匀假定。为了满足这两个假定，对试验装置主体部分的尺寸有一定的要求：

1）压杆直径 D 是该装置最关键的尺寸。为满足平面假定，减少杆的横向惯性所引起的

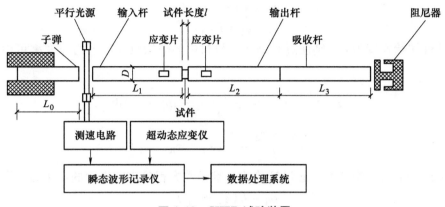

图 4.18　**SHPB 试验装置**

波在传播时的弥散效应，希望压杆直径 D 远小于应力脉冲的波长。然而，杆径太细将增大测量的难度及岩石试件加工的难度。

2）子弹长度 L_0 决定了应力脉冲的波长 λ（$=2L_0$）。为了使杆中的一维应力波初等理论近似成立，横向惯性效应可以忽略不计，压力脉冲的波长 λ 应大于 5 倍的压杆直径 D。

3）输入杆长度 L_1 应大于子弹长度 L_0 的 2 倍，这样既有利于输入脉冲的稳定，又可获得完整的入射波形和反射波形，后者对于数据处理是至关重要的。

4）输出杆长度 L_2 应保证其末端的反射波不会影响到试件的应力-应变关系的测量。通常取输出杆长度 L_2 等于输入杆长度 L_1。

5）吸收杆长度 L_3 应该大于子弹长度 L_0，这样可吸收掉进入输出杆中应力脉冲的全部动量，尽量减少压杆系统在试验过程中的移动，即保证输入杆-试件-输出杆系统在应力脉冲通过时基本保持静止不动。

6）试件直径 d 既要保证试件受压出现侧向膨胀后的端面仍与压杆的端面完全接触，又要求它与压杆之间的截面面积差异尽可能地小，以减少界面附近的二维效应。

7）试件的长度 l 越短，应力波在试件中传播和反射的过程越可忽略不计，其应力、应变的均匀性也越好，但是压杆和试件之间界面上的摩擦效应变得越明显，建议试件的长径比为

$$\frac{l}{d} \approx \frac{\sqrt{3}}{4} \tag{4.38}$$

3. 基本理论

为了估算试件的响应，假设输入-输出杆按线性弹性模式变形，于是可采用一维弹性波理论。在任何时间 τ，试件的输入-输出界面上的位移分别由以下两式给定

$$U_1 = C\int_0^\tau (\varepsilon_1 - \varepsilon_R)\,\mathrm{d}t \tag{4.39}$$

$$U_2 = C\int_0^\tau \varepsilon_0\,\mathrm{d}t \tag{4.40}$$

式中，ε_1 为输入脉冲引起的应变幅度；ε_R 为输入杆与试件接触界面 U_1 上反射的应变幅度；ε_0 为通过输出杆透射的应变幅度；$\varepsilon_1 - \varepsilon_R$ 是输入与反射的一个综合反应；C 为声速。因此，交界面速度为质点速度，通过应变可以测到速度有

$$v_1 = C(\varepsilon_1 - \varepsilon_R) \tag{4.41}$$

$$v_2 = C\varepsilon_0 \tag{4.42}$$

于是，若试件初始长度为 l，则任意时刻 τ，材料中的平均应变和平均应变率可由以下两式估算

$$\varepsilon_s = \frac{U_1 - U_2}{l} = \frac{C}{l}\int_0^\tau (\varepsilon_1 - \varepsilon_R - \varepsilon_0)\,dt \tag{4.43}$$

$$\dot{\varepsilon}_s = \frac{v_1 - v_2}{l} = \frac{C}{l}(\varepsilon_1 - \varepsilon_R - \varepsilon_0) \tag{4.44}$$

作用在试件上的平均应力可通过简单的一维弹性方程确定交界面的作用力，即

$$\sigma_i = E(\varepsilon_1 + \varepsilon_R) \tag{4.45}$$

$$F_1 = EA(\varepsilon_1 + \varepsilon_R) \tag{4.46}$$

$$F_2 = EA\varepsilon_0 \tag{4.47}$$

式中，A 表示输入-输出杆的横截面面积，因此在任意时间 τ，试件中平均应力可由下式给定

$$\sigma_s = \frac{F_1 + F_2}{2A_s} = \frac{EA}{2A_s}(\varepsilon_1 + \varepsilon_R + \varepsilon_0) \tag{4.48}$$

式中，A_s 为试件截面面积，A_s 稍小于 A。

入射波的幅值和宽度可通过调节子弹的速度和长度来控制，反射和透射的波形则由材料动态力学的性能决定，不同反射和透射的波形正是不同材料力学性能的反映。所以，通过 SHPB 压杆试验在瞬间可以获得位移、速度、应变、应变率和应力等数据。由图 4.19 可见，黏塑性材料的透射波形比弹性材料的波形要拉得长，与弹塑性材料相比，有一个特有的后沿缓波，这都是由黏性弥散的特点所决定的。反射波特征反映材料的动态力学性能。

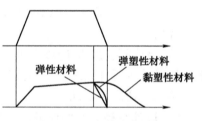

图 4.19 不同的透射波形

4.5 岩石真三轴力学试验（方形试样）

在实际工程中，工程岩体的受力状态是十分复杂的。在洞室开挖、工作面推进及露天开采工程中，除洞室和边坡表面处之外，其余各点均处于三向受力状态。此外，随着边坡开挖、工作面推进及洞室掘进的进行，各点的受力状态不断改变。高地应力条件下地下工程开挖引起的应力路径演化的复杂性，可通过真三轴试验方便地模拟。因此，研究工程岩体的力学性质，仅仅采用单轴拉伸、压缩试验是远远不够的。岩体是一种复杂的地质体，赋存于复杂的三维应力场中，岩体的力学特性及破坏模式通常会随着应力状态的改变而改变。岩石的应力状态可用三个主应力来表示，即最大主应力 σ_1、中间主应力 σ_2、最小主应力 σ_3。目前，岩石力学试验一般采用常规三轴试验（保持围压不变，即 $\sigma_2 = \sigma_3$，增加 σ_1 使岩石发生破坏），但其只研究了轴对称的应力状态，不能反映中间主应力的影响。室内真三轴试验克服了这一缺点，其通过 σ_1、σ_2、σ_3 的独立变化，体现了岩体的真实受荷情况。室内真三轴试验可以解决常规三轴试验不能反映的复杂应力路径的演化问题，因此进行岩石真三轴试验对

于研究岩体强度理论具有重要意义。

4.5.1　真三轴试验仪器及加载方式

真三轴试验是模拟岩体受到荷载作用时，岩体内任一小单元体所承受的应力状态；研究在主应力方向固定的条件下，主应力与应变的关系及强度特性，即岩石的本构关系。试样为立方体，试验时对试样各个互相垂直的主应力面分别施加最大主应力 σ_1、中主应力 σ_2 及最小主应力 σ_3（$\sigma_1 > \sigma_2 > \sigma_3$），测定相应的主应变 ε_1、ε_2、ε_3 和体积变化等。

真三轴试验比轴对称三轴试验（常规三轴试验）复杂得多。真三轴试验仪的加载方式可大致分为三种类型，即刚性板加载方式、柔性加载方式和刚性及柔性复合加载方式，如图 4.20 所示。

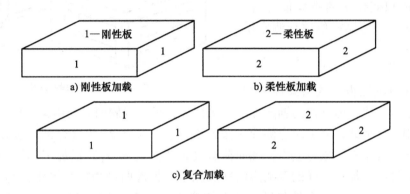

图 4.20　真三轴试验的不同加载方式

1. 刚性板加载

刚性板加载是在试样的六个面上均用刚性板作为传力板，图 4.21 为刚性板加载构造示意图。

试样安装在六个刚性板之间，当在三个应力方向施加压力时，试样便会产生相应的主应变。试样的变形达到很大时，仍能保持六面体。试验过程中，三个主应力可以在保持方向不变的情况下变换大小。试样的四周套两层橡胶膜，为减小摩擦，橡胶膜之间涂抹一层硅脂。可用伺服电动机带动传力杆对三对刚性板施加压力，也可用液压系统控制液压千斤顶来施加。在三个方向的刚性加压板上，分别设

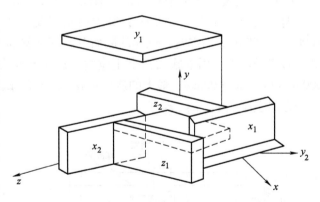

图 4.21　刚性板加载构造示意

置位移传感器或指示表，用以测定试样各方向的变形。橡胶膜有一小孔与细管连接，细管穿过刚性板与孔隙压力传感器或体变管连接，测定试样在试验过程中的孔隙水压力或体积变化。

2. 柔性加载

柔性加载是在立方体试样的六个面上均为柔性橡胶膜袋，其内充填液体，通过对液体施加压力，由此对试样施加主应力（σ_1、σ_2、σ_3），如图 4.22 所示。

试样位于一个框架内，框架的六个开口尺寸为 89mm×89mm×89mm，每个框架开口嵌入一个方形橡胶膜袋。橡胶膜的面紧贴试样面，另一面则用盖板密封，形成可储存压力液体的腔室。盖板上有管道分别与独立液压源连接，用以施加液压。三个方向的变形根据橡胶膜腔室内液体体积变化量的平均值计算，也可用非接触式传感器或位移计测定试样各面的变形。

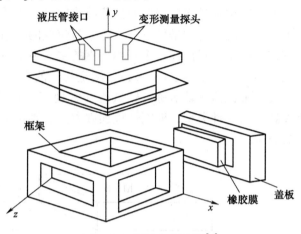

图 4.22 　柔性加载装置[1]

3. 复合加载

复合加载由刚性板加载与柔性板加载两种方式组合而成，即试样的轴向加载为刚性板，另外两侧四面均用柔性板加载；或者两对应侧面用刚性板加载，另两对应侧面用柔性板加载。图 4.23 为复合加载装置。先将试样以橡胶膜包裹，置于三轴压力室内，轴向荷载（最大主应力 σ_1）通过三轴压力室的活塞对试样顶面的刚性板施加。试样的两侧为刚性加压板，另外两侧为刚性加压板与液压橡胶袋。液压橡胶袋有管道通到压力室外与另一独立的液压源连接，用以施加中主应力 σ_2。最小主应力 σ_3 是利用常规三轴试验的压力源向压力室内施加液体压力而得到的。

试样周围的橡胶膜与刚性板之间涂一层硅脂，以减少试样变形时产生的摩擦阻力。试样两侧的刚性板及液压橡胶袋应保证施加的中主应力 σ_2 始终保持在整个试样面上。

图 4.24 是复合式大型高压真三轴仪，用以研究岩土的应力-应变关系及强度，仪器的外壳为钢质圆筒，直径为 1700mm；其内衬是混凝土墙，墙的外径为 1460mm，内为 1000mm×1000mm×1000mm 的空室。试样的底面及相邻两侧面为混凝土墙，试样顶面及另外的相邻两侧面为扁千斤顶，用以施加三个主应力；扁千斤顶与试样之间为纸板。试样的有效尺寸为 600mm×600mm×600mm，最大的压力可达 10MPa。试样的内部埋设引伸计，用以测定试样的三个方向主应变 ε_1、ε_2、ε_3。

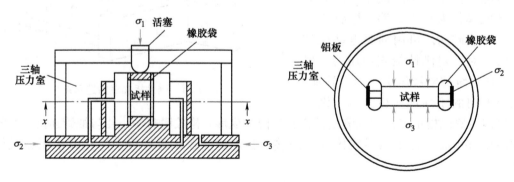

图 4.23 　复合加载装置

三种不同加载方式的真三轴仪，无论在制造方面或操作方面都较常规三轴仪复杂。相对来讲，图 4.24 所示的复合加载装置易于控制，操作也较方便。

以上三种加载方式各有其优点和缺点：

1）刚性板加载的优点：三个方向的加载都是结构完全相同的刚性板加载，故测定精度相同，各个方向分别产生同样的应变，可以进行平面应变试验和 K_0 固结试验。刚性板加载的缺点：试样与加载板之间存在摩擦，试样内部应力分布不均匀，相邻加载板的干扰会形成隅角效应。

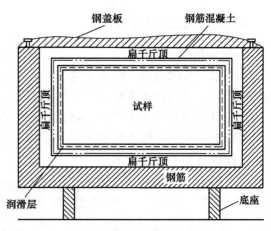

图 4.24　复合式大型高压真三轴仪

2）柔性加载的优点：三个方向加载结构相同，测定的精度也相同，采用液压加载，各试样面上的应力相等，试样接触面的摩擦力较小。柔性加载的缺点：相邻的橡胶袋之间因压力差产生隅角效应，造成试样内部应力分布不均匀。

3）对于复合加载，因试样的接触面有刚性板和柔性橡胶袋，故接触摩擦力不相同，试样变形后不能保持正立方体，三个方向测定的精度也不同。

上述三种加载方式有一个共同缺点，即进行拉伸试验时，有两面向试样内部方向压入，使受力部分之间相互干扰，影响测量数据的精确性。应变率对不同材料的断裂应力的影响见表 4.2。

表 4.2　应变率对不同材料的断裂应力的影响

加载方式	优点	缺点
应变控制全部刚性（刚性板加载）	1. 能精确测量应变 2. 能产生均匀应变 3. 可达到较大的轴向应变 4. 可模拟预定复杂的应力、应变路径 5. 可在加载板上安装压力传感器、孔隙压力计	1. 应力不均匀难以检测 2. 不适合剪切挠曲 3. 当轴向应变较大时，会产生加载板的干扰 4. 不能进行预定应力路径试验 5. 仪器笨重，操作复杂
应力控制全部柔性（柔性加载）	1. 法向主应力作用于加载面 2. 各面上应力分布均匀 3. 在三个方向产生最大应变 4. 能进行预定应力路径试验 5. 可产生剪切挠曲，可测量变形	1. 会产生边界干扰 2. 难以达到大的均匀应变 3. 不易安装孔隙压力计 4. 实现平面应变条件困难
复合控制刚性和柔性（复合加载）	1. 易安装孔隙压力计 2. 可进行预定应力、应变路径试验 3. 以刚性边界为压缩方向，以柔性边界为拉伸方向，可消除边界干扰 4. 可模拟平面应变	1. 不能进行预定应力路径试验 2. 刚性板和柔性板应变场不均匀 3. 边界上产生不均匀应变场 4. 不能进行剪切挠曲试验

4.5.2 真三轴试验步骤

1. 试件尺寸

真三轴试验的试样一般为正立方体或矩形体。表 4.3 所列是目前常用的一些真三轴试验的试样尺寸，其形状大多数为立方体。

真三轴试样的尺寸较常规三轴试样的尺寸要大，且六个面均与刚性板或柔性板接触。因此，各接触面与试样面之间的摩擦力必然会影响试样的变形及应力分布。为减少摩擦的影响，应涂以硅脂类的润滑剂。

表 4.3　真三轴试样尺寸

试样尺寸 （长×宽×高）	加载方式	备注	试样尺寸 （长×宽×高）	加载方式	备注
62mm×62mm×62mm	刚性板	英国	90mm×90mm×90mm	柔性板	美国
84mm×81mm×53mm	复合	英国	100mm×100mm×100mm	复合	法国
70mm×70mm×70mm	柔性板	英国	600mm×600mm×600mm	柔性板	墨西哥

2. 试验程序

真三轴试验仪除了可以进行三向应力试验外，也可用来进行轴对称试验（$\sigma_2 = \sigma_3$）及平面应变试验（$\varepsilon_2 = 0$）。施加三向应力的步骤：先对试样施加各向相同的应力，即 σ_3；在中主应力方向施加 $\Delta\sigma_2$ 至要求的 σ_2 值，然后增加轴向应力 $\Delta\sigma_1$ 直至达到破坏。

进行三向伸长试验，先对试样施加各向均等应力，令 $\sigma_1 = \sigma_2 = \sigma_3$；然后，逐步减小 σ_3 方向的应力直至破坏。对立方体试样施加 σ_1 时，如保持 $\varepsilon_2 = 0$，则试样处于平面应变条件。图 4.25 是真三轴应力试验的破坏应力条件。

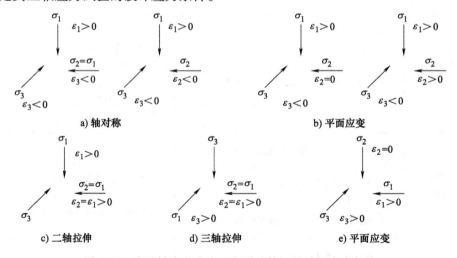

图 4.25　真三轴应力试验（方形试件）的破坏应力条件

4.6　岩石真三轴力学试验（圆筒形试样）

如前所述，现有的研究多局限于平面模型试验，不能进行真正意义上的三维模型试验，加载方式采用千斤顶加载或液压枕加载，加载能力有限，主要应用于浅层的地下工程，不能进行高地应力量级的模型试验，试验时可以施加的应力路径与工程实际情况相差较远。卸荷岩石力学作为岩土工程的前沿研究领域，尽管在过去的研究中进行了一定数量的物理试验和数值模拟研究，取得了一些重要的研究成果，但这些研究的局限性也是明显的。能够真实地模拟、再现巷道围岩的开挖卸荷效应的模型试验研究成果还鲜于报道。

为了研究巷道围岩的开挖卸荷效应，众多学者开展了一系列的室内三轴试验[4]，从常规三轴试验到真三轴试验等，都有所尝试。常规三轴试验采用圆柱体岩样（ϕ50mm×100mm），通过卸载围压、升高轴压，或者同时卸载围压和轴压等方案来模拟工程开挖卸荷；真三轴试验多采用方柱体岩样（高×宽×厚＝150mm×60mm×30mm）[4]，通过卸载最小主应力实现开挖卸荷模拟。通过岩芯试样试验获得的卸荷路径有无数条，要判断出哪条卸荷路径是具有工程实际意义的，目前还缺乏有效的方法。目前，卸荷路径的选择还存在随意性，已有的卸荷研究成果对卸荷路径的选取还面临许多困境，与工程实际的卸荷条件相差甚远，无法逼真地模拟巷道围岩现场真实的开挖卸荷路径和快、慢速卸荷过程，还不能真实地揭示巷道围岩在开挖卸荷后的力学特征。

为了深入地研究巷道围岩在开挖卸荷条件下的力学特性，迫切需要研制一套性能优良、技术先进、能够真实地模拟与再现巷道围岩的开挖卸荷效应的试验系统。

中国矿业大学（北京）侯公羽课题组在建设岩石力学实验室的基础上，研发了 SAM-3000 型微机控制电液伺服岩石三轴试验系统、小型巷道围岩试件加（卸）载腔系统，定制了声波-声发射一体化测试系统（PCI-2 系统）等，通过不断地试验，集成、构建了"小型巷道围岩试样开挖卸荷模型试验系统"，在实验室实现了对巷道/隧道开挖卸荷的真实加（卸）载过程的模拟与再现，获得了模拟与再现开挖卸荷条件的试验技术与方法。该试验系统不仅可以实现岩石力学的真三轴试验，而且可以模拟巷道围岩在开挖卸荷条件下的变形规律、应力分布特征、围岩破坏机制，以及围岩-支护相互作用机制等内容，具有研究内容广泛、性能优良、技术先进、应用前景广阔的特点。

4.6.1 主要试验设备及关键技术

该试验系统的设计思路：从"模拟"和"再现"岩石巷道围岩的"开挖卸荷状态"入手，即在实验室实现开挖卸荷路径（由工程岩体的原岩应力状态卸荷至开挖后的围岩受力状态）和开挖卸荷速率（瞬态卸荷和慢速卸荷）与现场施工过程相似。此思路是直接通过室内真三轴模型试验来研究巷道（隧道）工程中的不同开挖方法所导致的开挖卸荷条件，以及在该开挖卸荷条件作用下的岩石试件/围岩试件的变形与破坏问题，从而避开了以往的研究中苦于讨论复杂的、多因素作用下的卸荷路径选取的难题。

岩石巷道围岩开挖卸荷模型试验系统主要由系统Ⅰ、系统Ⅱ、系统Ⅲ三个独立的子系统组成。

1. 系统Ⅰ

系统Ⅰ即 SAM-3000 型微机控制电液伺服岩石三轴试验系统，如图 4.26a 所示。该系统能够对岩芯试样进行单轴、常规三轴条件下的压缩试验、蠕变试验、松弛试验，三轴条件下的高温（低温）试验、孔隙水压渗流试验等多种环境和条件下的岩石力学试验。该系统的轴向加载能力可达 3000kN、围压可达 100MPa。加载方式可分为应力控制与位移控制两种，其中应力控制精度为 0.01MPa/s，位移控制精度为 0.001mm/min。该系统可以为小型围岩试样的开挖卸荷试验施加轴向压力。

a) SAM-3000型微机控制电液伺服岩石三轴试验系统　　b) 小型巷道围岩试样加(卸)载腔

图 4.26　系统Ⅰ与系统Ⅱ

系统Ⅰ是一套功能齐全的岩石力学试验设备，主机采用整体式框架结构，其框架刚度可达 10GN/m。作动器组件放置在主机框架底部中央，框架内部底面两侧布置轨道，上横梁中部安装球面支撑调心压板，可在 360°范围内自动调平，使压板与试样端面紧密接触，均匀施力。上横梁侧面中部安装液压提升起重机，方便三轴压力室的安装和拆卸。试验机主机框架刚度大、响应频率快，可以完全满足岩石单轴、三轴的试验要求。

系统Ⅰ的三轴压力室采用压力自平衡补偿技术，使轴向试验力与围压互不干涉，相互独立。底座留多个引线接头，孔隙渗透试验接口，高、低温接口等，以利于试验种类的拓展。三轴压力室固定在移动小车上，可沿轨道移动，装卸试样方便。

系统Ⅰ的伺服液压源为恒压系统，具有响应快等特点。液压系统由高压泵及超静音液压源、溢流阀、压力表、精密滤液器、液温传感器等组成。通过冷却器、冷水机保证系统的试验温度。由于该系统带有动态性能，所以伺服液压源采用大流量恒压系统，具有极高的响应速度，并配有伺服阀来实现动态性能，这部分功能区别于其他设备的液压源。液源模块根据动态响应频率要求还可进行拓展。系统Ⅱ在系统Ⅰ的基础上又增加了一个伺服液压源来进行围岩试件内部压力的控制，此压力可独立于外部围压和轴向压力单独控制，为实现开挖卸荷模型的试验提供了根本的保证。

系统Ⅰ采用先进的全数字测控技术，该技术由 EDC22x 测量控制器与伺服系统、测力传感器、引伸计、位移传感器等部件构成。电液伺服系统与计算机相结合，精确、稳定地实现了岩石试样试验过程的三种闭环控制方式：试验力（应力）、变形（应变）、位移，并且三种闭环控制方式在试验过程中相互之间无冲击、平滑转换。按编制的程序自动控制试验的全过程，实时显示试验状态，绘制相应的应力-应变等曲线，为试验研究提供可靠的试验数据。

2. 系统Ⅱ

系统Ⅱ即小型巷道围岩试件加（卸）载腔，如图 4.26b 所示。加（卸）载腔的尺寸为：外侧 1150mm×ϕ510mm；内侧 526mm×ϕ350mm；可以容纳小型围岩试件尺寸为 300mm×

$\phi200mm$。加（卸）载腔的内部构造如图 4.27 所示。

系统Ⅱ的加（卸）载基本工作原理：对于小型巷道围岩尺寸级别的试件，在试验过程中需要对内外两个加压腔都充满液压油，并且要对内外腔进行隔离。内外腔分别与增压管路相连，每个增压管路又由控制器控制伺服阀来完成内外腔的压力控制，卸压是通过控制器发送一个负开口命令给对应的伺服阀完成卸压过程。

3. 系统Ⅲ

系统Ⅲ即岩石三轴声波-声发射一体化测试系统（PCI-2 系统），如图 4.28 所示。系统Ⅲ可以实现岩石的单轴、三轴压缩变形试验和蠕变试验过程中的声波、声发射、动态弹模、泊松比、应力-应变等信息的同步测试，可以对岩石/围岩的声发射位置进行定位及裂纹发展路径进行追踪，具有无损、实时监测的功能。

系统Ⅲ与系统Ⅱ、系统Ⅰ集成的关键技术：传感器在系统Ⅱ中的布设与实施（图 4.28a）；系统Ⅲ监测数据的分析技术（图 4.28b）。由系统Ⅲ测试的某砂岩试样单轴加载试验结果如图 4.29 所示。

系统Ⅲ的技术特点：实现了岩石在压力状态下动态弹性模量变化与裂纹扩展定位的同步采集；一次性、多通道同步采集岩石的声波、声发射、荷载信息，并实现各类信号的筛分处理；实时监测岩石破裂过程中的纵波、横波波速变化趋势，以及动态弹性模量变化信息；利用声发射实现岩石破裂位置与发展过程的准确定位；声波信号自动控制，采集声波与声发射信号的到达时间、能量、幅值、计数、频率等参数；预留外接端口，可实现与其他设备的"无缝"对接。

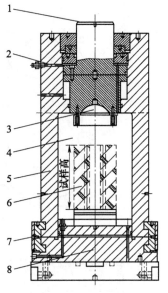

图 4.27　加（卸）载腔的内部构造

1—压力室活塞　2—出液孔
3—球形压垫　4—高压腔
5—刚性管壁　6—围岩试样
7—承力卡环　8—压力室底座

4.6.2　小型围岩开挖卸荷试验系统构建

对巷道（隧道）围岩开挖卸荷条件模型试验系统的开发与集成，主要是对上述三个系统（系统Ⅰ、系统Ⅱ、系统Ⅲ）进行了以下三项研究工作：系统Ⅱ与系统Ⅰ和系统Ⅲ的软、硬件集成、调试，这是主要研发工作；开发了巷道围岩在开挖卸荷条件下的应变/位移监测系统；获得对小型围岩试样进行开挖卸荷试验的监测方法与成套试验技术。

巷道（隧道）围岩开挖卸荷条件模型试验系统可以模拟原岩应力、开挖卸荷过程和开挖面空间效应等不同条件及这些条件的耦合作用等加载条件，分别为：

1）模拟的原岩应力作用于围岩试样的轴向和外侧。

2）模拟的原岩应力作用于围岩试样的轴向、内侧和外侧。

3）在加载条件2）的作用下，进行巷道围岩开挖卸荷条件的模拟（对围岩试样内侧模拟的原岩应力进行快速或慢速卸荷）。

4）将开挖面空间效应（在进行围岩试样的加工制作时预留开挖面即可实现）分别与上述三种加载条件进行耦合模拟，如图 4.30 所示。图 4.30 中，p_z、p_0、p_1 分别为对围岩试样施加的轴压、外压、内压；R_1、R_0 分别为围岩试样的内径、外径；阴影部分为实心，用来模拟

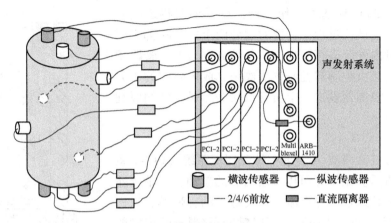

a) 传感器安装示意

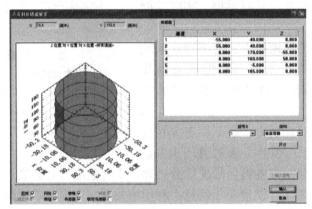

b) 三维定位控制

c) 主机箱照片

图 4.28 岩石三轴声波-声发射一体化测试系统

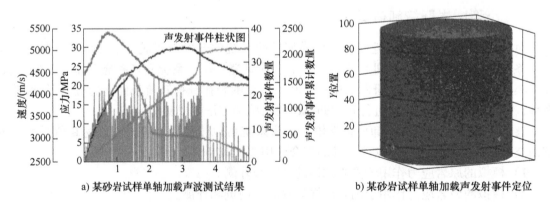

a) 某砂岩试样单轴加载声波测试结果   b) 某砂岩试样单轴加载声发射事件定位

图 4.29 砂岩试样单轴加载的声波-声发射测试结果

开挖面。

　　系统Ⅱ与系统Ⅰ集成（借助于系统Ⅰ的加载系统）可以模拟岩石巷道围岩开挖卸荷条件的真实加载、卸荷过程，且系统Ⅱ可以承受系统Ⅰ的加载极限能力。在上述四种加载条件下，通过系统Ⅰ和系统Ⅱ，再配合使用常规应变采集系统进行开挖卸荷条件下围岩试样的非破坏性试验。

系统Ⅲ与系统Ⅰ、Ⅱ集成的关键是传感器在系统Ⅱ中的布设与实施，以及系统Ⅲ的监测数据分析技术。在上述四种加载条件下，通过系统Ⅰ和系统Ⅱ进行开挖卸荷条件下围岩试样的破坏性试验，同时使用系统Ⅲ进行实时监测。

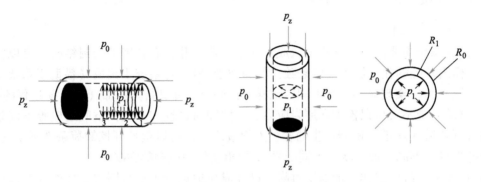

图 4.30　模拟的围岩试样加载条件

4.6.3　开挖卸荷试验的模拟与再现过程

具体实施巷道围岩开挖卸荷试验时，先对拟试验的现场环境的岩体进行取样，将岩样制作成高 290mm、外径 200mm、内径 100~150mm 的围岩试样。在制作围岩试样时，同时加工制作规格为 100mm×ϕ50mm 的圆柱试样（利用系统Ⅰ对其进行单轴和假三轴试验），目的是获取该岩体的基本参数：单轴抗压强度、弹性模量、泊松比等，并测试围岩试样所用材料的应力-应变关系，进而利用这个关系间接地测试围岩试样内外侧表面的应力。

在进行开挖卸荷条件下非破坏性试验时，在围岩试样的内外两侧相对位置粘贴应变片，连接应变采集系统。在进行开挖卸荷条件下破坏性试验时，在围岩试样内侧布设传感器，外侧连接系统Ⅲ。将处理好的围岩试样放置在系统Ⅱ中，利用系统Ⅰ的加载系统，对围岩试样进行加（卸）载，具体路径为：

（1）设定试验荷载　确定初始地应力水平，依据拟试验工程所处地质环境，估算或实测巷道所处位置的原岩应力值。

（2）真三轴加载　对围岩试样的轴向施加轴压，试样外侧及内侧分别通过两条独立的管路实现外压和内压的加载。三个方向的荷载要同时施加，以实现原岩应力条件，即 $p_z = p_0 = p_1$。

（3）慢速或快速卸载　p_z、p_0、p_1 加载到位后，保持其中的轴压 p_z 和外压 p_0 不变，对围岩试样的内压 p_1 进行慢速或快速卸载，使内压缓慢或瞬间降为某一值或零，直至试样稳定。利用应变监测系统监测围岩试样内外侧的应变或利用岩石三轴声波-声发射一体化测试系统追踪裂纹的发展路径，同步测试应力-应变信息，通过位移传感器测试该试样的变形，分析围岩试样的变形情况。

按照上述加（卸）载路径进行试验，可以实现对巷道围岩的慢速、快速卸荷进行真实的模拟与再现。应当指出，内压与外压必须同步加载并保持两者的压力数值相等，轴压要略高于内压与外压。

需要说明的是，围岩试样的应变是通过对围岩试样的内外侧粘贴应变片，在系统Ⅱ的加载腔外部的引线接头处连接静态应变仪，即由常规的应变监测手段获得的。围岩试样的应力场测试，目前还没有找到合适的传感器。

上述试验方法简便易行，模拟效果比较真实，具有广泛的实用性。

4.6.4　试验系统的功能与特色

1. 试验系统的功能

1）试验系统主要由三个子系统组成。其中，系统Ⅱ具有独特的密封结构，可以实现小型围岩试样内外腔的独立加压（两条独立的加载管路），与系统Ⅰ集成（借助于系统Ⅰ的轴向加载系统）可以实现对小型巷道围岩试样开挖卸荷条件进行真实加（卸）荷过程的模拟。

2）试验系统不仅可以模拟在原岩应力、开挖卸荷过程和开挖面空间效应等不同条件作用下的岩石巷道（隧道）围岩产生的各种力学效应，还可以模拟开挖卸荷条件下不同埋深、不同开挖半径、不同断面形状、不同围岩-支护相互作用机制等情况。

3）该试验系统的整体功能稳定可靠，已经成功地进行了小型围岩试样的开挖卸荷效应的模拟与再现试验。

2. 试验系统特色

1）可以真实地模拟与再现巷道的开挖卸荷条件，可以在小型模型试验中实现卸荷路径、卸荷速率、卸荷量级等，与实际工程具有相似性、可比性。

2）系统具有独特的密封装置，可以实现在围岩试样的轴向、内侧和外侧的受力不同且保持恒定，从而可以进行开挖卸荷条件下巷道围岩产生径向流变的作用机制及流变变形规律的试验研究。

3）在进行围岩试样的制作时预留开挖面，即可研究开挖面空间效应对巷道围岩应力、变形的影响。

4）设计比选试验用支护材料和结构，使其支护刚度和支护能力与实际工程中的支护结构具有相匹配的相似性，并将其置于围岩试样内侧的合适位置。选用合适的黏结材料，使围岩试样与支护结构能够很好地联系在一起，可研究围岩试样在开挖卸荷条件下的围岩-支护相互作用机制。

5）改变围岩试样的内径，可研究在开挖卸荷条件下不同开挖半径对巷道围岩应力、应变及破坏特征的影响。

6）系统轴向加载能力可达3000kN，围压可达100MPa，可以研究在开挖卸荷条件下不同埋深条件的巷道对围岩应力、应变及破坏特征的影响。

7）制作不同断面形状的围岩试样，可探寻不同断面形状对巷道开挖卸荷特性的影响。

8）制作含软弱结构面的围岩试样，可以研究结构面的力学特征（结构面的方位、力学参数、连通率、组合方式）对巷道围岩开挖卸荷效应的影响。

9）与国内外同类型的试验系统相比，该试验系统整体刚度大，加载量级高，液压加载伺服稳定，还可以进行长时的流变试验。

4.6.5　试验举例

作者使用研制的"巷道（隧道）围岩开挖卸荷条件模型试验系统"已进行了大量的调试性试验（图4.31a），取得了很好的试验结果。

有机玻璃具有很好的弹塑性，在前期使用有机玻璃小型围岩试样进行了系统的调试研究（图4.31b）。系统调试稳定后，对高强石膏类相似材料的配合比进行了试验研究，得到了课题组所需强度的高强石膏材料的配合比，利用此配合比配制小型围岩试样。对高强石膏材料的小型围岩试样（图4.31c）进行了巷道开挖卸荷的真实加（卸）载过程的模拟、再现试验，测试了开挖卸荷条件下巷道围岩的变形规律、应力分布特征和破坏机制。对天然砂岩小型围岩试样在开挖卸荷状态下的真实加（卸）载过程进行了初步的模拟、再现试验（图4.31d），卸荷原理和卸荷过程如图4.30所示。

主要试验技术：试验时，对围岩试样的内外侧及轴向施加相等的压力，模拟的地应力水平为20MPa（相当于埋深800m）。稳定10min后，保持围岩试样外侧的压力和轴向压力不变，采用应力控制进行内压卸载，内压以20MPa为起点以0.025MPa/s的卸荷速率（慢速卸荷条件）卸荷至0MPa，然后维持此状态至内外侧的应变数值不再变化为止。这样的卸荷过程，与文献［5］讨论的开挖面空间效应对巷道围岩径向位移的作用机制在力学原理上是一致的。

a) 系统调试

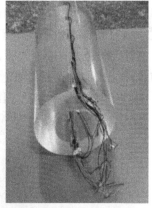

b) 有机玻璃小型围岩试样

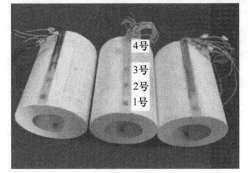

c) 高强石膏小型围岩试样

d) 天然砂岩小型围岩试样

图 4.31 试验举例

图4.32是天然砂岩小型围岩试样内外侧的中间3号测点轴向和切向的应变数值随着卸

荷过程的变化趋势。从卸荷起始点开始至卸荷结束点，轴向应变和切向应变都随卸荷时间的增加而增大，但轴向应变对卸荷过程的反映稍滞后于切向应变，且切向应变的量级大约是轴向应变的 10 倍。

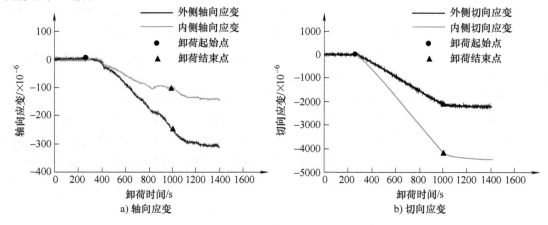

a) 轴向应变   b) 切向应变

图 4.32 围岩试样的应变随开挖卸荷过程的变化趋势

试验捕捉到了 3 号测点的变形规律，如下：

1）试样在卸荷的全过程中，外侧轴向应变大于内侧轴向应变。这一结论，可能有助于解释巷道围岩的分区破裂化现象的形成机制[6]。在进行开挖卸荷条件下的破坏性试验时，试样的破坏形态也表现出了分区破裂化现象，如图 4.33 所示。

2）外侧切向应变小于内侧切向应变，说明小型围岩试样在卸荷过程中是向内扩展膨胀的，同时表明在开挖卸荷过程中对围岩变形起主导作用的是切向应变。

3）卸荷结束点以后，围岩试样内外侧的轴向、切向应变增加得很缓慢，呈现出流变特性。

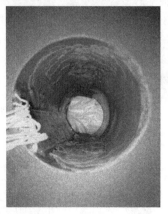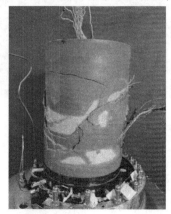

图 4.33 巷道围岩试样破坏形态

4.7 岩石力学试验主要内容

4.7.1 岩石常规力学试验

（1）岩石的物理、水理与热学性质

　　1）岩石的物理性质，包括岩石的密度、岩石的空隙性。

　　2）岩石的水理性质，包括岩石的吸水性、岩石的软化性、岩石的抗冻融性、岩石的透水性、岩石的溶蚀性、岩石的膨胀性。

　　3）岩石的热学性质，包括岩石的比热容、岩石的热导率、岩石的热膨胀系数、岩石的温度效应。

　　4）岩石取样及基本性质试验，包括取样岩芯（一般地质条件钻芯取样、复杂地质体钻芯取样），岩石天然含水率、吸水率及饱和吸水率试验，岩石相对密度（颗粒密度）试验，岩石密度试验，岩石耐崩解试验，岩石膨胀试验，岩石冻融试验。

　　（2）岩石强度试验

　　1）岩石的抗压强度试验，包括岩石单轴抗压强度试验、岩石饱水抗压强度试验、岩石假（常规）三轴抗压强度试验。

　　2）岩石的抗拉强度试验。

　　3）岩石的抗剪强度试验，包括变角板法、双面（单面）剪切法、结构面的抗剪切强度试验、不规则试件抗剪强度试验。

　　4）岩石的点荷载试验。

　　（3）岩石变形试验

　　1）岩石单轴静态压缩条件下的变形试验。

　　2）岩石在动荷载作用下的变形试验。

　　3）岩石在特殊条件下的变形试验，岩石在高（低）温条件下的应变测量、岩石在高压条件下的应变测量。

　　（4）岩石弯曲拉伸试验　包括岩石的三点弯曲试验、岩石的四点弯曲试验、岩石的偏心拉压试验。

　　（5）岩石流变试验　包括岩石单轴压缩流变力学试验，软岩压缩蠕变特性，硬岩压缩蠕变特性，岩体结构面剪切流变力学试验，现场岩体承压板法蠕变试验，岩石变载荷、变温度流变力学试验。

　　（6）岩石真三轴力学试验　包括真三轴试验的仪器及加载方式、方形试样的真三轴试验、厚壁圆筒试样的真三轴试验。

4.7.2　岩石研究性力学试验

　　（1）岩石声波试验　包括岩石声波试验基本原理及概念、岩石应力-应变过程中的声波试验、岩石声波现场试验。

　　（2）岩石冲击倾向性试验　包括岩石准静态条件下单轴抗压冲击倾向性试验、岩石动态条件下单轴抗压冲击倾向性试验、岩石冲击倾向试验评判、岩石冲击倾向性组合试验研究。

　　（3）岩石渗透力学试验　包括岩石渗透基本力学概念及原理、全应力-应变过程的渗透性试验研究、承压破碎岩石的渗透特性试验。

　　（4）岩石动态力学试验　包括岩石低速冲击应力-应变试验、岩石高速冲击应力-应变试验。

　　（5）岩体原位试验　包括岩层抗拉强度原位试验、岩体原位应力试验、岩体变形原位试验、岩体力学性质原位声波试验。

4.7.3 岩石综合性、设计性力学试验

（1）非标准岩样室内力学试验的处理方法 包括压缩试验中的圆柱形非标准岩样、其他规则非标准岩样、不规则非标准岩样的处理方法。

（2）电阻应变片粘贴技术 包括电阻应变片选择，电阻应变片粘贴方法，电阻应变片连接、布局方法。

（3）射流冲击试验 包括高压水射流破岩试验、高压水射流试验。

（4）基于数字散斑方法的岩石破坏试验 包括数字散斑相关方法力学试验原理及方法、数字散斑相关方法在岩层移动相似模拟试验中的应用。

4.7.4 岩石力学试验新进展

（1）岩石扰动效应力学试验 包括扰动加载及测量系统的设计选型、岩石流变扰动效应试验系统研制的目的及要求、岩石流变扰动效应试验系统的结构设计、岩石流变扰动的试验研究、应变极限领域及蠕变扰动效应试验、岩石单轴压缩蠕变扰动效应试验、爆破扰动荷载下岩石变形扰动效应试验、岩梁弯曲蠕变扰动效应试验。

（2）复杂环境下的岩石力学试验 包括水-岩石化学作用下的岩石力学试验、岩石在高渗透压和高地应力环境作用下的力学试验。

（3）岩石细观、微观力学试验 包括岩石细观结构的试验研究、岩石细观力学特性 CT 试验研究。

（4）固流耦合相似材料模拟力学试验 包括固流耦合相似理论、固流耦合相似材料配合比、三维固流耦合相似模拟试验。

（5）深部岩体分区破裂、等间距破裂试验

1）深部岩体分区破裂试验包括双向加载试验方法、三向加载试验方法、围岩分区破裂化现象相似模拟力学试验。

2）深部岩体等间距破裂相似模拟试验。

（6）岩石破坏的红外信息试验及热辐射试验 包括岩石破坏过程中的红外辐射力学试验、岩梁弯曲热辐射试验。

（7）软岩力学特性试验

1）软岩基本属性试验，包括可塑性、膨胀性、崩解性、流变性、易扰动性试验。

2）软岩分类与分级试验。

3）软岩的常规力学试验，包括地质软岩室内试验、软岩抗拉强度试验（完整岩样的单轴抗拉特性、裂隙岩样的单轴抗拉特性）、软岩剪切试验、软岩三轴抗压试验、软岩膨胀性试验、软岩流变性常规试验、工程软岩力学特性试验。

4）软岩流变大变形模拟试验。

（8）岩石峰后破坏注浆加固试验 包括岩石破裂后水泥注浆加固试验、岩石破裂后化学注浆加固试验。

拓展阅读

岩石力学试验设备——高能加速器 CT 多场耦合岩石力学试验系统

中国科学院地质与地球物理所李晓研究团队成功研制了世界上第一台高能加速器 CT 多场耦合岩石力学试验系统。该系统是采用加速器射线源和高灵敏度探测器、配合高压可旋转试验机、模拟地层深部应力温度环境、采用大尺度试样、观测裂缝发展与流体运移的实验室试验系统。在压力机部分，突破了 200T 高压下试验机的高精度旋转与控制技术、高压高温旋转供液技术等难题。在 CT 部分，项目组独立研制了 6MeV 高能加速器 CT 成像系统，突破了国外对我国 2MeV 以上加速器射线源禁运的技术封锁。

该系统的最大轴向试验力为 200T，最大围压为 50MPa，最大渗流压力为 60MPa，最大气体压力为 60MPa，温度范围（-40~200）℃，6MeV 加速器 CT 空间分辨率为 2LP/mm，6MeV 加速器 CT 透视灵敏度为 1.67%。利用这一试验平台，可以揭示地质类材料破坏失效的本质动因，不仅具有重要的科学意义，同时具有广阔的应用价值。

该系统可应用于页岩油气等非常规油气开采、干热岩地热能开发、天然气水合物开采、高放射性核废料地质处置以及深地科学钻探等模拟。此外，该系统也广泛应用于土木工程、水利工程、交通工程、地质灾害防治等重大工程建设中。

岩石力学与工程学科专家——赵阳升

赵阳升主要从事煤层气、盐矿、油页岩和干热岩地热等新一代资源能源开采的科学技术研究工作，2019 年当选为中国科学院院士。

1988 年，赵阳升研制了 MDS 型煤岩固流耦合试验机，试件尺寸为 100mm×100mm×200mm，可进行液体、气体在三轴应力下的渗透、有效应力、流体对固体软化等方面的试验。2005 年，赵阳升在中国矿业大学主持研制了 600℃，20MN 伺服控制高温高压刚性岩体三轴试验机，试件尺寸 φ200×400，其围压采用固体传压方式加载，具有变形、气液渗透、高温作用、高温化学反应等综合功能，更具有高温高压状态的钻孔施工和钻孔稳定性研究的功能，该试验机的缺点是当试验温度较低时，试件环向压力不够均匀。为克服其不足，2006 年，赵阳升主持研制了 2 台气体围压和液体施加围压的岩石 THMC 耦合特性伺服控制试验机，其试验温度均为 600℃，试件尺寸 φ50×100（mm），轴向应力 1000MPa，围压 150MPa，孔隙压力 100MPa。这些试验机的指标，在一定的历史阶段均处于国际领先水平，特别是 THMC 耦合试验机处于国际引领地位。

这类试验机的一个主要功能就是可以在线实时研究岩石在应力、渗流、温度和化学作用的多种特性。此外，这类试验机采用大尺寸试件，在一定程度上考虑了岩体的特性，即含裂缝的特性。整体来看，我国在考虑多场耦合作用的岩石力学硬件设施研制与拥有方面处于国际前沿，但由于这些设备均是高校为了科研自主研发，均未形成定型的市场销售的试验机。

———— 复习思考题 ————

4.1　刚性试验机与柔性试验机有何不同？为什么做岩石力学试验时要使用刚性试验机？

4.2 什么叫加载、卸载？什么叫屈服面、加载面、本构关系？

4.3 什么叫应力路径？什么叫比例加载？

4.4 试验机的刚度与岩样的可控破裂是什么关系？

4.5 获得岩样全过程应力-应变曲线的途径有哪些？

4.6 用真三轴试验机测试岩石变形的原理是什么？真三轴岩石力学试验的意义是什么？

4.7 真三轴与假三轴（常规三轴）力学试验的区别是什么？

参 考 文 献

[1] 陈颙. 地壳岩石的力学性能：理论基础与实验方法 [M]. 北京：地震出版社，1988.

[2] 席道瑛，徐松林. 岩石物理学基础 [M]. 合肥：中国科学技术大学出版社，2012.

[3] 付志亮. 岩石力学试验教程 [M]. 北京：化学工业出版社，2011.

[4] 侯公羽，李小瑞，张振铎，等. 使用小型围岩试件模拟与再现巷道围岩开挖卸荷过程的试验系统 [J]. 岩石力学与工程学报，2017，36（9）：2136-2145.

[5] 侯公羽，李晶. 弹塑性变形条件下围岩-支护相互作用全过程解析 [J]. 岩土力学，2012，33（4）：961-970.

[6] 钱七虎，李树忱. 深部岩体工程围岩分区破裂化现象研究综述 [J]. 岩石力学与工程学报，2008，1278-1284.

岩石的变形是指岩石在物理环境作用下形状和大小的变化。工程上常研究外力（如在岩石上建造大坝）作用引起的变形或在岩石中进行开挖引起的变形。岩石的变形对工程建（构）筑物的安全和使用影响很大，因为当岩石产生较大位移时，建（构）筑物内部应力可能显著增加，因此研究岩石的变形在岩石工程中有着重要意义。

岩石力学是固体力学的一个分支，在固体力学的基本方程中，平衡方程和几何方程都与材料性质无关，而本构方程（物理方程/物性方程）和强度准则因材料而异。

岩石的基本力学性质主要包括两大类，即岩石的变形性质和岩石的强度性质。研究岩石变形性质的目的是建立岩石自身特有的本构关系或本构方程，并确定相关参数。

5.1　岩石在单轴压缩状态下的应力-应变曲线

在刚性压力机上进行单轴压力试验可以获得完整的岩石应力-应变全过程曲线，典型的岩石应力-应变曲线如图 5.1 所示。这种曲线一般可分为四个区段：在 *OA* 区段内，曲线稍微向上弯曲，属于压密阶段，这期间岩石中初始的微裂隙受压闭合；在 *AB* 区段内，接近于直线，近似于线弹性工作阶段；*BC* 区段内，曲线向下弯曲，属于非弹性阶段，主要是在平行于荷载方向开始逐渐生成新的微裂隙及裂隙的不稳定，*B* 点是岩石从弹性转变为非弹性的转折点；下降段 *CD* 为破坏阶段，*C* 点的纵坐标就是单轴抗压强度。

对大多数岩石来说，在 *AB* 这个区段内应力-应变曲线具有近似直线的形式，这种应力-应变关系可用下式表示

$$\sigma = E\varepsilon \qquad (5.1)$$

式中，E 为岩石的弹性模量。

如果岩石严格地遵循式（5.1）的关系，那么这种岩石就是线弹性的（图 5.2a），弹性力学的理论适用于这种岩石。如果某种岩石的应力-应变关系不是直线，而是曲线，但应力与应变之间存在一一对应关系，则称这种岩石为完全弹性的（图 5.2b）。这时应力与应变的关系是一条曲线，所以没有唯一的弹性模量，但对应于一点的应力 σ 值都有一个切

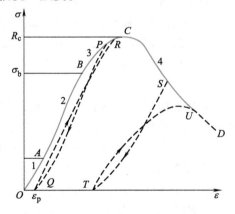

图 5.1　典型的岩石应力-应变全过程曲线

线弹性模量和割线弹性模量。切线弹性模量就是该点在曲线上的切线的斜率 $\mathrm{d}\sigma/\mathrm{d}\varepsilon$，而割线弹性模量就是该点割线的斜率，等于 σ/ε。如果逐渐加载至某点，然后逐渐卸载至零，

应变也退至零，但卸载曲线不走加载曲线的路径，这时产生了滞回效应，卸载曲线上该点的切线斜率相当于该应力的卸载弹性模量（图 5.2c）。如果卸载曲线不走加载曲线的路线，应变也不恢复到零（原点），则称这种材料为弹塑性材料（图 5.2d）。

第三区段 BC 的起点 B 往往是在 C 点最大应力值的 2/3 处，从 B 点开始，岩石中产生新的张拉裂隙，岩石的弹性模量下降，应力-应变曲线的斜率随着应力的增加而逐渐降低到零。在这一范围内，岩石将发生不可恢复的变形，加载与卸载的每次循环都是不同的曲线。在这阶段发生的变形中，能恢复的变形称为弹性变形，不可恢复的变形称为塑性变形（或残余变形或永久变形），图 5.2d 及图 5.1 中的卸载曲线 PN 和 PQ 在零应力时还有残余变形 ε_p。加载曲线与卸载曲线组成的环称为塑性滞回环。如果在该岩石上再加载，则再加载曲线 QR 总是在曲线 $OABC$ 以下，但最终与之连接起来。

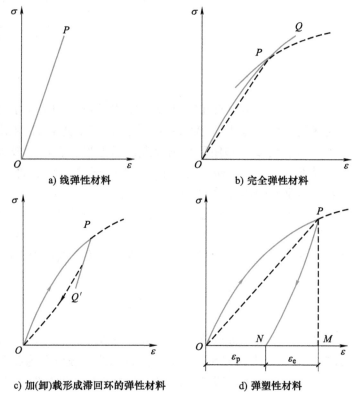

a) 线弹性材料

b) 完全弹性材料

c) 加(卸)载形成滞回环的弹性材料

d) 弹塑性材料

图 5.2　岩石的应力-应变曲线

线弹性岩石的弹性模量，显然就是图 5.2a 上 OP 段的斜率。

对于非线弹性岩石的弹性模量，则有三种定义：

1）初始弹性模量，$E = (\mathrm{d}\sigma/\mathrm{d}\varepsilon)|_O$，等于过原点 O 的切线斜率。

2）切线弹性模量，$E = (\mathrm{d}\sigma/\mathrm{d}\varepsilon)|_P$，等于过任意点 P 的切线斜率。

3）变形弹性模量，$E = (\sigma/\varepsilon)|_P$，等于任意点 P 的纵横坐标之比，因此又称为割线弹性模量。

第四区段 CD，开始于应力-应变曲线上的峰值点 C，是下降曲线，在这一区段内卸载可能产生很大的残余变形。图 5.1 中的 ST 表示卸载曲线，TU 表示再加载曲线。

应当指出，压力机的特性对岩石的破坏过程有很大的影响。假如压力机在对试件加压的同时本身变形也相当大，而当试件破坏来临时，积蓄在压力机内的弹性能突然释放，从而引起试验系统急骤变形，试件碎片猛烈飞溅。在这种情况下就不能获得图 5.1 中所示应力-应变曲线的 CD 段，而是在 C 点附近就因发生突然破坏而终止。反之，如果压力机的变形甚小（刚性压力机），积蓄在机器内的弹性能很小，试件不会突然破坏成碎片。用这样的刚性压力机对已发生破坏但仍保持完整的岩石获得了破坏后的变形曲线，如图 5.1 所示。从图 5.1 中所示破坏后的荷载循环 STU 来看，破坏后的岩石仍具有一定的强度，从而也具有一定的承载能力，该强度称为岩石的残余强度[1]。

以前大多数材料试验是在普通试验机上做的，由于这种试验机的刚度不够大，无法获得材料的某些力学特性，这类试验机又称为柔性试验机。压力机刚度大于试件刚度的压力试验机称为刚性试验机，只有在刚性试验机上进行试验才能获得岩石类材料的应力-应变全过程曲线。目前，除采用刚性试验机外，还采用伺服控制系统控制试验机加载的位移、速率等指标。

5.2 反复加载与卸载条件下岩石的变形特性

对于弹塑性岩石，在反复多次加载与卸载循环时，所得的应力-应变曲线具有以下特点：

1）卸载应力水平一定时，每次循环中的塑性应变增量逐渐减小，加（卸）载循环次数足够多后，塑性应变增量将趋于零。因此，可以认为所经历的加（卸）载循环次数越多，岩石则越接近弹性变形，如图5.3所示。

2）加（卸）载循环次数足够多时，卸载曲线与其后一次再加载曲线之间所形成的滞回环的面积将越变越小，且越靠拢而又越趋于平行，如图5.3所示。这表明加（卸）载曲线的斜率越来越接近。

3）如果多次反复加（卸）载循环，每次施加的最大荷载比前一次循环的最大荷载要大，则可得图5.4所示的曲线。随着循环次数的增加，塑性滞回环的面积也有所扩大，卸载曲线的斜率也逐次略有增加，这个现象称为强化。此外，每次卸载后再加载，在荷载超过上一次循环的最大荷载以后，变形曲线仍沿着原来的单调加载曲线上升（图5.1中的 OC 线），好像不曾受到反复加（卸）载的影响似的，这就是岩石的记忆效应。

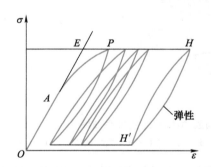 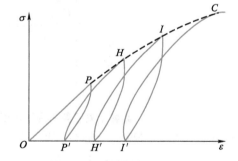

图 5.3 常应力下弹塑性岩石加（卸）载循环时的应力-应变曲线

图 5.4 弹塑性岩石在变应力水平下加（卸）载循环时的应力-应变曲线

5.3 三轴压缩状态下岩石的变形特征

常规三轴变形试验采用圆柱形试样，通常做法是在某一侧限压应力（$\sigma_2 = \sigma_3$）作用下，逐渐对试样施加轴向压力，直至试件压裂，记下压裂时的轴向应力值就是该围压 σ_3 下的 σ_1。施加轴向压力过程中，全过程记录施加的轴向压力及对应的三个轴向应变 ε_1、ε_2 和 ε_3，直到岩石试样完全破坏为止。根据上述记录资料可绘制该岩石试样的应力-应变曲线。图5.5为苏长岩试样在20.59MPa围压下，反复加（卸）载的全应力-应变曲线；图5.6为某砂岩试样的轴向应力-应变曲线及径向应变-轴向应变曲线；图 5.7 为某黏土质石英岩在不同围压下的轴向应力-轴向应变关系曲线。

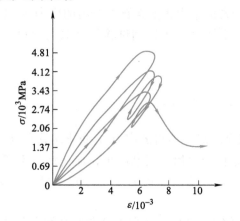

图 5.5 苏长岩试样在反复加（卸）载条件下的全应力-应变曲线（$\sigma_3 = 20.59$MPa）

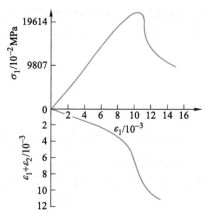

图 5.6 某砂岩试样的轴向应力-应变曲线及径向应变-轴向应变曲线

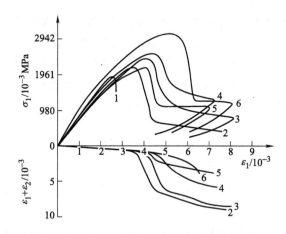

图 5.7 某黏土质石英岩在不同围压下的轴向应力-轴向应变关系曲线[1]

1—$\sigma_3 = 0$MPa 2—$\sigma_3 = 3.45$MPa 3—$\sigma_3 = 6.9$MPa 4—$\sigma_3 = 13.8$MPa 5—$\sigma_3 = 27.6$MPa（裂缝试样） 6—$\sigma_3 = 27.6$MPa

图 5.7 反映了不同侧限压力 σ_3 对于应力-应变关系曲线，以及径向应变与轴向应变关系曲线的影响。从图 5.7 中 $\sigma_3 = 0$ 的变形曲线可以看出，试样在变形较小时就发生破坏，曲线顶端稍有一点下弯，而当围压 σ_3 逐渐增大，则试样破裂时的轴向压力 σ_1 也随之增大，岩石在破坏时的总变形量也随之增大，这说明随着围压 σ_3 的增大，其破坏强度和塑性变形均有明显的增长。

5.4 真三轴压缩试验的应力-应变曲线

进行真三轴压缩试验（$\sigma_1 > \sigma_2 > \sigma_3$），可以充分反映中间主应力 σ_2 对于岩石变形及强度的影响，这一特点也正是与假三轴试验的主要差别。日本的茂木清夫对山口县大理岩进行了 $\sigma_1 > \sigma_2 > \sigma_3$ 的真三轴压缩试验，他分别以"固定 σ_3、变动 σ_2"或"固定 σ_2、变动 σ_3"的方法测得 σ_2、σ_3 对于轴向应变 ε_1 的影响，如图 5.8 所示。

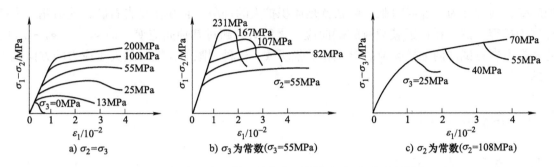

a) $\sigma_2 = \sigma_3$ b) σ_3 为常数($\sigma_3 = 55MPa$) c) σ_2 为常数($\sigma_2 = 108MPa$)

图 5.8 岩石在三轴压缩状态下的轴向应力-应变曲线

从图 5.8 中可以看出：

1）当 $\sigma_2 = \sigma_3$ 时，岩石的变形特性为：

① 随着围压的增大，岩石的塑性和岩石破坏时的强度、屈服强度同时增大。

② 总体来说，岩石的弹性模量变化不大，有随围压增大而增大的趋势。

③ 随着围压的增加，峰值压力所对应的应变值有所增大。其变形特性表现出低围压下的脆性向高围压的塑性转换的规律。通常将转换时的临界围压称为转化压力。

2）当 σ_3 为常数时，岩石的变形特性为：

① 随着 σ_2 的增大，岩石的强度和屈服强度有所增大。

② 随着 σ_2 的增大，岩石的塑性却减少了，即岩石由塑性逐渐向脆性转换。

③ 弹性模量基本不变，不受 σ_2 变化的影响。

3）当 σ_2 为常数时，岩石的变形特性为：

① 随着 σ_3 的增大，岩石的强度和塑性有所增大，但其屈服强度并无变化。

② 岩石的弹性模量也基本不变。

③ 岩石始终保持塑性破坏的特性，只是随着 σ_3 的增大，其塑性变形量也随着增大。

图 5.9 表示三轴试验中测定的轴向应力-应变曲线和轴向应力-体积应变曲线，是用图 5.7 上的曲线 3 重新绘制的。体积应变 $\Delta V / V_0$ 就是三个主应变之和 $\varepsilon_1 + \varepsilon_2 + \varepsilon_3$，这里的 ΔV 是试件压缩时的体积变化，而 V_0 是原来没有施加任何应力时的体积。从图 5.9 看出，当轴向应力 σ_1 较小时，岩石符合线弹性材料的性状，体积应变 $\Delta V / V_0$ 是具有正斜率的直线，这是由于 $\varepsilon_1 > |\varepsilon_2 + \varepsilon_3|$，即体积随着压力的增加而减小。当应力大约达到强度的一半时，体积应变开始偏离线弹性材料的直线。随着应力的增加，这种偏离的程度也越来越大，在接近破裂时，偏离程度非常大，使得岩石在压缩阶段的体积超过其原来的体积，产生负的压缩体

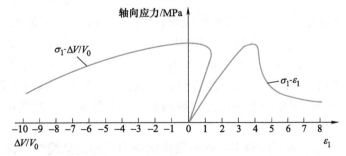

图 5.9 三轴试验中测定的轴向应力-应变曲线和轴向应力-体积应变曲线

积应变，通常称为扩容或剪胀。剪胀就是体积扩大的现象，它往往是岩石破坏的前兆。为解释这个扩容，试件在接近破裂时的侧向应变之和必须超过其轴向应变，即 $\varepsilon_1 < |\varepsilon_2 + \varepsilon_3|$。剪胀是由岩石试样内细微裂隙的形成和扩张所致，这种裂隙的长轴与最大主应力的方向是平行的。

5.5 岩石的剪胀

5.5.1 岩石剪胀的概念

岩石的剪胀现象是岩石具有的一种普遍性质，是岩石在荷载作用下，在其破坏之前产生的一种明显的非弹性体积变形，这一现象早已被人们熟知。早期的研究侧重在土壤方面，真正把岩石的剪胀（也称为压胀、扩容）和破坏联系起来研究是在 20 世纪 60 年代中期。

研究岩石的剪胀不仅可以深入地了解岩石的性质，还可以预测岩石的破坏。因此，近年来国内外的岩石力学研究人员加强了对岩石剪胀（或扩容）现象的研究。取一微小的矩形岩石试样，设各边长为 dx、dy、dz，其体积为 $dV = dxdydz$。受载后各边的长度为

$$dx + \varepsilon_x dx = (1 + \varepsilon_x)dx \; ; \; dy + \varepsilon_y dy = (1 + \varepsilon_y)dy \; ; \; dz + \varepsilon_z dz = (1 + \varepsilon_z)dz$$

变形后的体积为

$$dV + \Delta dV = (1 + \varepsilon_x)dx \cdot (1 + \varepsilon_y)dy \cdot (1 + \varepsilon_z)dz$$

变形后体积增量为

$$\Delta dV = [(1 + \varepsilon_x)(1 + \varepsilon_y)(1 + \varepsilon_z) - 1]dV$$

展开上式，略去其中的高阶微量，得

$$\Delta dV = [\varepsilon_x + \varepsilon_y + \varepsilon_z]dV$$

于是，岩石试样的体积应变为 $\varepsilon_V = \varepsilon_x + \varepsilon_y + \varepsilon_z$，其中

$$\varepsilon_x = \frac{1}{E}[\sigma_x - \nu(\sigma_y + \varepsilon_z)] \; , \; \varepsilon_y = \frac{1}{E}[\sigma_y - \nu(\sigma_z + \varepsilon_x)] \; , \; \varepsilon_z = \frac{1}{E}[\sigma_z - \nu(\sigma_x + \varepsilon_y)]$$

将上面三式相加，得

$$\begin{cases} \varepsilon_V = \varepsilon_x + \varepsilon_y + \varepsilon_z = \dfrac{1 - 2\nu}{E}(\sigma_x + \sigma_y + \sigma_z) = \dfrac{1 - 2\nu}{E}(\sigma_1 + \sigma_2 + \sigma_3) = \varepsilon_1 + \varepsilon_2 + \varepsilon_3 \\ \varepsilon_x + \varepsilon_y + \varepsilon_z = \varepsilon_V = \dfrac{1 - 2\nu}{E}I_1 \end{cases}$$

$$(5.2)$$

式中，ε_x、ε_y、ε_z 分别为 x、y、z 方向的线应变；ε_1、ε_2、ε_3 分别为最大、中间和最小主应变；σ_x、σ_y、σ_z 分别为 x、y、z 方向的正应力；σ_1、σ_2、σ_3 分别为最大、中间和最小主应力；E 为弹性模量；$I_1 = \sigma_x + \sigma_y + \sigma_z = \sigma_1 + \sigma_2 + \sigma_3$，为应力第一不变量，也称体积应力。

岩石在弹性范围内符合上述关系，故岩石试样的体积变形可用式（5.2）表示。

试验表明，对于弹性模量和泊松比为常数的岩石，其体积应变曲线可以分为三个阶段，如图 5.10 所示。

（1）体积变形阶段 体积应变在弹性阶段内随应力增加而呈线性变化（体积减小），在此阶段内 $\varepsilon_1 > |\varepsilon_2 + \varepsilon_3|$。$\varepsilon_1$ 为轴向压缩应变，$\varepsilon_2 + \varepsilon_3$ 为向两侧膨胀的应变之和。在此阶段

后期，随着应力增加，岩石的体积变形曲线向左转弯，开始偏离直线段，出现扩容现象。在一般情况下，岩石出现扩容时的应力为其抗压强度的 $1/3\sim1/2$。

（2）**体积不变阶段**　在这一阶段内，随着应力的增加，岩石体积虽然有变形，但体积应变增量等于零，即岩石体积几乎没有变化。在此阶段内可认为 $\varepsilon_1 = |\varepsilon_2 + \varepsilon_3|$，因此称为体积不变阶段。

（3）**剪胀阶段**　当外力继续增加时，岩石试样的体积不是减小，而是大幅度增加且增长速率越来越大，最终导致岩石试样的破坏，这

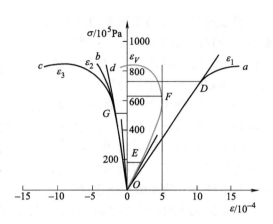

图 5.10　岩石的体积变形[2]

种体积明显扩大的现象称为剪胀，此阶段称为剪胀阶段。在此阶段内，当试样临近破坏时，两侧向膨胀的变形之和超过最大应力方向的压缩变形值，即 $|\varepsilon_2 + \varepsilon_3| > \varepsilon_1$。这时，岩石试样的泊松比已经不是一个常量。

图 5.10 中 Oa 为 ε_1 曲线，Ob 为 ε_2 曲线，Oc 为 ε_3 曲线，Od 为 ε_V 曲线。从图中可以看出，D 点为屈服强度，OD 段为直线，这点的应力约为抗压强度的 86.51%，其他试样屈服强度的应力为抗压强度的 71.91%~86.44%。

试样两个横向方向的变形曲线，自 G 点以下是重合的，说明在此点以下两个方向是协调变形的。但过了 G 点以后，一个横向变形较慢，一个较快，说明岩石存在各向异性。

从 ε_V 曲线看，E 点开始偏离直线，即图中 OE 段呈线性变化，E 点以后曲线开始左弯，E 点的应力称为初始扩容应力，它表示岩石开始出现初裂。F 点为体积应变曲线上的拐点，此点的斜率为 $\partial\varepsilon_V/\partial\sigma = 0$，$F$ 点的应力称为临界应力。过了 F 点后两个横向应变的速率明显增大，试样内的微裂隙逐渐发展为连续裂纹，导致两个横向变形之和大于纵变形，即 $|\varepsilon_2 + \varepsilon_3| > \varepsilon_1$，试样进入体积膨胀，预示岩石即将破裂。因此，临界应力 σ_F 可以作为预报岩石破坏的重要数据。如果能正确掌握临界应力 σ_F，就可以有效地进行岩体破坏的监测预报。

5.5.2　岩石剪胀的应用

1. 地学中的岩石剪胀现象

人们发现在地震之后，地层传播横波的速度加快，孔隙度增加，这很难用弹性力学理论来解释。进一步的理论与室内试验表明，在大地震时，地层受不均匀荷载作用，内部产生微裂缝或岩石颗粒相对滑动，导致体积增加。岩石虽受三向压应力，但其体积不仅不收缩还膨胀，这种现象称为剪胀，即膨胀现象（图 5.11）。

岩石力学研究表明，只有当加载的最小主应力 σ_3 与最大主应力 σ_1 的比值 $\zeta = \sigma_3/\sigma_1$ 达到某一临界值后，岩石才产生剪胀现象。不同学者给出的界限不一样，一般为

$$\frac{\sigma_3}{\sigma_1} \leq 0.30 \tag{5.3}$$

由图 5.11 可见，岩石体积应变是由压缩逐步过渡到膨胀的。

静载测定岩石的压胀系数 ζ 有两个难点：静载加载速率很慢，要得到剪胀条件 ζ 的值比较困难，且 ζ 值不是定值；当试样两端面平行度不合要求时，加载中两个面之间产生摩擦，静载试验中这种摩擦力的作用异常显著，试验结果可靠性较差。所以，只有利用动载试验的方法才能得到准确的岩石剪胀时的 ζ 条件，并测得岩石的动载压胀模量。

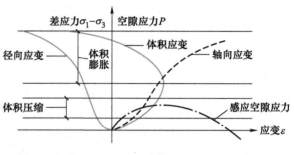

图 5.11　三轴压缩试验的剪胀现象

通常情况下地层的水平应力 σ_h 约为垂直应力 σ_v 的 $1/3$，所以在自然条件下不会发生剪胀现象。

2. 压胀参数在水压致裂设计中的应用

水压致裂设计计算的缝长与试井所得缝长不一致，前者一般要比后者大许多，是一个困扰采油工程师多年，迄今仍未得到很好解决的问题。这是多方面原因造成的，如地层的线弹性、均质性假设，地层中地应力分布不清楚等。还有一个原因是没有考虑剪胀现象。据 1995 年美国天然气研究院（GRI）简报报道，在裂缝尖端应力值非常高，所以在缝端处会产生剪胀现象。考虑剪胀现象后，则计算出的裂缝长度偏小、宽度偏大。

3. 剪胀松动增产技术

剪胀现象造成的岩石体积增加是由于岩石内部形成微裂缝或岩石颗粒相对滑动造成的，体积增加的同时，伴随着孔隙度和渗透率的增加。岩石越致密，其孔隙度、渗透率增加越多。渗透率增加倍数与 ζ 值有关，对于花岗岩，一般渗透率增加 $1\sim2$ 倍。同时，剪胀现象造成的渗透率增加是不可逆的，因而在油田开采中，剪胀对提高油气产量具有极为重要的工程价值。

然而，由于油井套管安全的要求，限制了井下最大压力的使用，很难产生地层压胀需要的条件。20 世纪 70 年代，苏联科学家开始研究利用炸药的爆炸波在地层中的叠加，增强其对近井地带岩石的松动作用，在油层深处造成产生剪胀的条件，达到了增产的目的。

在实施爆炸时，爆炸所产生的应力强度不仅随药量、距离变化而变化，也随时间变化而变化。径向应力（最大主应力）σ_r 与环向应力（最小主应力）σ_θ 随时间的变化规律：径向压力 σ_r 在整个脉冲过程中都是正的（压应力），而环向应力 σ_θ 则是先正后负。虽然 σ_r 和 σ_θ 数值不同，但 $\zeta(\sigma_\theta/\sigma_r)$ 值通常在 $0.4\sim0.5$，这种条件下不会出现剪胀现象。如果希望通过增加药量的方法增大 σ_r 而减小 ζ，则可能造成套管的损坏，这也是 20 世纪 50 年代爆炸压裂失败的原因之一。另一可行的办法是控制每一药包的药量，施放多个药包，分级爆炸，并使每个药包爆炸之间有一个合适的时差，使得叠加后的 σ_r 增加，而 σ_θ 减小，从而使 ζ 值降低到临界值以下，实现使地层膨胀振松的目的。图 5.12 为两个药包以一定时差爆炸时应力脉冲变化的过程，其 ζ 值降到了临界值以下，地层出现压胀，达到了增产目的，这就是压胀松动的基本原理。

20 世纪 80 年代，苏联科学家对 100 余口油井进行的现场试验显示，一般可增产 $1\sim2$ 倍，有效期在一年以上，有效率趋于 100%。岩层处

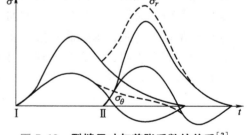

图 5.12　裂缝尺寸与剪胀系数的关系[3]

理范围的半径对砂岩可达 10m，对灰岩可达 6～8m，渗透率可提高 10 倍以上。这个方法被证明比高能气体压裂更为有效。

1998 年，西安石油学院在陕北子长油矿进行了 4027 口裸眼井和 4242 套管井进行了剪胀松动设计和现场施工，取得了增产 2 倍以上的地质效果。

5.6　岩石的弹性本构关系

在完全弹性的各向同性体内，根据胡克定律有

$$\begin{cases} \varepsilon_x = \dfrac{1}{E}\left[\sigma_x - \nu(\sigma_y + \sigma_z)\right] \\[2mm] \varepsilon_y = \dfrac{1}{E}\left[\sigma_y - \nu(\sigma_z + \sigma_x)\right] \\[2mm] \varepsilon_z = \dfrac{1}{E}\left[\sigma_z - \nu(\sigma_x + \sigma_y)\right] \\[2mm] \gamma_{yz} = \dfrac{\tau_{yz}}{G}, \quad \gamma_{zx} = \dfrac{\tau_{zx}}{G}, \quad \gamma_{xy} = \dfrac{\tau_{xy}}{G} \end{cases} \tag{5.4}$$

式中，E 为物体的弹性模量；ν 为泊松比；G 为剪切模量，且有

$$G = \frac{E}{2(1+\nu)} \tag{5.5}$$

对于平面应变问题，因为 $\tau_{zx} = \tau_{yz} = 0$，故 $\gamma_{zx} = \gamma_{yz} = 0$，且 $\varepsilon_z = 0$，代入式 (5.4)，得

$$\begin{cases} \varepsilon_x = \dfrac{(1-\nu^2)}{E}\left(\sigma_x - \dfrac{\nu}{1-\nu}\sigma_y\right) \\[2mm] \varepsilon_y = \dfrac{(1-\nu^2)}{E}\left(\sigma_y - \dfrac{\nu}{1-\nu}\sigma_x\right) \\[2mm] \gamma_{xy} = \dfrac{2(1+\nu)}{E}\tau_{xy} \end{cases} \tag{5.6}$$

对于平面应力问题，因为 $\sigma_z = \tau_{zx} = \tau_{yz} = 0$，代入式 (5.4)，可得

$$\begin{cases} \varepsilon_x = \dfrac{1}{E}\left[\sigma_x - \nu\sigma_y\right] \\[2mm] \varepsilon_y = \dfrac{1}{E}\left[\sigma_y - \nu\sigma_z\right] \\[2mm] \gamma_{xy} = \dfrac{2(1+\nu)}{E}\tau_{xy} \end{cases} \tag{5.7}$$

5.7　岩石的各向异性

在上述的介绍中都将岩石作为连续、均质和各向同性的介质来看待。事实上，许多岩石具有不连续性、不均质性和各向异性。岩石的全部或部分物理、力学性质随方向不同而表现出差异的现象称为岩石的各向异性。由于岩石存在各向异性，在不同方向给岩石加载时，岩石的变形特性、强度特性、弹性模量和泊松比等都会表现出不同。

1. 极端各向异性体的应力-应变关系

在物体内的任一点沿任何两个不同方向的弹性性质都互不相同，这样的物体称为极端各向异性体，实际工程材料中很少见到。

极端各向异性体的特点是任何一个应力分量都会引起六个应变分量，也就是说正应力不仅能引起线应变，也能引起剪应变；剪应力不仅能引起剪应变，也能引起线应变。极端各向异性体的 36 个弹性常数中只有 21 个是独立的，其应力-应变关系为

$$
\begin{Bmatrix} \varepsilon_x \\ \varepsilon_y \\ \varepsilon_z \\ \gamma_{xy} \\ \gamma_{yz} \\ \gamma_{zx} \end{Bmatrix} = \begin{bmatrix} \alpha_{11} & \alpha_{12} & \alpha_{13} & \alpha_{14} & \alpha_{15} & \alpha_{16} \\ \alpha_{21} & \alpha_{22} & \alpha_{23} & \alpha_{24} & \alpha_{25} & \alpha_{26} \\ \alpha_{31} & \alpha_{32} & \alpha_{33} & \alpha_{34} & \alpha_{35} & \alpha_{36} \\ \alpha_{41} & \alpha_{42} & \alpha_{43} & \alpha_{44} & \alpha_{45} & \alpha_{46} \\ \alpha_{51} & \alpha_{52} & \alpha_{53} & \alpha_{54} & \alpha_{55} & \alpha_{56} \\ \alpha_{61} & \alpha_{62} & \alpha_{63} & \alpha_{64} & \alpha_{65} & \alpha_{66} \end{bmatrix} \begin{Bmatrix} \sigma_x \\ \sigma_y \\ \sigma_z \\ \tau_{xy} \\ \tau_{yz} \\ \tau_{zx} \end{Bmatrix}
$$

$$(5.8)$$

2. 正交各向异性体的应力-应变关系

假设在弹性体构造中存在着这样一个平面，在任意两个与此面对称的方向上，材料的弹性相同，或者说弹性常数相同，那么这个平面就是弹性对称面。

如果在弹性体中存在着三个互相正交的弹性对称面，在各个面两边的对称方向上弹性相同，但在这个弹性主方向上弹性并不相同，这种物体称为正交各向异性体，如图 5.13 所示。正交各向异性体的弹性参数中只有 9 个是独立的，其应力-应变关系为

$$
\begin{Bmatrix} \varepsilon_x \\ \varepsilon_y \\ \varepsilon_z \\ \gamma_{xy} \\ \gamma_{yz} \\ \gamma_{zx} \end{Bmatrix} = \begin{bmatrix} \alpha_{11} & \alpha_{12} & \alpha_{13} & 0 & 0 & 0 \\ \alpha_{21} & \alpha_{22} & \alpha_{23} & 0 & 0 & 0 \\ \alpha_{31} & \alpha_{32} & \alpha_{33} & 0 & 0 & 0 \\ 0 & 0 & 0 & \alpha_{44} & 0 & 0 \\ 0 & 0 & 0 & 0 & \alpha_{55} & 0 \\ 0 & 0 & 0 & 0 & 0 & \alpha_{66} \end{bmatrix} \begin{Bmatrix} \sigma_x \\ \sigma_y \\ \sigma_z \\ \tau_{xy} \\ \tau_{yz} \\ \tau_{zx} \end{Bmatrix}
$$

$$(5.9)$$

3. 横观各向同性体

横观各向同性体是各向异性体的特殊情况。在岩石某一平面内的各方向弹性性质相同，这个面称为各向同性面，而垂直此面方向的力学性质是不同的，具有这种性质的物体称为横观各向同性体，如图 5.14 所示。横观各向同性体的弹性参数中只有 5 个是独立的，其应力-

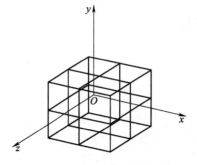

图 5.13 正交各向异性体

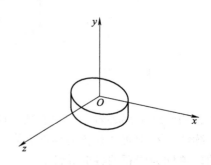

图 5.14 横观各向同性体

应变关系为

$$
\begin{Bmatrix} \varepsilon_x \\ \varepsilon_y \\ \varepsilon_z \\ \gamma_{xy} \\ \gamma_{yz} \\ \gamma_{zx} \end{Bmatrix} = \begin{pmatrix} \dfrac{1}{E_1} & -\dfrac{\nu_1}{E_1} & -\dfrac{\nu_2}{E_2} & 0 & 0 & 0 \\[6pt] -\dfrac{\nu_1}{E_1} & \dfrac{1}{E_1} & -\dfrac{\nu_2}{E_2} & 0 & 0 & 0 \\[6pt] -\dfrac{\nu_2}{E_2} & -\dfrac{\nu_2}{E_2} & \dfrac{1}{E_2} & 0 & 0 & 0 \\[6pt] 0 & 0 & 0 & \dfrac{1}{G_1} & 0 & 0 \\[6pt] 0 & 0 & 0 & 0 & \dfrac{1}{G_2} & 0 \\[6pt] 0 & 0 & 0 & 0 & 0 & \dfrac{1}{G_2} \end{pmatrix} \begin{Bmatrix} \sigma_x \\ \sigma_y \\ \sigma_z \\ \tau_{xy} \\ \tau_{yz} \\ \tau_{zx} \end{Bmatrix} \tag{5.10}
$$

式中，E_1 为各向同性面（平面）内所有方向的弹性模量弹性模量；E_2 为垂直于各向同性面（平面）的弹性模量；ν_1 为各向同性面内的泊松比；ν_2 为垂直于各向同性面的泊松比；G_1 为平行于各向同性面的剪切模量；G_2 为垂直于各向同性面的剪切模量。

因为 $G_1 = \dfrac{E_1}{2(1 + \nu_1)}$，所以，只有 5 个独立的常数，即 E_1、E_2、ν_1、ν_2 和 G_2。

4. 各向同性体

若物体内的任一点沿任何方向的弹性都相同，则这样的物体称为各向同性体，如钢材、水泥等。各向同性体的弹性参数中只有 2 个是独立的，即弹性模量 E 和泊松比 ν。

将岩石视为各向同性体时，一些常见岩石的变形模量和泊松比见表 5.1。

表 5.1　常见岩石的变形模量和泊松比

岩石名称	变形模量/GPa		泊松比	岩石名称	变形模量/GPa		泊松比
	初始	弹性			初始	弹性	
花岗岩	20~60	50~100	0.2~0.3	千枚岩、片岩	2~50	10~80	0.2~0.4
流纹岩	20~80	50~100	0.1~0.25	板岩	20~50	20~80	0.2~0.3
闪长岩	70~100	70~150	0.1~0.3	页岩	10~35	20~80	0.2~0.4
安山岩	50~100	50~120	0.2~0.3	砂岩	5~80	10~100	0.2~0.3
辉长岩	70~110	70~150	0.12~0.2	砾岩	5~80	20~80	0.2~0.35
辉绿岩	80~110	80~150	0.1~0.3	石灰岩	10~80	50~190	0.2~0.35
玄武岩	60~100	60~120	0.1~0.35	白云岩	40~80	40~80	0.2~0.35
石英岩	60~200	60~200	0.1~0.25	大理岩	10~90	10~90	0.2~0.35
片麻岩	10~80	10~100	0.22~0.35				

拓展阅读

典型岩石力学与工程——新乌鞘岭隧道与木寨岭隧道

新建兰州至张掖三四线铁路兰武段新乌鞘岭隧道全长 17.125km，位于既有兰武二线乌鞘岭特长隧道东侧上方约 100m 处，两者呈平行之势。标段内，Ⅲ级围岩总长度为 2340m，占比 25.7%；Ⅳ级围岩总长度为 2230m，占比 24.5%；Ⅴ级围岩总长度为 4534m，占比 49.8%。隧道洞身地质复杂，主要穿越地层有志留系下统板岩、千枚岩，奥陶系安山岩及 F7 断层破碎带等其中，志留系软弱围岩和 F7 断层破碎带长度占标段总长度的 50% 左右，存在高地应力、大变形、溜塌等多种风险。

采用三台阶钻爆法施工以千枚岩、板岩为主的新乌鞘岭隧道 V 级围岩破碎段时，出现了不同程度的围岩变形与支护结构破坏，如掌子面频繁溜塌，初期支护开裂、掉块，拱架接头挤压破坏严重，初期支护部分压溃侵限等。受地质构造影响，8 号、9 号斜井正洞工区经常遇到大倾角薄层状岩层，岩层间黏结较差。当节理裂隙较发育时，千枚岩和板岩围岩强度低并呈碎块状，导致围岩的整体性较差，掌子面难以自稳，特别是叠加裂隙渗水、施工振动和扰动后，拱部围岩稳定性更差，容易出现掌子面坍塌等风险。施工过程中掌子面多次发生局部溜塌。每次溜塌处理平均需要半个月，极大影响了施工进度，增加了施工成本。隧道开挖后，围岩呈典型的塑性变化，尤以拱顶沉降和两边挤压为主，特别是在初期支护未成环时，支护变形量大，收敛速度慢，不易控制，时有初期支护开裂、掉块甚至变形侵限等现象发生。

兰渝铁路兰广段隧道总长 343km，隧线比达 70%，处于华北、柴达木、羌塘、扬子诸板块相互汇集部位。自北向南通过断裂构造 87 条，其中区域性大断裂 10 条，褶皱 43 个，次级断层、小褶皱（曲）极其发育。地层岩性变化大，地质构造十分复杂，地应力水平属高-极高，受多期强烈变形和极低级变质作用改造以及构造、断层、高地应力、地下水等多种因素的影响，形成了隧道通过部位特殊岩性和特殊构造变形。尤其是由于现今青藏高原向北东的持续扩展挤压作用，以及应力沿主断层的释放，使得隧道通过区地应力在不同阶段、不同时间具有差异变化。隧道区域受多期次的构造运动影响，地应力场状态极为复杂，地应力场以水平应力为主，最大水平地应力为 6~33MPa，围岩强度应力比较低，多数隧道处于高-极高地应力场。板状、薄层状的板岩和千枚岩等软岩，具有强烈的各向异性，受地下水与高地应力扰动的联合作用，使围岩软化、结构裂解，破坏呈流变特征，在国内外是罕见的，是特殊环境的特殊地质条件。

隧道施工进入岭脊核心段后变形增大、初期支护开裂掉块严重，对隧道支护参数进一步优化调整，以主动加固和改善围岩为基础，采用锚（R32N 自进式锁固锚杆，长 8m）、梁（H175 型钢刚架）、喷（C30 早高强喷混凝土）、注（φ42 注浆小导管，长 4m）联合支护体系。一方面加固围岩提高围岩自支承能力，另一方面使围岩在控制下允许适当变形适应软岩初期大变形的特点，按照"边支边让、先柔后刚，柔让适度，刚强足够"的设计原则，采用双层支护，分次施作，使支护具有一定的让压特性，根据围岩变形发展和应力测试情况提前施作二次衬砌。

岩石力学与工程学科专家——何满潮

何满潮是矿山工程岩体力学专家，2013 年当选为中国科学院院士。

何满潮把工程地质学与工程力学相结合，致力于煤矿软岩工程问题的理论研究和工程实践，取得了突出成绩。在软岩巷道工程研究方面，针对软岩强度低、变形能量大、具有复合型变形力学机制的特点，通过研究软岩成分、结构、不连续面等工程地质条件，确定了不同类型软岩的变形力学机制，建立了以转化复合型机制、使软岩能量安全释放为核心的软岩工程力学理论体系，形成了以力学对策设计、过程设计和参数设计为特点的软岩工程设计方法，开发了相应的支护技术。

在矿山岩体大变形控制理论和技术方面，提出了以恒定支护阻力下有效控制矿山工程岩体大变形灾害的恒阻大变形支护理念；建立了恒阻大变形支护材料结构力学模型，推导了与工程岩体相互作用能量平衡方程；提出了"预留变形量的恒阻大变形锚杆高预应力支护"新方法，实现了对矿山岩体变形能量的有控制性的释放；通过井下工业试验，揭示了恒阻大变形支护有效控制冲击破坏的机理，提出了通过超前切缝、释放坚硬顶板能量、无煤柱开采、避免应力集中和释放构造应力、综合控制岩爆发生的新方法。

在露天矿软岩边坡工程研究方面，通过改进和完善国际公认的 Sarma 方法，建立了适用于具有复杂岩体结构和非齐次边界条件的软岩边坡稳态评价的 MSarma 方法。

复习思考题

5.1　名词解释：变形、扩容/剪胀、泊松比。

5.2　什么是岩石的全应力-应变曲线？岩石的全应力-应变曲线有什么工程意义？

5.3　简述岩石在单轴压缩条件下的变形特征。

5.4　什么是岩石的弹性模量、变形模量和卸载模量？

5.5　在三轴压缩试验中，岩石的力学性质会发生哪些变化？

5.6　线弹性体、完全弹性体、弹性体三者的应力-应变关系有什么区别？

5.7　什么是岩石的本构关系（应力-应变关系）？岩石的本构关系一般有几种类型？

5.8　简述岩石在反复加（卸）载下的变形特征。

5.9　体积应变曲线是怎样获得的？它在分析岩石的力学特征方面有何意义？

5.10　简述岩石的各向异性。

参考文献

[1] 刘东燕. 岩石力学 [M]. 重庆：重庆大学出版社，2014.

[2] 李俊平，连民杰. 矿山岩石力学 [M]. 北京：冶金工业出版社，2011.

[3] 席道瑛，徐松林. 岩石物理学基础 [M]. 合肥：中国科学技术大学出版社，2012.

岩石的基本力学性质主要包括两大类，即岩石的变形性质和岩石的强度性质。研究岩石变形性质的目的是，建立岩石自身特有的本构关系或本构方程，并确定相关参数。研究岩石强度性质的目的是，建立适应岩石特点的强度准则，并确定相关参数。此外，岩石的强度性质是岩石分类的重要依据之一，而岩石分类对于生产技术管理、支护设计和施工设备选型有密切关系。由此可见，岩石的强度性质对岩石工程的稳定性有重大的影响。

6.1 岩石的基本破坏形式

岩石破坏时所能承受的极限应力称为岩石强度，岩石的破坏形式如图 6.1 所示。

1）拉伸破坏：图 6.1a 为直接拉坏的情况。

2）劈裂破坏：图 6.1b 为劈裂破坏的情况。

3）剪切破坏：截面剪应力达到某一极限值时，岩石在此截面被剪断，如图 6.1c 所示。

4）塑性流动：岩石在剪应力作用下产生塑性变形，其线应变达到 10% 时就算塑性流动，如图 6.1d 所示。

受力状态不同，岩石的强度也不同。常用的强度指标有单轴抗压强度、单轴抗拉强度、抗剪强度、三轴抗压强度等。

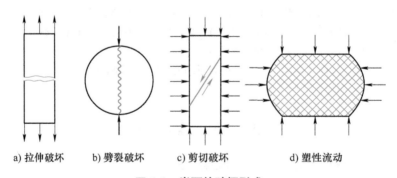

a) 拉伸破坏　　　b) 劈裂破坏　　　c) 剪切破坏　　　d) 塑性流动

图 6.1 岩石的破坏形式

6.2 岩石的单轴抗压强度

岩石的单轴抗压强度是指岩石试样在无侧限和单轴压力作用下抵抗破坏的极限能力，其

值由室内试验确定，如图 6.2 所示，计算式为

$$\sigma_c = \frac{P_c}{A} \qquad (6.1)$$

式中，σ_c 为单轴抗压强度，也称为无侧限强度；P_c 为在无侧限条件下岩石试件的轴向破坏荷载；A 为试样的截面面积。

为便于参考，这里给出几种常见岩石单轴抗压强度指标，见表 6.1。

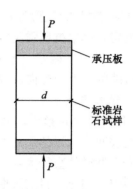

图 6.2 岩石单轴抗压强度试验示意

表 6.1 常见岩石的单轴抗压强度指标值

岩石名称	抗压强度 σ_c/MPa	抗拉强度 σ_t/MPa	内摩擦角 φ/(°)	黏聚力 C/MPa	岩石名称	抗压强度 σ_c/MPa	抗拉强度 σ_t/MPa	内摩擦角 φ/(°)	黏聚力 C/MPa
大理岩	100~250	7~20	35~50	15~30	片麻岩	50~200	5~20	30~50	3~5
花岗岩	100~250	7~25	45~60	14~50	千枚岩	10~100	1~10	26~65	1~20
流纹岩	180~300	15~30	45~60	10~50	板岩	60~200	7~15	45~60	2~20
闪长岩	100~250	10~25	53~55	10~50	页岩	10~100	2~10	15~30	3~20
安山岩	100~250	10~20	45~50	10~40	砂岩	20~200	4~25	35~50	8~40
辉长岩	180~300	15~36	50~55	10~50	砾岩	10~150	2~15	35~50	10~50
辉绿岩	200~350	15~35	55~60	25~60	石灰岩	50~200	5~20	35~50	20~50
玄武岩	150~300	10~30	48~55	20~60	白云岩	80~250	15~25	35~50	15~30
石英岩	150~350	10~30	50~60	20~60					

1. 单向压缩荷载作用下试件的破坏形态

根据大量试验观察，岩石在单轴压缩荷载作用下主要表现出图 6.3a、b 所示的两种破坏形式。试样内部应力分布如图 6.3c 所示，与承压板接触的两个三角形区域内为压应力，而在其他区域内则表现为拉应力。在无侧限条件下，由于侧向的部分岩石可自由地向外变形、剥离，最终形成图 6.3a 所示的圆锥形破坏形态。

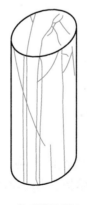
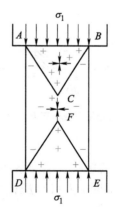

a) 圆锥形破坏　　　　b) 柱形劈裂破坏　　　　c) 圆锥形破坏应力分布

图 6.3 岩石单轴压缩破坏形态示意

2. 岩石单轴抗压强度的影响因素

影响岩石单轴抗压强度的因素有很多，归纳起来可分为三个方面：

（1）岩石内在因素 矿物成分、结晶程度、颗粒大小、颗粒联结及胶结情况、密度、层理和裂隙的特性与方向、风化特征等，对岩石单轴抗压强度有较大的影响。

（2）试验方法

1）几何尺寸的影响。试样的强度通常随其尺寸的增大而减小，这种现象称为尺寸效应。研究表明，试样的尺寸对其强度的影响在很大程度上取决于组成岩石的矿物颗粒的大小。若岩石试样的直径为4~6cm，且大于其最大矿物颗粒直径的10倍以上，则其强度值相对比较稳定。因此，目前采取直径为5cm，直径大于最大矿物颗粒直径10倍以上的岩石试样作为其标准尺寸。

试样的高径比，即试样高度h与直径或边长D的比值，对岩石强度也有明显的影响，如图6.4所示。一般来说，随着h/D增大，岩石强度降低，其原因是h/D的增大将导致试样内应力分布及其弹性稳定状态不同。当h/D很小时，试样内部的应力分布趋于三向应力状态，因而试样具有很高的抗压强度；相反，当h/D很大时，试样由于弹性不稳定而易破坏，降低了岩石的强度；而$h/D=2~3$时，试样内应力分布较均匀，且容易处于弹性稳定状态。因此，为了减少试样的尺寸影响和统一试验方法，国内有关试验规程规定：抗压试验应采用直径或边长为5cm，高径比为2的标准试件。

2）试样加工精度的影响。主要表现在试样端面平整度和平行度的影响上。端面粗糙和不平行的试样，容易产生局部应力集中，降低岩石强度。因此，试验对试样加工精度的要求较高。

3）承压板刚度的影响。承压板的刚度会影响试样端面的应力分布状态，当承压板刚度很大时，其接触面的应力分布很不均匀，呈山字形，如图6.5所示。显然，这将影响整个试样的受力状态。因此，试验机的承压板（或者垫块）应尽可能采用与岩石刚度相接近的材料，避免由于刚度的不同引起变形不协调造成应力分布不均匀，以减少对强度的影响。

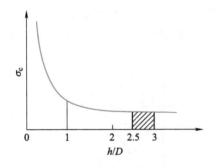

图6.4 单轴抗压强度 σ_c 与 h/D 的关系

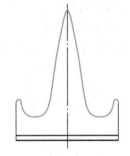

图6.5 在刚性承压板之间压缩
时岩石端面的应力分布

4）端面条件的影响。端面条件对岩石强度的影响，称为端面效应。其产生原因一般认为是由于试样端面与压力机承压板之间的摩擦作用，改变了试样内部的应力分布和破坏方式，进而影响岩石强度。

5）加载速率的影响。岩石强度常随着加载速率的增大而增高，这是因为随着加载速率的增大，若超过了岩石的变形速率，即岩石变形未达稳定就继续增加荷载，则在试样内将出现变形滞后于应力的现象，使变形来不及发生和发展，增大了其强度。因此，为了规范试验方法，现行的试验规程都规定了加载速率，一般为 0.5～0.8MPa/s。

（3）环境因素

1）含水量的影响。水对岩石中矿物产生风化、软化、泥化、膨胀、溶蚀等作用，使得在饱和状态下的岩石单轴抗压强度有所降低。对于泥岩、黏土岩、页岩等软弱的岩石，其干燥状态与饱和状态下的强度值相差 2～3 倍，含有膨胀性矿物成分的岩石其差值更大。对于致密、坚硬的岩石，其干燥状态与饱和状态下的强度值的差别甚小。表 6.2 列出了各种不同岩石的软化系数。

2）温度的影响。岩石力学试验一般是在室温下进行的，室温环境对岩石强度没有影响。但如对岩石试件进行加温或者降温，则岩石的轴向抗压强度将产生明显的变化。

表 6.2　某些岩石的干抗压强度、饱和抗压强度及软化系数

岩石名称	干抗压强度 σ_c/MPa	饱和抗压强度 σ_b/MPa	软化系数 η
花岗岩	40.0～220.0	25.0～205.0	0.75～0.97
闪长岩	97.7～232.0	68.8～158.7	0.60～0.74
辉绿岩	118.1～272.5	58.0～245.8	0.44～0.90
玄武岩	102.7～290.5	102.0～192.4	0.71～0.92
石灰岩	12.4～206.7	7.8～189.2	0.58～0.94
砂岩	17.5～250.8	5.7～245.5	0.44～0.97
页岩	57.0～136.0	13.7～75.1	0.24～0.55
黏土岩	20.7～59.0	2.4～31.8	0.08～0.87
凝灰岩	61.7～178.5	32.5～153.7	0.52～0.86
石英岩	145.0～200.0	50.0～176.8	0.34～0.96
片岩	59.6～218.9	29.5～174.1	0.49～0.80
千枚岩	30.1～49.4	28.1～32.3	0.69～0.96
板岩	123.9～199.6	72.0～149.6	0.52～0.82

6.3　岩石的单轴抗拉强度

岩石试样在单向拉伸时能承受的最大拉应力，称为单轴抗拉强度，简称抗拉强度。虽然在工程实践中一般不允许拉应力出现，但拉伸破坏仍是工程岩体及自然界岩体的主要破坏形式之一，而且岩石抵抗拉应力的能力很低，见表 6.1。因此，岩石抗拉强度是一个重要的岩石力学指标。

岩块的抗拉强度是通过室内试验测定的，其方法包括直接拉伸法和间接法两种。间接法又包括劈裂法、抗弯法及点荷载法等，常用的是劈裂法和点荷载法。

1. 直接拉伸法

这是利用岩石试样与试验机夹具之间的黏结力或摩擦力，对岩石试样直接施加拉力，测试岩石抗拉强度的一种方法。根据试验结果，按下式计算抗拉强度

$$\sigma_t = \frac{P_t}{A} \qquad\qquad (6.2)$$

式中，σ_t 为岩石的抗拉强度；P_t 为试件受拉破坏时的极限拉力；A 为与所施加拉力相垂直的横截面面积。

岩石试样与夹具连接的方法如图6.6所示。直接拉伸法试验的关键在于：岩石试样与夹具间必须有足够的黏结力或者摩擦力，所施加的拉力必须与岩石试样同轴心；否则，就会出现岩石试样与夹具脱落，或者由于偏心荷载，试样的破坏断面不垂直于其轴心等现象，致使试验失败。

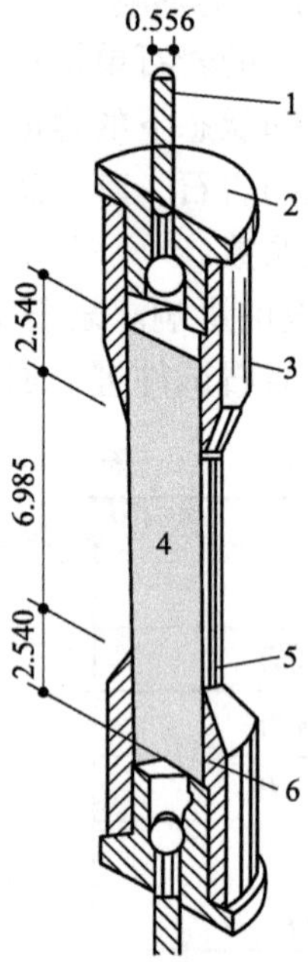

2. 抗弯法

抗弯法是利用结构试验中梁的三点或四点加载法，使梁的下沿产生纯拉应力作用而使岩石试样产生断裂破坏，间接地求出岩石的抗拉强度值。此时，抗拉强度值可按下式求得

$$\sigma_t = \frac{MC}{I} \qquad (6.3)$$

式中，σ_t 为由三点或四点抗弯试验求得的最大拉应力，它相当于岩石的抗拉强度；M 为作用在试样截面上的最大弯矩；C 为梁的边缘到中性轴的距离；I 为梁截面的惯性矩。

式（6.3）的成立是建立在以下基本假设基础之上的：梁的截面严格保持为平面；材料是均质的，服从胡克定律；弯曲发生在梁的对称面内；拉伸和压缩的应力-应变特性相同。对于岩石而言，第四个假设与岩石的特性存在较大的差别，因此利用抗弯法求得的抗拉强度也存在一定的偏差，且试样的加工也远比直接拉伸法麻烦，故此方法一般较少使用。

3. 劈裂法（巴西法）

劈裂法也称为径向压裂法，因为是由巴西人 Hondros 提出的抗拉强度的测定方法，故又称为巴西法。劈裂法的基本原理是基于圆盘受对径压缩的弹性理论解。如图6.7所示，厚度为 t 的圆盘受集中力 P 的对径压缩，圆盘直径 $d = 2R$，则在圆盘内任意一点的应力为

图6.6 岩石试件与夹具连接的方法
（尺寸单位：cm）
1—钢索（不扭动的）和带化饰的球
2—螺旋连接器 3—环（铝制）
4—岩芯试样（直径为1cm）
5—束带（环氧树脂）
6—黏结物（环氧树脂）

$$\begin{cases} \sigma_x = \dfrac{2P}{\pi t}\left(\dfrac{\sin^2\theta_1\cos\theta_1}{r_1} + \dfrac{\sin^2\theta_2\cos\theta_2}{r_2}\right) - \dfrac{2P}{\pi dt} \\[3mm] \sigma_y = \dfrac{2P}{\pi t}\left(\dfrac{\cos^2\theta_1}{r_1} + \dfrac{\cos^2\theta_2}{r_2}\right) - \dfrac{2P}{\pi dt} \\[3mm] \tau_{xy} = \dfrac{2P}{\pi t}\left(\dfrac{\cos^2\theta_1\sin\theta_1}{r_1} + \dfrac{\cos^2\theta_2\sin\theta_2}{r_2}\right) \end{cases} \qquad (6.4)$$

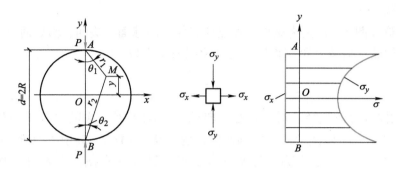

图 6.7 圆盘径向压缩时应力分布

观察圆盘中心线平面内（y轴）的应力状态可知沿中心线的各点有 $\theta_1 = \theta_2 = 0$，$r_1 + r_2 = d$，则有

$$
\begin{cases}
\sigma_x = -\dfrac{2P}{\pi dt} \\[2mm]
\sigma_y = \dfrac{2P}{\pi t}\left(\dfrac{1}{r_1} + \dfrac{1}{r_2} - \dfrac{1}{d}\right) \\[2mm]
\tau_{xy} = 0
\end{cases}
\tag{6.5}
$$

在圆盘中心（$r_1 = r_2 = d/2$）处有

$$
\begin{cases}
\sigma_x = -\dfrac{2P}{\pi dt} \\[2mm]
\sigma_y = \dfrac{6P}{\pi dt}
\end{cases}
\tag{6.6}
$$

上述分析表明，圆盘中心（原点 O）处受到拉应力 σ_x 和压应力 $\sigma_y = 3\,|\sigma_x|$ 的作用。由于岩石抗拉强度很低，抗压强度较高，圆盘在受压发生断裂之前早已被拉应力 σ_x 拉断。

劈裂法测定岩石抗拉强度的基本方法是：用一个实心圆柱形试样，沿径向施加压缩荷载至破坏，求出岩石的抗拉强度（图 6.8）。我国岩石力学试验方法标准规定：试样的直径 $d = 5\text{cm}$、厚度 $t = 1.5\text{cm}$，求得试样破坏时作用在其中心的最大拉应力 σ_t 为

$$
\sigma_t = \frac{2P}{\pi dt}
\tag{6.7}
$$

式中，σ_t 为试样中心的最大拉应力，即抗拉强度；P 为试样破坏时的压力。

劈裂法试验简单，测得的抗拉强度与直接拉伸很接近，故目前多采用此法测定岩石的单轴抗拉强度。

直接拉伸法与劈裂法两种方法的破裂面的应力状态是有区别的：直接拉伸时，破裂面只受拉应力，劈裂法不但有拉应力还有压应力，即不仅有 σ_x 作用还有 σ_y 的作用，试样属于受拉破坏，但强度略有差别。

4. 点荷载法

点荷载法是在 20 世纪 70 年代发展起来的一种简便的现场试验方法。该试验方法最大的特点是可利用现场取得的任何形状的岩块进行试验，无须进行试样加工。该法的试验装置是一个极为小巧的设备，其加载原理类似于劈裂法，不同的是劈裂法所用的是线荷载，而该法

施加的是点荷载。

　　点荷载试验（图6.9）是将试样放在点荷载仪中的球面压头间，然后通过液压泵加压至试样破坏，利用破坏荷载 P 可求得试样的点荷载强度 I_s 为

$$I_s = \frac{P}{D_e^2} \tag{6.8}$$

式中，D_e 为试样的等效直径。对于岩芯径向试验，$D_e^2 = D^2$，这里的 D 是指岩芯直径；对于岩芯轴向试验、方块体试验或不规则块体试验，$D_e^2 = 4A/\pi$，其中 $A = HB$，H 为作用在试样两加载端点之间的距离；B 为通过两加载端点的试样最小截面上垂直于加载轴的平均宽度。

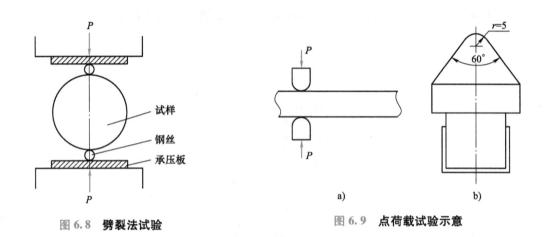

图6.8　劈裂法试验　　　　　　图6.9　点荷载试验示意

　　国际岩石力学学会将直径为 50mm 的圆柱体试样径向加载点荷载试验的强度指标值 $I_{s(50)}$ 确定为标准试验值，其他尺寸试样的试验结果需要根据下列计算式进行修正

$$I_{s(50)} = k I_{s(D)} \tag{6.9}$$

式中，$I_{s(D)}$ 是直径为 D 的非标准试样的点荷载强度；k 为修正系数，当 $D \leqslant 55\text{mm}$ 时，$k = 0.2717 + 0.01457D$，当 $D > 55\text{mm}$ 时，$k = 0.7540 + 0.0058D$。

　　进行现场岩石分级时，需用 $I_{s(50)}$ 作为点荷载强度标准值。$I_{s(50)}$ 也可以由下式转换为单轴抗压强度 σ_c，即

$$\sigma_c = 24 I_{s(50)} \tag{6.10}$$

式中，σ_c 为 $L:D = 2:1$（L 为试样的高度）时试样的单轴抗压强度（MPa）。

　　点荷载试验的优点是仪器轻便，试样可以用不规则岩块，钻孔岩芯及从基岩上采取的岩块略加修整后即可用于试验，因此在野外进行试验很方便。其缺点是试验结果的离散性较大，因此需要试样的数量相对较多。注意，为了减小试验结果的离散性，应保持以两个加载点连线为直径的球体全部落入岩块中。

　　进行点荷载试验时，一般选用直径为 25～100mm 的岩芯试样。没有岩芯时，也可以随机选取岩块。点荷载试验对试样尺寸的要求如图6.10所示。若岩芯中包含节理、裂隙，在加载时要合理布置加载的部位和方向，使强度指标值能均匀地考虑节理、裂隙的影响。

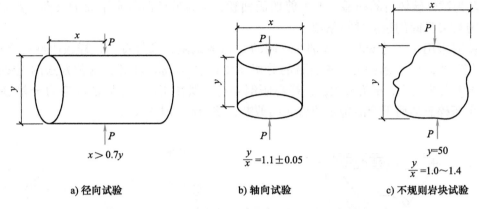

a) 径向试验
$x > 0.7y$

b) 轴向试验
$\dfrac{y}{x} = 1.1 \pm 0.05$

c) 不规则岩块试验
$y = 50$
$\dfrac{y}{x} = 1.0 \sim 1.4$

图 6.10　点荷载试验对试样尺寸的要求

6.4　岩石的抗剪强度

岩石抵抗剪切破坏的最大剪应力称为抗剪强度。岩石的抗剪强度由黏聚力 C 和内摩擦阻力 $\sigma\tan\varphi$ 两部分组成。当岩石某一截面上的剪应力大于上述两者之和时，岩石沿该截面产生剪切破坏。岩石抗剪强度可通过直剪试验、压剪试验和变角剪切试验获取。

直剪试验是在直剪仪（图 6.11）上进行的。试验时，先在试样上施加法向压力 N，然后在水平方向逐级施加水平剪力 T，直至试样破坏。用同一组岩样（4~6 块），在不同法向应力 σ 作用下进行直剪试验，可得到不同 σ 作用下的抗剪强度 τ_f，且在 τ-σ 坐标中绘制出岩石的莫尔强度包络线。试验研究表明，该曲线不是严格的直线，但在法向应力不太大的情况下，可近似为直线（图 6.12），这时可按库仑准则求得岩石的抗剪强度参数 C、φ 值。

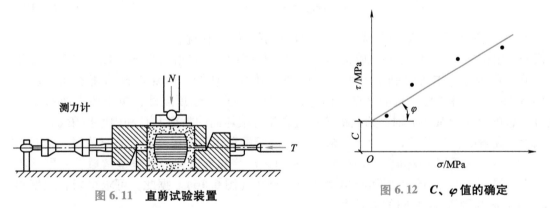

图 6.11　直剪试验装置

图 6.12　C、φ 值的确定

变角剪切试验是将立方体试件置于变角剪切夹具中（图 6.13），然后在压力机上加压直至试样沿预定的剪切面破坏。这时，作用于剪切面上的剪应力 τ 和法向应力 σ 为

$$\begin{cases} \sigma = \dfrac{P}{A}(\cos\alpha + f\sin\alpha) \\[2mm] \tau = \dfrac{P}{A}(\sin\alpha - f\cos\alpha) \end{cases} \tag{6.11}$$

式中，P 为试样破坏时的荷载；A 为剪切面面积；α 为剪切面与水平面的夹角；f 为压力机压板与剪切夹具间的滚动摩擦系数。

试验时采用 4~6 个试样，分别在不同的 α 角下试验，求得每一试样极限状态下的 σ 和 τ 值，并按图 6.14 所示的方法求岩石的剪切强度参数 C、φ。注意，这种方法的主要缺点是 α 角不能太大或太小，α 角太大，试样易倾倒并有力偶作用；太小则法向应力分量过大，试样易产生压碎破坏而不能沿预定的剪切面剪断，使所测结果失真。

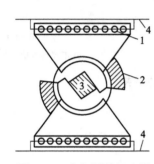

图 6.13　变角板剪切夹具

1—滚轴　2—变角板　3—试样　4—承压板

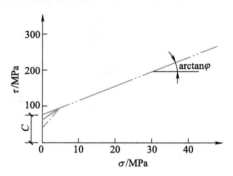

图 6.14　岩石强度包络线

6.5　岩石的三轴抗压强度

1. 岩石三轴抗压强度试验

岩石试样在三向压应力作用下能抵抗的最大轴向压力称为岩块的三轴抗压强度。在一定的围压（σ_3）下，对试样进行三轴压缩试验时，岩石的三轴抗压强度 σ_{1m} 为

$$\sigma_{1m} = \frac{P_m}{A} \tag{6.12}$$

式中，P_m 为试件破坏时的轴向荷载；A 为试件的初始横截面面积。

根据一组试样（4 个以上）试验得到的三轴抗压强度 σ_{1m} 和相应的 σ_3，以及单轴抗拉强度 σ_t，在 τ-σ 坐标系中可绘制出一组破坏应力圆及其公切线，得到岩石的莫尔强度包络线（图 6.15）。包络线与 σ 轴的交点，称为包络线的顶点。除顶点外，包络线上所有点的切线与 σ 轴的夹角及其在 τ 轴上的截距分别代表相应破坏面的黏聚力 C 和内摩擦角 φ。

试验研究表明，在围压变化很大的情况下，岩石的莫尔强度包络线常为一曲线。这时岩块的 C 和 φ 值均随可能破坏面上所承受的正应力大小变化而变化，并非是常量。当围压不大时，岩石的莫尔强度包络线常可近似地视为一直线（图 6.16）。据此，可求得岩石强度参数 σ_{1m}、C、φ 与围压 σ_3 之间的关系为

$$\sin\varphi = \frac{(\sigma_{1m} - \sigma_3)/2}{(\sigma_{1m} + \sigma_3)/2 + C\cot\varphi} \tag{6.13}$$

简化后可得

$$\sigma_{1m} = \frac{1 + \sin\varphi}{1 - \sin\varphi}\sigma_3 + \frac{2C\cos\varphi}{1 - \sin\varphi} \tag{6.14}$$

或

$$\sigma_{1m} = \sigma_3 \tan^2\left(45° + \frac{\varphi}{2}\right) + 2C\tan\left(45° + \frac{\varphi}{2}\right) \tag{6.15}$$

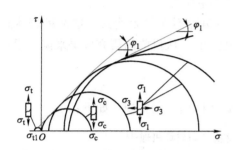

图 6.15　岩石莫尔强度包络线

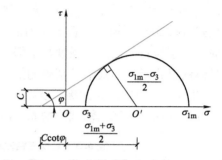

图 6.16　直线形莫尔强度包络线

利用式（6.14）与式（6.15），可进一步推得如下计算式

$$\sigma_c = \frac{2C\cos\varphi}{1 - \sin\varphi} \tag{6.16}$$

$$\sigma_t = \frac{2C\cos\varphi}{1 + \sin\varphi} \tag{6.17}$$

$$C = \frac{\sqrt{\sigma_c \sigma_t}}{2} \tag{6.18}$$

$$\varphi = \arctan\frac{\sigma_c - \sigma_t}{2\sqrt{\sigma_c \sigma_t}} \tag{6.19}$$

研究表明：各种岩石的三轴抗压强度 σ_{1m} 均随围压 σ_3 的增大而增大。但 σ_{1m} 的增加率小于 σ_3 的增加率，即 σ_{1m} 与 σ_3 呈非线性关系（图 6.17）。在三向不等压条件下，若保持 σ_3 不变，则随 σ_2 增加 σ_{1m} 也略有增加（图 6.18），这说明中间主应力对岩石强度也有一定的影响。

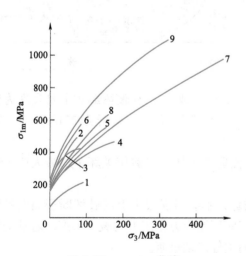

图 6.17　σ_{1m}-σ_3 曲线

1—硬煤　2—硬石膏　3—砂页岩　4—大理岩I　5—大理岩II
6—白云质石灰岩　7—蛇纹岩　8—块状铝土矿　9—花岗岩

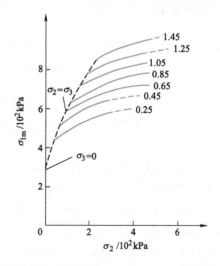

图 6.18　白云岩的 σ_{1m} 与 σ_2、σ_3 的关系

因此，岩石的三轴抗压强度通常用一个函数来表示，其通式为

$$\sigma_1 = f(\sigma_2, \sigma_3) \quad \text{或} \quad \tau = f(\sigma) \tag{6.20}$$

式中，σ_1 为最大主应力；σ_2、σ_3 为中间主应力和最小主应力。

从式（6.20）可知，岩石的三轴抗压强度可采用两种不同的表达式，这两种表达式是等价的。由于岩石三轴抗压强度是根据试验的结果建立的，从目前的研究成果来说，很难用一个具体的显式函数形式给予精确的描述。

2. 岩石三轴压缩试验的破坏类型

表6.3显示了常规三轴试验的原始破坏类型与破坏机理。主要规律如下：

表 6.3　常规三轴试验的原始破坏类型与破坏机理[1]

类型	1	2	3	4	5
破裂前应变/10^{-2}	<1	1～5	2～8	5～10	>10
压缩 $\sigma_1 > \sigma_2 = \sigma_3$					
拉伸 $\sigma_1 < \sigma_2 = \sigma_3$					
典型的应力-应变曲线与破坏机制（$\sigma_3 - \sigma_2$）	张破裂（稳定滑动）	以"张"为主的破裂（稳定滑动）	剪破裂（黏滑）	剪切流动破裂（碎裂-假塑性）	塑性流动（位错-真塑性）
	脆性破坏		BDT区	延性破坏	

1）岩石试样在低围压作用下（表6.3中类型1与类型2），其破坏形式主要表现为劈裂破坏，这种破坏形式与单轴压缩破坏很接近，说明低围压对其破坏形态的影响并非很大。

2）在中等围压的作用下，试样主要表现为斜面剪切破坏，其剪切破坏角与最大应力的夹角通常约为 $45°+\varphi/2$（φ 为岩石的内摩擦角）。

3）在高围压作用下，试样会出现塑性流动破坏，不会出现宏观上的破坏断裂面而呈腰鼓形。由此可见，围压的增大改变了岩石试样在三向压缩应力作用下的破坏形态。若从变形特性的角度分析，围压的增大使试样从脆性破坏向塑性流动过渡。

3. 岩石三轴抗压强度的影响因素

除了类似于前述单轴强度的影响因素（包括尺寸、加载速率等因素），还有如下因素影响岩石的三轴抗压强度。

（1）**侧向压力** 图 6.19 显示了侧向压力对三轴抗压强度的影响规律。从图中可见，大理岩随着侧向压力（围压）的增大，其最大主应力也随之增大，且显示出增大应力的变化率随围压的增大而减小的变化规律。当然，对不同的岩性来说，这一特性并不是完全一致的。但是随围压增大，最大主应力也变大，这一特性是一个普遍的规律。

（2）**加载途径** 三轴压缩试验可以有三种不同的加载途径，如图 6.20 中 A、B、C 三条虚线所示。根据大量的试验结果可知，**三种不同的加载途径对岩石的三轴抗压强度影响并不大**。图 6.20 为花岗岩的试验结果，无论用哪种加载途径，其最终破坏应力都很接近描述三轴抗压强度的破坏应力包络线。

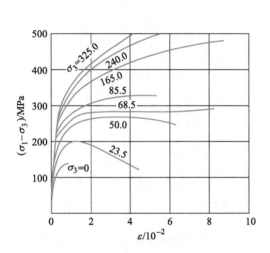

图 6.19 **大理岩的应力差（$\sigma_1-\sigma_3$）与纵向应变 ε 的关系曲线**

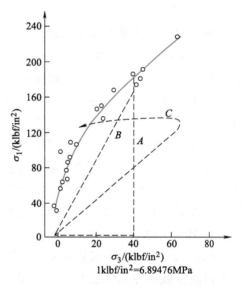

1klbf/in²=6.89476MPa

图 6.20 **Westerly 花岗岩的破坏轨迹**
A—典型的侧压为常数的荷载轨迹
B—典型的成比例的荷载轨迹
C—个别试样的荷载轨迹

（3）**孔隙水压力** 目前，对岩石中的孔隙水压力的认识如下：对于一些具有较大孔隙的岩石来说，孔隙水压力将对岩石的强度产生很大的影响。这一影响可用"有效应力原理"来解释。岩石中存在着孔隙水压力，使得真正作用在岩石上的围压值减少了，因而降低了与其相对应的极限应力值（峰值应力）。

有效应力原理（principle of effective stress）是 Terzaghi 从试验中观察到在饱和土体中土的变形及强度与土体中的有效应力 σ' 密切相关，并建立了有效应力原理：①饱和土体内任意平面上受到的总应力 σ 可分为有效应力 σ' 和孔隙水压力 μ 两部分，两者之间的关系总是满足 $\sigma=\sigma'+\mu$；②土的变形（压缩）与强度的变化都只取决于有效应力的变化。

有效应力原理是土力学区别于其他力学的一个重要原理。土是三相体系，对饱和土来说，是二相体系。外荷载作用后，土中应力被土骨架和土中的水、气共同承担，但是只有通过土颗粒传递的有效应力才会使土产生变形，具有抗剪强度。而通过孔隙中的水、气传递的孔隙压力对土的强度和变形没有贡献。

应当指出，目前岩石力学对岩石中的孔隙水压力的认识，只是简单地照搬土力学对土中的孔隙水压力的认知，因此，大部分情况下的结果都是错误的。理由如下：①有效应力原理成立的边界条件之一是"饱和土体"，但"饱和岩石"与"饱和土体"不是一个概念，即边界条件不同。也就是说，"饱和土体"中土颗粒与水、气形成的空间关系和力学作用关系，在岩石的孔隙中一般无法实现。②岩石孔隙中的水、气，由于其渗流速度太慢，无法形成有效的联通，因此在岩石中无法实现通过孔隙中的水、气传递孔隙压力这一条件。

还应当指出，有效应力原理在岩石力学中可能成立的一个特殊条件是，在裂隙比较发育的岩体中，可以实现类似于"饱和土体"的边界条件，这时可以使用有效应力原理。

4. 岩石三轴压缩试验方法简介

三轴压缩应力试验根据施加围压状态的不同，可分成真三轴试验（$\sigma_1 > \sigma_2 > \sigma_3$）和假三轴试验（$\sigma_1 = \sigma_2 = \sigma_3$），两者的区别在于围压。真三轴试验的两个水平方向施加的围压不等，而假三轴试验的两个水平方向施加的围压相等。真三轴试验对试验机的要求比较特殊，使这种试验要花费很大的人力、物力和财力。而假三轴试验要比真三轴试验容易得多，成为岩石力学中常用的试验方法之一。图 6.21 是假三轴试验机施加三向压力的装置示意图，围压是通过液体施加在试件上的。通常假三轴试验先施加按一定要求设定的围压值，并保持不变，随后施加竖向荷载直至破坏，而真三轴试验却要求能够分别施加三个方向上的荷载。

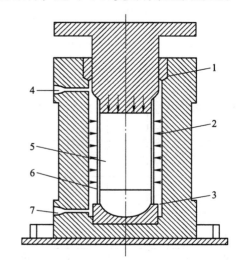

图 6.21　假三轴试验机施加三向压力的装置示意

1—密封装置　2—侧压力　3—球形底座
4—出液口　5—岩石试样　6—乳胶隔离膜　7—进液口

试验的方法与过程如下：

1）按试验标准加工标准试样。

2）分别设定围压值 p_1，p_2，$\cdots$，p_n。

3）按试验标准设定加载速度，分别对试样施加轴向荷载直至破坏。测取破坏荷载读数以备计算破坏时的轴向应力，该应力即给定围压条件岩石的三轴强度值。

4）分别作各组破坏的应力莫尔圆，其包络线即莫尔强度曲线。

进行岩石力学试验的基本想法：把岩石试样放到与地球内部相似的高压高温环境中，研究在给定的应力状态（或应力状态变化）下岩石的各种性质及岩石中发生的力学过程。按对岩石试样施加力的方法，可以将试验分成许多不同的类型：单轴压缩试验、三轴压缩试验、流体静压试验、双剪试验、双轴压缩试验等。这些试验中，岩石中的应力状态如图6.22 所示，图中使用莫尔圆表示了这些试验中岩石内部应力状态的变化。

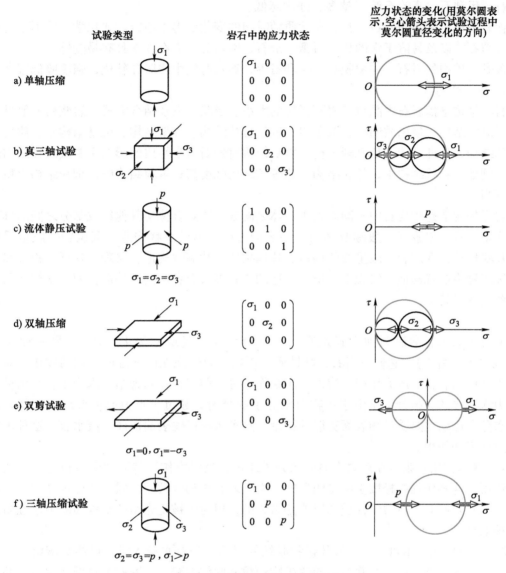

图 6.22 岩石中的应力状态[2]

6.6 影响岩石力学性质的主要因素

影响岩石力学性质的因素有很多，如矿物成分、岩石结构、水、温度、风化、加载速度、围压、各向异性等，这些因素对岩石的力学性质都有影响。

1. 矿物成分

矿物硬度越大，岩石的弹性越明显，强度越高。例如：火成岩随橄榄石等矿物含量的增多，弹性越明显，强度越高；沉积岩中砂岩的弹性及强度随石英含量的增加而增高，石灰岩的弹性和强度随硅性物质含量的增加而增高；变质岩中，含硬度低的矿物（如云母、滑石、蒙脱石、伊利石、高岭石等）越多，强度越低。

含有不稳定矿物的岩石，其力学性质随时间的变化变得不稳定。如化学性质不稳定的黄铁矿、霞石，以及易溶于水的盐类石膏、滑石、钾盐等，岩石性质具有易变性。

含黏土矿物的岩石，如蒙脱石、伊利石等，遇水时发生膨胀和软化，强度降低很大。

2. 岩石结构

岩石结构是指岩石中晶粒或岩石颗粒的大小、形状，以及结合方式。岩浆岩一般呈粒状结构、斑状结构、玻璃质结构；沉积岩一般呈粒状结构、片架结构、斑基结构；变质岩一般呈板理结构、片理结构、片麻理结构。岩石结构对岩石力学性质的影响主要表现在结构的差异上，例如：粒状结构中，等粒结构比非等粒结构强度高；等粒结构中，细粒结构比粗粒结构强度高。

岩石的构造是指岩石中不同矿物集合体之间或矿物集合体与其他组成部分之间的排列方式及充填方式。岩浆岩一般颗粒排列无一定的方向，形成块状构造；沉积岩一般呈层理构造、片状构造；变质岩一般呈板状构造、片理构造、片麻理构造。层理、片理、板理和流面构造等统称为层状构造。宏观上，块状构造的岩石多具有各向同性特征，而层状构造的岩石具有各向异性特征。

3. 水

岩石中的水通常以两种方式赋存，一种为结合水（或称为束缚水），另一种为重力水（或称为自由水），它们对岩石力学性质的影响主要体现在以下方面：联结作用、润滑作用、水楔作用、空隙压力作用、溶蚀或潜蚀作用等。前三种作用为结合水产生，后两种作用是重力水造成的。结合水是由于矿物对水分子的吸附力超过了重力而被束缚在矿物表面的水，水分子运动主要受矿物表面势能的控制，这种水在矿物表面形成一层水膜，这种水膜产生前述的三种作用。

1）联结作用。束缚在矿物表面的水分子通过其吸引力作用将矿物颗粒拉近、拉紧，起联结作用，这种作用在松散土中是明显的，由于岩石矿物颗粒间的联结强度远高于这种联结作用，因此它们对岩石力学性质的影响是微弱的，但对于被土充填的结构面的力学性质的影响则很明显。

2）润滑作用。由可溶盐、胶体矿物联结的岩石，当有水浸入时，可溶盐溶解，胶体水解，使原有的联结变成水胶联结，导致矿物颗粒间联结力减弱，摩擦力降低，水起到润滑剂作用。

3）水楔作用。如图6.23所示，当两个矿物颗粒靠得很近，有水分子补充到矿物表面时，矿物颗粒利用其表面吸着力将水分子拉到自己周围，在两个颗粒接触处由于吸着力作用，水分子向两个矿物颗粒之间的缝隙内挤入，这种现象称为水楔作用。

图 6.23　水分子水楔作用示意[3]

当岩石受压时，如压应力大于吸着力，水分子就被压力从接触点中挤出；反之如压应力减小至低于吸着力，水分子就又挤入两颗粒之间，使两颗粒间距增大，这样便产生两种结果：一是岩石体积膨胀，如岩石处于不可变形的条件，便产生膨胀压力；二是水胶联结代替胶体及可溶盐联结，产生润滑作用，岩石强度降低。

以上几种作用都是与岩石中的结合水有关，而岩石含结合水的多少主要和矿物的亲水性有关。岩石中亲水性最大的是黏土矿物，故含黏土矿物多的岩石受水的影响最大，如黏土岩在浸湿后其强度降低可达90%。含亲水矿物少（或不含）的岩石如花岗岩、石英岩等，浸水后强度变化则小得多。

4）空隙压力作用。对于孔隙和微裂隙中含有重力水的岩石，当其突然受到荷载作用而水来不及排出时，岩石孔隙或裂隙中将产生很高的空隙压力。这种空隙压力减小了颗粒之间的应力，从而降低了岩石的抗剪强度，甚至使岩石的微裂隙端部处于受拉状态从而破坏岩石的联结。

5）溶蚀或潜蚀作用。岩石中渗透水在其流动过程中可将岩石中的可溶物质溶解带走，有时将岩石中的小颗粒冲走，从而使岩石强度大为降低，变形加大，前者称为溶蚀作用，后者称为潜蚀作用。在岩体中有酸性或碱性水流时，极易出现溶蚀作用；当水力梯度很大时，对于空隙度大、联结差的岩石，易产生潜蚀作用。

除了上述五种作用，孔隙、微裂隙中的水在冻融时的胀缩作用对岩石力学强度的破坏很大。岩石试样的湿度即含水量的大小也显著影响岩石的抗压强度指标，含水量越大，强度指标越低。水对岩石强度的影响通常以软化系数表示。

4. 温度

从工程角度来看，除了一些特殊项目，一般不需要研究温度对岩石力学性质的影响。因为按一般的地热增温来看，每增加100m深度，温度升高3℃，这样在目前工程活动的最大深度3000m以内，岩石的温度约为90℃，这一温度对岩石不可能产生显著的影响。但是，在核废料储存等领域，不可忽视温度对岩石力学特性的影响。

一般来说，随着温度的增高，岩石的延性加大，屈服强度降低，强度也降低。图6.24为三种不同岩石在围压为500MPa，温度由25℃升高到800℃时的应力-应变特征。

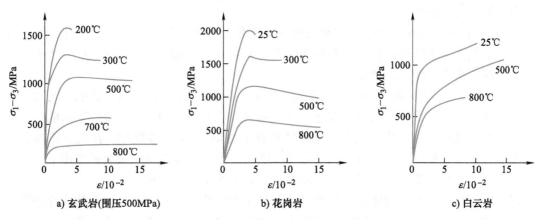

图6.24 温度对高围压下岩石力学特性的影响[3]

5. 加载速度

做单轴压缩试验时，施加荷载的速度对岩石的变形性质和强度指标有明显影响。加载速度越大，测得的弹性模量越大；加载速度越小，弹性模量越小。加载速度越大，获得的强度指标值越高。国际岩石力学学会建议的加载速度为0.5~1MPa/s，一般从开始试验直至试样破坏的时间为5~10min。

6. 受力状态

岩石的脆性和塑性并非岩石固有的性质，它与岩石的受力状态有关。随着岩石受力状态的改变，其脆性和塑性是可以相互转化的。如欧洲阿尔卑斯山的山岭隧道穿过很坚硬的花岗岩，由于山势陡峭，花岗岩处于很高的三维地应力状态，表现出明显的塑性变形，可见试验结论与实际是相符的。在三轴压缩条件下，岩石的变形、强度和弹性极限都有显著增大。前面讲述过，岩石三轴抗压强度>双向抗压强度>单轴抗压强度>抗剪强度>抗拉强度。

7. 风化

新鲜岩石的力学性质和风化岩石的力学性质有着较大的区别，特别是当岩石风化程度很深时，岩石的力学性质会明显降低。在实际工程中又常常将风化岩石作为工程的基础，因此研究和认识风化岩石的力学特性是有必要的。

风化作用是一种自然应力和人类作用的共同产物，是一种很复杂的地质作用，涉及气温、大气、水分、生物、原岩成因、原岩矿物成分、原岩结构和构造等诸因素的综合作用。这里不讨论风化作用的机理，只阐明风化作用使岩石强度降低的评价方法。风化程度的不同对岩石强度的影响程度是不同的，风化程度是指岩体的风化现状。研究岩体的风化现状对确定建筑物的地基、边坡或围岩的施工开挖深度，以及采取防护措施均具有重要的意义。事实上，并不是所有的风化岩石都不能满足设计的要求，只是那些风化比较强烈，物理、力学性质较差的部分，在不能满足设计要求的情况下才要挖除；而那些风化比较轻微，物理、力学性质还不太差且能够保证建筑物稳定的，就可以充分利用。基于此，就必须了解岩石风化程度的评价方法。

岩石风化的结果主要从以下几个方面来降低岩体的性质：

1）降低岩体结构面的粗糙程度并产生新的裂隙，使岩体再次分裂成更小的碎块，进一步破坏了岩体的完整性。随着岩石原有的结构联结被削弱以至丧失，坚硬岩石可转变为半坚硬岩石，甚至成为疏松土。

2）岩石在化学风化过程中，矿物成分发生变化，原生矿物经受水解、水化、氧化等作用后，逐渐被次生矿物所代替，特别是产生黏土矿物（如蒙脱石、高岭石等），并随着风化程度的加深，这类矿物逐渐增加。

3）由于岩石和岩体的成分结构和构造的变化，岩体的物理、力学性质也随之改变：一般是抗水性降低、亲水性增高（如膨胀性、崩解性、软化性增强）；力学强度降低，压缩性加大（如抗压强度可由原来的数百兆帕降低到数十兆帕）；空隙性增加，渗透性增强，但当风化剧烈、黏土矿物较多时，渗透性又趋于降低。总之，岩体在风化应力的作用下，其优良性质削弱了，不良性质却强化了，从而使岩石的力学性质显著恶化。

风化对岩石力学性质的影响可以通过岩石风化程度的评价来进行，岩石的风化程度既可以利用室内岩石物理、力学性质指标来评定，也可以用声波及超声波方法来评定，这里只介绍利用室内岩石物理、力学性质指标来评定岩石风化程度的方法。下面用岩石风化程度系数 K_y 来评定岩石的风化程度，计算式为

$$K_y = K_n + K_R + K_w \tag{6.21}$$

式中，孔隙率系数 $K_n = n_1/n_2$；强度系数 $K_R = \sigma_1/\sigma_2$；吸水率系数 $K_w = w_1/w_2$；n_1、σ_1、w_1 分别为风化岩石的孔隙率、抗压强度、吸水率；n_2、σ_2、w_2 分别为新鲜岩石的孔隙率、抗压强度、吸水率。

利用 K_y 分级如下：$K_y \leqslant 0.1$，剧烈风化；$K_y = 0.1 \sim 0.35$，强风化；$K_y = 0.35 \sim 0.65$，弱风化；$K_y = 0.65 \sim 0.90$，微风化；$K_y = 0.90 \sim 1.00$，新鲜岩石。用此分级方法与地质上的肉眼判断等级方法进行对比，大多数是匹配的，所以采用以地质定性评价为基础，再用定量分级加以补充，可以消除人为的误差。应当说明的是，上述岩石风化程度 K_y 的概念，仅是表示岩石风化程度深浅的一个相对指标，而不是绝对值。

拓展阅读

典型岩石力学与工程——陈蛮庄煤矿深井软岩巷道

陈蛮庄煤矿 3800 采区轨道下山岩层整体为单斜构造，岩层倾角 18°～26°之间，平均 23°，巷道为穿层全岩巷道，局部揭露 3 下 1 及 3 下 2 煤层。

3800 轨道下山开采深度为 -836～-1145m，巷道埋深较大，原岩应力高，且围岩结构存在滑面接触、垂直裂隙发育，尽管岩层强度高但其整体性较差；与此同时巷道掘进后受大埋深、大倾角影响，围岩表面应力释放明显，支护相对困难。

岩层倾角较大，巷道围岩应力分布及变形特征呈现出明显的非均称性，导致围岩结构与支护体之间不协调变形，极易呈现围岩结构关键部位首先破坏，引发巷道整体失稳的变形破坏特征。

1）支护形式及参数。综合巷道原岩应力高，围岩稳定性差，服务年限长等特点，在围岩稳定性较好情况下采用锚网索喷支护；围岩较破碎或围岩稳定性较差情况下采用综合锚注支护形式，即在锚网索喷支护的基础上，对巷道底板及壁后进行注浆，提高巷道支护强度。

2）在高应力作用的巷道掘进后，表面应力释放产生的裂隙，通过注浆加固恢复表面围岩强度。

3）在裂隙或者离层导通时，通过注浆加固能够实现锚网索支护系统的全长锚固，一旦后期受采动影响，将能保证支护系统的长期稳定。

4）底板注浆加固能有效缓解巷道底鼓，同时通过注浆体对层理及裂隙的注浆加固充填，能起到隔水作用，可有效预防水对深部围岩的弱化破坏。

5）对于软岩或者高应力巷道来讲，裂隙或离层发育经历"完整-裂隙导通-弥合"的过程，水的影响裂隙的弥合速度会进一步加快，所以在裂隙或者离层产生导通时进行注浆加固非常重要。

岩石力学与工程学科专家——霍克（E. Hoek）与布朗（E. T. Brown）

霍克是国际著名岩土工程学家，提出的 Hoek-Brown 准则为估算工程岩体强度参数一直提供了一条良好的途径，他的多部著作被中国学者翻译成中文出版。2000 年 Hoek 曾在美国土木工程师协会年会上应邀作太沙基讲座（Terzaghi Lecture）。

他获得的奖项包括美国地质学会的 E. 伯威尔奖（1979 年），英国皇家工程院院士（1982 年），英国岩土学会兰金讲师。（1983 年），英国采矿和冶金学会金奖（1985 年），国际岩石力学学会穆勒奖（1991 年），伦敦地质学会威廉史密斯奖章（1993 年），加拿大滑铁卢大学工程学荣誉理学博士奖（1994 年），伦敦地质学会 Glossop 讲座（1998 年）和西雅图 ASCE 泰扎吉讲座（2000 年）。

1980年，霍克和布朗两人在研究地下开挖工程时，推导出Hoek-Brown经验公式。该准则最初只是一个推导公式，从1936年的混凝土强度理论推导而来，这是一个无尺寸限制、可应用于工程地质学的公式。

Hoek-Brown强度准则现已广泛应用于地下采矿，深部空间开挖与支护，露天采矿及边坡稳定性，隧道工程等行业领域。其意义在于给岩土工程师提供了定量分析岩体应力状态，并与Bieniawski的岩体质量指标（RMR）及地质强度指标理论（GSI）理论之间建立了关系。

复习思考题

6.1 名词解释：岩石强度、单轴抗压强度、三轴抗压强度、抗剪强度、抗拉强度、点荷载强度、劈裂试验强度。

6.2 影响岩石强度的主要因素有哪些？

6.3 岩石的抗剪强度与剪切面上的正应力有何关系？

6.4 岩石有几种破坏形式？岩石受压时，是由于破坏面上的压应力达到极限值吗？为什么？

6.5 什么是莫尔强度包络线？如何根据试验结果绘制莫尔强度包络线？用试验方法绘制能出现强度曲线与莫尔圆相割的情况吗？为什么？

6.6 劈裂法试验时，岩石受对称压缩，为什么在破坏面上出现拉应力？绘制试样受力图说明劈裂法试验的基本原理。

6.7 二向应力状态一定是两个方向受力的状态吗？

6.8 试用莫尔圆画出：单向拉伸破坏、纯剪切破坏、单向压缩破坏、三向压缩破坏、三向等拉伸或压缩破坏。

6.9 请根据σ-τ坐标系下的库仑准则，推导出在σ_1-σ_3坐标系中的库仑准则表达式$\sigma_1 = \sigma_3 \tan^2\alpha + \sigma_c$，其中$\sigma_c = 2C\cos\varphi/(1-\sin\varphi)$，$\tan^2\alpha = (1+\sin\varphi)/(1-\sin\varphi)$。

6.10 将一个岩石试件进行单轴试验，当压应力达到100MPa时即发生破坏，破坏面与最大主应力平面的夹角（破坏所在面与水平面的夹角）为65°，假定抗剪强度随正应力呈线性变化（遵循莫尔-库仑破坏准则），试计算：

1）内摩擦角。

2）在正应力等于零的平面上的抗剪强度。

3）在上述试验中与最大主应力平面成30°夹角的平面上的剪应力。

4）破坏面上的正应力和剪应力。

5）预测单轴拉伸试验中的抗拉强度。

6）岩石在垂直荷载等于零的直接剪切试验中发生破坏，试画出此时的莫尔圆。

6.11 简述岩石力学性质的主要影响因素及其影响机理。

参 考 文 献

［1］席道瑛，徐松林. 岩石物理学基础［M］. 合肥：中国科学技术大学出版社，2012.

［2］陈颙. 岩石物理学［M］. 合肥：中国科学技术大学出版社，2009.

［3］李俊平，连民杰. 矿山岩石力学［M］. 北京：冶金工业出版社，2011.

7.1 基本概念

岩土工程都和时间因素有关，岩石的时间效应和流变性质是岩石力学的重要研究内容之一。在某些工程的理论分析及设计工作中，已能将时间因素加以考虑，初步得到较有意义的结果。从 1979 年第四届国际岩石力学大会起，每届大会都将岩石流变性质列为重要讨论课题。但这方面存在的问题尚多，理论与试验研究仍有待进一步的加强。

1. 时间效应

广义的时间效应包括加载速率效应、流变现象，以及对本构关系的影响。

（1）加载速率效应 主要是指加载速率对岩石变形的影响。具体如下：

1）加载速率极快：动力荷载问题。

2）加载速率快：弹性模量提高，峰值强度增加，韧性降低。快速加载达到破裂时的应力，称为瞬时强度。岩石呈脆性破坏。

3）加载速率慢：弹性模量降低，峰值强度减小，韧性增加。岩石呈现塑性破坏。

4）加载速率极慢：产生流变（应力、应变随时间流逝而变化的性质）现象。经过较长时间加载达到破裂时的应力，称为长时强度。

加载速率问题是很重要的，只有当加载速率相同时，岩石变形参数才具有可比性。不过目前获得的岩石变形指标有许多并没有这方面的说明。

加载速率对岩石应力-应变曲线的影响如图 7.1 所示[1]。

（2）一维流变现象

1）蠕变：试件被加载至某一应力值 σ_0 后保持恒定，应变 ε 随时间 t 延长而增加的现象。属于岩石工程中常见的重要现象。

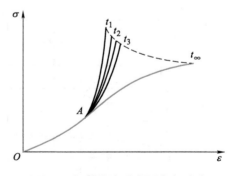

2）松弛：试件发生了应变 ε_0 后保持恒定，应力 σ 随时间 t 延长而减小的现象。在岩石力学中，目前较少进行这方面的研究。

图 7.1 加载速率对岩石应力-应变曲线的影响

3）弹性后效：加载（或卸载）后经一段时间应变才增加（或减小）到一定数值的现象。

4）黏性流动：蠕变一段时间后卸载，部分应变永久不恢复的现象。

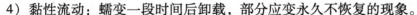

2. 蠕变

（1）蠕变三水平和蠕变三阶段　蠕变三水平（图7.2）和蠕变三阶段（图7.3），说明应力水平越高，蠕变变形越大。其中，长时强度起重要作用。应力水平低于长时强度，一般不会导致岩石破裂，蠕变过程只包含前两阶段；应力水平高于长时强度，则最终必将导致岩石破裂，蠕变过程三个阶段全部包含。图7.3中Ⅰ为初始蠕变阶段或瞬态蠕变阶段（斜率渐减）；Ⅱ为等速蠕变阶段或稳态蠕变阶段（斜率不变）；Ⅲ为加速蠕变阶段或不稳定蠕变阶段（斜率渐增）。

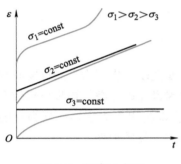

图7.2　**蠕变三水平**

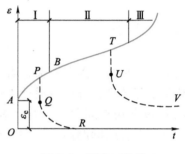

图7.3　**蠕变三阶段**

典型的岩石蠕变形态如图7.3所示。如果用常应力作用于岩石，首先出现一瞬时的弹性应变 ε_e，其后跟随着区域Ⅰ、Ⅱ、Ⅲ。如果作用的应力在Ⅰ区域突然减小到零，则 $\varepsilon\text{-}t$ 曲线为 PQR 路径，其中 $PQ = \varepsilon_e$；而随着时间的增长，QR 渐进地趋向于零。这里没有永久变形，而材料保持弹性状态。该形态表述为依赖于时间的弹性或滞弹性，其 ε_e 为瞬时弹性应变。如果作用的应力在稳定蠕变区域Ⅱ中突然减小到零，则 $\varepsilon\text{-}t$ 曲线沿 TUV 曲线进行，它将渐进地趋于永久变形，其中 $TU = \varepsilon_e$。

蠕变三水平和蠕变三阶段是金属、岩石和其他材料的通性，并非岩石所特有，具体曲线形式根据其试验确定。图7.4为几种岩石在不同应力水平的试验结果，图7.5为大理岩在87.8MPa恒压下的轴向和侧向蠕变曲线。

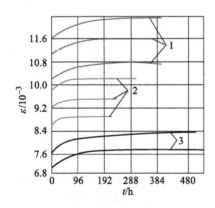

图7.4　**岩石蠕变曲线**
1—砂质黏土页岩　2—砂岩　3—黏土页岩

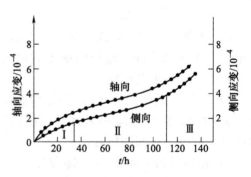

图7.5　**大理岩在87.8MPa恒压下的轴向和侧向蠕变曲线**

（2）**蠕变试验** 岩石蠕变性质全凭试验建立。蠕变试验的突出特点是要求在规定时间内保持 $\sigma = \mathrm{const}$，日本一岩石蠕变试验已进行了几十年，至今仍在继续。这就要求测量元件具有长期的稳定性，且精度要求较高。蠕变试验的应变量测仪器因电测元件难以保证长期稳定性，故多以指示表中的千分表为主。

蠕变试验至今没有定型设备，常见的蠕变加载方式有以下几种：重物杠杆法；弹簧加载法；气、液缸法；扭转法（图 7.6），可分段加载，可节省时间和设备；伺服机加载法，伺服机可由计算机控制其加载速率至极慢，即 $10^{-10}\mathrm{s}^{-1}$。

（3）**研究蠕变性质的重要性** 在中硬以下岩石及软岩中开掘的岩石地下工程，变形大都需要经过半个月至半年的时间才能稳定，或处在无休止的变形状态，直至破裂失去稳定。图 7.7 为矿山常见的巷道顶板下沉（或两帮挤进或底鼓）曲线示意图。因为巷道围岩所受原岩应力或其他外力可视为常数，故在相应条件下巷道变形的实质都可归结为蠕变现象。研究蠕变现象，对解决地下工程和巷道的设计和维护问题，有十分现实且重要的意义。

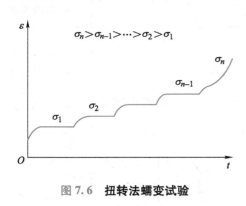

图 7.6 扭转法蠕变试验

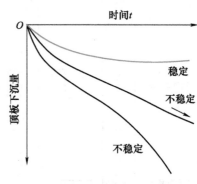

图 7.7 巷道顶板下沉曲线

3. 流变方程的建立

为了深入研究流变现象并预测它对工程的影响后果，常要用到流变方程（其中最重要的是蠕变方程）。在试验的基础上，建立流变方程的方法有以下三种：微分方程方法（流变模型法）、积分方程方法、经验方程方法。

7.2 流变模型理论

7.2.1 基本元件

固体材料的变形性质可以理想化成刚体、弹性体、塑性体和黏性体四种基本形式，其特性可以用相应的四个基本模型（元件）来表示（表 7.1）。其中：① 刚性元件无变形，因此，也无流变现象；② 弹性元件只有瞬时弹性变形；③ 黏性元件有永久变形；④ 塑性元件，当 $\sigma < \sigma_0$ 时，$\varepsilon = 0$，即与刚体一样，无变形，当 $\sigma \geqslant \sigma_0$ 时，$\varepsilon \to \infty$，即变形无限增长。

若干个基本元件可以组合成多种流变模型。根据试验资料，通常可以直观地、大致地判断所涉及的基本元件及组合形式，这是模型方法的基本特点。正是这种直观性和可组合性，现今的流变模型理论在国内外获得了广泛应用。

表 7.1　流变模型基本元件

名称	代表物性	书写符号	元件图示	$\sigma-\varepsilon\ (\dot{\varepsilon})$ 关系	$\sigma_0=\text{const}$ $\varepsilon-t$ 关系	$\varepsilon_0=\text{const}$ $\sigma-t$ 关系	流变特征总结
刚体	不变形体	Eu	$K'=\infty$ 刚性杆				• $\varepsilon\equiv0$
弹性体	弹性（E：弹性模量）	H	E 弹簧	$\sigma=E\varepsilon$ arctan$E$	σ_0/E	σ_0	• 有瞬时弹性变形 • 无弹性后效 • 无应力松弛 • 无蠕变性质
黏性体	黏性（η：黏性模量）	N	η 黏缸	$\sigma=\eta\dot{\varepsilon}$ arctanη	蠕变		• 无瞬时变形 • 无弹性后效 • 有永久变形 • 无应力松弛性
塑性体	理想塑性	StV	f 滑片	σ_s	$\sigma=\sigma_s$ 流动	$\sigma<\sigma_s$ $\sigma=\sigma_s$	• 当 $\sigma<\sigma_s$ 时，$\varepsilon=0$ • 当 $\sigma\geqslant\sigma_s$ 时，$\varepsilon\to\infty$

7.2.2　基本二元模型

1. 麦克斯韦体（Maxwell，1868）

麦克斯韦体是一种黏弹性体，它由一个弹簧和一个阻尼器串联组成，其力学模型如图 7.8 所示。

（1）**本构方程**　串联后可得

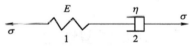

图 7.8　**麦克斯韦体**

$$\sigma=\sigma_1=\sigma_2$$

$$\varepsilon=\varepsilon_1+\varepsilon_2$$

$$\varepsilon_1=\frac{\sigma_1}{E}$$

$$\dot{\varepsilon}_2=\frac{\mathrm{d}\varepsilon_2}{\mathrm{d}t}=\frac{\sigma_2}{\eta}$$

联解上述方程，可得麦克斯韦体的本构方程为

$$\dot{\varepsilon}=\frac{\dot{\sigma}}{E}+\frac{\sigma}{\eta}$$

$$\tag{7.1}$$

（2）**蠕变方程**　应力条件，$\sigma = \sigma_0 = \text{const}$；初始条件，当 $t = 0$ 时，$\varepsilon = \varepsilon_0 = \sigma_0/E$（弹簧有瞬时应变）。

由本构方程（7.1）得

$$\dot{\varepsilon} = \frac{\dot{\sigma}}{E} + \frac{\sigma}{\eta} = \frac{\dot{\sigma}_0}{E} + \frac{\sigma_0}{\eta} = \frac{\sigma_0}{\eta}$$

即

$$\mathrm{d}\varepsilon = \left(\frac{\sigma_0}{\eta}\right)\mathrm{d}t, \varepsilon = \left(\frac{\sigma_0}{\eta}\right)t + C$$

代入初始条件，确定积分常数 $C = \sigma_0/E$，故得麦克斯韦体的蠕变方程为

$$\varepsilon = \frac{\sigma_0}{\eta}t + \frac{\sigma_0}{E} \tag{7.2}$$

麦克斯韦体的蠕变方程曲线如图 7.9 所示。显然，麦克斯韦体有瞬时应变，为线性蠕变。

（3）**松弛方程**　应变条件，$\varepsilon = \varepsilon_0 = \text{const}$；初始条件，当 $t = 0$ 时，$\sigma = \sigma_0$。由本构方程（7.1）有 $\dot{\varepsilon} = \dot{\sigma}/E + \sigma/\eta = 0$，解之得

$$\ln\sigma = -\left(\frac{E}{\eta}\right)t + C$$

由初始条件，确定积分常数 $C = \ln\sigma_0$，故得麦克斯韦体的松弛方程为

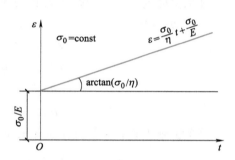

图 7.9　麦克斯韦体的蠕变方程

$$\sigma = \sigma_0\exp\left(-\frac{E}{\eta}t\right) \tag{7.3}$$

由式（7.3）可知，当 $t \to \infty$ 时，$\sigma \to 0$。假设经过时间 τ_r，应力下降为初始应力的 $1/e$，即有

$$\tau_r = \eta/E \tag{7.4}$$

式中，τ_r 为松弛时间，即应力松弛至初始应力的 $1/e \approx 0.37$ 所需的时间。松弛曲线如图 7.10 所示。

（4）**弹性后效与黏流**　加载至 t_1 后卸载，应力、应变条件为以下形式：

1）当 $t = t_1^-$ 时，$\sigma = \sigma_0 = \text{const}$，$\varepsilon_1 = \sigma_0 t_1/\eta + \sigma_0/E$。

2）当 $t = t_1^+$ 及 $t > t_1$ 时，$\sigma = \sigma_0 = 0$，$\sigma_0/E = 0$（弹性应变瞬时恢复）。

但 $\varepsilon_1 = \sigma_0 t_1/\eta \neq 0$（黏缸变形不可恢复）。上面两种情况中，$t_1^-$、$t_1^+$ 分别表示时间 t_1 的左极限和右极限。

由本构方程（7.1）有

$$\dot{\varepsilon} = \frac{\dot{\sigma}}{E} + \frac{\sigma}{\eta} = 0$$

显然 ε 必为常数，且等于黏缸变形，即

$$\varepsilon = \frac{\sigma_0}{\eta}t_1 = \text{const} \tag{7.5}$$

麦克斯韦体的弹性后效、黏流情况如图 7.11 所示。可见，麦克斯韦体无弹性后效，但

有黏流。

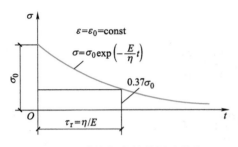

图 7.10 麦克斯韦体的松弛曲线

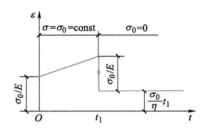

图 7.11 麦克斯韦体弹性后效、黏流情况

2. 开尔文体（Kelvin, 1890）

开尔文体的力学模型如图 7.12 所示。

（1）本构方程

$$\varepsilon = \varepsilon_1 = \varepsilon_2$$

$$\sigma = \sigma_1 + \sigma_2$$

$$\sigma_1 = E\varepsilon_1$$

$$\sigma_2 = \eta\dot{\varepsilon}_2$$

联解上述方程，可得开尔文体的本构方程为

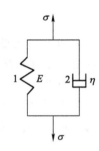

图 7.12 开尔文体
的力学模型

$$\eta\dot{\varepsilon} + E\varepsilon = \sigma \tag{7.6}$$

（2）蠕变方程 应力条件，$\sigma = \sigma_0 = \text{const}$；初始条件，当 $t=0$ 时，$\varepsilon=0$（黏缸无瞬时应变），则本构方程变为

$$\sigma_0 = E\varepsilon + \eta\frac{\mathrm{d}\varepsilon}{\mathrm{d}t}$$

$$\frac{\mathrm{d}\varepsilon}{\mathrm{d}t} + \frac{E}{\eta}\varepsilon = \frac{\sigma_0}{\eta}$$

解此微分方程，得开尔文体的蠕变方程为

$$\varepsilon = \frac{\sigma_0}{E}\left[1 - \exp\left(-\frac{E}{\eta}t\right)\right] \tag{7.7}$$

开尔文体蠕变曲线与推迟时间如图 7.13 所示。由图 7.13 可以看出，当 $t=0$ 时，$\varepsilon=0$，无瞬时应变；当 $t\rightarrow\infty$ 时，$\varepsilon=\sigma_0/E$；最终最大应变仅等于弹性元件的瞬时应变，相当于推迟弹性应变的出现，故开尔文体又称为推迟（迟滞）模型。

当 $t=\tau_\mathrm{d} = \eta/E$ 时有

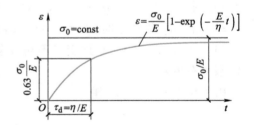

图 7.13 开尔文体蠕变曲线与推迟时间

$$\varepsilon = \left(1 - \frac{1}{\mathrm{e}}\right)\frac{\sigma_0}{E} = 0.63\frac{\sigma_0}{E} \tag{7.8}$$

式中，τ_d 为推迟时间，该时间的应变约为瞬时应变的 63%。

（3）松弛方程 应变条件，$\sigma = \sigma_0 = \text{const}$；初始条件，当 $t=0$ 时，$\sigma=\sigma_0$。由本构方程

有，$\sigma_0 = E\varepsilon + \eta\dot{\varepsilon} = E\varepsilon_0 + \eta\dot{\varepsilon}_0 = E\varepsilon_0 = \text{const}$，即与时间无关，故无松弛，如图 7.14 所示。

（4）**弹性后效与黏流**　加载至 t_1 后卸载，即当 $t = t_1^+$ 及 $t > t_1$ 时，$\sigma = 0$，代入本构方程为

$$\eta\dot{\varepsilon} + E\varepsilon = 0$$

其解为 $\varepsilon = C\exp\left(-\dfrac{E}{\eta}t\right)$。

利用 $t = t_1^+$，$\varepsilon = \varepsilon_1$ 确定积分常数为

$$C = \varepsilon_1\exp\left(\frac{E}{\eta}t_1\right)$$

得弹性后效、黏流方程为

$$\varepsilon = \varepsilon_1\exp\left[-\frac{E}{\eta}(t - t_1)\right] \tag{7.9}$$

式（7.9）与 t 有关，故有弹性后效；但当 $t \to \infty$ 时，$\varepsilon \to 0$，故无黏流。

开尔文体弹性后效与黏流如图 7.15 所示。

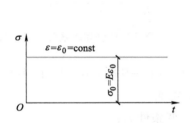

图 7.14　开尔文体松弛曲线

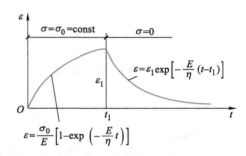

图 7.15　开尔文体弹性后效与黏流

3. 理想黏塑性体

理想黏塑性体模型如图 7.16 所示。

（1）**本构方程**　根据图 7.16 列出并联方程，即

$$\varepsilon = \varepsilon_1 = \varepsilon_2$$
$$\sigma = \sigma_1 + \sigma_2$$
$$\sigma_1 = \eta\dot{\varepsilon}_1$$
$$\varepsilon_2 = \begin{cases} 0, & \sigma_2 < \sigma_s \\ \varepsilon_s, & \sigma_2 \geqslant \sigma_s \end{cases}$$

联解上述方程，可得理想黏塑性体模型的本构方程为

$$\begin{cases} \varepsilon = 0, & \sigma < \sigma_s \\ \dot{\varepsilon} = \dfrac{\sigma - \sigma_s}{\eta}, & \sigma \geqslant \sigma_s \end{cases} \tag{7.10}$$

（2）**蠕变方程**　应力条件，$\sigma = \sigma_0 = \text{const}$；初始条件，当 $t = 0$ 时，$\varepsilon = 0$（无瞬时应变）。有以下情况：

1）当 $\sigma < \sigma_s$ 时，$\varepsilon = 0$，无蠕变。

2）当 $\sigma \geqslant \sigma_s$ 时，$\dot{\varepsilon} = \dfrac{\sigma - \sigma_s}{\eta} = \dfrac{\sigma_0 - \sigma_s}{\eta}$，$\varepsilon = \dfrac{\sigma_0 - \sigma_s}{\eta} t + C$。

由初始条件确定积分常数 $C = 0$，而 $\varepsilon = [(\sigma_0 - \sigma_s)/\eta]t$，有蠕变。

理想黏塑性体模型的蠕变方程为

$$\begin{cases} \varepsilon = 0 , & \sigma < \sigma_s \\[2mm] \varepsilon = \dfrac{\sigma_0 - \sigma_s}{\eta} t , & \sigma \geqslant \sigma_s \end{cases} \qquad (7.11)$$

理想黏塑性体的蠕变与黏流曲线如图7.17左半部分所示。

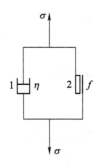

图 7.16 理想黏塑性体模型

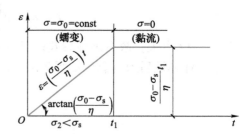

图 7.17 理想黏塑性体的蠕变与黏流曲线

（3）松弛方程 应变条件，$\varepsilon = \varepsilon_0 = \text{const}$；初始条件，当 $t = 0$ 时，$\sigma = 0$。由本构方程有 $\sigma = \eta\dot{\varepsilon} + \sigma_s = \eta\dot{\varepsilon}_0 + \sigma_s = \sigma_s = \text{const}$，故在 $\sigma = \sigma_s$ 情况下也无松弛。

（4）弹性后效与黏流 加载至 t_1 后卸载，应力、应变条件为：

1）当 $t = t_1^-$ 时，$\sigma = \sigma_0 = \text{const}$，若 $\sigma < \sigma_s$，$\varepsilon_1 = 0$，若 $\sigma \geqslant \sigma_s$，$\varepsilon_{t_1} = \dfrac{\sigma_0 - \sigma_s}{\eta} t_1$。

2）当 $t = t_1^+$ 及 $t > t_1$ 时，$\sigma = 0$。

3）当 $t > t_1$ 时，因无弹性元件，应变不可恢复，可得

$$\varepsilon = \varepsilon_{t_1} = \frac{\sigma_0 - \sigma_s}{\eta} t_1 = \text{const} \qquad (7.12)$$

故无弹性后效，全部应变转为黏流（图7.17右半部分），称为黏流模型。

4. 基本元件及二元件模型对比

基本元件及二元件模型蠕变曲线的对比如图7.18所示，从中可看出，用它们描述真实岩石蠕变过程还存在较大的缺陷。为了改善这种情况，可以做进一步组合，组成多元件模型。

7.2.3 组合模型及其流变特性

表7.2和表7.3中分别列出了常用黏弹性模型和

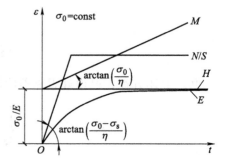

图 7.18 基本元件及二元件
模型蠕变曲线的对比

黏弹塑性模型的一维本构方程。表中 σ、$\dot{\sigma}$、$\ddot{\sigma}$ 分别表示应力、应力对时间的一阶导数、应

力对时间的二阶导数，ε、$\dot{\varepsilon}$、$\ddot{\varepsilon}$ 分别表示应变、应变对时间的一阶导数、应变对时间的二阶导数，E_0 为材料弹性模量，E_1 为黏弹性模量，η_1 是对应于过渡（第 I）蠕变阶段的黏弹性模量，η_2 是对应于过渡（第 II）蠕变阶段的黏弹性模量；σ_s 是屈服应力；对于鲍埃丁-汤姆逊模型，$E_0 = E_1 + E_2$。

表 7.2 　常用黏弹性模型及其本构关系[1]

名称	模型	一维本构方程
麦克斯韦模型（Maxwell）		$\sigma + \dfrac{\eta_2}{E_1}\dot{\sigma} = \eta_2\dot{\varepsilon}$
开尔文模型（Kelvin）		$\sigma = E_1\varepsilon + \eta_2\dot{\varepsilon}$
三参量模型（H-K）		$\sigma + \dfrac{\eta_1}{E_0+E_1}\dot{\sigma} = \dfrac{E_0 E_1}{E_0+E_1}\varepsilon + \dfrac{E_0\eta_1}{E_0+E_1}\dot{\varepsilon}$
鲍埃丁-汤姆逊模型(H｜M)		$\sigma + \dfrac{\eta_1}{E_1}\dot{\sigma} = E_2\varepsilon + \left(\eta_1 + \dfrac{E_2\eta_1}{E_1}\right)\dot{\varepsilon}$
伯格斯模型（M-K）		$\sigma + \left(\dfrac{\eta_2}{E_0} + \dfrac{\eta_1+\eta_2}{E_1}\right)\dot{\sigma} + \dfrac{\eta_1\eta_2}{E_0 E_1}\ddot{\sigma} = \eta_2\dot{\varepsilon} + \dfrac{\eta_1\eta_2}{E_1}\ddot{\varepsilon}$

表 7.3 　常用黏弹塑性模型及其本构关系[1]

名称	模型	一维本构方程
黏塑性模型		当 $\sigma < \sigma_s$ 时，$\varepsilon = 0$ 当 $\sigma \geqslant \sigma_s$ 时，$\dot{\varepsilon} = \dfrac{(\sigma - \sigma_s)}{\eta_2}$

（续）

名称	模型	一维本构方程
宾汉姆模型 （Bingham）	ε_1, E_0 ... σ_s ... ε_2 ... η_2	当 $\sigma < \sigma_s$ 时，$\varepsilon = \dfrac{\sigma}{E_0}$，$\dot{\varepsilon} = \dfrac{\dot{\sigma}}{E_0}$ 当 $\sigma \geqslant \sigma_s$ 时，$\dot{\varepsilon} = \dfrac{\dot{\sigma}}{E_0} + \dfrac{\sigma - \sigma_s}{\eta_2}$
西原模型	ε_1, E_0 ... E_1 ... ε_2 ... η_1 ... σ_s ... η_2	当 $\sigma < \sigma_s$ 时，$\sigma + \dfrac{\eta_1}{E_0 + E_1}\dot{\sigma} = \dfrac{E_0 E_1}{E_0 + E_1}\varepsilon + \dfrac{\eta_1 E_0}{E_0 + E_1}\dot{\varepsilon}$ 当 $\sigma \geqslant \sigma_s$ 时，$(\sigma - \sigma_s) + \left(\dfrac{\eta_2}{E_0} + \dfrac{\eta_2 + \eta_1}{E_1}\right)\dot{\sigma} + \dfrac{\eta_2 \eta_1}{E_0 E_1}\ddot{\sigma} =$ $\eta_2\dot{\varepsilon} + \dfrac{\eta_2 \eta_1}{E_1}\ddot{\varepsilon}$

常用流变模型的流变特性曲线见表 7.4。由表 7.4 可知，开尔文模型、三参量模型和鲍埃丁-汤姆逊模型所描述的蠕变变形，在经过一段时间变形之后，变形逐渐趋于稳定。当 $t \to \infty$ 时，$\dot{\varepsilon} \to 0$，ε_∞ 为稳定值，这种蠕变变形属于稳定蠕变；而其余模型所描述的蠕变变形，在蠕变整个过程（麦克斯韦模型和宾汉姆模型）或经过一段时间的变形之后（伯格斯模型和西原模型），变形速率逐渐趋于稳定值。当 $t \to \infty$ 时，$\dot{\varepsilon} \to$ 常数，$\varepsilon_\infty \to \infty$，这种蠕变变形属于非稳定蠕变，最终必然导致岩石破坏。

表 7.4 常用流变模型的流变特性曲线[1]

模型	蠕变与黏性流动特性 [恒定 $\sigma = \sigma_0 H(t)$ 作用；在 $t = t_1$ 时刻卸载]	应力松弛特性
麦克斯韦模型 （Maxwell）		
开尔文模型 （Kelvin）		不能描述应力松弛特性

（续）

模型	蠕变与黏性流动特性 [恒定 $\sigma=\sigma_0 H（t）$ 作用；在 $t=t_1$ 时刻卸载]	应力松弛特性
三参量模型 （H-K）		
鲍埃丁-汤姆逊 模型（H|M）		
伯格斯模型 （M-K）		
宾汉姆模型 （Bingham）		
西原模型		

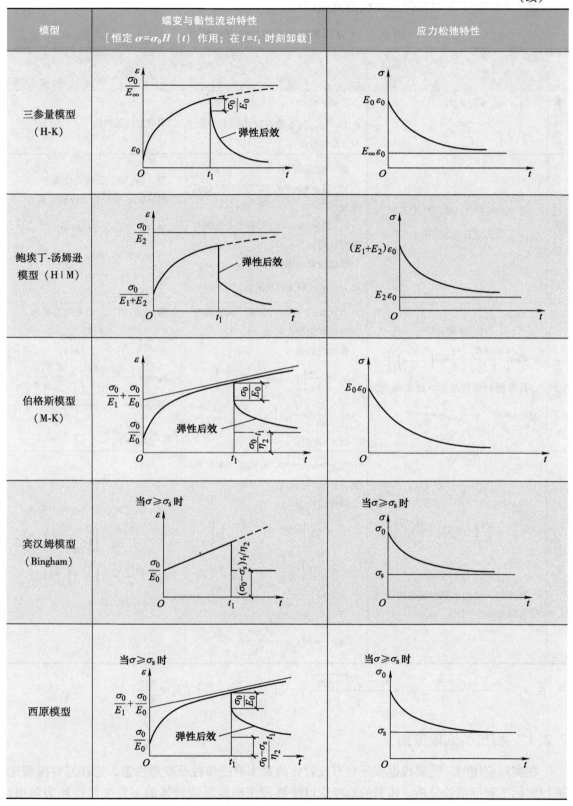

表 7.5 给出了常用黏弹塑性模型流变特性。

表 7.5　常用黏弹塑性模型流变特性[1]

流变模型	蠕变	卸载效应	应力松弛
黏塑性模型	当 $\sigma = \sigma_0 \geqslant \sigma_s$ 时有 $$\varepsilon(t) = \frac{\sigma_0 - \sigma_s}{\eta_2} t$$	当 $\sigma \geqslant \sigma_s$，$t = t_1$ 时卸载，$\varepsilon_{t_1} = (\sigma_0 - \sigma_s) t_1 / \eta_2$，为不能恢复的永久变形，则无弹性后效	无应力松弛特性
宾汉姆模型	当 $\sigma = \sigma_0 \geqslant \sigma_s$ 时，蠕变方程为 $$\varepsilon(t) = \frac{\sigma_0 - \sigma_s}{\eta_2} t + \frac{\sigma_0}{E_0}$$	当 $t = t_1$ 时卸载： 1）当 $\sigma = \sigma_0 < \sigma_s$ 时变形瞬时全部恢复 2）当 $\sigma = \sigma_0 \geqslant \sigma_s$ 时弹性变形瞬时恢复，有 $\varepsilon_0 = \sigma_0 / E_0$ 不能恢复的残留变形为 $\varepsilon_{t_1} = (\sigma_0 - \sigma_s) t_1 / \eta_2$，则无弹性后效	当 $\sigma < \sigma_s$ 时，无应力松弛 当 $\sigma \geqslant \sigma_s$ 时，应力松弛方程为 $$\sigma = \sigma_s + (\sigma_0 - \sigma_s) \exp\left(-\frac{E_0}{\eta_2} t\right)$$ 当 $t = 0$ 时，$\sigma = \sigma_0$ 当 $t \to \infty$ 时，$\sigma \to \sigma_s$
西原模型	当 $\sigma < \sigma_s$ 时，蠕变方程为 $$\varepsilon = \sigma_0 \left[\frac{E_1 + E_0}{E_1 E_0} - \frac{1}{E_1} \exp\left(-\frac{E_1}{\eta_1} t\right)\right]$$ 具有瞬时弹性变形，稳定蠕变，当 $t \to \infty$ 时，有 $\varepsilon_{(\infty)} \to \dfrac{\sigma_0}{E_\infty}$	当 $\sigma < \sigma_s$，$t = t_1$ 时卸载，具有瞬时弹性恢复变形，有 $\varepsilon_0 = \sigma_0 / E_0$ 弹性后效为 $$\varepsilon_t = \frac{\sigma_0}{E_1} \left[1 - \exp\left(-\frac{E_1}{\eta_1} t_1\right)\right] \cdot$$ $$\exp\left[-\frac{E_1}{\eta_1}(t - t_1)\right]$$ 当 $t \to \infty$ 时，$\varepsilon \to 0$	当 $\sigma < \sigma_s$ 时，应力松弛方程为 $$\sigma = \left(E_0 - \frac{E_1 E_0}{E_1 + E_0}\right) \cdot$$ $$\varepsilon_0 \exp\left(-\frac{E_0 + E_1}{\eta_1} t\right) + \frac{E_1 E_0 \varepsilon_0}{E_0 + E_1}$$ 当 $t \to \infty$ 时，$\sigma \to E_\infty \varepsilon_0$，其中 $$E_\infty = \frac{E_0 E_1}{E_0 + E_1}$$
伯格斯模型	当 $\sigma \geqslant \sigma_s$ 时，蠕变方程为 $$\varepsilon = \frac{\sigma_0}{E_0} + \frac{\sigma_0}{E_1}\left[1 - \exp\left(-\frac{E_1}{\eta_1} t\right)\right] +$$ $$\frac{\sigma_0 - \sigma_s}{\eta_2} t$$ 具有瞬时弹性和随时间的增加应变无限增加的特性	当 $\sigma \geqslant \sigma_s$，$t = t_1$ 时卸载，瞬时恢复，有 $\varepsilon_0 = \sigma_0 / E_0$ 弹性后效为 $$\varepsilon_t = \frac{\sigma_0}{E_1}\left[1 - \exp\left(-\frac{E_1}{\eta_1} t_1\right)\right] \cdot$$ $$\exp\left[-\frac{E_1}{\eta_1}(t - t_1)\right] +$$ $$\frac{\sigma_0 - \sigma_s}{\eta_2} t_1$$ 当 $t \to \infty$ 时，$\varepsilon \to \dfrac{\sigma_0 - \sigma_s}{\eta_2} t_1$	当 $\sigma \geqslant \sigma_s$ 时，应力松弛方程为 $$\sigma = \frac{E_0 \varepsilon_0}{(a_1 - a_2)}\left[\left(\frac{E_1}{\eta_2} - a_2\right) e^{-a_2 t} - \left(\frac{E_1}{\eta_1} - a_1\right) e^{-a_2 t}\right] + \sigma_s$$ 当 $t \to \infty$ 时，$\sigma \to \sigma_s$

注：$a_1 = \dfrac{p_1 + \sqrt{p_1^2 - 4p_2}}{2p_2}$，$a_2 = \dfrac{p_1 - \sqrt{p_1^2 - 4p_2}}{2p_2}$，$p_1 = \left(\dfrac{\eta_2}{E_0} + \dfrac{\eta_2}{E_1} + \dfrac{\eta_1}{E_1}\right)$，$p_2 = \dfrac{\eta_2 \eta_1}{E_0 E_1}$。

7.2.4　模型的选取原则

在实际应用时，需要根据实际岩石或岩体的真实流变特性及变形性态，选择某种模型来进行实际工程问题的分析。模型的选择应以能够较正确地反映岩体的主要变形特性为前提，通常可采用直接筛选法、后验排除法、综合法。

1. 直接筛选法

直接筛选法是根据变形–时间曲线的特征直接进行模型识别的方法。一般做法是，根据表 7.4 所示模型的流变性态及试验或现场的观测变形-时间（ε-t 或 u-t）曲线来确定。

表 7.6 列出了常用流变模型的流变特征，在应用时，可根据岩体所表现出的流变特征，参考该表选择较合适的模型进行岩体流变的模拟分析。

若变形-时间曲线在某个时刻后具有近似的水平切线，则选取开尔文模型、三参量模型或鲍埃丁-汤姆逊模型来模拟分析比较合适。一般来说，岩体均具有弹性变形，则开尔文模型不可选用；而三参量模型与鲍埃丁-汤姆逊模型两者的流变特性完全相同，都具有弹性变形、弹性后效、应力松弛特性，而不具有黏性流动特性，它们描述的均为稳定蠕变。但鲍埃丁-汤姆逊模型较三参量模型稍复杂些。所以，对于稳定蠕变情况，选择三参量模型较佳。当变形-时间曲线在某个时刻后仍具有不可近似为零的变形速率时，当应力小于屈服应力时，应选麦克斯韦模型或伯格斯模型，这两个模型均可模拟这种情况。但当这种岩体具有弹性后效的特性时，可选取宾汉姆模型和西原模型。而西原模型描述流变特性较全面，因此这种情况下一般选择西原模型较佳。

表 7.6　常用流变模型的流变特征

流变特征	瞬变	蠕变	松弛	弹性后效	黏流
胡克体	有	无	无	无	无
牛顿体	无	有	无	无	有
圣维南体	无	有	无	无	有
麦克斯韦模型	有	有	有	无	有
开尔文模型	无	有	无	有	无
三参量模型	有	有	有	有	无
鲍埃丁-汤姆逊模型	有	有	有	有	无
伯格斯模型	有	有	有	有	有
理想黏塑性模型	无	有	无	无	有
宾汉姆模型	有	有	有	无	有
西原模型	有	有	有	有	有

2. 后验排除法

后验排除法是首先根据实际测试曲线假定岩体为黏弹性或黏弹塑性材料，并选取相应的模型进行分析，然后用实测信息与分析结果进行比较检验，从而排除不合理的假设，获得较理想的模型。

3. 综合法

综合法模型选择流程如图 7.19 所示。

为了缩小模型的识别范围，提高模型参数识别的效率，也可将上述两种方法综合利用，即首先利用直接筛选法初步选出相应的模型，然后对初步筛选出的不同模型利用后验排除法进行模型和相应模型参数的识别，将识别结果代回解析式与试验曲线进行比较分析，最终确定合理的模型与参数。

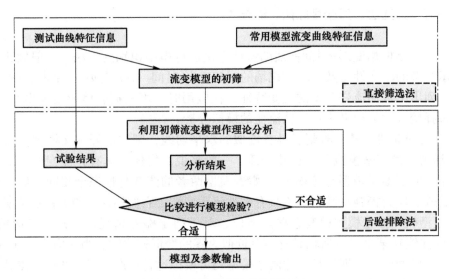

图 7.19 综合法模型选择流程

7.3 经验方程法

经验方程法是根据试验资料，由数理统计的回归方法建立经验方程。

蠕变经验方程的通常形式为

$$\varepsilon(t) = \begin{cases} \varepsilon_0, t = 0 \\ \varepsilon_0 + \varepsilon_1(t), t \text{ 在初期蠕变阶段} \\ \varepsilon_0 + \varepsilon_1(T_1) + V(t - T_1), t \text{ 在等速蠕变阶段} \\ \varepsilon_0 + \varepsilon_1(T_1) + V(T_2 - T_1) + \varepsilon_2(t - T_2), t \text{ 在加速蠕变阶段} \end{cases} \tag{7.13}$$

式中，$\varepsilon(t)$ 为 t 时刻的应变；ε_0 为瞬时应变；$\varepsilon_1(t)$ 为初始段应变函数；V 为等速段直线斜率；$\varepsilon_2(t)$ 为加速段应变函数；T_1 为蠕变第 I 阶段结束的时间；T_2 为蠕变第 II 阶段结束的时间。

初始段的最大斜率较大，甚至趋近 ∞，以后渐向 t 轴弯转，斜率渐减至等速段斜率。描述初始段较好的经验计算式有

$$\varepsilon_1(t) = A\ln(1 + \alpha t) \tag{7.14}$$

$$\varepsilon_1(t) = A[(1 + \alpha t)^b + 1] \tag{7.15}$$

式中，A、b、α 都是由试验资料确定的经验常数。

式（7.15）很接近由上述流变模型理论分析所得的计算式。

对于应力、应变（或应变速率）和时间之间的一般经验关系，可以利用蠕变曲线和等时曲线的相似性质来建立。

7.4 长时强度

岩石在达到其瞬时或短时强度 σ_c 时产生破坏。试验证明，在某种低于短时强度的但较

长时间的应力作用下，由于流变作用，岩石也会破坏。换言之，岩石强度常随着作用时间延长而降低。其最低值，就是对应时间 $t\to\infty$ 时的强度 S_∞，称为长时强度。

长时强度的确定方法有两种：

方法一：进行不同应力水平的蠕变试验。在蠕变试验曲线（$\sigma=\text{const}$ 下的 ε-t 曲线）图上，作 $t_0(t=0)$，t_1，t_2，$\cdots$，t_∞ 时与竖轴平行的直线，与各曲线相交，各交点包含 σ、ε、t 三个参数。用这三个参数在 $t=\text{const}$ 条件下的 σ-ε 坐标图上，重新作等时间情况下的 σ-ε 曲线，则对应于 $t\to\infty$ 等时曲线的水平渐近线在竖轴（σ 轴）上的截距即长时强度 S_∞（图7.20）。

方法二：进行各种应力水平长期恒载试验，取各次不稳定蠕变达到破坏时的应力 σ 及时间 t 作图，所得曲线的水平渐近线在竖轴（σ 轴）上的截距也就是长时强度 S_∞（图7.21）。

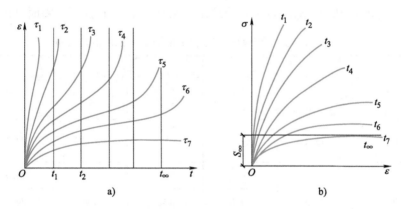

图 7.20　由蠕变试验曲线确定长时强度（方法一）

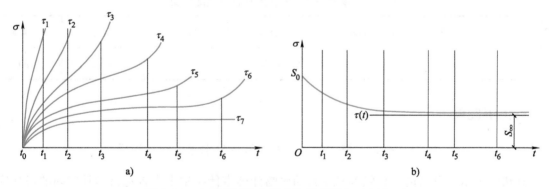

图 7.21　由蠕变试验曲线确定长时强度（方法二）

图 7.22 的曲线可表示为指数型经验方程，即

$$S_t = A + B\mathrm{e}^{-\alpha t} \tag{7.16}$$

当 $t\to\infty$，$S_t\to S_\infty$，得 $A=S_\infty$；当 $t\to0$，$S_t\to S_0$，得 $B=S_0-S_\infty$。故式（7.16）即图 7.22 曲线的指数型经验方程可写为

$$S_t = S_\infty + (S_0 - S_\infty)\mathrm{e}^{-\alpha t} \tag{7.17}$$

113

式中，α 为由试验确定的另一经验常数。由式（7.17）可确定任意时间 t 时的强度 S_t。

长时强度是一种反映时间效应的极有意义的岩性指标。当衡量永久性及使用期较长的岩土工程的稳定性时，应以长时强度作为岩石强度的计算指标。但目前国内外已进行的岩石流变试验极其有限，还不能全面提供各类岩石的流变学及长时强度指标，以后急需广泛开展这方面的试验研究工作。

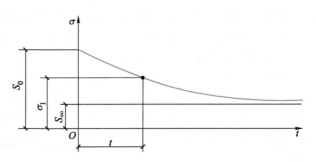

图 7.22 由长期恒载破坏试验确定长时强度

表 7.7 为乌克兰顿巴斯一些矿井的岩石长时强度试验资料。当手头无试验资料可用时，可估计取值 $S_\infty = (0.7\sim0.75)S_0$。表 7.8 中列出了某些岩石长时强度与瞬时强度的比值。

表 7.7 乌克兰顿巴斯一些矿井的岩石长时强度试验资料

岩石名称	变形性质			强度性质			备注
	瞬时弹性模量 E_0/GPa	长时弹性模量 E_∞/GPa	E_∞/E_0（%）	瞬时强度 S_0/GPa	长时强度 S_∞/GPa	S_∞/S_0	
黏土质页岩	19.5	13.2	67.7	52.1	37.8	72.6	四条巷道平均值
砂土质页岩	—	—	—	14.7	11.6	78.9	
砂岩	50.0	37.3	74.6	142	106	74.6	—

表 7.8 某些岩石长时强度与瞬时强度的比值

岩石名称	黏土	石灰石	盐岩	砂岩	白垩	黏质页岩
S_∞/S_0	0.74	0.73	0.70	0.65	0.62	0.50

 拓展阅读

典型岩石力学与工程——齐热哈塔尔水电站引水隧洞

齐热哈塔尔水电站位于新疆维吾尔自治区喀什市塔什库尔干塔吉克自治县境内的塔什库尔干河上，水电站工程地处西昆仑褶皱系中部的公格尔—桑株塔格隆起西南部，昆仑古生代变质岩区的西昆仑华力西中期变质带内，主要分布在康西瓦断裂和卡拉克断裂之间，岩浆活动强烈，侵入岩发育，属高寒地区。空气稀薄，气候寒冷，多年平均气温为 3.4℃，极端最高气温为 32.5℃，最低气温为 −39.1℃。

引水发电隧洞在桩号 Y7+010～Y10+355 存在高地温现象，高地温洞段总长 3345m，最大埋深为 1025m，位于 3#和 4#支洞之间。围岩岩性为片麻状花岗岩，岩石坚硬，主要结构面与洞线交角大，岩体主要呈次块状结构，完整性较好，部分区域岩体呈镶嵌、层状结构，完整性差。在塔什库尔干河岸，距洞线垂直距离约 2km 处，有温泉沿一组裂隙出露，高程为 2587m，水温为 62℃。

3#支洞下游作业面 Y7+010 为高温起始段，4#支洞上游 Y10+355 为高温终止段。随着开挖的深入，爆破后掌子面岩石表面实测温度最高达到 110℃，空气温度已超过 60℃，并伴随着高压喷出 147℃气体。由于主洞内的高温，在冬季施工时支洞口形成了水蒸气外涌的壮观景象。

①齐热哈塔尔水电站引水隧洞的高地温主要是帕米尔高原的高热流。由于受到 F3 断裂的影响，使岩层的导热条件发生变化，从而使热流密度沿热阻小的 F3 断裂上升引起。

②采取以通风为主要手段的降温措施，充分利用天然河道的低温冷水作为辅助降温手段，同时采用人工制冰通风降温，能够起到较好的降温效果，有力保障了高温隧洞的施工。

③高温隧洞的施工是世界性的难题，本工程进行了有益的探索，但仍需进一步加强高温环境下人员防护设备、测量及监测仪器、混凝土性能及施工方法等方面的研究。

岩石力学与工程学科专家——孙钧

孙钧，工程力学家，隧道与地下结构工程专家。1991 年当选为中国科学院院士。孙钧于 20 世纪 60 年代在国际学界建立了新的学科分支——"地下结构工程力学"，在岩土材料工程流变学、地下结构黏弹塑性理论、地下工程施工变形的智能预测与控制，以及城市环境土工学和地下结构防腐耐久性研究等领域均有深厚学术造诣，许多科研成果应用于国家重大建设与生产实践。

所有的工程材料都具有一定的流变特性，岩土类材料也不例外。大量的现场量测和室内试验都表明，对于软弱岩石及含有泥质充填物和夹层破碎带的松散岩体，其流变属性则更为显著；即使是比较坚硬的岩体，如受多组节理或发育裂隙的切割，其剪切蠕变也会达到相当的量值。因此，在岩土工程建设中经常遇到的岩体压、剪变形历时增长情况，就是岩土体流变性态的具体反映。

岩石流变力学研究的目的是，在全面反映岩体流变本构属性的基础上，通过试验分析和数值解析计算，求得岩体内随时间增长发展的应力、应变及其作用的时间历程，为流变岩体的稳定性做出符合工程实际的正确评价。对于高地应力大变形软岩地下洞室而言，围岩与支护衬砌的变形都是流变型的，这已为众多的工程实践、实测和试验所证实。相对于坚硬岩石而言，软弱围岩的力学属性受一般节理裂隙的影响相对比较小，而主要由岩石自身的力学性质来决定，但其流变效应则尤为显著。

孙钧教授在流固耦合流变、三维流变、非线性流变、蠕变损伤与断裂，以及流变参数与模型辨识和岩土流变细观力学实验研究等复杂科学问题均有相当的开拓和进取。

───── 复 习 思 考 题 ─────

7.1　名词解释：蠕变、松弛、弹性后效、黏性流动、长时强度。

7.2　岩石蠕变一般包括哪几个阶段？各阶段有何特点？

7.3　不同受力条件下岩石流变具有哪些特征？

7.4　简要叙述常见的几种岩石流变模型及其特点。

7.5 什么是岩石的长时强度？它与岩石的瞬时强度有什么关系？

7.6 推导麦克斯韦模型的本构方程、蠕变方程和松弛方程，并画出力学模型、蠕变和松弛曲线。

7.7 推导开尔文模型的本构方程、蠕变方程、卸载方程和松弛方程，并画出力学模型、蠕变曲线。

参 考 文 献

［1］ 王芝银，李云鹏. 岩体流变理论及其数值模拟［M］. 北京：科学出版社，2008.

岩体在自重作用下处于稳定状态，当有外荷载作用时，岩体中的应力将发生变化。岩体中某一点（由包含该点的单元体表示该点的应力状态）的应力组合达到某一界限值时，该点处的岩体即处于屈服或破坏状态，变形急剧增长。但由于周围岩体的约束限制作用，岩体变形不能无限制地发展。

在实际工程中，不允许岩体中出现任何屈服是不现实的，也是不经济的。实际上，在地下工程结构和地应力的作用下，岩体中总会有一定范围内的岩体处于屈服状态。如果屈服范围不超过一定的深度或未形成贯通的滑动面，地下工程结构物就处于稳定状态。反之，岩体就会出现较大的变形，使地下工程结构物产生过度的沉降或歪斜，直至发生破坏。因此，研究岩体中任一点屈服与破坏的条件和准则是非常重要的。

屈服与破坏是塑性力学的重要概念与内容，可以说没有屈服就没有塑性变形。因此，要研究材料的塑性本构关系和塑性极限荷载，首先要建立材料产生屈服与破坏的条件与准则。本章首先介绍屈服条件与破坏的一般形式与特点，然后介绍各种经典的和近年来提出的各种适于岩土类材料的屈服与破坏准则，并对这些准则从理论与实践方法上进行评价。

8.1 简述

8.1.1 基本概念

1. 屈服、相继屈服与破坏

屈服与破坏是塑性力学的重要概念，图 8.1 为典型岩土材料的应力-应变关系曲线。现结合图 8.1 对屈服与破坏及有关的名词概念加以说明。

初始屈服是材料第一次由弹性状态进入塑性状态的标志，如图 8.1 中的 a 点所示。初始屈服强度对应的应力 σ_s 称为初始屈服应力。理想塑性材料的屈服应力在材料变形过程中始终不变，一般称为屈服。

当材料初始屈服之后，随着应力和变形的增加，屈服应力不断提高（这种现象称为应变硬化或强化）或提高到一定程度后降低（这种现象称为应变软化），这种初始屈服之后的屈服现象称为相继屈服，如图 8.1 中的 $abcd$ 及 $abce$ 所示。相应的屈服应力称为相继屈服应力，如图 8.1 中的 b 点的 σ_s' 就是一

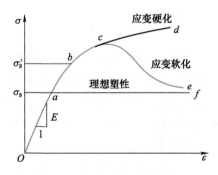

图 8.1　典型岩土材料的应力-应变关系曲线

个相继屈服应力。相继屈服只有在塑性加载过程中才会出现，所以相继屈服又称为加载屈服，相应的屈服应力称为相继屈服（加载）应力。

材料变形过大或丧失对外力的抵抗能力，这种现象称为破坏。破坏时的应力称为破坏应力。对于理想塑性材料，产生无限制的塑性流动称为破坏。显然，理想塑性材料没有相继屈服阶段，屈服就意味着破坏，只不过屈服与破坏的变形不同而已。对于硬化材料，相继屈服或加载应力达到一定程度后，屈服应力不再增加，材料产生无限制的塑性变形，称为破坏，如图 8.1 中的 d 点所示，正常固结黏土、松砂及某些岩石就属于这种类型。而对于另一类具有应变软化性质的材料，如密砂、超固结黏土及某些岩石，当相继屈服或加载应力达到某一数值（如图 8.1 中 $abce$ 曲线的 c 点）后，随着变形的继续增加，屈服应力不但不增加，反而下降，产生应变软化。这里，c 点的应力称为峰值应力。实际上，屈服应力达到峰值应力就意味着材料强度的破坏，故峰值应力又称为峰值强度。软化后保持不变的应力称为残余应力或残余强度。

以后提到的屈服根据材料性质不同而有不同含义。对于理想塑性材料，屈服与破坏含义相同；而对于应变硬化或软化材料，屈服一般指初始屈服或相继屈服。

2. 屈服条件、加载条件与破坏条件

在简单的应力条件下，如单向拉伸时，屈服条件、加载条件与破坏条件非常明确，它们分别可以用屈服应力 σ_s、加载应力 σ_s' 与破坏应力 σ_f 来表示。在复杂应力条件下，屈服条件一般是应力（或应变）状态的函数；加载条件一般是加载应力（或应变）与硬化参量的函数；而破坏条件一般是破坏应力（或应变）与破坏参量的函数。因此，屈服条件、加载条件与破坏条件一般又称为屈服准则或屈服函数、加载准则或加载函数及破坏准则或破坏函数。

在常温与静力条件下，屈服条件、加载条件与破坏条件可分别表示为

屈服条件

$$f(\boldsymbol{\sigma}_{ij}) = 0 \tag{8.1}$$

加载条件

$$\phi(\boldsymbol{\sigma}_{ij}, H_a) = 0 \tag{8.2}$$

破坏条件

$$f_f(\boldsymbol{\sigma}_{ij}) = 0 \tag{8.3}$$

以上各式中，$\boldsymbol{\sigma}_{ij}$ 代表应力状态；H_a 为与塑性应变有关的硬化参量，它反映材料内部微结构的变化程度，H_a 可以不止一个。由于我们讨论的是各向同性材料，材料应力与材料的主方向无关，同时为了分清平均应力（或静水压力）与偏应力（或剪应力）对体应变与偏应变的影响，式（8.1）~式（8.3）可以分别改写为

屈服条件

$$f(\sigma_1, \sigma_2, \sigma_3) = 0, \text{ 或} f(I_1, \sqrt{J_2}, \theta_\sigma) = 0, \text{或} f(p, q, \theta_\sigma) = 0, \text{或} f(\sigma_8, \tau_8, \theta_\sigma) = 0 \tag{8.4}$$

加载条件

$$\phi(\sigma_1, \sigma_2, \sigma_3, H_a) = 0, \text{或} \phi(I_1, \sqrt{J_2}, \theta_\sigma, H_a) = 0,$$
$$\text{或} \phi(p, q, \theta_\sigma, H_a) = 0, \text{或} \phi(\sigma_8, \tau_8, \theta_\sigma, H_a) = 0 \tag{8.5}$$

破坏条件

$$f_f(\sigma_1,\sigma_2,\sigma_3)=0 \text{ 或 } f_f(I_1,\sqrt{J_2},\theta_\sigma)=0, \text{ 或 } f_f(p,q,\theta_\sigma)=0, \text{ 或 } f_f(\sigma_8,\tau_8,\theta_\sigma)=0$$

$$(8.6)$$

以上是将屈服条件、加载条件与破坏条件分别表示为应力状态及有关参量的函数，当然也可以把它们分别表示为应变状态与有关参量的函数。例如，可以把屈服条件表示为主应变或应变不变量的函数，即

$$F(\varepsilon_1,\varepsilon_2,\varepsilon_3)=0 \text{ 或 } F(I_1',\sqrt{J_2'},\theta_\varepsilon)=0, \text{ 或 } F(\varepsilon_m,\overline{\gamma},\theta_\varepsilon)=0, \text{ 或 } F(\varepsilon_8,\gamma_8,\theta_\varepsilon)=0$$

$$(8.7)$$

有时，应变表示的屈服条件、加载条件与破坏条件在实用中更为方便，特别是对于应变软化材料，两种形式通过本构关系可以互换。后面将主要采用应力屈服函数的形式。

3. 屈服曲面、加载曲面与破坏曲面

由式（8.1）~式（8.3）可知，屈服函数、加载函数与破坏函数一般是六个应力分量及相应的参量的函数。如果将屈服函数、加载函数及破坏函数对应的图形表示在应力空间中，它们将是三个六维空间的超曲面，分别称为屈服曲面、加载曲面及破坏曲面。而这些超曲面在现实的三维几何空间中无法表示，一般按式（8.4）~式（8.6）的函数形式将它们表示在由三个主应力或三个应力不变量组成的三维物理空间中，这样就可以清楚地看到屈服曲面的几何形状，便于直观地分析与理解。图 8.2 就是屈服曲面、加载曲面与破坏曲面的示意图。

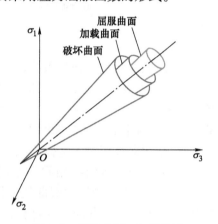

图 8.2 屈服曲面、加载曲面
与破坏曲面

由图 8.2 可以看出，屈服曲面将应力空间分成两部分，对于理想塑性材料而言，当应力点落在屈服曲面以内时，材料处于弹性状态；当应力点落到屈服曲面上时，材料处于塑性状态；应力点不可能超出屈服曲面以外。但是，对于硬化材料，屈服曲面可以产生平移、转动或扩大，这时的屈服曲面就是相继屈服曲面或加载曲面。破坏曲面一般是加载曲面的极限。对于应变软化材料，加载曲面还可以由破坏曲面往内收缩，但仍然是加载曲面，材料仍处于塑性状态。岩土类材料具有静水压力，不仅影响剪切屈服与破坏，而且单纯的静水压力可以产生屈服的特点，因此屈服曲面与破坏曲面不止一个，可以有两个或两个以上。一般而言，剪切破坏和加载曲面与剪切屈面相似，静水压力加载曲面与静水压力屈服曲面相似。单纯的静水压力不可能使材料"压"坏，因此没有单纯的压缩破坏曲面。

8.1.2 偏平面上屈服曲线的性质

屈服曲面（包括加载曲面）及破坏曲面与偏平面或以某一 θ_σ 为常数的平面（常称为子午面）的交线称为屈服曲线或破坏曲线。在岩土塑性力学中，研究偏平面或子午面上的屈服曲线或破坏曲线对研究材料的屈服与破坏规律有着重要的意义。因为，偏平面上的屈服曲线或破坏曲线只与 J_2 和 J_3（或 θ_σ 及 μ_σ）有关，而子午面上的这些曲线只与 I_1（或 p）和 J_2 有关。金属类材料和岩土类材料在偏平面上的屈服曲线如图 8.3 所示，由图可以看出，

偏平面或 π 平面上的屈服曲线具有以下一些重要特征：

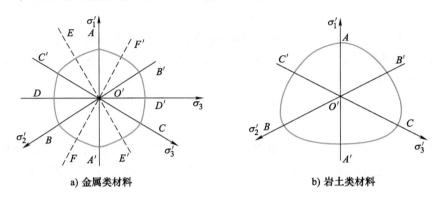

图 8.3　偏平面或平面屈服曲线

1）屈服曲线是一条封闭曲线。材料在初始屈服曲线以内，处于弹性状态。如果屈服曲线不封闭，则表示在不封闭处材料将出现永不屈服的状态，这是不可能的。因此，屈服曲线必须封闭。对于岩土类材料，在静水压力作用下屈服时，屈服曲线就是静水压力线，投影到偏平面就是偏平面上的坐标原点。

2）屈服曲线相对于坐标原点为外凸曲线。

3）对拉压屈服曲线相同的金属类材料，屈服曲线为 12 个 30° 的扇形对称图形，如图 8.3a 所示；而对于拉压屈服曲线不同的岩土类材料，屈服曲线为 6 个 60° 的扇形对称图形，如图 8.3b 所示。对各向同性材料，屈服与 3 个应力主轴的取向及排列顺序无关，屈服曲线在 π 平面上应该是 3 个 120° 的扇形对称图形。对于金属类材料，拉压屈服极限相等，这时屈服曲线为 6 个 60° 的扇形对称图形。进一步分析，由于屈服函数是 σ_1、σ_2、σ_3 或 J_3 的偶函数，故屈服对于 3 个坐标轴的正负方向均对称，即对称于垂直 AA'、BB' 及 CC' 的直线 DD'、EE' 及 FF'，也就是在 12 个 30° 扇形内具有相同形状。因此，对金属材料，只需研究 π 平面上 30° 范围内的屈服曲线；对于拉压强度不同的岩土类材料，就只能在 6 个 60° 扇形范围内对称，因此只要研究 π 平面上的一个 60° 扇形内的屈服曲线。

8.1.3　岩土类材料的屈服与破坏特性

要研究与建立岩土类材料的屈服与破坏准则，首先要了解岩土类材料的屈服与破坏特性。岩土类材料不同于金属材料的屈服与破坏特性，主要表现在以下几点[1]：

1）一般的岩土类材料都具有应变硬化或软化特性，故屈服函数与破坏函数不同。

2）三个主应力或三个应力不变量都对屈服或破坏有影响，即不仅代表剪应力的 $\sqrt{J_2}$ 影响着屈服与破坏，而且静水压力 p 及偏应力第三个不变量 J_3（θ_σ 及 μ_σ）对屈服与破坏都有影响。

3）单纯的静水压力也可以产生屈服，但不会产生破坏。

4）具有 S-D 效应，即拉压的屈服与破坏强度不同。

5）高压下，屈服及破坏与静水压力呈非线性关系。

6）除坚硬的岩块、混凝土等可以承受一定的拉力破坏外，一般的岩土破坏都属于剪切破坏。例如，岩石和土的无侧限抗压试验，看似压缩破坏，实际上是剪切破坏。

7）初始为各向异性，或由应力导致的各向异性。

一个较好的岩土类材料的屈服与破坏准则或条件，不仅应当尽量满足或反映上述岩土类材料的屈服与破坏特性，还应当满足屈服曲面外凸，材料参数较少且易于测定，在数学方面尽量符合简单、实用等方面的要求。下面在介绍岩土类材料的各种屈服与破坏准则之后，将按照上述要求对各种屈服与破坏准则进行评价与比较。

8.2 Mohr-Coulomb 屈服与破坏准则

在岩石力学与土力学中我们已经很熟悉岩土材料的剪切破坏定律 Mohr-Coulomb 准则，事实上，如果将岩土类材料视为理想塑性，也可以把 Mohr-Coulomb 破坏准则视为屈服准则。即使把岩土视为应变硬化材料，根据剪切屈服面与破坏面相似的假设，也可以将其视为屈服准则。以下将 Mohr-Coulomb 屈服与破坏准则简称为 M-C 准则。

8.2.1 M-C 准则的不同表达式

Coulomb 形式为

$$f = \tau - \sigma\tan\varphi - C = 0 \tag{8.8}$$

Mohr 形式为

$$f = (\sigma_1 - \sigma_3) - (\sigma_1 + \sigma_3)\sin\varphi - 2C\cos\varphi = 0 \tag{8.9}$$

式中，σ 和 τ 为剪切面上的正应力和剪应力；C、φ 为屈服或破坏参数，即材料的黏聚力和内摩擦角。

在 σ-τ 坐标系中，M-C 准则的屈服与破坏曲线如图 8.4 所示。

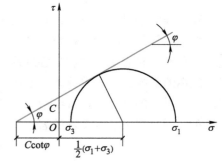

图 8.4 σ-τ 坐标系

M-C 准则考虑了正应力或平均应力作用的最大主剪应力或单一剪应力屈服理论。因此，M-C 准则的物理意义在于：当剪切面上的剪应力与正应力之比达到最大时，材料发生屈服与破坏。从式（8.9）可以看出，σ_2 或第二、第三主剪应力不影响屈服与破坏。式（8.9）是在 $\sigma_1 > \sigma_2 > \sigma_3$ 条件下的简化形式，如果不知道三个主应力的大小，则可以把 Mohr 形式化为

$$
\begin{aligned}
f = &\{(\sigma_1 - \sigma_2)^2 - [(\sigma_1 + \sigma_2)\sin\varphi + 2C\cos\varphi]^2\} \cdot \\
&\{(\sigma_2 - \sigma_3)^2 - [(\sigma_2 + \sigma_3)\sin\varphi + 2C\cos\varphi]^2\} \cdot \\
&\{(\sigma_1 - \sigma_3)^2 - [(\sigma_1 + \sigma_3)\sin\varphi + 2C\cos\varphi]^2\} = 0
\end{aligned}
\tag{8.10}
$$

或

$$
\begin{cases}
\sigma_1 - \sigma_3 = \pm[(\sigma_1 + \sigma_3)\sin\varphi + 2C\cos\varphi], (\sigma_1 > \sigma_2 > \sigma_3) \\
\sigma_1 - \sigma_2 = \pm[(\sigma_1 + \sigma_2)\sin\varphi + 2C\cos\varphi], (\sigma_1 > \sigma_3 > \sigma_2) \\
\sigma_2 - \sigma_3 = \pm[(\sigma_2 + \sigma_3)\sin\varphi + 2C\cos\varphi], (\sigma_2 > \sigma_1 > \sigma_3)
\end{cases}
\tag{8.11}
$$

如果将式（8.10）的图形绘在主应力空间、偏平面及 $\sigma_2 = 0$ 平面内，则 M-C 准则的屈服曲面及屈服曲线如图 8.5 所示。图 8.5a 说明，在主应力空间，M-C 准则是一个以空间对

角线或静水压力线为对称轴的六角锥体，六个锥角三三相等。图 8.5b 为偏平面与主应力空间六角锥体面的交线，即偏平面上的屈服曲线，为六个角三三相等的六边形。图 8.5c 为 $\sigma_2 = 0$ 平面与主应力空间 M-C 准则六角锥面的交线，它是一个不等边的六角形，六条线代表六种不同的应力屈服条件。当 $\sigma_2 \neq 0$ 时，图 8.5c 中的六边形沿 $\sigma_1 = \sigma_3$ 直线向上平移和扩大，说明了平均应力和 σ_2 对屈服条件的影响。

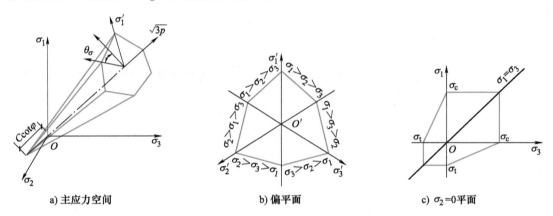

a) 主应力空间   b) 偏平面   c) $\sigma_2 = 0$ 平面

图 8.5 **M-C 准则的屈服曲面及屈服曲线**

8.2.2 M-C 准则的评价

M-C 准则的最大优点是，它能反映岩土类材料的抗压强度不同的 S-D 效应及对正应力的敏感性，而且简单实用；材料参数 C、φ 可以通过各种不同的常规试验仪器和方法测定。因此，M-C 准则在岩土力学和塑性理论中得到了广泛应用。但是，M-C 准则不能反映 σ_2 对屈服和破坏的影响，以及单纯的静水压力引起的岩土屈服的特性，而且屈服面有棱角，不便于塑性应变增量的计算，这就给数值计算带来了困难。因此，理论界对 M-C 准则提出了许多的修正，同时提出了许多新的岩土屈服与破坏准则。

8.3 Tresca 准则与 Zienkiewice-Pande 准则

Tresca 准则与 Zienkiewice-Pande 准则（简称 Z-P 准则）都属于 M-C 准则的体系。Tresca 准则是 M-C 准则的特殊情况（$\varphi = 0$），而 Z-P 准则是 M-C 准则的修正与推广。

8.3.1 Tresca 准则

1864 年，Tresca 针对金属材料提出了最大剪应力屈服准则，即当材料的最大剪应力达到某一极限值 k_T 时，材料产生屈服。因此，它是 M-C 准则在 $\varphi = 0$ 时的特殊情况。故由式（8.10）及式（8.11）令 $\varphi = 0$ 可得

$$f = \left[(\sigma_1 - \sigma_2)^2 - 4k_\mathrm{T}^2 \right]\left[(\sigma_2 - \sigma_3)^2 - 4k_\mathrm{T}^2 \right]\left[(\sigma_3 - \sigma_1)^2 - 4k_\mathrm{T}^2 \right] = 0 \tag{8.12}$$

$$\sigma_1 - \sigma_2 = \pm 2k_\mathrm{T}, \text{或 } \sigma_2 - \sigma_3 = \pm 2k_\mathrm{T}, \text{或 } \sigma_3 - \sigma_1 = \pm 2k_\mathrm{T} \tag{8.13}$$

当 $\sigma_1 > \sigma_2 > \sigma_3$ 时，上式简化为

$$\sigma_1 - \sigma_3 = \pm 2k_\mathrm{T} \tag{8.14}$$

或

$$\sqrt{J_2}\cos\theta_\sigma - k_T = 0 \tag{8.15}$$

上述各式中，以 k_T 代替了黏聚力 C；k_T 为 Tresca 准则材料常数，可由试验测定。当进行单向压缩试验时，$\sigma_2 = \sigma_3 = 0$，$\sigma_1 = \sigma_s$，故由式（8.14）可得 $k_T = \sigma_s/2$；当进行纯剪切试验时，$\sigma_2 = 0$，$\sigma_3 = -\sigma_1 = \tau_s$，由式（8.14）可得 $k_T = \tau_s$。由此可见，如果 Tresca 准则正确的话，应当有 $\sigma_s = 2\tau_s$。事实上，对金属材料的试验证明，单向抗压强度 σ_s 与纯剪切强度相差不会达 2 倍之多。

在主应力空间中，Tresca 准则的屈服曲面是一个以静水压力线或空间对角线为轴的正六角柱体，在偏平面上是一个六边形，而在 $\sigma_2 = 0$ 的平面上为一个具有两个直角的正六边形，如图 8.6 所示。在 p-q 平面为两条平行于 p 轴的直线，说明 Tresca 准则与静水压力无关。

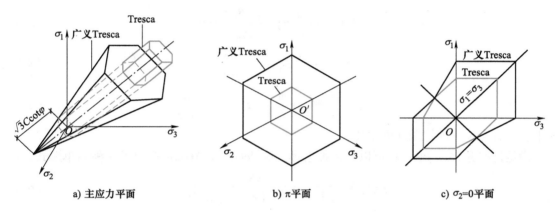

a) 主应力平面　　　b) π平面　　　c) $\sigma_2=0$平面

图 8.6　Tresca 准则的屈服曲面

Tresca 准则提出较早，当知道主应力的顺序时，其应用非常简单。它主要适用于金属类材料和 $\varphi = 0$ 的纯黏土。作为岩土类材料的屈服准则，它的最大缺点是没有考虑正应力和静水压力对屈服的影响，并且具有棱角。

8.3.2　广义 Tresca 准则

为了消除 Tresca 准则没有考虑静水压力对屈服的影响，只要在 Tresca 准则的基础上加上静水压力，就可将 Tresca 准则推广为广义 Tresca 准则。广义 Tresca 准则可以表示为

$$f = (\sigma_1 - \sigma_2 - k_T + \alpha I_1) \cdot (\sigma_2 - \sigma_3 - k_T + \alpha I_1) \cdot (\sigma_3 - \sigma_1 - k_T + \alpha I_1) = 0 \tag{8.16}$$

或

$$\sqrt{J_2}\cos\theta_\sigma - \alpha I_1 - k_T = 0 \tag{8.17}$$

式中，$-30° \leqslant \theta_\sigma \leqslant 30°$。

由于 Tresca 准则是 M-C 准则的特殊情况，广义的 Tresca 准则就相当于拉压强度相等的 M-C 准则。

广义 Tresca 准则在主应力空间中是一个以静水压力线为轴的等边六角锥体，在 π 平面上为一个正六边形，在 $\sigma_2 = 0$ 平面上为一个不等边的六角形，如图 8.6 所示。

8.3.3 Zienkiewice-Pande 准则

为了消除 M-C 准则中棱边或角尖的影响，考虑屈服与静水压力的非线性关系和 σ_2 对强度的影响，在分析了 M-C 准则的式（8.9）后，Zienkiewice-Pande 于 1975 年提出了 Zienkiewice-Pande 屈服准则，简称 Z-P 准则，其一般形式为

$$f = \beta p^2 + \alpha_1 p - k + \left[\frac{q}{g(\theta_\sigma)}\right]^n = 0 \tag{8.18}$$

式中，q 为广义剪应力的大小；$g(\theta_\sigma)$ 为 π 平面上的屈服曲线形状函数；α_1、β 为系数；n 为指数，一般为 0、1 或 2；k 为屈服参数。它们决定着屈服曲线在 p-q 子午面上的形状。

为了使 π 平面上的屈服曲线光滑，且在 $\theta_\sigma = \pm\pi/6$ 时与 M-C 准则拟合，要求形状函数满足以下条件

$$当 \theta_\sigma = \pm\frac{\pi}{6} 时, \frac{\mathrm{d}g(\theta_\sigma)}{\mathrm{d}\theta_\sigma} = 0 \tag{8.19}$$

$$当 \theta_\sigma = -\frac{\pi}{6} 时, g\left(-\frac{\pi}{6}\right) = 1 \tag{8.20}$$

$$当 \theta_\sigma = \frac{\pi}{6} 时, g\left(\frac{\pi}{6}\right) = K = \frac{3 - \sin\varphi}{3 + \sin\varphi} \tag{8.21}$$

式中，K 值代表三轴拉压强度之比。

满足这些条件的 $g(\theta_\sigma)$ 可以有多种选择，Gudehus 及 Arygris 提出了一种简单形式，即

$$g(\theta_\sigma) = \frac{2K}{(1 + K) - (K - 1)\sin 3\theta_\sigma} \tag{8.22}$$

而 M-C 准则的形状函数为

$$g(\theta_\sigma) = \frac{3 - \sin\varphi}{2(\sqrt{3}\cos\theta_\sigma + \sin\theta_\sigma \sin\varphi)} \tag{8.23}$$

式（8.22）及式（8.23）在 π 平面或偏平面上的图形如图 8.7 所示。可以看出，设置 $g(\theta_\sigma)$ 函数就是要将 M-C 准则在 π 平面上的棱角抹去。

式（8.18）中的 α_1、β、n 和 k 决定着子午面上屈服曲线的形状：当 $n=1$ 时，子午面上的屈服曲线为直线；$n=2$ 时，子午面上的屈服曲线为二次曲线。Z-P 准则选用了 $n=2$ 的双曲线、抛物线及椭圆三种二次屈服曲线。

1. 双曲线形屈服曲线

双曲线方程为

$$\left(\frac{p - d}{a}\right)^2 - \left(\frac{q_c}{b}\right)^2 - 1 = 0 \tag{8.24}$$

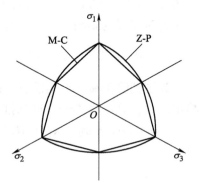

图 8.7 偏平面上的形状函数

式中，a、b、d 为双曲线参数，其几何意义如图 8.8a 所示；q_c 为三轴压缩的广义剪应力。

将式（8.24）与式（8.18）比较，并且以 M-C 准则的压缩枝为双曲线的渐近线，即取 $g(-\pi/6) = 1$，可以导出

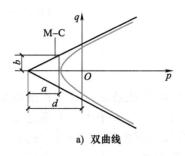
a）双曲线

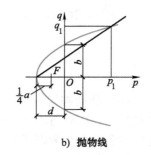
b）抛物线

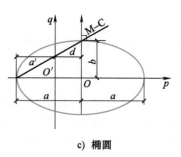
c）椭圆

图 8.8　**Z-P 准则在 p-q 子午面上的屈服曲面**

$$\beta = -\frac{b^2}{a^2} = -\tan^2\overline{\varphi}, \alpha_1 = -\overline{C}\tan^2\overline{\varphi}, k = \overline{C}^2 - a^2\tan^2\overline{\varphi} \tag{8.25}$$

且有

$$\tan\overline{\varphi} = \frac{b^2}{a^2} = \frac{6\sin\varphi}{3-\sin\varphi}, \overline{C} = \frac{bd}{a} = \frac{6C\cos\varphi}{3-\sin\varphi} \tag{8.26}$$

2. 抛物线形屈服曲线

抛物线方程为

$$q^2 - \frac{p+d}{a} = 0 \tag{8.27}$$

式中，a、d 的几何意义如图 8.8b 所示，a 为抛物线焦点距顶点距离 4 倍的倒数。对比式（8.18）与式（8.27），并使抛物线在 p_1、q_1 点与 M-C 准则的压缩枝上的 p_1、q_1 点重合，此时 $q(\theta_\sigma)=1$，由此可得

$$\beta = 0 \tag{8.28-1}$$

$$\alpha_1 = -\frac{1}{a} = \frac{72\sin\varphi}{(3-\sin\varphi)^2}(p_1\sin\varphi + C\cos\varphi) \tag{8.28-2}$$

$$k = \frac{d}{a} = \frac{36}{(3-\sin\varphi)^2}(C^2\cos^2\varphi - p_1\sin^2\varphi) \tag{8.28-3}$$

要注意的是，抛物线只能在 p_1、q_1 点与 M-C 准则的相应点拟合；改变拟合点 p_1、q_1 的位置，α_1、k 将相应地发生改变。

3. 椭圆形屈服曲线

椭圆的标准方程为

$$\left(\frac{q}{b}\right)^2 + \left(\frac{p+d}{a}\right)^2 - 1 = 0 \tag{8.29}$$

式中，a、b、d 的几何意义如图 8.8c 所示。为了保证材料服从正交流动法则，应使椭圆屈服曲线在 q 轴的顶点与 M-C 准则直线拟合，如图 8.8c 所示。当 $q(\theta_\sigma) = 1$ 时，对比式（8.18）与式（8.29）后可得

$$\beta = -\frac{b^2}{a^2} = -\tan^2\overline{\varphi}, (n = 2) \tag{8.30-1}$$

$$\alpha_1 = \frac{2db^2}{a^2} = 2d\tan^2\overline{\varphi} \tag{8.30-2}$$

$$k = \overline{C}^2 + 2\overline{C}d\tan^2\overline{\varphi} \tag{8.30-3}$$

式中，$\tan\overline{\varphi}$、$\overline{C}$ 见式（8.26）。

8.3.4 准则评价

以上所述的 Tresca 准则及广义 Tresca 准则都属于 M-C 准则的特殊情况，而 Z-P 准则是针对 M-C 准则的缺点进行的修正与推广。Z-P 准则的三种屈服曲线在 p-q 子午面上都是光滑曲线，不仅有利于数值计算，而且在一定程度上考虑了屈服曲线与静水压力的非线性关系，单纯的静水压力可以引起屈服（椭圆形屈服曲线）。因此，Z-P 准则在岩土本构模型中常有应用，如著名的修正剑桥模型就是采用的椭圆形屈服曲线，而 M-C 准则破坏线就是修正剑桥模型的临界状态线。

8.4 Mises 准则与 Drucker-Prager 准则

8.4.1 Mises 准则

针对 Tresca 屈服准则没有考虑 σ_2 对屈服与破坏的影响，以及屈服面有棱角的缺陷，Mises 在对金属材料试验资料分析的基础上，于 1913 年提出了同时考虑三个主应力影响的能量屈服准则，后人称为 Mises 准则。Mises 准则的屈服函数可以表示为

$$f = \sqrt{(\sigma_1 - \sigma_2)^2 + (\sigma_2 - \sigma_3)^2 + (\sigma_3 - \sigma_1)^2} - \sqrt{6}k_{\mathrm{M}} = 0 \tag{8.31}$$

或

$$f = \sqrt{J_2} - k_{\mathrm{M}} = 0 \tag{8.32}$$

或

$$f = \tau_{\mathrm{s}} - \sqrt{\frac{2}{3}}k_{\mathrm{M}} = 0 \tag{8.33}$$

或

$$f = r_{\sigma} - \sqrt{2}k_{\mathrm{M}} = 0 \tag{8.34}$$

式中，k_{M} 为 Mises 材料屈服常数，由试验确定。当进行金属的单向拉压试验时，$k_{\mathrm{M}} = \sigma_{\mathrm{s}}/\sqrt{3}$；当进行纯剪切试验时，$k_{\mathrm{M}} = \tau_{\mathrm{s}}$。

1. Mises 准则的几何与物理意义

式（8.31）说明 Mises 屈服准则与三个主应力都有关。J_2 与材料的形状变化能（畸变）有关，因此式（8.31）~式（8.34）表明当材料的形状改变比能达到一定程度时，材料开始屈服，故 Mises 准则称为能量屈服准则；如果将其视为破坏准则，则 Mises 准则就是材料力学中的第四强度理论（能量强度理论）。式（8.33）说明八面体剪应力达到一定值时材料开始屈服，而式（8.34）表明 Mises 准则与应力第一不变量 I_1 及第三不变量 J_3 或 θ_{σ} 无关，在偏平面上为 $r_{\sigma} = \tau_{\sigma}$ 不变的常量。因此，在主应力空间，Mises 准则为一个以空间对角线或静水压力线为轴的圆柱体面，圆柱半径为 $r_{\sigma} = \tau_{\sigma}$，如图 8.9a、b 所示；在 $\sigma_2 = 0$ 的平面上为一个以原点为中心的椭圆，如图 8.9c 所示。

2. 与 Tresca 准则的比较

Tresca 准则属于最大剪应力屈服准则，而 Mises 准则属于能量屈服准则，两者的差别可

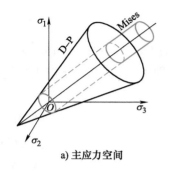 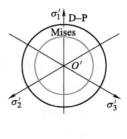 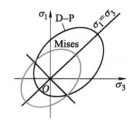

a) 主应力空间   b) 偏平面   c) $\sigma_2=0$ 平面

图 8.9 **Mises 屈服准则**

以通过简单的拉压和纯剪切试验测定的屈服参数进行比较，或通过偏平面上的屈服曲线进行比较，见表 8.1 和图 8.10。表 8.1 中的 σ_s 和 τ_s 分别为材料的抗拉（压）屈服极限和剪切屈服极限，下标 M 和 T 分别表示与 Mises 准则和 Tresca 准则相对应的屈服极限或材料参数。由表 8.1 可以看出，当 Mises 准则成立时有 $\sigma_s = \sqrt{3}\,\tau_s$；当 Tresca 准则成立时有 $\sigma_s = 2\tau_s$。金属材料

表 8.1 **Mises 准则与 Tresca 准则的比较**

条件	单向拉压	纯剪切	准则成立时
Mises 准则	$k_M = \dfrac{\sigma_s}{\sqrt{3}}$	$k_M = \tau_s$	$\sigma_s = \sqrt{3}\,\tau_s$
Tresca 准则	$k_T = \dfrac{\sigma_s}{2}$	$k_T = \tau_s$	$\sigma_s = 2\tau_s$
当取 σ_s 相同时	$k_M = \dfrac{2}{\sqrt{3}} k_T$	—	$\tau_{sM} = \dfrac{2}{\sqrt{3}} \tau_{sT}$
当取 τ_s 相同时	—	$K_M = K_T$	$\sigma_{sM} = \dfrac{2}{\sqrt{3}} \sigma_{sT}$

的试验结果证明 Mises 准则更符合实际，这说明中主应力 σ_2 对屈服是有影响的。如果规定 Mises 准则与 Tresca 准则在单向拉压时拟合，即 $\sigma_{sM} = \sigma_{sT} = \sigma_s$，则 Mises 准则是 Tresca 准则的外接圆，其半径为 $r_\sigma = \sqrt{2}\,k_M = \sigma_s \sqrt{2/3}$。这时，两者剪切屈服极限之比为 $\tau_{sM}/\tau_{sT} = 2/\sqrt{3} = 1.155$。如果规定两者的剪切屈服极限相同，即 $\tau_{sM} = \tau_{sT} = \tau_s$，则 Mises 准则是 Tresca 准则的内切圆，其半径 $r_\sigma = \sqrt{2}\,\tau_s$，这时两者的单向拉压屈服极限之比为 $\sigma_{sT}/\sigma_{sM} = \sqrt{3}/2 = 0.866$，如图 8.10 所示。

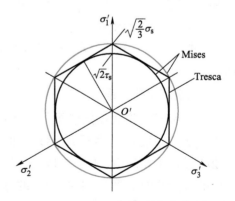

图 8.10 **Mises 准则与 Tresca 准则的比较**

8.4.2 Drucker-Prager 准则

针对 Mises 准则没有考虑静水压力对屈服与破坏的影响的缺陷，Drucker 与 Prager 于 1952 年提出了考虑静水压力影响的广义 Mises 屈服与破坏准则，即 Drucker-Prager 准则，简称 D-P 准则。D-P 准则或广义 Mises 准则的屈服函数为

$$f = \sqrt{J_2} - \alpha I_1 - k = 0 \tag{8.35}$$

$$f(p, q) = q - 3\sqrt{3}\alpha p - \sqrt{3}k = 0 \tag{8.36}$$

$$f(\sigma_\sigma, \tau_\sigma) = \tau_\sigma - \sqrt{6}\alpha\sigma_\sigma - \sqrt{2}k = 0 \tag{8.37}$$

式中，I_1 为第一应力不变量，$I_1 = \sigma_x + \sigma_y + \sigma_z = \sigma_1 + \sigma_2 + \sigma_3$；$J_2$ 为第二应力偏量不变量，$J_2 = [(\sigma_1-\sigma_2)^2+(\sigma_2-\sigma_3)^2+(\sigma_3-\sigma_1)^2]/6$；$\alpha$、$k$ 为仅与岩石的内摩擦角和黏聚力有关的用于 D-P 准则的材料试验常数。

应当指出，在岩石力学求解过程中，当取压应力为正、拉应力为负时，静水压力项 αI_1 的作用与形状改变项 $\sqrt{J_2}$ 的作用正好相反，即起到有利于岩石稳定的作用，故在这种情况下 αI_1 项应取负号。

因为岩石地下工程都是沿巷道轴向有刚性约束的平面应变问题，因此，按照平面应变条件下的应力和塑性变形条件，Drucker 与 Prager 导出了 α、k 与 M-C 准则的材料常数 C、φ 之间的关系 [内切锥（平面应变）拟合条件]，即

$$\alpha = \frac{\sin\varphi}{\sqrt{3}\sqrt{3 + \sin^2\varphi}} = \frac{\tan\varphi}{\sqrt{9 + 12\tan^2\varphi}} \tag{8.38}$$

$$k = \frac{\sqrt{3}C\cos\varphi}{\sqrt{3 + \sin^2\varphi}} = \frac{3C}{\sqrt{9 + 12\tan^2\varphi}} \tag{8.39}$$

D-P 准则计入了中间主应力的影响，又考虑了静水压力的作用，克服了 M-C 准则的主要弱点。在目前流行的计算程序如 ANSYS 和 FLAC 中，都采用了 D-P 准则作为主要的材料模式之一，使 D-P 准则在国内外岩土力学与工程的数值计算分析中获得了广泛应用。

一般情况下，M-C 准则更适用于常规应力场的岩石力学行为计算，而 D-P 准则更适用于低摩擦角或高地应力场的岩石力学行为计算。

1. 准则的几何与物理意义

1）式（8.35）和式（8.36）说明 D-P 准则反映了 I_1 和 J_2 或 p 与 q 对屈服或破坏的影响。

2）在空间上的关系：

①式（8.37）说明在偏平面上（$p = \sigma_\sigma/\sqrt{3} = $ const）或 π 平面上（$\sigma_\sigma = 0$），D-P 准则的屈服曲线为一个以 $r_\sigma = \sqrt{2J_2}$ 为半径的圆。

②在主应力空间中，D-P 准则的屈服曲面为一个以空间对角线为轴的圆锥面。

③在 $\sigma_2 = 0$ 的平面上，D-P 准则的屈服曲线为一个圆心在 $\sigma_1 = \sigma_3$ 轴上但偏离了原点的椭圆，如图 8.11b 所示。

3）当 $\alpha = 0$ 时，D-P 准则就还原为 Mises 准则。

因此，D-P 准则是同时考虑了平均应力或体应变能及偏应力第二不变量或形状变化能的

能量屈服准则。

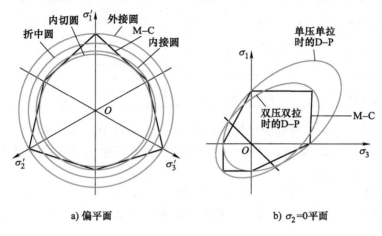

a) 偏平面　　　　　　　　　b) $\sigma_2 = 0$ 平面

图 8.11　D-P 准则与 M-C 准则的拟合关系

2. D-P 准则与 M-C 准则的拟合关系

式（8.38）与式（8.39）的 D-P 准则的材料常数 α、k 是按照平面应变条件下与 M-C 准则的屈服极限相同的条件导出的。实际上，D-P 准则与 M-C 准则有多种不同的拟合方法，例如：在一般的三维应力条件下，使两者的锥尖位于同一点且使一个锥面子午线相重合，可以得到一般三维应力条件下 α、k 与 C、φ 的关系；在平面应力条件下，只要保证在 σ_1-σ_3 平面上的屈服曲线有两点拟合就可得到平面应力条件下 α、k 与 C、φ 的关系。表 8.2 分别表示 D-P 准则与 M-C 准则在不同拟合条件下的 α、k 值，其中折中圆为 M-C 准则的压缩圆与拉伸圆的平均圆。

应当指出，对于平面应力情况，当 $\alpha \leqslant 1/(2\sqrt{3})$ 时，σ_1-σ_3 平面的屈服曲线变为椭圆，如图 8.9c 所示；当 $\alpha > 1/(2\sqrt{3})$ 时，σ_1-σ_3 平面的屈服曲线就不再是椭圆而变为抛物线或双曲线了。

表 8.2　D-P 准则与 M-C 准则在不同拟合条件下的 α、k 值

应力条件	拟合条件	应力（应变）条件	α	k
一般三维应力	压缩锥	$\sigma_1 > \sigma_2 = \sigma_3$ $\theta_\sigma = -30°$	$\dfrac{2\sin\varphi}{\sqrt{3}\,(3-\sin\varphi)}$	$\dfrac{6C\cos\varphi}{\sqrt{3}\,(3-\sin\varphi)}$
	拉伸锥	$\sigma_1 = \sigma_2 > \sigma_3$ $\theta_\sigma = +30°$	$\dfrac{2\sin\varphi}{\sqrt{3}\,(3+\sin\varphi)}$	$\dfrac{6C\cos\varphi}{\sqrt{3}\,(3+\sin\varphi)}$
	折中锥	压缩锥与拉伸锥平均值	$\dfrac{2\sqrt{3}\sin\varphi}{3^2-\sin^2\varphi}$	$\dfrac{6\sqrt{3}\,C\cos\varphi}{3^2-\sin^2\varphi}$
	内切锥（平面应变）	$\varepsilon_2 = 0$ $\tan\theta_\sigma = -\dfrac{\sin\varphi}{\sqrt{3}}$	$\dfrac{\sin\varphi}{\sqrt{3}\,\sqrt{3+\sin^2\varphi}}$	$\dfrac{\sqrt{3}\,C\cos\varphi}{\sqrt{3+\sin^2\varphi}}$

（续）

应力条件	拟合条件	应力（应变）条件	α	k
平面应力	单压 σ_c	$\sigma_1 = \sigma_c$，$\sigma_2 = \sigma_3 = 0$	$\dfrac{1}{\sqrt{3}}\sin\varphi$	$\dfrac{2}{\sqrt{3}}C\cos\varphi$
	单拉 σ_t	$\sigma_3 = \sigma_t$，$\sigma_2 = \sigma_1 = 0$		$\dfrac{2}{\sqrt{3}}C\cos\varphi$
	双压	$\sigma_1 = \sigma_3 = \sigma_c$，$\sigma_2 = 0$	$\dfrac{1}{2\sqrt{3}} = \sin\varphi$	$\dfrac{2}{\sqrt{3}}C\cos\varphi$
	双拉	$\sigma_1 = \sigma_3 = \sigma_t$，$\sigma_2 = 0$		$\dfrac{2}{\sqrt{3}}C\cos\varphi$

只要由试验测定了 M-C 准则的材料常数 C、φ，就可以由表 8.2 求出各种不同拟合条件下 D-P 准则的材料常数 α、k 值。当然，也可以直接由真三轴试验直接测定各种不同应力和应变条件的 α、k 值。应当指出，直接通过试验测定是最可靠的方法。

由表 8.2 和图 8.11a 可知，平面应变条件下 D-P 准则的 α、k 值［式（8.38）与式（8.39）］就是当 D-P 准则的圆锥体与 M-C 准则的六边锥体内切时的 α、k 值。现证明如下：

【证明】由图 8.11a 可以看出，当 D-P 准则为 M-C 准则的内切圆时，M-C 准则的屈服极限达极小值，故在切点处对 M-C 准则应有 $\partial f/\partial\theta_\sigma = 0$。现将图 8.11a 的 M-C 准则写成屈服函数的形式，可有

$$f(p, q, \theta_\sigma) = (1/\sqrt{3})\, q\left[\cos\theta_\sigma + (1/\sqrt{3})\sin\theta_\sigma\sin\varphi\right] - p\sin\varphi - C\cos\varphi = 0 \quad (8.40)$$

将式（8.40）对 θ_σ 求偏导并令其等于零，有

$$\partial f/\partial\theta_\sigma = (1/\sqrt{3})\, q\left[-\sin\theta_\sigma + (1/\sqrt{3})\cos\theta_\sigma\sin\varphi\right] = 0$$

由此可得

$$\tan\theta_\sigma = \sin\varphi/\sqrt{3} \quad (8.41)$$

式（8.41）按照三角关系变换，有

$$\sin\theta_\sigma = \frac{\sin\varphi}{\sqrt{3 + \sin^2\varphi}},\ \cos\theta_\sigma = \frac{\sqrt{3}}{\sqrt{3 + \sin^2\varphi}} \quad (8.42)$$

将式（8.42）的 $\sin\theta_\sigma$、$\cos\theta_\sigma$ 代入式（8.40）后可得

$$f = \frac{1}{\sqrt{3}}q\left(\frac{\sqrt{3}}{\sqrt{3 + \sin^2\varphi}} + \frac{1}{\sqrt{3}}\frac{\sin^2\varphi}{\sqrt{3 + \sin^2\varphi}}\right) - p\sin\varphi - C\cos\varphi = \frac{q\sqrt{3 + \sin^2\varphi}}{3} - p\sin\varphi - C\cos\varphi = 0$$

$$(8.43)$$

或

$$f = q - \frac{3\sin\varphi}{\sqrt{3 + \sin^2\varphi}}p - \frac{3C\cos\varphi}{\sqrt{3 + \sin^2\varphi}} = 0 \quad (8.44)$$

对比式（8.44）与式（8.36）后即可得到式（8.38）与式（8.39）。证毕。

这就证明了 D-P 准则为 M-C 准则的内切圆锥，与平面应变条件是等价的。因此，平面应变条件下的 θ_σ 角与 φ 角的关系为式（8.41）。根据不同的应力拟合条件，利用 D-P 与 M-C 准则的屈服条件，可以证明表 8.2 中其他各种拟合条件下的 α、k 与 C、φ 的关系式。在实际工程的数值分析中，如果采用 D-P 准则，可以根据工程的具体情况采用不同拟合条件的 α、k 值。但是采用不同的 α、k 值，如压缩锥的 α、k 值（最大值）和内切锥的 α、k 值（最小值），求得的极限荷载可以相差 3~4 倍，因此应当慎重选择。

3. 对准则的评价

1）Mises 准则和广义 Mises 或 D-P 准则同属于能量屈服与破坏准则，它们都考虑了中主应力 σ_2 对屈服与破坏的影响；屈服曲面光滑没有棱角，有利于塑性应变增量方向的确定和数值计算。

2）两者都比较简单，材料参数少，且易由试验测定或由 M-C 准则进行参数换算。

3）Mises 准则没有考虑静水压力对屈服的影响，因此一般只适于金属类材料或 $\varphi = 0$ 的软黏土的总应力分析；与 Mises 准则不同，D-P 准则考虑了静水压力对屈服与破坏的影响，特别适用于岩土类材料的本构模型使用。

4）两者都没有考虑单纯的静水压力 p 可以引起岩土类材料屈服的特点，同时没有考虑屈服与破坏的非线性特性。

5）两者均未考虑岩土类材料在偏平面上拉压强度不同的特性。

8.5　Lade-Duncan 准则与 Lade 准则

针对 M-C 类单一剪应力屈服与破坏准则及 D-P 类能量屈服与破坏准则存在的缺点，结合岩土类材料的屈服与破坏特性，Lade 与 Duncan 于 1975 年和 1977 年相继提出了一个屈服面的 Lade-Duncan 屈服与破坏准则和两个屈服面的 Lade 屈服准则，分别简称为 L-D 准则与 Lade 准则。

8.5.1　L-D 准则

根据对砂土进行的大量真三轴试验的资料，Lade 与 Duncan 于 1975 年提出了适用于砂土的屈服与破坏准则。

1. 屈服函数

L-D 准则的屈服函数为

$$f(I_1, I_3, k) = \frac{I_1^3}{I_3} - k = 0 \tag{8.45}$$

或

$$f(I_1, I_2, \theta_\sigma, k) = \frac{2}{3\sqrt{3}}\sqrt{J_2^3}\sin 3\theta - \frac{1}{3}I_1 J_2 + \left(\frac{1}{27} - \frac{1}{k}\right)I_1^3 = 0 \tag{8.46}$$

$$f(a, b, k) = \frac{[a(1+b) + (2-b)]^3}{[ba^2 + (1-b)a]} - k = 0 \tag{8.47}$$

式中，I_1、I_3 分别为应力第一、第三不变量；k 为屈服参数或应力水平参数，破坏时 $f = f_f$，$k = k_f$，k_f 为破坏参数；a、b 分别为

$$a = \frac{\sigma_1}{\sigma_3} \tag{8.48}$$

$$b = \frac{\sigma_2 - \sigma_3}{\sigma_1 - \sigma_3} = \frac{\sigma_2/\sigma_3 - 1}{a - 1} = 2\mu_\sigma - 1 \tag{8.49}$$

当发生破坏时，有

$$a_f = \left(\frac{\sigma_1}{\sigma_3}\right)_f = \frac{1 + \sin\varphi}{1 - \sin\varphi} \tag{8.50}$$

$$b_{\rm f} = \frac{(\sigma_2/\sigma_3)_{\rm f} - 1}{a_{\rm f} - 1} \qquad (8.51)$$

因此，a 反映大小主应力比值的大小，b 反映 σ_2 的相对大小。

L-D 准则只有一个材料参数 k 或 $k_{\rm f}$，可以由应力水平或三轴固结排水/不排水试验测定。

2. 准则的几何与物理意义

L-D 准则的屈服曲面在主应力空间为一个顶点在原点，以静水压力线为轴线，随应力水平不断扩张的开口曲边三角锥体，屈服曲面与破坏曲线相似并以破坏曲面为其极限，如图 8.12a 所示。在偏平面上的投影为一套随静水压力不断扩大的曲边三角形。静水压力增大，曲边三角形曲率变小；静水压力减小，曲边三角形曲率变大并接近圆形，最后当 $p=0$ 时收缩为一点，如图 8.12b 所示。在 $\sigma_1 - \sqrt{2}\sigma_3$ 子午面上，屈服曲线为一簇通过原点的射线，如图 8.12c 所示。从式（8.46）~式（8.51）及图 8.12 可以看出，L-D 准则的屈服曲线为应力的三次曲线，它反映了三个主应力或三个应力不变量对屈服与破坏的影响；而式（8.51）说明了破坏时 $a_{\rm f}$（或 φ）与 $b_{\rm f}$ 必须满足的关系，这充分说明了中主应力对屈服与破坏的影响。这里的屈服与破坏强度以摩擦角 φ 表示。这一特点正是 M-C 准则所没有反映的。

虽然 L-D 准则反映了三个主应力，特别是中主应力 σ_2 对屈服与破坏的影响，屈服曲面光滑没有棱角，但是它只适用于砂类土，还不能适用于岩石、混凝土及超固结黏土等具有抗拉强度或黏聚力的大多数岩土类材料，还不能反映单纯的静水压力和比例加载时产生的屈服现象，以及高应力水平作用下屈服曲线与静水压力的非线性关系。

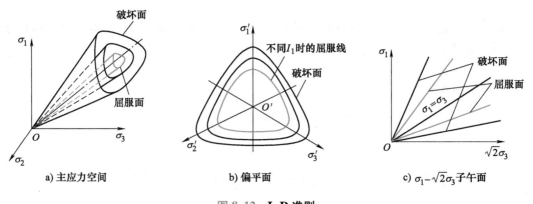

a) 主应力空间　　　　　　b) 偏平面　　　　　　c) $\sigma_1 - \sqrt{2}\sigma_3$ 子午面

图 8.12 L-D 准则

8.5.2 Lade 准则

为了克服 L-D 准则在理论上的缺陷，在 1977 年与 1979 年，Lade 对其一个屈服面的准则又进行了修正与完善，提出了两个屈服面的 Lade 屈服准则，即 Lade 准则。该准则包括一个含两个参数的剪切屈服与破坏函数或屈服面，即

$$f_{\rm p}(I_1, I_3, m, k) = \left(\frac{I_1^3}{I_3} - 27\right)\left(\frac{I_1}{p_{\rm a}}\right)^m - k = 0 \qquad (8.52)$$

$$f_{\rm p}(I_1, J_2, \theta_\sigma, m, k) = 9I_1 J_2 + 6\sqrt{3}\sqrt{J_2^3}\left[\left(\frac{I_1}{p_{\rm a}}\right)^m + \frac{k}{27}\right]\sin 3\theta_\sigma - \frac{k}{27}I_1^3 = 0 \qquad (8.53)$$

和一个压缩屈服函数或屈服面，即

$$f_c(I_1, I_2, r) = I_1^2 + 2I_2 - r^2 = 0 \qquad (8.54)$$

$$f_c(\sigma_1, \sigma_2, \sigma_3, r) = \sigma_1^2 + \sigma_2^2 + \sigma_3^2 - r^2 = 0 \qquad (8.55)$$

式中，p_a 为大气压力，取与应力相同的量纲与单位；I_2 为第二应力不变量；k、r 为剪切与压缩的应力水平，破坏时 $f_p = f_f$，$k = k_f$；m、k_f 为材料参数。

这一准则假设了两个屈服函数，对应两个不同的屈服面，故称为两个屈服面的 Lade 屈服准则或修正 L-D 准则。

对于具有黏聚力或抗拉强度的岩土类材料，在计算式（8.52）~式（8.55）中的应力不变量 I_1、J_2、θ_σ 时，应采用换算应力或等效应力计算。考虑抗拉强度的换算应力为

$$\overline{\sigma}_x = \sigma_x + dp_a, \overline{\sigma}_y = \sigma_y + dp_a, \overline{\sigma}_z = \sigma_z + dp_a \qquad (8.56)$$

式中，d 为反映材料黏聚力或抗拉强度大小的无量纲参数。

1. 准则的几何意义与物理意义

从式（8.52）可以看出，剪切或剪胀屈服面反映了第一应力不变量 I_1 及应力偏量不变量 J_2、$J_3(\theta_\sigma)$ 对屈服与破坏的影响。在主应力空间，剪胀屈服面是以静水压力线或空间对角线为对称轴，母线为三次曲线且不通过原点的一簇开口曲边三角锥体。k 值增大，剪胀屈服面扩大，以破坏面 k_f 为其极限，如图 8.13a 所示。在 I_1 等于常数的偏平面上，屈服曲线为以 $\sqrt{J_2}$ 和 θ_σ 为参变量的三次曲线，其图形与 L-D 准则的图形相似，也为一簇曲边三角形，如图 8.13b 所示。在 $\sigma_1 - \sqrt{2}\sigma_3$ 的常规三轴试验平面上，屈服曲线为一簇应力的三次曲线，如图 8.13b 所示，这就克服了 M-C 准则及 L-D 准则屈服极限随静水压力直线增大及不能反映比例加载时产生屈服的缺点。在 $\sigma_1 - \sqrt{2}\sigma_3$ 子午面上，屈服曲线的曲率取决于材料参数 m 值，m 的变化范围为 $0 \sim 1.0$。当 $m = 0$ 时，子午面上的屈服曲线蜕化为 L-D 屈服曲线。

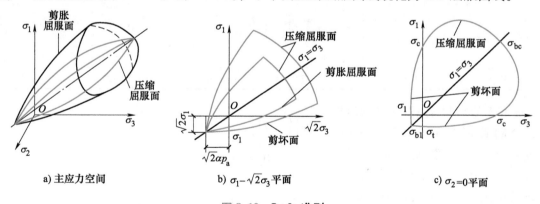

a) 主应力空间　　b) $\sigma_1 - \sqrt{2}\sigma_3$ 平面　　c) $\sigma_2 = 0$ 平面

图 8.13 **Lade 准则**

从式（8.55）可以看出：压缩屈服面在主应力空间是一个以原点为球心，以 $r = \sqrt{\sigma_1^2 + \sigma_2^2 + \sigma_3^2}$ 为半径的一簇同心球面，当材料具有抗拉强度时，球心移到 O' 点。球形屈服面反映了材料的剪缩特性和单纯的静水压力可以产生屈服的现象。固结压力增加，球面半径增大，理论上可以无限压缩而不破坏，这正好反映了岩土类材料单纯承受静水压力不会产生破坏的事实。在 $\sigma_2 = 0$ 平面，屈服与破坏曲线的形状如图 8.13c 所示。剪胀屈服面与压缩屈服面联合构成了完整的 Lade 准则。从物理意义上讲，剪胀屈服面反映了岩土类材料在剪应力

作用下，不仅产生塑性剪切变形，还产生塑性体积膨胀，即"剪胀性"；而压缩屈服面则反映了"剪缩性"和单纯的静水压力产生的体积压缩。

2. 材料参数

Lade 准则作为屈服准则来说，共有 m、k、a、r 四个参数。其中，m 代表 $\sigma_1 - \sqrt{2}\sigma_3$ 平面上剪切屈服曲线的弯曲程度；a 反映抗拉强度的相对大小；k 和 r 分别为剪切屈服和压缩屈服参数或应力水平。由于没有压缩破坏面，如果将 Lade 准则视为破坏准则，则只有 m、k_f、a 三个参数，它们可以通过单向拉伸、单向压缩及固结三轴排水或不排水剪切试验测定。其中，a 值稍大于材料抗拉强度 σ_t。如果已知材料抗拉强度，则可按下列经验计算式计算 a 值：

岩土类材料
$$a = (1.001 \sim 1.023)\left|\frac{\sigma_t}{p_a}\right| \tag{8.57}$$

混凝土材料
$$a = (1.003 \sim 1.014)\left|\frac{\sigma_t}{p_a}\right| \tag{8.58}$$

黏性土的抗拉强度较小，且不可靠，一般不予考虑，如果没有进行材料抗拉强度试验，建议根据材料单向抗压强度 σ_c 按下述经验关系计算材料的抗拉强度

$$\sigma_t = Tp_a\left(\frac{\sigma_c}{p_a}\right)^t \tag{8.59}$$

式中，T 和 t 分别为无量纲的抗拉强度系数与指数。对于岩土类材料，Lade 给出的 T 和 t 值，见表 8.3。

表 8.3 **岩土类材料的 T、t 值**

参数	材料				
	混凝土	胶黏土	岩石		
			火成岩	变质岩	沉积岩
t	2/3	0.88	0.7	1.6	0.75
T	-0.61	-0.37	-0.53	-0.0082	-0.22

m 和 k 值可以根据三轴试验结果，绘制破坏时 $\lg(I_1^3/I_3 - 27)$ - $\lg(p_a/I_1)$ 的双对数关系图，如图 8.14 所示。图中直线的斜率为 m，而该线在 $p_a/I_1 = 1$ 处的纵坐标就是 k 值。Lade 统计了大量的岩土材料三轴试验资料，得出了表 8.4 的 m、k 和 a 的值。

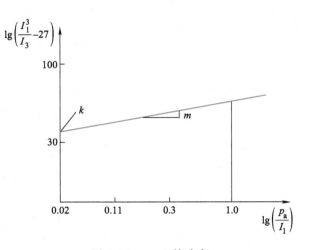

图 8.14 **m、k 值确定**

8.5.3 准则评价

1）L-D 准则和 Lade 准则考虑了所有三个主应力或应力不变量对

表 8.4 岩土类材料的 *m*、*k* 和 *a* 的值

参数	材料				
	土类	岩石类		混凝土、水泥	
	一般值	一般值	极端值	一般值	极端值
a	—	20~300	6~487	20~35	0.69~1.41
m	0~0.5	0.7~1.7	0.3~2.72	0.9~1.2	0.69~1.41
k	20~280	$10^4 \sim 10^8$	$2 \times 10^3 \sim 8 \times 10^{12}$	$10^4 \sim 10^6$	8~746

屈服与破坏的影响，材料参数少（最多四个）且易于用常规三轴试验测定，同时考虑了岩土类材料的拉压强度不同的 S-D 效应。

2）适用范围广。L-D 准则及 Lade 准则可以适用于岩石、混凝土、砂类土及黏性土等各种岩土类材料。

3）L-D 准则没有考虑单纯的静水压力作用可以产生屈服，以及材料的剪缩性及比例加载可以产生屈服的现象，也没有反映剪胀屈服曲线与静水压力的非线性相关关系。而 Lade 准则克服了这些缺点，在理论上更加完善。

4）除了 Lade 准则在剪胀屈服面与压缩屈服面的空间交线上具有奇异性或棱角外，L-D 准则及 Lade 准则在主应力空间、偏平面与子午面上均为光滑曲线（锥体顶点除外），有利于数值计算和塑性应变增量方向的确定。

5）L-D 准则及 Lade 准则的屈服曲线为应力的三次函数，因此比其他的一次曲线屈服准则（如 Tresca 准则）和二次曲线屈服准则（如 Z-P 准则等）要复杂一些。

综上所述，L-D 准则及 Lade 准则是两个较好的岩土类材料屈服与破坏准则，特别是 Lade 准则，理论上比较完善，能够反映岩土类材料大部分的屈服与破坏特性，已经受到岩土工程界的普遍重视。它们除了作为 L-D 或 Lade 弹塑性本构模型的一部分应用于岩土工程中边值问题的应力应变分析之外，如果作为一个破坏准则来代替岩土力学中广泛应用的 M-C 准则，则可以应用于岩土边坡稳定、挡土墙土压力及地基承载力等塑性极限平衡与极限分析之中。目前，还没有这方面的研究成果，但这却是很有意义的工作。

8.6 Hoek-Brown 岩石破坏经验判据

8.6.1 经验判据

Hoek 和 Brown 认为，岩石破坏判据不仅要与试验结果（岩石强度实际值）相匹配，而且其数学解析式应尽可能简单；此外，岩石破坏判据除了能够适用于结构完整（连续介质）且各向同性的均质岩石材料之外，还应适用于碎裂岩体（节理化岩体）及各向异性而非均质的岩体等。基于大量岩石（岩体）抛物线形破坏包络线（强度曲线）的系统研究结果，Hoek 和 Brown 先后提出了几个版本的岩石破坏经验判据，1980 年版本的 Hoek-Brown 准则为[2]

$$\sigma_1 = \sigma_3 + \sqrt{m\sigma_c\sigma_3 + s\sigma_c^2} \qquad (8.60)$$

式中，σ_1、σ_3 分别为破坏时的最大、最小主应力；σ_c 为结构完整的连续介质岩石材料的单

轴抗压强度；m 和 s 均为经验系数，m 的变化范围为 0.001（强烈破坏岩体）~25（坚硬而完整岩石），s 的变化范围为 0（节理化岩体）~1（完整岩石）。

通过对大量岩石（岩体）三轴试验及现场试验成果资料的统计分析，Hoek 和 Brown 获得的各种岩石（岩体）的经验系数 m 和 s 值，见表 8.5。

表 8.5　各种岩石（岩体）的经验系数 m 和 s 值

岩体状况	具有很好结晶解理的碳酸盐类岩石，如白云岩、灰岩、大理岩	成岩的黏土质岩石，如泥岩、粉砂岩、页岩、板岩（垂直于板理）	强烈结晶，结晶解理不发育的砂质岩石，如砂岩、石英岩	细粒、多矿物结晶岩浆岩，如安山岩、辉绿岩、玄武岩、流纹岩	粗粒、多矿物结晶岩浆岩和变质岩，如角闪岩、辉长岩、片麻岩、花岗岩、石英闪长岩等
完整岩块试件，实验室试件尺寸，无节理 RMR = 100，Q = 500	m = 7.0 s = 1.0 A = 0.816 B = 0.658 T = −0.140	m = 10.0 s = 1.0 A = 0.918 B = 0.667 T = −0.099	m = 15.0 s = 1.0 A = 1.044 B = 0.692 T = −0.067	m = 17.0 s = 1.0 A = 1.086 B = 0.696 T = −0.059	m = 25.0 s = 1.0 A = 1.220 B = 0.705 T = −0.040
非常好的质量岩体，紧密互锁，未扰动、未风化岩体，节理间距 3m 左右，RMR = 85，Q = 100	m = 3.5 s = 0.1 A = 0.651 B = 0.679 T = −0.028	m = 5.0 s = 0.1 A = 0.739 B = 0.692 T = −0.020	m = 7.5 s = 0.1 A = 0.848 B = 0.702 T = −0.013	m = 8.5 s = 0.1 A = 0.883 B = 0.705 T = −0.012	m = 12.5 s = 0.1 A = 0.998 B = 0.712 T = −0.008
好的质量岩体，新鲜至轻微风化，轻微构造变化岩体，节理间距 1~3m，RMR = 65，Q = 10	m = 0.7 s = 0.004 A = 0.369 B = 0.669 T = −0.006	m = 1.0 s = 0.004 A = 0.427 B = 0.683 T = −0.004	m = 1.5 s = 0.004 A = 0.501 B = 0.695 T = −0.003	m = 1.7 s = 0.004 A = 0.525 B = 0.698 T = −0.002	m = 2.5 s = 0.004 A = 0.603 B = 0.707 T = −0.002
中等质量岩体，中等风化，岩体中发育有几组节理，间距为 0.3~1m，RMR = 44，Q = 1.0	m = 0.14 s = 0.0001 A = 0.198 B = 0.662 T = −0.0007	m = 0.20 s = 0.0001 A = 0.234 B = 0.675 T = −0.0005	m = 0.30 s = 0.0001 A = 0.280 B = 0.688 T = −0.0003	m = 0.34 s = 0.0001 A = 0.295 B = 0.691 T = −0.0003	m = 0.50 s = 0.0001 A = 0.346 B = 0.700 T = −0.0002
坏质量岩体，大量风化节理，间距 30~50mm，并含有一些夹泥，RMR = 23，Q = 0.1	m = 0.04 s = 0.00001 A = 0.115 B = 0.646 T = −0.0002	m = 0.05 s = 0.00001 A = 0.129 B = 0.655 T = −0.0002	m = 0.08 s = 0.00001 A = 0.162 B = 0.672 T = −0.0001	m = 0.09 s = 0.00001 A = 0.172 B = 0.676 T = −0.0001	m = 0.13 s = 0.00001 A = 0.203 B = 0.686 T = −0.0001
非常坏的质量岩体，有大量的严重风化节理，间距小于 50mm，充填夹泥，RMR = 3，Q = 0.01	m = 0.007 s = 0 A = 0.042 B = 0.534 T = 0	m = 0.010 s = 0 A = 0.050 B = 0.539 T = 0	m = 0.015 s = 0 A = 0.061 B = 0.546 T = 0	m = 0.017 s = 0 A = 0.065 B = 0.548 T = 0	m = 0.025 s = 0 A = 0.078 B = 0.556 T = 0

应当指出，Hoek-Brown 强度包络线较 Mohr-Coulomb 强度包络线更匹配于莫尔极限应力圆。由式（8.60），令 $\sigma_3 = 0$，可得岩体的单轴抗压强度 σ_{mc} 为

$$\sigma_{mc} = \sqrt{s}\,\sigma_c \tag{8.61}$$

对于完整岩石，$s = 1$，则 $\sigma_{mc} = \sigma_c$，即为岩块的单轴抗压强度；对于裂隙岩石，$s < 1$。

将 $\sigma_1 = 0$ 代入式（8.60）并对 σ_3 求解所得的二次方程，可解得岩体的单轴抗拉强度为

$$\sigma_{mt} = 0.5(m - \sqrt{m^2 + 4s})\,\sigma_c \tag{8.62}$$

式（8.62）的剪应力表达式为

$$\tau = A\sigma_c \left(\frac{\sigma}{\sigma_c} - T\right)^B \tag{8.63}$$

式中，τ 为岩体的抗剪强度；σ 为岩体法向应力；A、B、T 为常数，可查表 8.5 求得，且 $T = (m - \sqrt{m^2 + 4s})/2$。

利用式（8.60）~式（8.63）和表 8.5 即可对裂隙岩体的三轴抗压强度 σ_1、单轴抗压强度 σ_{mc} 及单轴抗拉强度 σ_{mt} 进行估算，还可求出 C_m、φ_m 值。进行估算时，先进行工程地质调查，得出工程所在处的岩体质量指标（RMR 和 Q 值）、岩石类型及岩块单轴抗压强度 σ_c。

Hoek 曾指出，m 与 M-C 判据中的内摩擦角 φ 非常类似，而 s 则相当于黏聚力 C 值。如果这样，根据 Hoek-Brown 提供的常数（表 8.5），m 最大为 25，显然这时用式（8.60）估算的岩体强度偏低，特别是在低围压下及较坚硬的完整岩体条件下，估算的强度明显偏低。但对于受构造扰动及结构面较发育的裂隙化岩体，Hoek（1987）认为用这一方法估算是合理的。

2002 年，Hoek 等[3] 对建立在 GSI 基础上的 H-B 屈服准则又进行了修正，建立了广义 Hoek-Brown 屈服准则理论体系，即

$$\sigma_1 = \sigma_3 + \sigma_c \left(m_b \frac{\sigma_3}{\sigma_c} + s\right)^a \tag{8.64}$$

式中，m_b、s 和 a 为半经验的参数，由下述计算式确定

$$m_b = m_i \exp\left(\frac{GSI - 100}{28 - 14D}\right) \tag{8.65}$$

$$s = \exp\left(\frac{GSI - 100}{9 - 3D}\right) \tag{8.66}$$

$$a = 0.5 + \frac{1}{6}\left[\exp\left(-\frac{GSI}{15}\right) - \exp\left(-\frac{20}{3}\right)\right] \tag{8.67}$$

式中，D 为岩石扰动参数；GSI 为岩石的地质强度指标，表征岩体的完整性；m_i 为完整岩石的 m 值；对于完整岩石，$s = 1$。

岩体的弹性模量为

$$\sigma_c \leqslant 100, E_m = 10^{\frac{GSI-10}{40}}\left(1 - \frac{D}{2}\right)\sqrt{\frac{\sigma_c}{100}} \tag{8.68}$$

$$\sigma_c > 100, E_m = 10^{\frac{GSI-10}{40}}\left(1 - \frac{D}{2}\right) \tag{8.69}$$

等效的 Mohr-Coulomb 强度参数，即岩体的黏聚力 C 和内摩擦角 φ 可由下式确定

$$\varphi = \arcsin\left[\frac{6am_b\ (s + m_b\sigma_{3n})^{a-1}}{2(1 + a)(2 + a\sqrt{a^2 + b^2}) + 6am_b\ (s + m_b\sigma_{3n})^{a-1}}\right] \tag{8.70}$$

$$C = \frac{\sigma_c\ [(1 + 2a)s + (1 - a)m_b\sigma_{3n}]\ (s + m_b\sigma_{3n})^{a-1}}{(1 + a)(2 + a)\ \sqrt{1 + \dfrac{6am_b\ (s + m_b\sigma_{3n})^{a-1}}{(1 + a)(2 + a)}}} \tag{8.71}$$

式中，$\sigma_{3n} = \sigma_{3max}/\sigma_c$。

应当指出，比较难确定的是侧限应力上限值 σ_{3max}。对于深埋洞室工程，侧限应力上限值 σ_{3max} 可由下式确定

$$\sigma_{3n} = \frac{\sigma_{3max}}{\sigma_c} = 0.47\left(\frac{\sigma_{cm}}{\gamma H}\right)^{-0.94} \tag{8.72}$$

对于边坡工程，侧限应力上限值 σ_{3max} 可由下式确定

$$\sigma_{3n} = \frac{\sigma_{3max}}{\sigma_c} = 0.72\left(\frac{\sigma_{cm}}{\gamma H}\right)^{-0.91} \tag{8.73}$$

式中，γ 为岩体的重度；H 为埋深；σ_{cm} 为岩体的整体强度，可由下式确定

$$\sigma_{cm} = \sigma_c\ \frac{[m_b + 4s - a(m_b - 8s)]\ (m_b/4 + s)^{a-1}}{2(1 + a)(2 + a)} \tag{8.74}$$

8.6.2 经验参数 m、s 对岩体强度的影响

m、s 均为无量纲参数，两者在 Hoek-Brown 经验强度准则中的意义与 M-C 准则中的黏聚力 C 和内摩擦角 φ 类似。现结合 Hoek 于 1983 年取得的研究成果，通过说明经验参数 m、s 对 Hoek-Brown 强度包络线形状和瞬时内摩擦角 φ_i 的影响，来阐述两者对岩体强度的贡献。

1. 参数 m 对岩体强度的影响

Hoek 在假定岩块单轴抗压强度 σ_c 和经验参数 s 均等于单位值的前提下，分为 $m = 3$、5、7、10、15、25 六种情况，经式（8.60）计算后，在直角坐标系 σ'-τ 上绘出了 Hoek-Brown 强度络包线（图 8.15a），在直角坐标系 φ_i-σ' 上绘出了瞬时内摩擦角 φ_i 与不同正应力水平 σ' 之间的关系曲线（图 8.15b）。其中，σ' 为潜在破坏面上的正应力。而在（图 8.15a）中，Hoek-Brown 强度包络线上某点的切线在纵坐标轴 τ 上的截距，即对应该应力水平 σ' 的瞬时黏聚力 C_i。

不难发现，在 m 的取值范围（$m = 0.0000001 \sim 25$）内，Hoek-Brown 强度包络线、φ_i-σ' 关系曲线和岩体强度，与经验参数 m 之间有如下规律：

1）Hoek-Brown 强度包络线整体随 m 增大而逐渐变陡，并在单轴抗压强度附近交汇。但瞬时黏聚力 C_i 和瞬时抗剪强度 τ 随经验参数 m 变化的规律，在压应力区和拉应力区具有明显的差异。

① 在压应力区：对相同正应力水平 σ' 而言，m 越大，τ 越大，C_i 越小。但岩体单轴抗压强度 $\sigma_{c,mass}$ 保持不变，它仅与岩块单轴抗压强度 σ_c 和经验参数 s 有关。

② 在拉应力区：Hoek-Brown 强度包络线与横坐标 σ' 负方向的交点，即岩体单轴抗拉强度 $\sigma_{t,mass}$，它随 m 的增大而降低；当 m 取最大值（$m = 25$）时，$\sigma_{t,mass}$ 最小，等于零。

③ 在正应力水平 $\sigma' = 0$ 处，Hoek-Brown 强度包络线在纵坐标 τ 上的截距为 C_i，随 m 增

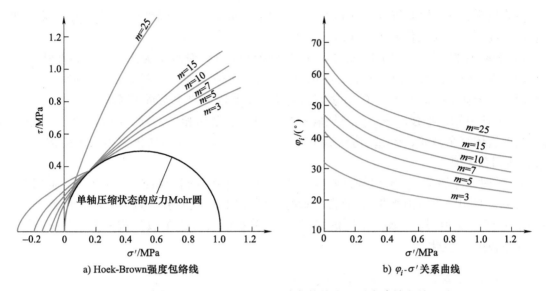

图 8.15　**参数 m 对 Hoek-Brown 强度包络线和瞬时内摩擦角的影响**

大而减小；而当 m 达到最大值（$m=25$）时，$C_i=0$。

2）由瞬时内摩擦角 φ_i 与正应力水平 σ' 之间的关系曲线可见，对某一 m 值而言，瞬时内摩擦角 φ_i 在 $\sigma'=0$ 处达到最大，随 σ' 的增加而逐渐减小；在正应力水平 σ' 相同的前提下，瞬时内摩擦角 φ_i 整体随 m 的增大而增高，在 $m=25$ 处达到最高值，即 φ_i-σ' 曲线随 m 的增大而变陡。但当 σ' 达到一定值后，φ_i-σ' 曲线有逐渐收敛的趋势。

2. 参数 s 对岩体强度的影响

1983 年，Hoek 在假定岩块单轴抗压强度 σ_c 和经验参数 m 均等于单位值的前提下，分为 $s=0$、0.5、1.0 三种情况，经式（8.60）计算后，在直角坐标系上绘出了 Hoek-Brown 强度包络线（图 8.16a），在直角坐标系 φ_i-σ' 上绘出了瞬时内摩擦角 φ_i 与正应力 σ' 的关系曲线（图 8.16b）。

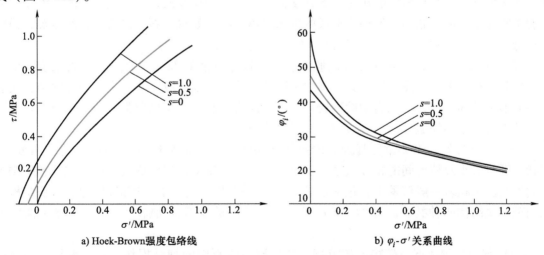

图 8.16　**参数 s 对 Hoek-Brown 强度包络线和瞬时内摩擦角的影响**

不难发现,在 s 的取值范围($s=0\sim1.0$)内,Hoek-Brown 强度包络线、φ_i-σ' 关系曲线和岩体强度,与经验参数 s 之间有如下规律:

1)经验参数 s 的大小对 Hoek-Brown 强度包络线的斜率基本无影响,三条曲线几近平行。但随着 s 增大,曲线位置升高,在纵坐标 τ 上的截距也变大。这表明,在同一正应力水平作用下,岩体的瞬时黏聚力 C_i 和瞬时抗剪强度 τ 是随 s 的增大而逐渐增大的。

2)岩体单轴抗拉强度 $\sigma_{t,mass}$ 与经验参数 s 的取值密切相关,随 s 增大而增大。当 $s=0$ 时,表明岩体完全破碎,$\sigma_{t,mass}$ 达到最小值;当 $s=1.0$ 时,表明岩体完整,无结构面存在,$\sigma_{t,mass}$ 达到最大值。

3)瞬时内摩擦角 φ_i 与经验参数 s 之间的关系,基本等同于参数 m。s 越大,曲线越陡。也就是说,对相同正应力水平 σ' 而言,瞬时内摩擦角 φ_i 随经验参数 s 的增大而逐渐增大;但当 σ' 达到一定值时,s 取值不同的多条 φ_i-σ' 关系曲线将逐渐收敛成一簇,使 φ_i 趋于定值,而不再随 σ' 变化。

8.6.3 对经验参数 m、s 含义的理解和再认识

如前所述,经验参数 m、s 是反映岩体特性的两个重要参数,其取值对岩体强度有极大的影响。作者认为:经验参数 s 代表的含义非常明确,主要反映岩体的破碎程度,其取值范围为 $0\sim1.0$,对完整岩体取 1.0,对完全破碎岩体取 0。但是,参数 m 反映的岩体软弱程度则有些牵强。从表 8.5 可以看出,参数 m 的大小应由岩体质量和岩石自身性质决定,而岩体软硬程度已由岩块单轴抗压强度 σ_c 描述。为加深对 Hoek-Brown 准则的理解和认识,本节在分析参数 m 影响因素的基础上,重点讨论 m 所代表的含义。

1. 岩石自身性质对参数 m 取值的影响

由表 8.5 可知,在岩体质量相同的前提下,经验参数 m 的大小明显受到岩石自身性质的影响,而其自身性质又由组成矿物的类型、矿物颗粒之间的胶结、岩石微观结构特征、解理发育情况等多种因素决定。

(1)物质成分 岩石自身性质首先与组成矿物的类型有关。岩浆岩中的矿物一般强度高,受水影响小;沉积岩中的矿物一般强度低,与水作用易变质,抗风化能力弱;而变质岩中的矿物介于前两者之间,但蚀变形成的含水绿色矿物,如绿泥石、滑石、蛇纹石等,强度也较低。因此,参数 m 有按"沉积岩→变质岩→岩浆岩"的顺序递增的趋势。

(2)胶结特征 矿物颗粒之间的胶结有结晶联结和胶结联结两种类型。岩浆岩、变质岩和部分沉积岩多为结晶联结,具有弹性和脆性变形的特征。胶结联结多为韧性联结,具有塑性变形和破坏特征,沉积岩中的砂岩、页岩、泥岩、黏土岩均属此类。一般情况下,具有结晶联结的岩体的经验参数 m 要大于胶结联结的岩体。

(3)岩石结构 第 2 章已述及,岩石结构指组成岩石的矿物(或颗粒)的结晶程度、形状、颗粒大小及彼此间的相互关系,反映岩石的微观特征,主要取决于矿物成分和矿物颗粒的性质。沉积岩一般较紧密,包括结晶结构、碎屑结构、生物化学和胶体化学沉积结构及火山玻璃质结构四种类型。显然,结晶结构的岩体经验参数 m 值较大。结晶颗粒越粗,m 值越大。

(4)节理发育状况 矿物中的节理,其实质为岩石中的细微损伤,是影响岩石强度的主要因素。节理越发育,经验参数 m 值越小。

显然，上述因素实质为影响岩石力学性质的几个重要因素。它表明，经验参数 m 值与岩石单轴抗压强度之间有一定联系，也反映了岩石的软硬程度，从而使参数 m 在岩体质量相同的前提下，有按以下顺序递增的趋势："结晶节理发育的碳酸盐岩类→碎屑沉积岩类→结晶和结晶节理不发育的砂岩类→多矿物细粒火成岩类→多矿物粗晶火成岩和变质岩类"。

2. 岩体质量对参数 m 取值的影响

岩体质量用于定性衡量岩体的好坏，常基于不同的岩体分类方法以定量指标描述。但其影响因素极其复杂，除包括岩石单轴抗压强度外，还与结构面间距、结构面组数、结构面粗糙度、结构面蚀变度、地下水状态、所处地应力环境等有关，可在岩体分类指标 RMR 和 Q 中得到充分体现，在此不再赘述。

在岩石种类及其自身性质均相同的前提下，岩体质量对经验参数 m 取值的影响主要表现出如下规律：完整岩体，m 值相对较大；随着岩体质量劣化，参数 m 逐渐降低；当岩体完全破碎时，m 值趋于 0。

由上可知，经验参数 m 代表的含义非常复杂，它不仅反映岩石的硬度，而且将矿物成分、颗粒大小、胶结程度、节理发育状况、岩石单轴抗压强度、结构面状况、地下水、地应力等多种复杂因素集中反映在 m 的取值上，因而是岩石自身性质和岩体质量等岩体固有特性的综合反映。它与经验参数 s 一样，其实质为反映岩体特征的宏观力学参数，因此以局部岩体评价必将带来较大的计算误差。

可以说 Hoek-Brown 准则的成功之处在于，"将工程岩体在荷载作用下表现出的复杂破坏，归结为拉伸破坏和剪切破坏两种机制；将影响岩体强度特性的复杂因素，集中包含在该准则所引用的两个经验参数 m、s 之中"，因而概念简洁明确，便于工程应用。参数 m、s 的取值均有一定的范围，已在表 8.5 中体现，因此两者是密切相关的。

8.6.4 对 Hoek-Brown 准则的评述

H-B 准则与 M-C 准则是相同的。将岩体的受压、受拉、受剪应力状态与岩体强度条件紧密结合起来，不仅能以简洁的判据判别岩体在某种应力状态下的破坏情况，而且能近似确定破坏面的方向，整体适用于脆性岩体的剪切和拉伸破坏。H-B 准则与 M-C 准则相比，具有如下优点：

1）综合考虑了岩块强度、结构面强度、岩体强度等多种因素的影响，能更好地反映岩体的非线性破坏特征。

2）不仅能提供岩体破坏时的强度条件，而且能对岩体破坏机理进行描述。

3）弥补了 M-C 准则中岩体不能承受拉应力，以及对低应力区不太适用的不足，能解释低应力区、拉应力区及最小主应力 σ_3 对强度的影响，因而更符合岩体的破坏特点。

4）以瞬时黏聚力和瞬时内摩擦角描述岩体的抗剪强度特性，很好地反映了岩体中或潜在破坏面上正应力的影响，以及岩体破坏时的非线性强度。

由以上可知，非线性的 H-B 准则具有线性的 M-C 准则无法比拟的优点，能更好地阐明岩体破坏的普遍规律。

另外，非线性的 H-B 准则认为，岩体极限破坏强度只与最大、最小主应力有关，而与中间主应力无关，显然，这在有些情况下是与实际情况不符的。Hoek 在建立该准则时也注意到了这个问题[2]。但他认为，从建立准则的第二个基本点出发，本着尽量简化表达式的原则，忽略中间主应力对岩体破坏的影响是允许的，它是 **H-B** 准则能够推广到节理岩体和各向异性岩体的先决条件。

8.7　统一强度理论

一点的应力状态可以用三个主应力 σ_1、σ_2、σ_3 表示（图 8.17），其中 $\sigma_1 \geqslant \sigma_2 \geqslant \sigma_3$。显然，该点存在三个主剪应力 τ_{13}、τ_{12} 和 τ_{23}，其中 $\tau_{13} = (\sigma_1 - \sigma_3)/2$、$\tau_{12} = (\sigma_1 - \sigma_2)/2$、$\tau_{23} = (\sigma_2 - \sigma_3)/2$。可以看出，在这三个主剪应力中，只有两个是独立的。取两组较大的主剪应力截面，则可得图 8.18 所示的正交八面体单元体（双剪单元体），图中 $\sigma_{13} = (\sigma_1 + \sigma_3)/2$、$\sigma_{12} = (\sigma_1 + \sigma_2)/2$、$\sigma_{23} = (\sigma_2 + \sigma_3)/2$ 是主剪应力作用面上的正应力。可以看出，任何复杂的应力状态都可以转化为双剪应力状态。

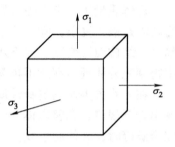

图 8.17　三维主应力状态

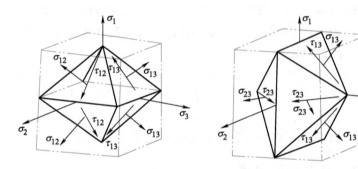

图 8.18　正交八面体单元体

统一强度理论认为材料的屈服或破坏取决于双剪单元体面上的剪应力及正应力，其数学表达式为

$$F = \begin{cases} \tau_{13} + b\tau_{12} + \beta(\sigma_{13} + b\sigma_{12}) = D & (\tau_{12} + \beta\sigma_{12} \geqslant \tau_{23} + \beta\sigma_{23}) \\ \tau_{13} + b\tau_{23} + \beta(\sigma_{13} + b\sigma_{23}) = D & (\tau_{12} + \beta\sigma_{12} \leqslant \tau_{23} + \beta\sigma_{23}) \end{cases} \tag{8.75}$$

式中，b 是反映材料中间主应力效应的参数，称为中间主应力系数；β 是反映正应力对材料屈服影响的参数；D 也是材料参数。

β 和 D 可由材料的拉伸和压缩试验确定，即

$$\beta = \frac{\sigma_c - \sigma_t}{\sigma_c + \sigma_t} = \frac{m - 1}{m + 1}, D = \frac{2\sigma_c\sigma_t}{\sigma_c + \sigma_t} = \frac{2}{m + 1}\sigma_t \tag{8.76}$$

式中，$m = \sigma_c/\sigma_t \geqslant 1$，是材料的压拉强度比。

将式（8.76）代入式（8.75），即得以主应力形式表示的统一强度理论，即

$$F = \begin{cases} \sigma_1 - \dfrac{b\sigma_2 + \sigma_3}{m(1 + b)} = \sigma_t & \left(\sigma_2 \leqslant \dfrac{m\sigma_1 + \sigma_3}{m + 1}\right) \\ \dfrac{\sigma_1 + b\sigma_2}{1 + b} - \dfrac{\sigma_3}{m} = \sigma_t & \left(\sigma_2 > \dfrac{m\sigma_1 + \sigma_3}{m + 1}\right) \end{cases} \tag{8.77}$$

对于岩土类材料，常以黏聚力 C 和内摩擦角 φ 作为材料试验参数，这时统一强度理论可表述为

$$F = \begin{cases} \sigma_1 - \dfrac{1-\sin\varphi}{(1+b)(1+\sin\varphi)}(b\sigma_2 + \sigma_3) = \dfrac{2C\cos\varphi}{1+\sin\varphi} & \left(\sigma_2 \leqslant \dfrac{\sigma_1+\sigma_3}{2} + \dfrac{\sigma_1-\sigma_3}{2}\sin\varphi\right) \\[4mm] \dfrac{1}{1+b}(\sigma_1 + b\sigma_2) - \dfrac{1-\sin\varphi}{1+\sin\varphi}\sigma_3 = \dfrac{2C\cos\varphi}{1+\sin\varphi} & \left(\sigma_2 > \dfrac{\sigma_1+\sigma_3}{2} + \dfrac{\sigma_1-\sigma_3}{2}\sin\varphi\right) \end{cases}$$

$$(8.78)$$

这里用到了下列关系

$$m = \frac{1+\sin\varphi}{1-\sin\varphi}, \quad \sigma_t = \frac{2C\cos\varphi}{1-\sin\varphi} \tag{8.79}$$

统一强度理论在主应力空间的极限面是一簇以等倾轴为轴线的不等角十二棱锥面。极限面的形状和大小与材料的压拉强度比 m 和参数 b 的值有关。当 $b=0$ 或 1 时，十二棱锥面变为六棱锥面。当 $m=1$ 时，统一强度理论的极限面变为等角无限长柱面。在 π 平面上，统一强度理论的极限线为一簇十二边形，如图 8.19 所示，其中图 8.19a 是 $m>1$ 时的极限线，为一簇不等角十二边形；图 8.19b 是 $m=1$ 时的极限线，为一簇等角十二边形。

分析统一强度理论的表达式，可以得出下列结论：

1）统一强度理论可退化为 Tresca 准则（$b=0$，$m=1$）、线性 Mises 准则 ［$b=0.5$ 或 $1/(1+\sqrt{3})$］、双剪准则（$b=1$，$m=1$）、M-C 准则（$b=0$，$m>1$）和广义双剪准则（$b=1$，$m>1$）。

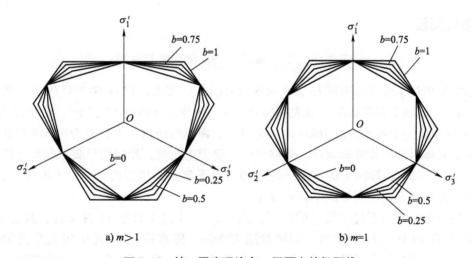

a) $m>1$ b) $m=1$

图 8.19 统一强度理论在 π 平面上的极限线

2）统一强度理论 $b=0$ 时的特例（Tresca 准则、M-C 准则）是所有满足 Drucker 公设的外凸屈服面的下限；而 $b=1$ 时的特例（双剪准则、广义双剪准则）是所有满足 Drucker 公设的外凸屈服面的上限。

3）当 $0<b<1$ 时，可得到介于外凸屈服面上、下限之间的一系列新强度准则。

4）对统一强度理论作进一步分析，可知中间主应力效应是非单调的。

可以看出，统一强度理论具有以下优点：①具有明显的物理意义；②具有分段线性的数

学表达式，因此利用统一强度理论容易进行解析分析；③可以很好地反映材料的中间主应力效应和拉压强度差效应，而岩土类材料具有明显的中间主应力效应和拉压强度差效应，因此这些材料及其结构特别适宜于用统一强度理论进行分析和研究。

因此，统一强度理论是一个强度理论体系，它在各种单一强度准则之间建立了联系，使它们真正地统一了起来。因此，统一强度理论是具有广泛应用前景的强度理论[5]。

从上面的讨论可以看出，材料参数 b 在统一强度理论中是个十分重要的参数，一方面，它反映了材料的中间主应力效应；另一方面，它决定了强度准则的具体形式。因此，参数 b 在统一强度理论中又被称为强度准则参数。对岩土类材料，参数 b 可通过材料的真三轴试验确定；对金属类材料，可根据拉伸、压缩及剪切试验按下式确定

$$b = \frac{(\sigma_c + \sigma_t)\tau_s - \sigma_t\sigma_c}{(\sigma_t - \tau_s)\sigma_c} \tag{8.80}$$

式中，τ_s 是材料的剪切强度。

应当指出，使用中间主应力系数 b 时需要特别慎重，必须通过相应的试验来确定。试图对其给出一个关于 σ_1、σ_2、σ_3 的关系式 [如 $b=f(\sigma_1, \sigma_2, \sigma_3)$] 的努力，都是错误的。因为一旦给出了 $b=f(\sigma_1, \sigma_2, \sigma_3)$，那么对 b 的处理将出现两种可能结果，即 b 是常量，或 b 是变量。困境一：若 b 是常量，则意味着在使用统一强度准则的同时又给出了一个新的准则，即 $b=f(\sigma_1, \sigma_2, \sigma_3) = C_1$，这将使得问题在求解的时候面临同时满足两个准则的困境；困境二：若 b 是变量，则使问题的弹塑性求解变得无法进行下去，同时也面临困境一的难题。

 拓展阅读

岩石力学与工程事故——马尔帕塞坝失事

马尔帕塞坝位于法国东南部瓦尔省莱朗（Rayran）河上，1954 年 9 月建成，坝址距入海河口 14km。混凝土双曲拱坝，最大坝高 66.0m，水库总库容 0.51 亿 m^3，防洪库容 0.045 亿 m^3。工程主要用于坝址附近 70km 范围的供水、灌溉和防洪，工程总费用 5.8 亿法郎。

坝址区岩体由带状片麻岩组成，岩层走向一般为南北向，片麻岩呈眼球状和片状。节理倾角一般为 35°~50°，倾向下游右岸。左岸和右岸下部为片状结构，右岸上部为块状结构。坝址河谷段的岸坡无任何明显的不稳定现象。

大坝失事前，当地下过一段时期大雨，从 1959 年 9 月 1 日至 12 月 2 日，共有 29 天降雨，其中 10 月 19 日至 12 月 2 日，降雨量达 490mm。库水位在 11 月中旬上升至 95.2m 高程。看守人员发现右岸在坝址下游 20m 以外的地方，有一股细渗流从基岩中渗出。但据事后调查，该渗流对大坝失事并无很大影响。12 月 2 日下午 21 时 10 分大坝突然溃决，溃坝波以 70km/h 的速度向下游冲击，历时 25min。溃坝洪水使弗雷久城变为废墟。

事故发生之后，法国成立了调查委员会调查大坝失事原因。主要可以归纳为：

1）坝址地质，尤其是左岸坝座岩体质量很差，断裂发育，包括片理、裂隙、节理和断层各种尺度都有，产状不规则且有夹泥，变形性和疏松性大，抗剪强度低。

2）坝的破坏过程可分为两个阶段：第一阶段发展缓慢，大致从 1958 年 7 月起直到破坏前夕；第二阶段急剧发展，历时仅几分钟。

3）坝体曾发生沿坝底下裂隙滑动，这种滑动的数量各坝段不同，从右岸向左岸逐渐增大，在平面上宛如坝绕右坝端作整体转动。

岩石力学与工程学科专家——莫尔（Mohr）与库仑

莫尔（1835—1918），19 世纪欧洲最杰出的土木工程师之一。

莫尔出版过一本教科书并发表了大量的结构及强度材料理论方面的研究论文，其中相当一部分是关于用图解法求解一些特定问题的。他提出了用应力圆表示一点应力的方法（所以应力圆也称为莫尔圆），并将其扩展到三维问题。应用应力圆，他提出了第一强度理论。莫尔对结构理论也有重要的贡献，如计算梁挠度的图乘法、应用虚位移原理计算超静定结构的位移等。莫尔继库仑的早期研究工作，提出土的剪切破坏理论，认为在破坏面上，法向应力与抗剪强度间存在着函数关系，并提出土中一点的应力极限平衡条件，推导了莫尔-库仑强度破坏准则。

库仑（1736—1806）是法国力学家、物理学家。库仑直接从事工程实践，并善于从中归纳出理论规律。他对力学有多方面的贡献。他最早给出挡土墙竖直面所受土压力的计算公式及砂土的强度公式，指出矩形截面梁弯曲时中性轴的位置和内力分布。

土力学的发展当以库仑首开先河，当时的土力学正处于萌芽期，他在 1773 年发表了论文《极大极小准则在若干静力学问题中的应用》，并根据试验创立了著名的砂土抗剪强度理论，为今后的土体破坏理论奠定了基础。

库仑于 1773 年提出，假定强度极限值是同一平面上法向应力的线性函数，则包络线可简化为直线，常称"莫尔-库仑理论"或"库仑强度理论"。该理论能较全面地反映岩石和土的强度特性（如岩石和土的抗拉强度远小于抗压强度），适用于脆性材料，也适用于塑性材料。

复习思考题

8.1 初始屈服、相继屈服与破坏有什么区别与联系？

8.2 屈服函数、加载函数及破坏函数与屈服面（线）、加载曲面（线）及破坏曲面（线）的关系是什么？

8.3 岩土类材料的屈服与破坏形式有哪几种？岩土类材料的屈服与破坏有哪些主要特性？

8.4 根据岩土类材料的屈服与破坏特性，在主应力空间、偏平面和拉压子午面上描绘出岩土类材料屈服曲面及曲线的一般几何形状。

8.5 绘图：①偏平面上 $\varphi=0°$、$\varphi=30°$、$\varphi=60°$时的 M-C 准则屈服曲线；②$\sigma_1-\sigma_3$ 平面上 $\varphi=0°$、$\varphi=15°$、$\varphi=45°$时的 M-C 准则屈服曲线。

8.6 证明 M-C 准则的 I_1、$\sqrt{J_2}$、θ_σ 表达式为

$$f = \frac{I_1}{3}\sin\varphi - \sqrt{J_2}\left[\cos\theta_\sigma + \frac{1}{\sqrt{3}}\sin\theta_\sigma\sin\varphi\right] + C\cos\varphi = 0$$

8.7 在 p-q 坐标中证明：①k_0 固结线的斜率为 $\dfrac{\Delta q}{\Delta p}=\dfrac{3(1-k_0)}{1+2k_0}$；②常规三轴压缩试验的屈服或破坏线的斜率为 $\dfrac{\Delta q}{\Delta p}=\dfrac{6\sin\varphi}{3-\sin\varphi}$，纵坐标的截距为 $q_0=\dfrac{6C\cos\varphi}{3-\sin\varphi}$。

8.8 对于 M-C 准则，为什么 $\dfrac{\sigma_c}{\sigma_t}=\dfrac{1+\sin\varphi}{1-\sin\varphi}$，而 $\dfrac{q_c}{q_t}=\dfrac{3+\sin\varphi}{3-\sin\varphi}$？

8.9 Mises 准则和 Tresca 准则适用于哪种类型的岩石类材料和排水条件？

8.10 若岩土体中 A、B 两点的应力分别为 A（2σ，σ，0）和 B（σ，σ，0）。

（1）试问当比例加载时，按下述不同屈服准则，σ 达多大时 A、B 点开始屈服：①Mises 准则；②Tresca 准则；③D-P 准则；④M-C 准则。

（2）绘出 A、B 点在 σ_1-σ_2 平面上的位置。

8.11 对砂岩进行三轴试验后测得 Lade 屈服参数 $\sigma_c/p_a=1190$，$a=37.4$，$m=1.81$，$k=3853\times10^8$。若设 $\sigma_3/p_a=535$，$I_1/p_a=2500$，试绘出 $\sigma_1/p_a-\sqrt{2}\sigma_3/p_a$、$\sigma_1/\sigma_c-\sigma_2/\sigma_c$ 及 $I_1/p_a=2500$ 的偏平面上的 Lade 剪切破坏曲线。

参 考 文 献

［1］ 张学言，闫澍旺. 岩土塑性力学基础［M］. 天津：天津大学出版社，2006.

［2］ HOEK E，BROWN E T. Underground Excavations in Rock［M］. Hertford：Austin & Sons Ltd，1980.

［3］ HOEK E，CARRANZA-TORRES C，CORKUM B. Hoek-Brown failure criterion-2002 edition［C］// Proceeding of NARMS-TAC Conference. Toronto：University of Toronto Press，2002：267-273.

［4］ 宋建波，张倬元，于远忠. 岩体经验强度准则及其在地质工程中的应用［M］. 北京：地质出版社，2002.

［5］ 俞茂宏. 强度理论新体系：理论、发展和应用［M］. 2 版. 西安：西安交通大学出版社，2011.

9.1 影响岩体力学性质的基本因素

岩体力学具有三个特色：首先，它是工程地质的分支学科；其次，岩体结构是研究岩体力学性质的基础；最后，岩体力学研究的综合性很强。这项研究工作不仅要考虑地质因素，而且要考虑工程施工因素；不仅要考虑静的作用，而且要考虑动的作用；不仅要考虑第一环境因素，而且要考虑第二环境的反馈作用；不仅要考虑现状，而且要考虑这些因素的变化和可能引起的岩石力学性质的变化等。图 9.1 可以帮助我们理解这些知识。岩体力学性质与岩体中的结构面、结构体及其赋存环境密切相关。

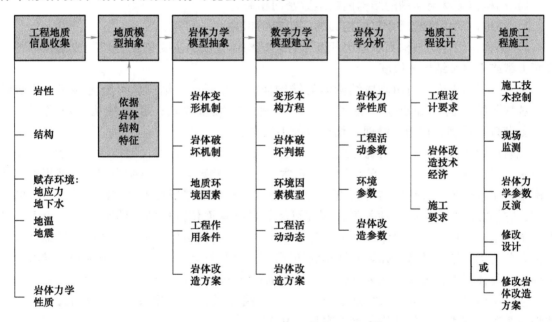

图 9.1 岩体力学性质工作程序略图[1]

在岩体内存在各种地质界面，它包括物质分异面和不连续面，如假整合、不整合、褶皱、断层、层理、节理和片理。这些不同成因、不同特性的地质界面统称为结构面（弱面）。结构面是具有一定方向、延展较大而厚度较小的二维面状地质界面，常充填有一定物质，如节理和裂隙是由两个面及面之间的水或气组成的；断层及层间错动面是由上下盘两个面及面之间充填的断层泥和水构成的实体组成的，其变形机理是两盘闭合或滑移，它在岩体中的变化非常复杂。结构面的存在，使岩体显现出构造上的不连续性和不均质性，岩体力学性质与结构面的特性密切相关。

岩体内结构面的成因类型有三种：

1）原生结构面，主要指在岩体形成过程中形成的结构面和构造面，例如：岩浆岩冷却收缩时形成的原生节理面、流动构造面，以及与早期岩体接触的各种接触面；沉积岩体内的层理面、不整合面；变质岩体内的片理、片麻理构造面等。

2）构造结构面，主要指在各种构造应力作用下所产生的结构面，例如：节理、断裂、劈理，以及由层间错动引起的破碎带。

3）次生结构面，主要指在外应力作用下形成的结构面，例如：风化裂隙、冰冻裂隙、重力卸载裂隙等。

岩体结构由结构面和结构体两个基本单元组成。岩体结构单元可划分为两类四种，即

$$岩体结构\begin{cases}结构面\begin{cases}坚硬结构面（干净的）\\软弱结构面（夹泥、夹层）\end{cases}\\结构体\begin{cases}块状结构体（短轴的）\\层（板）状结构体（长厚比大于15）\end{cases}\end{cases}$$

这四种结构单元在岩体内的组合、排列形式不同，构成不同的岩体结构。

结构体与结构面的依存性表现在如下三个方面：

1）结构体形状与切割的结构面的组数密切相关。

2）结构体的块度或尺寸与结构面的间距密切相关。

3）结构体级序与结构面级序也相互依存。结构体分级的主要依据是切割成结构体的结构面类型或级序及结构体块度。

对工程岩体来说，与切割成结构体的结构面类型相对应，结构体可分为两级：Ⅰ级结构，被软弱结构面（如断层、层间错动）切割成的大型岩块；Ⅱ级结构，被坚硬结构面（如节理、层理、片理、劈理）切割成的小型岩块。

正确认识岩体结构，是正确建立计算模型的关键。滑坡防治的关键技术之一就是正确划分条块、级、层，岩体稳定性分析的关键技术之一就是确定岩体的结构类型。自然界的岩体结构是互相包容的，如软弱结构面切割成的结构体内包容着坚硬结构面切割成的次一级的结构体，它们之间存在着级序性关系，因此可将软弱结构面切割成的岩体结构定义为Ⅰ级结构，坚硬结构面切割成的岩体结构定义为Ⅱ级结构。在相同级序之内又可按结构体的地质特征再划分为不同结构类型，如软弱结构面切割成的Ⅰ级岩体结构，又可划分为块裂结构及板裂结构。具体而言，岩体结构划分的第一个依据是结构面类型；第二个依据是结构面的切割程度或结构体类型，这两个依据规定着岩体结构的基本类型。在此基础上，又可按原生结构体划分为若干亚类。岩体结构分类方案见表9.1。

表9.1　岩体结构分类方案

级	序	结构类型	划分依据	亚类	划分依据
Ⅰ	I_1	块裂结构	多组软弱结构面切割，块状结构体	块状块裂结构	原生岩体结构呈块状
				层状块裂结构	原生岩体结构呈层状
	I_2	板裂结构	一组软弱结构面切割，板状结构体	块状板裂结构	原生岩体结构呈块状
				层状板裂结构	原生岩体结构呈层状

（续）

级	序	结构类型	划分依据	亚类	划分依据
Ⅱ	Ⅱ₁	完整结构	无显结构面切割	块状完整结构	原生岩体结构呈块状
				层状完整结构	原生岩体结构呈层状
	Ⅱ₂	断续结构	显结构面断续切割	块状断续结构	原生岩体结构呈块状
				层状断续结构	原生岩体结构呈层状
	Ⅱ₃	碎裂结构	坚硬结构面贯通切割，结构体为块状	块状碎裂结构	原生岩体结构呈块状
				层状碎裂结构	原生岩体结构呈层状
过渡型		散体结构	软、硬结构面混杂，结构面无序分布，原生岩体结构特征已消失	碎屑状散体结构	结构体为角砾
				糜棱化散体结构	结构体为糜棱质

　　岩体是地质体，它经历过多次反复地质作用，经受过变形，遭受过破坏，具有一定的岩石成分，含有一定结构，赋存于一定的地质环境中。岩体抵抗外力作用的能力称为岩体力学性质，它包括岩体的稳定性特征、强度特征和变形特征。岩体力学性质是由组成岩体的岩石、结构面和赋存条件决定的。岩体力学性质不是固定不变的，由于岩体结构的原因，它可以随着试件尺寸的增大而降低；工程开挖方向与岩体内结构面产状之间的关系不同，其变形和破坏特征也不一样；同时，它随着环境因素的变化而变化。因此，影响岩体力学性质的基本因素有：结构体（岩块/岩石）力学性质、结构面力学性质、岩体结构力学效应及环境因素（水、地应力、地温等）。

　　结构体是岩体的基本组成部分（图 9.2），岩石对岩体力学性质的影响，可通过结构体的力学性质来表征。在某种情况下，结构体对岩体的力学性质和力学作用具有控制作用。在结构体强度很高时，主要是结构面的力学性质决定了岩体的力学性质。岩体结构的力学效应主要表现在岩体的爬坡角效应、尺寸效应及各向异性效应三方面。

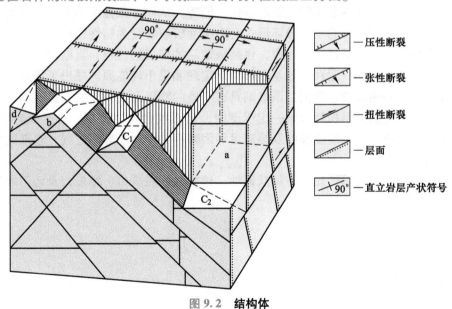

图 9.2　结构体
a—方柱（块）体　b—菱形柱体　C₁、C₂—三棱柱体　d—锥形体

岩体的赋存环境对岩体的力学性质有重要的影响。其赋存环境包括地应力、地下水和地温三部分。地温、化学因素对岩体力学性质的影响虽然不像地应力、地下水那样引人注意，但是它们对岩体力学性质的影响是不可忽视的。在核废料储存、文物保护等领域，正在研究温度和化学腐蚀对岩体力学性质的影响。

地应力具有双重性，一方面它是岩体赋存的条件，另一方面又赋存于岩体之内，与岩体组成成分一样左右着岩体的特性，是岩体力学特性的组成成分。地应力对岩体力学性质的影响主要体现在以下方面：

1）地应力影响岩体的承载能力。对赋存于一定地应力环境中的岩体来说，地应力对岩体形成的围压越大，其承载能力越大。矿山岩柱及井巷间的夹壁发生破坏的原因往往如此。

2）地应力影响岩体的变形和破坏机制。岩体力学试验表明，许多低围压下呈脆性破坏的岩石在高围压下呈剪塑性变形，这种变形和破坏机制的变化说明岩体赋存的条件不同，岩体本构关系也不同。

3）地应力影响岩体中的应力传播法则。严格来说，岩体是非连续介质，但由于岩块间存在摩擦作用，赋存于高应力地区的岩体，在地应力围压的作用下则变为具有连续介质特征的岩体，即地应力可以使不连续变形的岩体转化为连续变形的岩体。

地下水作为岩体的赋存环境因素之一，既影响岩体的变形和破坏，也影响岩体工程的稳定性。据统计，大约90%的自然边坡和人工边坡的破坏与地下水活动有关。膨胀性软岩是地下岩体工程的灾难，其力学变形机制与水的活动密切相关。

在考虑深部采矿中的岩石力学问题时，岩石除了受到高应力场的作用外，还受到一个变化的温度场的影响。一方面，温度场对岩石材料的物理、力学性质有影响，以及温度场的变化导致的热应力问题；另一方面，与岩石材料变形有关的热力学参数变化，以及内部能量耗散过程对温度场的影响，通常认为岩石的强度随着温度的升高而有所下降，而下降的趋势与岩石的种类又是密切相关的。温度对岩石强度的影响，主要是温度的增加强化了岩石矿物晶体的塑性、增加了矿物晶体之间胶结物的活化性能等，从而导致强度的降低。因此，在一定的温度和压力作用下，岩石的主要破坏形式会由脆性破裂转变为塑性流动。岩石的屈服破坏过程是一个能量释放和能量耗散的过程，也是耗散结构形成的过程，当能量耗散到某一临界值时，岩石就会破坏失稳。谢和平等基于热力学定理和最小耗能原理导出了深部岩石在温度和压力耦合作用下的屈服破坏准则，该准则具有明确的物理意义：当岩石材料的塑性耗散能及温度梯度引起的耗散能累积耗散到一定程度时，岩石就会发生破坏。对于双向等压过程，岩石的屈服主要与应力差、温度梯度及热流量等因素相关；对于等温过程，该准则可退化为经典的 Mises 准则。

因此，研究岩体的力学性质，必须从岩性、结构面、结构体、地应力及地下水等对岩体结构的影响入手。

9.2 岩体结构

9.2.1 岩体分类

按岩体被结构面分割的程度及结构体的体态特征，可将岩体结构划分为以下六种基本类型：

（1）块裂结构岩体 块裂结构岩体是由多组或至少一组软弱结构面切割及坚硬结构面参与切割成块状结构体的高级序岩体结构。其结构体有的是由岩浆岩、变质岩及厚层大理岩、灰岩、砂岩等块状原生结构岩体构成，有的是由沉积岩（薄层至中厚层）、层状浅变质岩及岩浆喷出岩等层状原生结构岩体组成。其软弱结构面主要为断层，层间错动也是重要的软弱结构面之一。参与切割的坚硬结构面一般延展较长，多数为错动过的坚硬结构面。块裂结构如图9.3中的3所示。

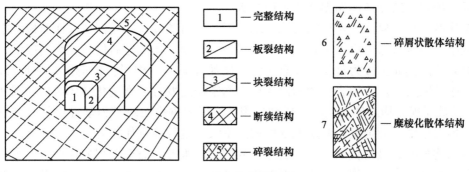

图9.3 岩体结构示意

（2）板裂结构岩体 板裂结构岩体主要发育于经过褶皱作用的层状岩体内，受一组软弱结构面切割，结构体呈板状。软弱结构面主要为层间错动面或块状原生结构岩体内的似层间错动面。结构体多数为组合板状结构体，有的为完整板状结构体。板裂结构如图9.3中的2所示。

（3）碎裂结构岩体 碎裂结构岩体尽管可以划分为块状碎裂结构岩体及层状碎裂结构岩体两种亚类，但它们的共同点是切割岩体的结构面是有规律的，即主要为原生结构面及构造结构面。块状碎裂结构形成于岩浆岩侵入体、深变质的片麻岩、混合岩、大理岩、石英岩，以及层理不明显的巨厚层灰岩、砂岩等岩体内。其特点是结构体块度大，大多为1~2m，但块度较均匀。层状碎裂结构的特点是块度小，其块度与岩层厚度有关。浅海相及海陆交互相沉积岩多数为这种结构。有时还可以划分成一种镶嵌状碎裂结构，大多发育于强烈构造作用区内的硬脆性岩体内，结构面组数多于5组。碎裂结构如图9.3中5所示。

（4）断续结构岩体 断续结构岩体的特点是结构面不连续，对岩体切而不断，个别部分有连续贯通结构，但这种部位很少，多数为不连续切割，不形成结构体。从力学上来说，宏观上具有连续介质特点；微观上多数不连续，应力集中现象明显，这种应力集中对岩体破坏具有特殊意义，断裂力学判据对这种岩体也具有特殊意义。断续结构如图9.3中的4所示。

（5）完整结构岩体 完整结构岩体多数是碎裂结构岩体中的结构面经后生愈合而成。后生愈合有两种：压力愈合与胶结愈合。具有黏性成分的物质，如由黏土岩，以及长石质、石灰质矿物成分组成的岩体，在高围压作用下，其结构面可以重新黏结到一起，形成完整结构。黏土岩、页岩、石灰岩及富含长石的岩浆岩中可以见到这种结构岩体。胶结愈合的岩体极为常见，其胶结物有硅质、铁质、钙质及后期侵入的岩浆等。在胶结愈合作用下，碎裂结构岩体可以转化为完整结构，但后期愈合面的强度仍低于原岩强度，故在后期振动、热力胀缩作用下又可开裂，开裂程度高的可恢复为碎裂结构岩体，低的可转化为断续结构岩体。完整结构如图 9.3 中的 1 所示。在自然界中，这种情况极为常见。

（6）散体结构岩体 散体结构岩体有两种亚类：碎屑状散体结构岩体和糜棱化散体结构岩体。碎屑状散体结构岩体的特点是结构面无序分布，结构面中既有软弱成分，也有坚硬成分。结构体主要为角砾，角砾中常夹杂有泥质成分。一般情况下，以角砾成分为主，即"块夹泥"。也有的泥质成分局部集中，但角砾仍起主导作用。其成因有两种类型，一为构造型，二为风化型。结构体块度不等，形状不一，可以用"杂乱无序"来描述这类岩体的结构特征。碎屑状散体结构如图 9.3 中的 6 所示。

糜棱化散体结构岩体主要指断层泥。断层泥主要由糜棱岩风化而成，而糜棱岩主要为压力愈合联结。当压力卸去后，又转化为糜棱岩粉，糜棱岩体风化后便转化为断层泥，这种现象在岩浆岩体的剖面内极为常见。还有一种断层泥是泥质沉积岩在构造错动下直接形成的，如黏土岩中的断层泥。这种岩体中的次生错动面常极度发育，糜棱化散体结构如图 9.3 中的 7 所示，易被误视为均质体。在次生错动作用下形成的擦痕面对其力学性质仍具有一定的控制作用，但由于结构面强度与断层泥强度相差不大，这种控制作用并不十分显著。

岩体结构分类的最终目的在于为岩体工程的建设服务。对于工程岩体而言，由于工程规模和尺寸的变化，岩体结构也发生相对变化。图 9.3 所示的工程岩体，其中发育着近于正交的两组节理。对于该工程岩体，其岩体结构类型随工程尺寸的变化而不同。图中 1、2、3、4、5 为待建的规模不同的洞室，相对于 1 号洞室，未切割任何结构面的岩体可以视为完整结构；而对于 2 号洞室，仅切割 1 个结构面，可视为板裂结构；而相对于 3 号、4 号、5 号洞室，岩体结构应分别视为块裂结构、断续结构和碎裂结构。因此，岩体结构是相对的，只有在确定的地质条件和工程尺寸条件下，工程岩体结构才是唯一确定的。

9.2.2 岩体力学机制分析方法简介

不同的工程岩体结构，岩体的力学机制和工程的稳定性分析方法也不相同。在下面三种情况下，岩体具有连续介质特性：①结构面不连续延展，不能切割成分离的结构体，具有完整结构岩体的特征；②碎裂结构岩体在较高的围岩压力作用下结构面闭合，在摩擦作用下使其在传递应力、变形或破坏过程中结构面不起主导作用；③在人工改造作用下，如化学灌浆、注浆等，使其结构面人工愈合，碎裂结构岩体变为完整结构岩体。由此可知，把岩体作为连续介质进行力学研究之前，首先必须鉴别它是不是具有连续介质条件，这是连续介质岩体力学与一般连续介质力学的不同之处。连续介质岩体力学分析的力学基础是材料力学、弹性力学和塑性力学。

碎裂结构岩体在无围压和低围压的条件下传递应力、应变呈现不连续特征，具有明显的结构效应，如图 9.4 所示。这些特征早已被工程地质和岩石力学工作者所重视，并进行了许多室内外试验研究。碎裂结构岩体力学的理论基础是太沙基理论等，目前通常借助离散元模拟其应力传播的特征。

块裂结构岩体的破坏往往是造成工程破坏的重要因素之一。块裂体力学分析实际上是立体几何问题，包括两部分内容：①分析块体表面积和体积（图 9.5、图 9.6 及表 9.2）；②分析作用于块裂体上的力，实施作用力的合成或分解。解决这类问题的方法较多，如立体几何法、立体解析几何法、坐标投影法和赤平极射投影法等。其中，赤平极射投影法简单方便、应用较广。孙玉科和古迅对这一方法在工程地质中的应用做过详细阐述，石根华在此基础上开发了块体理论（DDA）计算软件和数值流形元（NMM）方法。

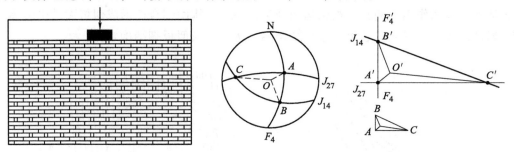

图9.4 岩体结构示意   图9.5 武山铜矿2号块体实体比例投影

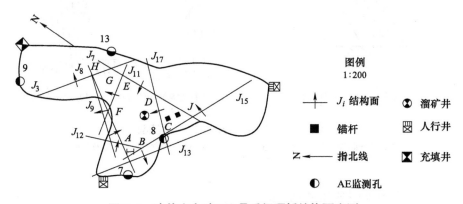

图9.6 鸡笼山金矿410号采场顶板结构面实测

表9.2 采场顶板块体情况统计

矿山名称	块体编号	切割面编号	块体厚度/m	块体体积/m³	稳固系数
武山铜矿	1号	1, 3, 4	1.20	0.514	0.102
	2号	4, 10, 27	0.75	0.506	0.325
	3号	4, 31, 33	1.12	0.635	0.558
鸡笼山金矿	1号	7, 9, 13	3.265	57.530	<1
	2号	7, 15, 17	0.785	0.657	>1
	3号	13, 15, 17	5.412	1.515	>1
	4号	8, 12, 15	0.510	0.580	>1
	5号	7, 8, 11	3.199	13.216	>1
	6号	8, 9, 15	1.312	4.023	>1

注：武山铜矿1号块体已用木支柱进行支护；鸡笼山金矿1号块体由2~6号块体切割成关键块体 $ABCDEF$，而2~6号块体受锚杆、矿柱支撑或相互咬合作用而不会冒落；$V_{ABCDEF} = V_1 - V_2 - V_3 - V_4 - V_5 - V_6$。

板裂结构岩体遵守梁板结构的变形和破坏规律，可以进一步抽象为梁、板、柱合成的结构，其力学模型可以进一步简化为梁或柱，如图9.7所示。显然，这是典型的结构力学问题，可以用静力法或能量平衡法来分析。

下列四种地质体都可构成板裂结构岩体：被层间错动切割成的板裂结构岩体，当其骨架层的岩层长度与厚度之比大于15时，具有板裂结构岩体的力学机能；岩浆岩及深变质岩在构造作用下沿一组节理面发育成错动面，将岩体切割成似板裂结构岩体；碎裂结构岩体在人工或天然地应力场作用下使其一组结构面开裂、一组结构面闭合而形成似板裂结构岩体；完整结构岩体由人工开挖或劈裂形成板状结构体，从而构成似板裂结构岩体。

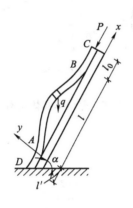
a) 层状边坡表层岩石后屈曲模型

b) 平行走向洞轴的薄层状围岩弯折膨胀破坏

图 9.7　板裂结构岩体边坡力学模型
1—设计断面　2—破坏区　3—崩塌　4—滑动　5—弯曲、张裂及折断

9.3　结构面的几何特征与分类

9.3.1　结构面的概念

天然岩体中往往具有明显的地质遗迹，如假整合、不整合、褶皱、断层、节理、劈理等。它们在岩体力学中一般统称为节理。节理的存在，造成了介质的不连续，因而这些界面又称为不连续面或结构面。

由于结构面的存在，岩体与岩石的力学特性有很大的差异。从其力学属性来看，可认为完整的岩体属连续介质力学范畴；而碎屑岩体则属土力学范畴；介于上述两者之间的裂隙体或破裂体的力学属性被认为部分属于非连续介质力学的范畴。大量试验研究表明，节理的强度低于岩石的强度，而节理岩体的强度在节理的强度和岩石的强度之间，如图9.8所示。所以，研究节理岩体的力学性能要从非节理岩石、节理及节理岩体这三方面的力学性能来考虑。显然，如果工程设计仅凭室内岩样的试验指标来代表野外天然岩体的力学性能，将会造成很大的误差。

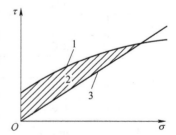
图 9.8　节理岩体的强度特性
1—岩石　2—节理岩体　3—节理

9.3.2　结构面的分类

按照工程的要求，岩体中结构面的分类有以下几方面。

1. 结构面的绝对分类和相对分类

绝对分类是基于结构面的延展长度进行的分类。一般将结构面分为：细小的结构面，其延展长度小于 1m；中等的结构面，其延展长度为 1~10m；巨大的结构面，其延展长度大于 10m。绝对分类的缺点是没有与工程结构相结合，因为结构面的大小是相对于工程而言的。

相对分类是结合工程结构类型进行的结构面分类。按工程结构类型和大小的不同，可将结构面分为细小、中等及大型（表 9.3）。

表 9.3　结构面的相对分类

工程结构	尺寸/m	影响带直径 D/m	结构面的长度/m		
			细小	中等	大型
平洞	$\phi = 3$	10	0~0.2	0.2~2	>2
小型基础	$b = 3$	10			
隧洞	$\phi = 30$	100	0~2	2~20	>20
斜坡	$h = 100$	100			
洞穴	$h = 40$	>100	0~2.5	2.5~25	>25
小型水坝	$h = 40$	>100			
大型水坝	$h = 100$	300	0~6	6~60	>60
高斜坡	$h = 300$	300			

注：ϕ—洞径；b—基础宽度；h—工程结构体高度。

2. 按力学观点进行的结构面分类

一个自然地质体，当其形成和受到地质因素作用后，特别是受到构造力作用后，在地质体内产生的各种结构面既可以是稀疏的，也可以是密集的；既可以是充填各种各样的砂砾黏土，也可以是互相有规律地排列或贯通。总之，自然地质体内存在有各种各样的结构面，千变万化，在很大程度上决定了岩体的力学性能。为了便于研究岩体的力学性能，按力学观点可将岩体的地质破坏分为三大类：第一类为破坏面，它属于大面积的破坏，以大的和粗的节理为代表；第二类为破坏带，它属于小面积的密集的破坏，以细节理、局部节理、风化节理等为代表；第三类为破坏面与破坏带的过渡类型，它具有破坏面和破坏带的力学特点。Muller 按上述地质破坏特点将结构面分为图 9.9 所示的五大类型，即单个节理、节理组、节理群、节理带、破坏带（或糜棱岩）。

在此五大类型基础上，又按充填节理中的材料性质和程度，以及糜棱岩化的程度将每种类型又分成三个细类。这样，共将结构面分为十五个细类。这里应注意到：粗节理既能以单个节理的形式出现，也能以节理组的形式出现。对于后一种情况，粗节理经常很明显地占有主要位置，因而可作为主要破坏被确定，其他则作为伴随破坏。在粗节理和大的节理中经常发现有磨碎的充填物，如裂隙黏质土、细粒粉状岩石（糜棱岩）及其他充填物，它们往往是节理或断层两壁发生重复和相反方向的运动，使其间的岩体被压碎和磨碎形成的。

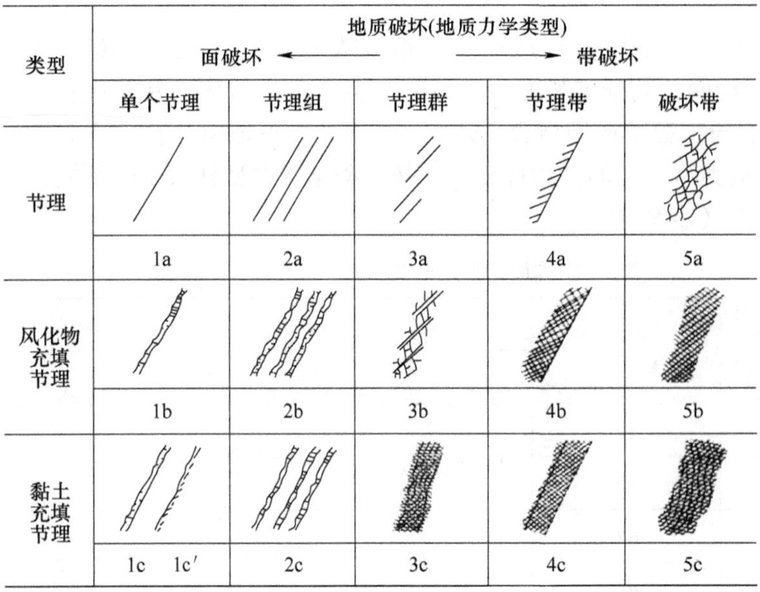

类型	地质破坏(地质力学类型)				
	面破坏 ←			→ 带破坏	
	单个节理	节理组	节理群	节理带	破坏带
节理					
	1a	2a	3a	4a	5a
风化物充填节理					
	1b	2b	3b	4b	5b
黏土充填节理					
	1c　1c′	2c	3c	4c	5c

1a—粗节理
2a—粗节理组
3a—巨节理群
4a—带有羽毛状节理的粗节理
5a—破裂带
1b—充填风化物的粗节理
2b—充填风化物的粗节理组
3b—带有巨节理的破坏带
4b—带有边缘粗节理的破坏带
5b—近糜棱岩(构造角砾)带
1c—有黏土充填的粗节理
1c′—有黏土充填的粗节理
2c—充填黏土的粗节理群
3c—带有糜棱岩的巨节理
4c—带有粗节理的糜棱岩带
5c—糜棱岩带

图9.9　按力学观点的破坏面和破坏带分类

9.4　结构面的自然特征与描述

结构面成因复杂，而后又经历了不同性质、不同时期构造运动的改造，造成了结构面的自然特性各不相同。例如：有些结构面，在后期构造运动中受到影响，改变了原来结构面的开闭状态、充填物质的性状及结构面的形态和粗糙度等；有的结构面由于后期岩浆注入或淋水作用形成方解石脉网络等，黏聚力有所增加；而有的裂隙经过地下水的溶蚀作用而加宽，或充以气和水，或充填黏土物质，黏聚力减小或完全丧失等。所有这些都决定着结构面的力学性质，也直接影响着岩体的力学性质。因此，必须十分注意结构面现状的研究，才能以此进一步研究岩体受力后变形、破坏的规律。

9.4.1　充填胶结特征

结构面的充填胶结可以分为无充填和有充填两类：

（1）**结构面之间无充填**　它们处于闭合状态，岩块之间接合较为紧密。结构面的强度与结构面两侧岩石的力学性质和结构面的形态及粗糙度有关。

（2）**结构面之间有充填**　首先要看充填物的成分，若以硅质、铁质、钙质，以及部分岩脉充填胶结结构面，其强度经常不低于岩体的强度，因此这种结构面就不属于弱面的范围。我们要讨论的是结构面的胶结充填物使结构面的强度低于岩体的强度的情况。就充填物的成分来说，以黏土充填，特别是充填物中含不良矿物（如蒙脱石、高岭石、绿泥石、绢云母、蛇纹石、滑石等）较多时，其力学性质最差；含非润滑性质矿物（如石英和方解石）时，其力学性质较好。充填物的粒度成分对结构面的强度也有影响，粗颗粒含量越高，力学性能越好；细颗粒越多，则力学性能越差。充填物的厚度对结构面的力学性质有明显的影响，可分为如下四类：

1）薄膜充填：指结构面侧壁附着一层 2mm 以下的薄膜，由风化矿物和应力矿物等组成，如黏土矿物、绿泥石、绿帘石、蛇纹石、滑石等。但由于充填矿物性质不良，虽然很薄，也明显地降低了结构面的强度。

2）断续充填：指充填物在结构面内不连续，且厚度大多小于结构面的起伏差。其力学强度取决于充填物的物质组成、结构面的形态及侧壁岩石的力学性质。

3）连续充填：指充填物在结构面内连续，厚度稍大于结构面的起伏差。其强度取决于充填物的物质组成及侧壁岩石的力学性质。

4）厚层充填：充填物厚度大，一般可达数十厘米至数米，形成一个软弱带。它的破坏机制，有时表现为岩体沿接触面的滑移，有时则表现为软弱带本身的塑性破坏。

9.4.2　形态特征

结构面在三维空间展布的几何属性称为结构面的形态，是地质应力作用下地质体发生变形和破坏遗留下来的产物。结构面的几何形态，可归纳为下列四种（图9.10）。

（1）平直形　平直形结构面的变形、破坏取决于结构面上的粗糙度、充填物质成分、侧壁岩体风化的程度等。平直形结构面包括一般层面、片理、原生节理及剪切破裂面等。

（2）波浪形　波浪形结构面的变形、破坏取决于凹凸度（图9.11）、岩石力学性质、充填情况等。波浪形结构面包括波状的层理，轻度揉曲的片理，沿走向和倾向方向上均呈缓波状的压性、压剪性的结构面等。

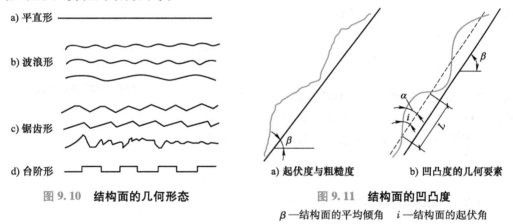

图 9.10　结构面的几何形态　　　图 9.11　结构面的凹凸度

β—结构面的平均倾角　i—结构面的起伏角

（3）锯齿形　锯齿形结构面的变形、破坏条件基本与波浪形相同。锯齿形结构面包括张性、张剪性的结构面，以及具有交错层理和龟裂纹的层面，也包括一般裂隙面发育的次生结构面、沉积间断面等。

（4）台阶形　台阶形结构面的变形、破坏取决于岩石的力学性质等。台阶形结构面包括地堑式构造、地垒式构造等。这类结构面的起伏角为90°。

研究结构面的形态，主要是研究其凹凸度与强度的关系，根据规模可将它分为两级（图9.11）：第一级凹凸度称为起伏度；第二级凹凸度称为粗糙度。岩体沿结构面发生剪切破坏时，第一级的凸出部分可能被剪断或不被剪断，这两种情况均增大了结构面的抗剪强度。增大状况与起伏角和岩石性质有关，起伏角 i 越大，结构面的抗剪强度也越大。

另外，起伏角的大小也可以表示出前述结构面的三种几何形态：$i = 0°$ 时，结构面为平直形；$i=10°\sim20°$ 时，结构面为波浪形；更大时，结构面变为锯齿形。

第二级凹凸度（粗糙度）反映面上普遍微量的凹凸不平状态。对结构面来讲，一般可分为极粗糙、粗糙、一般、光滑、镜面五个等级。沉积间断面、张性和张剪性的构造结构面，以及次生结构面等属于极粗糙和粗糙；一般层面、冷凝原生节理、一般片理等可属于第三种；绢云母片状集合体所造成的片理、板理，以及一般压性、剪性、压剪性的构造结构面均属光滑一类；而许多压性、压剪性、剪性的构造结构面，由于剧烈的剪切滑移运动，可以造成光滑的镜面，属于最后一种。

9.4.3 结构面的空间分布

结构面在空间的分布大体指结构面的产状（方位）及其变化、结构面的延展性、结构面密度、结构面空间组合关系等。

结构面的产状及其变化指结构面的走向与倾向及其变化。

结构面的延展性指结构面在某一方向上的连续性或结构面连续段的长度。结构面的长度是相对于岩体尺寸而言的，因此它与岩体尺寸有密切关系。按结构面的延展特性，可分为非贯通、半贯通及贯通结构面三种形式（图9.12）。

结构面的延展性可用切割度 X_e 来表示，它说明结构面在岩体中分离的程度。假设有一平直的断面，它与考虑的结构面重叠而且完全地横贯所考虑的岩体，令其面积为 A，则结构面的面积 a 与 A 之间的比率为切割度，即

$$X_e = \frac{a}{A} \qquad (9.1)$$

a) 非贯通　　b) 半贯通　　c) 贯通

图9.12　岩体内结构面的贯通类型

切割度一般以百分数表示。另外，它也可以说明岩体连续性的质量，X_e 越小，则岩体连续性越好；反之，则越差。

若岩体中同一切割面上出现多个结构面，计其面积分别为 a_1，a_2，$\cdots$，则

$$X_e = \frac{a_1 + a_2 + \cdots}{A} = \frac{\sum a_i}{A} \qquad (9.2)$$

按切割度 X_e 的大小可将岩体分类，见表9.4。

表9.4　岩体按切割度 X_e 分类

名称	$X_e(\%)$	名称	$X_e(\%)$
完整的	10~20	强节理化	60~80
弱节理化	20~40	完全节理化	80~100
中等节理化	40~60		

结构面密度指岩体中结构面发育的程度，可以用结构面的线密度、间距或张开度表示。

1）结构面的线密度 K 指同一组结构面沿着法线方向单位长度上结构面的数目。如以 l 代表在法线上量测的长度，n 为长度 l 内出现的结构面的数目，有

$$K = \frac{n}{l} \qquad (9.3)$$

当岩体上有几组结构面时，测出线上的线密度为各级线密度之和，即

$$K = K_a + K_b + \cdots \tag{9.4}$$

实际测定结构面的线密度时，测线的长度可在 20~50m。如果测线不可能沿结构面法线方向布置时，应使测线水平，并与结构面走向垂直。此时，如实际测线长度为 L，结构面的倾角为 α（图 9.13），则有

$$K = \frac{n}{L\sin\alpha} \tag{9.5}$$

2）结构面的间距 d 指同一组结构面在法线方向上的平均间距。

$$d = \frac{l}{n} = \frac{1}{K} \tag{9.6}$$

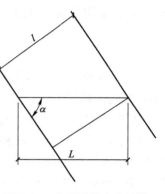

图 9.13 节理的线密度计算

显然，结构面的间距 d 为线密度 K 的倒数。

Watkins（1970）根据结构面的间距对结构面进行了分类，见表 9.5。结构面的间距主要根据岩石的力学性质、原生状况、构造及次生作用、岩体所处位置等情况决定。

表 9.5 结构面间距的分类

描述		间距/mm	描述		间距/mm
层理	节理		层理	节理	
薄页的	破碎的	<6	中等的	中等密集的	200~600
页状的	破裂的	6~20	厚的	稀疏的	600~2000
非常薄的	非常密集的	20~60	极厚的	极稀疏的	>2000
薄的	密集的	60~200			

3）结构面的张开度指结构面裂口开口处张开的程度。一般情况下，在相同边界条件受力的情况下，岩石越硬，结构面的间距越大，张开度也越大。通常的描述见表 9.6。

表 9.6 结构面张开度的描述

描述	很密闭	密闭	中等张开	张开
张开度/mm	<0.1	0.1~1	1~5	>5

张开度还可以用来说明岩体的"松散度"和岩体的水力学特征。总的来说，结构面张开度越大，岩体越"松散"，是地下水的良好通道。

9.5 结构面的变形特性

9.5.1 法向变形

1. 压缩变形

在法向荷载作用下，粗糙结构面的接触面积和接触点数量随荷载增大而增加，结构面间隙呈非线性减小，应力与法向变形之间呈指数关系（图 9.14）。这种非线性力学行为归结于

接触微凸体弹性变形、压碎和间接拉裂隙的产生，以及新的接触点、接触面积的增加。当荷载去除时，将引起明显的滞后和非弹性效应。Goodman（1974）通过试验，得出法向应力 σ_n 与结构面闭合量 δ_n 有如下关系：

$$\frac{\sigma_n - \xi}{\xi} = s \left(\frac{\delta_n}{\delta_{max} - \delta_n} \right)^t \tag{9.7}$$

式中，ξ 为原位应力，由测量结构面法向变形的初始条件决定；δ_{max} 为最大可能的闭合量；s、t 为与结构面几何特征、岩石力学性质有关的两个参数。

图 9.14 中，K_n 为法向变形刚度，反映结构面产生单位法向变形的法向应力梯度，它不仅取决于岩石本身的力学性质，更取决于粗糙结构面的接触点数量、接触面积，以及结构面两侧微凸体相互啮合的程度。通常情况下，法向变形刚度不是一个常数，与应力水平有关。根据 Goodman（1974）的研究，法向变形刚度可由下式表达

$$K_n = K_{n0} \left(\frac{K_{n0}\delta_{max} + \delta_n}{K_{n0}\delta_{max}} \right) \tag{9.8}$$

式中，K_{n0} 为结构面的初始刚度。

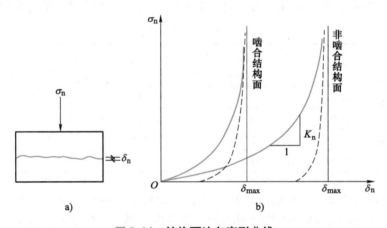

图 9.14　结构面法向变形曲线

Bandis 等（1984）通过对大量的天然、不同风化程度和表面粗糙程度的非充填结构面的试验研究，提出了双曲线形法向应力 σ_n 与法向变形 δ_n 的关系式，有

$$\sigma_n = \frac{\delta_n}{a - b\delta_n} \tag{9.9}$$

式中，a、b 为常数。

显然，当法向应力 $\sigma_n \to \infty$ 时，有 $a/b = \delta_{max}$。从上式可推导出法向刚度的表达式为

$$K_n = \frac{\partial \sigma_n}{\partial \delta_n} = \frac{1}{(a - b\delta_n)^2} \tag{9.10}$$

2. 拉伸变形

图 9.15 为结构面法向应力-应变关系曲线。若结构面受有初始应力 σ_0，受压时向左侧移动，其图形与前述相同；若结构面受拉，曲线沿着纵坐标右侧向上与横坐标相交时，表明拉力与初始应力相抵消，拉力继续加大至抗拉强度 σ_t 时（如开挖基坑），结构面失去抵抗能

力，曲线迅速降至横坐标，以后张开没有拉力，曲线沿横坐标向右延伸。因此，**一般计算中不允许岩石受拉，遵循无拉力准则。**

9.5.2　剪切变形

在一定法向应力作用条件下，结构面在剪切作用下产生切向变形，通常有以下两种基本形式（图 9.16）。

1）对于非充填粗糙结构面，随剪切变形的发生，剪应力相对上升较快，当达到剪应力峰值后，结构面抗剪能力出现较大的下降，并产生不规则的峰后变形（图 9.16b 中 A 曲线）或滞滑现象。

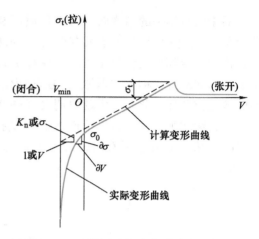

图 9.15　**结构面法向应力-应变关系曲线**

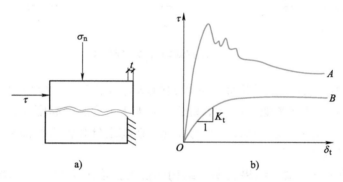

图 9.16　**结构面的剪切变形曲线**

2）对于平坦（或有充填物）的结构面，初始阶段的剪切变形曲线呈下凹形，随剪切变形的持续发展，剪应力逐渐升高但没有明显的峰值出现，最终达到恒定值（图 9.16b 中 B 曲线）。

剪切变形曲线从形式上可划分为"弹性区"（峰前应力上升区）、剪应力峰值区和"塑性区"（峰后应力降低区或恒应力区）（Goodman，1974）。在结构面剪切过程中，伴随有微凸体的弹性变形、劈裂，磨粒的产生与迁移，结构面的相对错动等力学过程。因此，剪切变形一般是不可恢复的，即便在"弹性区"，剪切变形也不可能完全恢复。

通常将"弹性区"单位变形内的应力梯度称为剪切刚度 K_t，有

$$K_t = \frac{\partial \tau}{\partial \delta_t} \tag{9.11}$$

根据 Goodman（1974）的研究，剪切刚度 K_t 可以用下式表示

$$K_t = K_{t0}\left(1 - \frac{\tau}{\tau_s}\right) \tag{9.12}$$

式中，K_{t0} 为初始剪切刚度；τ_s 为产生较大剪切位移时的剪应力渐近值。

试验结果表明，对于较坚硬的结构面，剪切刚度一般是常数；对于松软结构面，剪切刚度随法向应力的大小发生改变。

对于凹凸不平的结构面，可简化成图9.17a所示的力学模型，受剪切结构面上有凸台，凸台角为i，模型上半部作用有剪力S和法向力N，模型下半部固定不动。在剪应力作用下，模型上半部沿凸台斜面滑动，除有切向运动外，还产生向上的移动。这种剪切过程中产生的法向移动分量称为"剪胀"。在剪切变形过程中，剪力与法向力的复合作用可能使凸台剪断或受拉破坏，此时剪胀现象消失（图9.17b）。当法向应力较大，或结构面强度较小时，随着S持续增加，使凸台沿根部剪断或受拉破坏，结构面剪切过程中没有明显的剪胀（图9.17c）。从这个模型可看出，结构面的剪切变形与岩石强度、结构面粗糙度和法向应力有关。

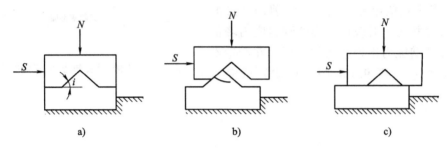

图9.17　结构面的剪切力学模型

3）对于充填的结构面，当结构面内充填物的厚度小于主力凸台高度时，结构面的抗剪性能与非充填时的力学特性类似。当充填物的厚度大于主力凸台高度时，结构面的抗剪强度取决于充填物。充填物的厚度、颗粒大小与级配、矿物组分和含水率都会对充填结构面的力学性质有不同程度的影响。

① 夹层厚度的影响。试验结果表明，结构面抗剪强度随夹层厚度的增加迅速降低，并且与法向应力的大小有关。

② 矿物颗粒的影响。充填材料的颗粒直径为2~30mm时，抗剪强度随颗粒直径的增大而增加，但颗粒直径超过30mm后，抗剪强度变化不大。

③ 含水率的影响。由于水对泥夹层的软化作用，含水率的增加使泥质矿物的黏聚力、结构面的法向刚度和剪切刚度大幅度下降。暴雨引发岩体滑坡事故正是结构面含水率剧增的缘故，因此水对岩体稳定性的影响不可忽视。

9.6　结构面的强度特性

结构面最重要的力学性质之一是抗剪强度，从结构面的变形分析可以看出，结构面在剪切过程中的力学机制比较复杂，构成结构面抗剪强度的因素是多方面的，大量试验结果表明，结构面抗剪强度一般可以用库仑准则表述，即

$$\tau = C_{\mathrm{w}} + \sigma_{\mathrm{n}} \tan\varphi_{\mathrm{w}} \tag{9.13}$$

式中，C_{w}、φ_{w}分别是结构面上的黏聚力和摩擦角；σ_{n}是作用在结构面上的法向应力。其中，摩擦角可表示成$\varphi_{\mathrm{w}} = \varphi_{\mathrm{b}} + i$，$\varphi_{\mathrm{b}}$为岩石平坦表面的基本摩擦角，$i$为结构面上的凸台斜坡角。

图9.18为凸台模型剪力与法向应力的关系曲线，它近似呈双直线的特征。结构面受剪初期，剪力上升较快；随着剪力和剪切变形增加，结构面上部分凸台被剪断，此后剪力上升

的梯度变小，直至达到峰值抗剪强度。

试验表明，低法向应力时的剪切，结构面有剪切位移和剪胀；高法向应力时的剪切，凸台被剪断，结构面抗剪强度最终变成残余抗剪强度。在剪切过程中，凸台起伏形成的粗糙度及岩石强度对结构面的抗剪强度起着重要作用。考虑上述三个基本因素（法向应力 σ_n、粗糙度 JRC、结构面强度 JCS）的影响，Banton 和 Choubey（1977）提出以下结构面的抗剪强度计算式

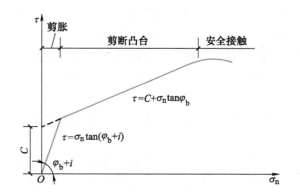

图 9.18　凸台模型剪力与法向应力的关系曲线

$$\tau = \sigma_n \tan\left[\text{JRC} \cdot \lg\left(\frac{\text{JCS}}{\sigma_n}\right) + \varphi_b \right] \tag{9.14}$$

式中，JCS 为结构面的抗压强度；φ_b 为岩石表面的基本摩擦角；JRC 为结构面粗糙度系数。

图 9.19 是 Barton 和 Choubey（1976）给出的 10 种典型 JRC 剖面，JRC 值根据结构面的粗糙度在 0~20 变化，平坦近平滑结构面为 5，平坦起伏结构面为 10，粗糙起伏结构面为 20。

对于具体的结构面，可以对照 JRC 典型剖面目测确定 JRC 值，也可以通过直剪试验或简单倾斜拉滑试验得出的峰值抗剪强度和基本摩擦角来反算 JRC 值，即

$$\text{JRC} = \frac{\varphi_p - \varphi_b}{\lg\left(\dfrac{\text{JCS}}{\sigma_n}\right)} \tag{9.15}$$

式中，φ_p 为峰值剪切角，$\varphi_p = \arctan(\tau_p/\sigma_n)$ 或等于倾斜试验中岩块产生滑移时的倾角。

为了克服目测确定结构面 JRC 值的主观性及由试验反算确定 JRC 值的不便，近年来国内外学者提出应用分形几何方法描述结构面的粗糙程度。

结构面的力学性质具有尺寸效应，Barton 和 Bandis（1982）用不同尺寸（结构面的长度从 5~6cm 增加到 36~40cm）的结构面进行了试验研究，结果表明：随着结构面尺寸的增大，结构面的尺寸效应主要体现在以下方面：①平均峰值摩擦角降低；②平均峰值剪应力呈减少趋势；③达到峰值强度时的位移量增大；④剪切破坏形式由脆性破坏向延性破坏转化；⑤峰值剪胀角减小；⑥随着结构面粗糙度的减小，尺寸效应也在减小。

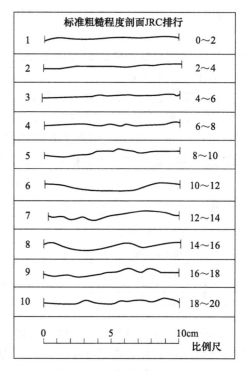

图 9.19　典型 JRC 剖面

结构面的尺寸效应在一定程度上与表面凸台受剪破坏有关。对试验后的结构表面进行观察发现，大尺寸结构面真正接触的点的数量很少，但接触面积大；小尺寸结构面接触点数量

较多，而每个点的接触面积都较小。前者只是将最大的凸台剪断了。研究者还认为，结构面的 JCS 值与试件的尺寸成反比，结构面的强度与峰值剪胀角是引起尺寸效应的基本因素。对于不同尺寸的结构面，这两种因素在抗剪阻力中所占的比重不同：小尺寸结构面凸台破坏和峰值剪胀角所占比重均高于大尺寸结构面。当法向应力增大时，结构面尺寸效应将随之减小。

自然界中结构面在形成过程中和形成以后，大多经历过位移、变形。结构面的抗剪强度与变形历史有密切关系，即新鲜结构面的抗剪强度明显高于受过剪切作用的结构面的抗剪强度。Jaeger 的试验表明，当第一次进行新鲜结构面的剪切试验时，试样具有很高的抗剪强度。沿同一方向重复进行到第 7 次剪切试验时，试样还保留峰值与残余值的区别；当进行到第 15 次时，已看不出峰值与残余值的区别。这说明在重复剪切过程中结构面上的凸台被剪断、磨损，岩粒、碎屑的产生与迁移等因素，使结构面的抗剪力学行为逐渐由凸台粗糙度和起伏度控制转化为由结构面上碎岩屑的力学性质所控制。

结构面在长期的地质环境中，由于风化或分解，被水带入的泥砂及构造运动时产生的碎屑和岩溶产物充填。当结构面内充填物的厚度小于主力凸台高度时，结构面的抗剪性能与非充填时的力学特性相类似。当充填厚度大于主力凸台高度时，结构面的抗剪强度取决于充填物。充填物的厚度、颗粒大小与级配、矿物组分和含水率都会对充填结构面的力学性质有不同程度的影响。

在岩土工程中经常遇到岩体软弱夹层和断层破碎带的情况，它的存在常导致岩体滑坡和隧道坍塌，也是岩土工程治理的重点。软弱夹层的力学性质与其岩性矿物的成分密切相关，其中以泥化物对软弱结构面的弱化程度最为显著。同时，矿物粒度的大小与分布也是控制变形与强度的主要因素。

已有研究表明，泥化物中有大量的亲水性黏土矿物，一般水稳性都比较差，对岩体的力学性质有显著影响。一般情况下，主要黏土矿物影响岩体力学性能的大小顺序是：蒙脱石<伊利石<高岭石。表 9.7 汇总了不同类型软弱夹层的力学性能，从表中可以看出，软弱结构面的抗剪强度随碎屑（碎岩块）成分与颗粒尺寸的增大而提高，随黏土含量的增加而降低。

表 9.7 软弱夹层物质成分对结构面抗剪强度的影响

软弱夹层物质成分	摩擦系数	黏聚力/MPa
泥化夹层和夹泥层	0.15~0.25	0.005~0.02
破碎夹泥层	0.3~0.4	0.02~0.04
破碎夹层	0.5~0.6	0~0.1
含铁锰质角砾破碎夹层	0.65~0.85	0.03~0.15

另外，泥化夹层具有时效性，在恒定荷载下会产生蠕变变形。一般认为充填结构面的长期抗剪强度比瞬时强度低 15%~20%，泥化夹层的瞬间抗剪强度与长期强度之比为 0.67~0.81，此比值随黏粒含量的降低和砾粒含量的增多而增大。在抗剪参数中，泥化夹层的时效作用主要表现在黏聚力的降低，对摩擦角的影响较小。因为软弱夹层的存在表现出时效性，必须注意岩体长期极限强度的变化和预测，保证岩体的长期稳定性。

9.7　岩体的强度性质

岩体强度是指岩体抵抗外力破坏的能力。它有抗压强度、抗拉强度和抗剪强度之分，但对于裂隙岩体来说，其抗拉强度很小，加上岩体抗拉强度测试技术难度大，所以目前对岩体抗拉强度研究很少，本节主要讨论岩体的抗压强度和抗剪强度。

岩体是由岩块和结构面组成的地质体，因此其强度必然受到岩块和结构面强度及其组合方式（岩体结构）的控制。一般情况下，岩体的强度既不同于岩块的强度，也不同于结构面的强度。如果岩体中结构面不发育，呈完整结构，则岩体强度大致等于岩块强度；如果岩体将沿某一结构面滑动时，则岩体强度完全受该结构面强度的控制，这两种情况比较好处理。本节着重讨论被各种节理、裂隙切割的裂隙（节理化）岩体强度的确定问题。研究表明，裂隙岩体的强度介于岩块强度和结构面强度之间。它一方面受岩石材料性质的影响，另一方面受结构面特征（数量、方向、间距、性质等）和赋存条件（地应力、水、温度等）的控制。

9.7.1　岩体强度的测定

岩体强度试验是在现场原位切割较大尺寸的试样进行单轴压缩、三轴压缩和抗剪强度试验。为了保持岩体的原有力学条件，在试块附近不能爆破，只能使用钻机、风镐等进行机械破岩，根据设计尺寸凿出所需规格的试样。试样一般为边长 0.5~1.5m 的立方体，加载设备用千斤顶和液压枕（扁千斤顶）。

1. 岩体单轴抗压强度的测定

切割成的试样如图 9.20 所示。在拟加压的试样表面（在图 9.20 中为试样的上端）抹一层水泥砂浆，将表面抹平，并在其上放置由方木和工字钢组成的垫层，以便把千斤顶施加的荷载经垫层均匀传给试样。根据试样破坏时千斤顶施加的最大荷载及试样的受载截面面积，计算岩体的单轴抗压强度。

2. 岩体抗剪强度的测定

一般采用双千斤顶法：一个垂直千斤顶施加正压力，另一个千斤顶施加横向推力，如图 9.21 所示。

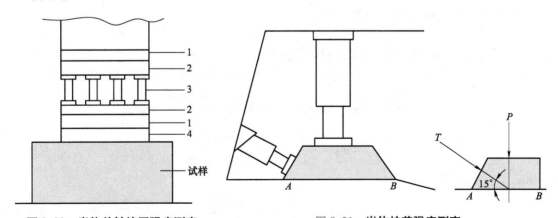

图 9.20　岩体单轴抗压强度测定　　　　图 9.21　岩体抗剪强度测定

1—方木　2—工字钢　3—千斤顶　4—水泥砂浆

为使剪切面的上下部位不产生力矩效应，合力应通过剪切面中心，使其接近于纯剪切破坏。另一个千斤顶倾斜布置，倾角一般为 $\alpha = 15°$。试验时，每组试样应有 5 个以上，剪切面上应力按式（9.16）计算，然后根据 τ、σ 绘制岩体强度曲线。

$$\sigma = \frac{P + T\sin\alpha}{F}, \quad \tau = \frac{T}{F}\cos\alpha \tag{9.16}$$

式中，P、T 分别为垂直横向千斤顶施加的荷载；F 为试样受剪截面面积。

3. 岩体三轴抗压强度的测定

地下工程的受力状态是三维的，所以做三轴力学试验非常重要。但由于现场原位三轴力学试验在技术上很复杂，只在必要时才进行。现场岩体三轴试验装置如图 9.22 所示，用千斤顶施加轴向荷载，用压力枕施加围压荷载。

根据围压情况，可分为等围压三轴试验（$\sigma_2 = \sigma_3$）与真三轴试验 $\sigma_1 > \sigma_2 > \sigma_3$。近期研究表明，中间主应力在岩体强度中起重要作用，在多节理的岩体中尤其重要，因此真三轴试验越来越受到重视，而等围压三轴试验的实用性更强。

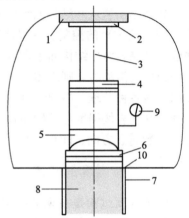

图 9.22 现场岩体三轴试验装置
1—混凝土顶座 2、4、6—垫板
3—顶柱 5—球面垫 7—压力枕
8—试样 9—液压表 10—液压枕

9.7.2 结构面的强度效应

为了从理论上使用分析法来研究裂隙岩体的抗压强度，Jaeger 提出了单结构面理论。

1. 单结构面强度效应

图 9.23 所示的岩体中含有一组发育的结构面 AB，假定 AB 面法线方向与最大主应力方向的夹角为 β，由莫尔应力圆理论可知，作用于结构面上的法向应力 σ 和剪应力 τ 为

$$\begin{cases} \sigma = \dfrac{\sigma_1 + \sigma_3}{2} + \dfrac{\sigma_1 - \sigma_3}{2}\cos2\beta \\ \tau = \dfrac{\sigma_1 - \sigma_3}{2}\sin2\beta \end{cases} \tag{9.17}$$

结构面强度曲线服从 M-C 准则，即

$$\tau = C_w + \sigma\tan\varphi_w \tag{9.18}$$

式中，C_w、φ_w 分别为结构面的黏聚力和内摩擦角。

将式（9.17）代入式（9.18），经整理可得到沿结构面 AB 产生剪切破坏的条件为

$$\frac{\sigma_1 - \sigma_3}{2}[\sin2\beta - \tan\varphi_w\cos2\beta] = C_w + \frac{\sigma_1 + \sigma_3}{2}\tan\varphi_w$$

$$\sigma_1 = \sigma_3 + \frac{2(C_w + \sigma_3\tan\varphi_w)}{(1 - \tan\varphi_w\cot\beta)\sin2\beta} \tag{9.19}$$

以 $\tan\varphi_w = f_w$ 代入得

$$\sigma_1 = \sigma_3 + \frac{2(C_w + \sigma_3 f_w)}{(1 - f_w\cot\beta)\sin2\beta} \tag{9.20}$$

式（9.19）是式（9.18）在 $\sigma_1 - \sigma_3$ 坐标系的表达式。其物理含义是，当作用在岩体上

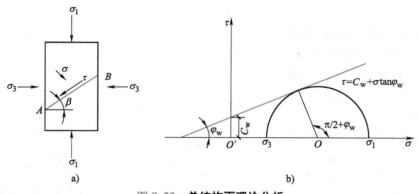

图 9.23　单结构面理论分析

的主应力值满足该方程时，结构面上的应力处于极限平衡状态。式（9.19）或式（9.20）称为 Jaeger 判据。

从式（9.19）中可以看出：当 $\beta = \pi/2$ 时，$\sigma_1 \to \infty$；当 $\beta = \varphi_w$ 时，$\sigma_1 \to \infty$。这说明当 $\beta = \pi/2$ 和 $\beta = \varphi_w$ 时，岩体不可能沿结构面破坏。但 σ_1 不可能无穷大，在此条件下将沿岩石内的某一方向破坏。

将式（9.19）对 β 求导，令一阶导数为零，即可求得满足 σ_1 取得极小值（$\sigma_{1,\min}$）的条件为

$$\tan 2\beta = -\frac{1}{\tan \varphi_w} \tag{9.21}$$

即

$$\beta = \frac{\pi}{4} + \frac{\varphi_w}{2}$$

将式（9.21）代入式（9.20），可得

$$\sigma_{1,\min} = \sigma_3 + \frac{2(C_w + f_w \sigma_3)}{\sqrt{1 + f_w^2} - f_w} \tag{9.22}$$

此时的莫尔圆与结构面的强度包络线相切，如图 9.24 所示。

当岩体不沿结构面破坏，而沿岩石的某一方向破坏时，岩体的强度就等于岩石（岩块）的强度。此时，破坏面与 σ_1 的夹角为（图 9.24）

$$\beta_0 = \frac{\pi}{4} + \frac{\varphi_0}{2} \tag{9.23}$$

岩块的强度为

$$\sigma_1 = \sigma_3 + \frac{2(C_w + \sigma_3 f_0)}{(1 - f_0 \cot\beta)\sin 2\beta} \tag{9.24}$$

式中，$f_0 = \tan\varphi_0$。图 9.24 中，C_0、φ_0 分别为岩石（岩块）的黏聚力和内摩擦角。

为了分析试样是否破坏及沿什么方向破坏，可根据莫尔强度包络线和应力莫尔圆的关系进行判断，如图 9.24 所示。图中的 $\tau = C_w + \sigma \tan\varphi_w$ 为节理面的强度包络线，$\tau = C_0 + \sigma \tan\varphi_0$ 为岩石（岩块）的强度包络线。

在图 9.24 中，根据莫尔强度理论可知[2]：

1）若应力莫尔圆上的点落在强度包络线 $\tau = C_0 + \sigma \tan\varphi_0$ 之下，则不会发生岩石（岩

块）的破坏。

2）若应力莫尔圆上的点落在强度包络线 $\tau = C_0 + \sigma\tan\varphi_0$ 之上，则岩石（岩块）会沿着与 σ_1 的夹角为 β（其中 $\beta = \pi/4 + \varphi_0/2$）的截面发生破坏。

3）若应力莫尔圆上的点落在强度包络线 $\tau = C_w + \sigma\tan\varphi_w$ 之下，则不会沿任何结构面破坏，更不会发生岩石（岩块）的破坏。

4）若应力莫尔圆上的点落在强度包络线 $\tau = C_w + \sigma\tan\varphi_w$ 之上，

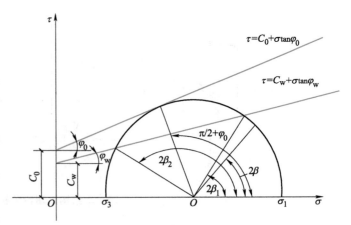

图 9.24　单结构面岩体强度分析

则会沿着与 σ_1 的夹角为 β 且满足式（9.25）条件的结构面发生破坏，但与 σ_1 的夹角为 β 且满足式（9.26）条件的结构面不会发生破坏

$$2\beta_1 < 2\beta < 2\beta_2 \tag{9.25}$$

$$2\beta_2 < 2\beta \ \text{或}\ 2\beta < 2\beta_1 \tag{9.26}$$

β_1、β_2 的值也可通过下列计算方法确定，由正弦定律有

$$\frac{(\sigma_1 - \sigma_3)/2}{\sin\varphi_w} = \frac{C_w\cot\varphi_w + (\sigma_1 + \sigma_3)/2}{\sin(2\beta_1 - \varphi_w)}$$

简化整理后可求得

$$\beta_1 = \frac{\varphi_w}{2} + \frac{1}{2}\arcsin\left[\frac{(\sigma_1 + \sigma_3 + 2C_w\cot\varphi_w)\sin\varphi_w}{\sigma_1 - \sigma_3}\right] \tag{9.27}$$

同理可求得

$$\beta_2 = \frac{\pi}{2} + \frac{\varphi_w}{2} - \frac{1}{2}\arcsin\left[\frac{(\sigma_1 + \sigma_3 + 2C_w\cot\varphi_w)\sin\varphi_w}{\sigma_1 - \sigma_3}\right] \tag{9.28}$$

图 9.25 给出了当 σ_3 为定值时，岩体的承载强度 σ_1 与 β 的关系。水平线与结构面的破坏曲线相交于两点 a 与 b。此两点相对于 β_1 与 β_2，此两点之间的曲线表示沿结构面破坏时 β 与 σ_1 的值。在此两点之外，即 $\beta < \beta_1$ 或 $\beta > \beta_2$ 时，岩体不会沿结构面破坏，此时岩体强度取决于岩石强度，而与结构面的存在无关。

改写式（9.24），得到岩体的三轴抗压强度 σ_{1m} 为

$$\sigma_{1m} = \sigma_3 + \frac{2(C_w + \sigma_3 f)}{(1 - f\cot\beta)\sin 2\beta} \tag{9.29}$$

令 $\sigma_3 = 0$，可得岩体的单轴抗压强度 σ_{mc} 为

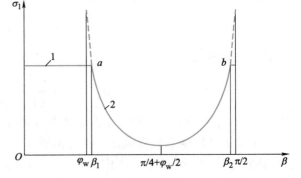

图 9.25　结构面力学效应（σ_3=定值，σ_1 与 β 的关系）

1—完整岩石破裂　2—沿结构面滑动

$$\sigma_{\mathrm{mc}} = \frac{2C_{\mathrm{w}}}{(1 - f\cot\beta)\sin2\beta} \tag{9.30}$$

根据单结构面强度效应可以看出岩体强度的各向异性。岩体单轴或三轴受压，其强度受加载方向与结构面夹角 β 的控制，如岩体由同类岩石分层组成，或岩体只含有一种岩石，但有一组发育较弱的结构面称为弱面（如层理等）。当最大主应力 σ_1 与弱面垂直时，岩体强度与弱面无关，此时岩体强度就是岩石的强度。当 $\beta = \pi/4 + \varphi_{\mathrm{w}}/2$ 时，岩体将沿弱面破坏，此时岩体强度就是弱面的强度。当最大主应力与弱面平行时，岩体将因弱面横向扩张而破坏，此时岩体的强度将介于这两种情况之间。

2. 多结构面岩体强度

如果岩体含有两组或两组以上结构面，岩体强度的确定方法是，分步运用单结构面理论计算式（9.20）分别绘出每一组结构面单独存在时的强度包络线和应力莫尔圆。岩体最后是沿哪组结构面破坏，由 σ_1 与各组结构面形成的夹角决定。当沿着强度最小的那组结构面破坏时，岩体强度取最小抗压强度。

如图 9.26 所示，现有三组结构面的岩体试样，首先绘出三组结构面及岩石的强度包络线和受力状态莫尔圆。若第一组结构面的受力状态点落在第一组结构面的强度包络线 $\tau = C_{\mathrm{w1}} + \sigma\tan\varphi_{\mathrm{w1}}$ 上或其上，即第一组结构面与 σ_1 的夹角 β' 满足 $2\beta'_1 \leqslant 2\beta' \leqslant 2\beta'_2$，则岩体将沿第一组结构面破坏。若 β' 满足 $0 < 2\beta' < 2\beta'_1$ 或 $2\beta'_2 < 2\beta' < 2\pi$，则岩体将不沿第一组结构面破坏；若此时第二组结构面与 σ_1 的夹角 β'' 满足 $2\beta''_1 \leqslant 2\beta'' \leqslant 2\beta''_2$，则岩体将沿第二组结构面破坏。依此类推，若三组节理面的受力状态点均落在其相应的强度包络线之下，即

$$\begin{cases} 0 < 2\beta' < 2\beta'_1 \text{或} 2\beta'_2 < 2\beta' < 2\pi \\ 0 < 2\beta'' < 2\beta''_1 \text{或} 2\beta''_2 < 2\beta'' < 2\pi \\ 0 < 2\beta''' < 2\beta'''_1 \text{或} 2\beta'''_2 < 2\beta''' < 2\pi \end{cases} \tag{9.31}$$

则此时岩体将不沿三组结构面破坏，而将沿 $\beta_0 = \pi/4 + \varphi_0/2$ 的岩石截面破坏，因为图 9.26 中的莫尔圆已与岩石的强度包络线相切。若莫尔圆不和岩石强度包络线相切，而是落在其下，则此时岩体不破坏。需要说明的是，若岩体沿某一结构面不发生破坏，β 就不会达到图 9.26 所示的大范围，不会出现应力莫尔圆和岩石强度包络线相切的情况。若岩体中节理非常发育，则节理面的方向将多种多样，很难满足式（9.31）所列的条件，则岩体必然沿某一节理面破坏。

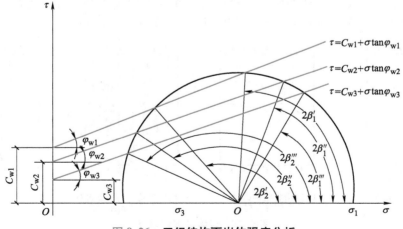

图 9.26　三组结构面岩体强度分析

试验表明，随着岩体内结构面数量的增加，岩体强度特性越来越趋于各向同性，而岩体的整体强度却显著削弱了。Hoek 和 Brown 认为，含 4 组以上性质相近结构面的岩体，在地下开挖工程设计中按各向同性岩体来处理是合理的。另外，随着围压 σ_3 增大，岩体由各向异性向各向同性转化，一般认为当 σ_3 接近岩体单轴抗压强度时，可视为各向同性体。

9.7.3 岩体强度的估算

1. 岩体破坏的概念

岩体在一定的应力条件下丧失其结构联结，或丧失承载力和稳定性，称为岩体破坏。岩体在结构丧失之后的运动称为岩体工程结构的破坏，通常会影响工程的使用，甚至报废。

工程岩体破坏可分为两个阶段：岩体结构联结的丧失，包括结构面开裂、错动或滑移，结构体拉伸破坏或剪切破坏；结构体运动，如边坡滑动、倾倒、滚石、采场冒顶。

2. 岩体破坏机理

岩体的破坏一般有拉伸破坏和剪切破坏两种形式。

（1）岩体的拉伸破坏　拉伸破坏又分三种情况，即垂直结构面方向的拉伸破坏（图 9.27a、b）、沿结构面方向的拉伸破坏（图 9.27c）和完整岩体的拉伸破坏（图 9.27d）。

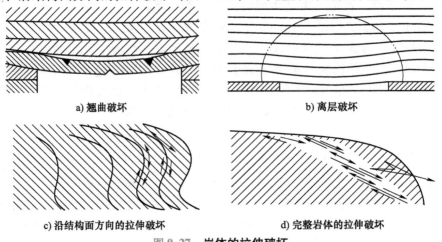

a) 翘曲破坏　　　　　　　　　　b) 离层破坏

c) 沿结构面方向的拉伸破坏　　　　d) 完整岩体的拉伸破坏

图 9.27　岩体的拉伸破坏

（2）岩体的剪切破坏　剪切破坏又分两种情况，即取决于结构面强度的沿结构面的剪切破坏和取决于岩石强度的穿切结构面的剪切破坏，如图 9.28 所示。

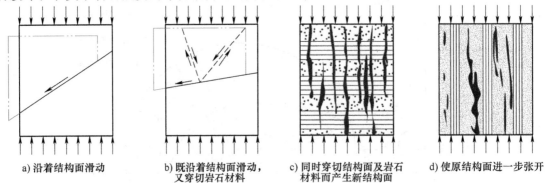

a) 沿着结构面滑动　　b) 既沿着结构面滑动，　c) 同时穿切结构面及岩石　d) 使原结构面进一步张开
　　　　　　　　　　又穿切岩石材料　　　材料而产生新结构面

图 9.28　岩体的剪切破坏

3. 岩体破坏的预测

岩体强度是岩体工程设计的重要参数，而做岩体的原位试验耗费巨大，很难大量进行，因此如何利用地质资料及小试块的室内试验资料对岩体强度作出合理估算是岩石力学中重要的研究课题，下面介绍三种方法：

（1）准岩体强度 这种方法实质是用某种简单的试验指标来修正岩块强度，作为岩体强度的估算值。

节理、裂隙等结构面是影响岩体的主要因素，其分布情况可通过弹性波的传播来查明，弹性波穿过岩体时，遇到裂隙便发生绕射或被吸收，传播速度降低，裂隙越多，波速降低越大；小尺寸试样含裂隙越少，传播速度越快。因此，根据弹性波在岩石试样和岩体中的传播速度比，可判断岩体中裂隙发育的程度，称此比值的平方为岩体完整性（龟裂）系数，以 K_v 表示，即

$$K_v = \left(\frac{v_{ml}}{v_{cl}} \right)^2 \tag{9.32}$$

式中，v_{ml} 为岩体中弹性波纵波的传播速度，v_{cl} 为岩块中弹性波纵波的传播速度。各种岩体的完整性系数列于表9.8，岩体完整性系数确定后便可计算准岩体强度。

表9.8　岩体完整性系数

岩体种类	完整	较完整	较碎裂	破碎	极破碎
岩体完整性系数	>0.75	0.55~0.75	0.35~0.55	0.15~0.35	<0.15

准岩体抗压强度

$$\sigma_{mc} = K_v \sigma_c \tag{9.33}$$

准岩体抗拉强度

$$\sigma_{mt} = K_v \sigma_t \tag{9.34}$$

式中，σ_c 为岩石试样的抗压强度；σ_t 为岩石试样的抗拉强度。

（2）Hoek-Brown 经验方程法预测岩体强度 早在1980年，Hoek 就指出，"一个好的强度准则，不仅能保证与试验值的高度匹配，而且能延用到节理岩体和各向异性等情况，并能为现场岩体提供近似的预测公式。"Hoek 建议考虑岩体试件尺寸的影响，根据结构面的条件和组数，将岩体分为以下两类（图9.29）：

① 各向同性均质岩体，包括不含结构面的完整岩体，含四组或四组以上等规模、等间距、强度基本相同的结构面的节理岩体或破碎岩体，和强度较低的软弱岩体。可直接应用 Hoek-Brown 强度准则。

② 各向异性岩体，包括含一、二、三组结构面的岩体，或虽含四组或四组以上结构面，但其中一组结构面规模较大的岩体。不能直接应用 Hoek-Brown 强度准则。

因此，对不含结构面的完整岩体，含四组或四组以上结构面的节理岩体或破碎岩体，以及软弱岩体，可视为各向同性均质岩体，在确定经验参数 m、s 和岩块单轴抗压强度 σ_c 后，按以下方法确定岩体的单轴抗压强度、单轴抗拉强度和抗剪强度。

1）岩体单轴抗压、抗拉强度预测。岩体单轴抗压强度 $\sigma_{c,mass}$ 和单轴抗拉强度 $\sigma_{t,mass}$ 的预测，一直沿用1980年 Hoek 提出的方法，直接应用以 σ_1、σ_3 表示的 Hoek-Brown 强度准则

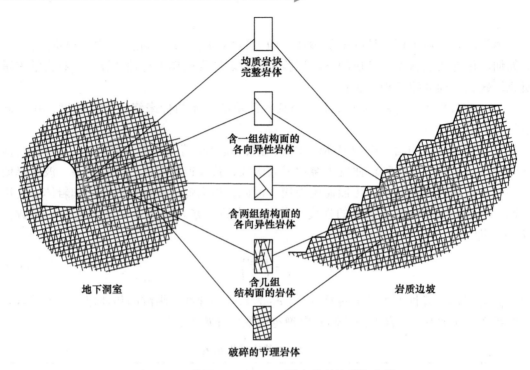

均质岩块
完整岩体

含一组结构面的
各向异性岩体

含两组结构面的
各向异性岩体

地下洞室

含几组
结构面的岩体

岩质边坡

破碎的节理岩体

图9.29 基于 Hoek-Brown 强度准则的岩体分类

和该准则的无量纲形式进行估算。

① 以 σ_1、σ_3 表示的 Hoek-Brown 强度准则估算。将 $\sigma_3 = 0$、$\sigma_1 = 0$ 分别代入式（8.60），则 $\sigma_{c,mass}$、$\sigma_{t,mass}$ 计算式为

$$\sigma_{c,mass} = \sigma_c \sqrt{s} \tag{9.35}$$

$$\sigma_{t,mass} = \frac{1}{2}\sigma_c(m - \sqrt{m^2 + 4s}) \tag{9.36}$$

② 以 Hoek-Brown 强度准则的无量纲形式估算。由式（9.35）可求得单轴抗压强度 $\sigma_{c,mass}$ 的无量纲形式 $\sigma_{cn,mass}$，即

$$\sigma_{cn,mass} = \frac{\sigma_{c,mass}}{\sigma_c} = \sqrt{s} \tag{9.37}$$

由式（9.36）可求得岩体单轴抗拉强度 $\sigma_{t,mass}$ 的无量纲形式 $\sigma_{tn,mass}$，即

$$\sigma_{tn,mass} = \frac{\sigma_{t,mass}}{\sigma_c} = \frac{1}{2}(m - \sqrt{m^2 + 4s}) \tag{9.38}$$

将 $\sigma_{cn,mass}$ 和 $\sigma_{tn,mass}$ 乘以 σ_c，即可求得岩体的单轴抗压强度 $\sigma_{c,mass}$ 和单轴抗拉强度 $\sigma_{t,mass}$。

2）岩体或潜在破坏面抗剪强度预测。1983年，英国学者 Bray 博士根据由式（8.60）定义的 Hoek-Brown 强度包络线的形状，推导出的岩体或潜在破坏面抗剪强度的计算式 [式（9.39）~式（9.46）]。经试验验证，Bray 给出的抗剪强度公式是正确的。由于它以瞬时内摩擦角和瞬时黏聚力反映岩体的非线性破坏特征和其中应力水平的影响，因此提出后即被 Hoek 接受，并率先应用于岩坡稳定性分析，现已在国际上得到广泛应用。

应当指出，确定了岩体参数 σ_c、m、s 后，由式（9.39）~式（9.46）计算抗剪强度的关键在于，必须事先确定潜在破坏面上的正应力水平 σ。

$$\tau = \frac{1}{8}(\cot\varphi_i - \cos\varphi_i)m\sigma_c \tag{9.39}$$

$$\varphi_i = \arctan\sqrt{\frac{1}{4h\cos^2\theta - 1}} \tag{9.40}$$

$$h = 1 + \frac{16(m\sigma + s\sigma_c)}{3m^2\sigma_c} \tag{9.41}$$

$$\theta = \frac{1}{3}\left[90° + \arctan\left(\frac{1}{\sqrt{h^3 - 1}}\right)\right] \tag{9.42}$$

$$C_i = \tau - \sigma\tan\varphi_i \tag{9.43}$$

$$\beta = 45° - \frac{\varphi_i}{2} \tag{9.44}$$

$$\beta = \frac{1}{2}\arcsin\left[\frac{\tau_m}{\tau_m + \frac{1}{8}m\sigma_c}\sqrt{1 + \frac{m\sigma_c}{4\tau_m}}\right] \tag{9.45}$$

$$\tau_m = \frac{\sigma_1 - \sigma_3}{2} = \frac{1}{2}\sqrt{m\sigma_c\sigma_3 + s\sigma_c^2} \tag{9.46}$$

式中，τ、σ 分别为破坏时的剪应力、正应力；φ_i、C_i 分别为给定 τ、σ 时的岩体瞬时内摩擦角和瞬时黏聚力；σ_c 为岩块的单轴抗压强度；m、s 为 Hoek-Brown 强度准则的经验参数。

3）Hoek-Brown 准则（2002 版）对岩体强度的估算。等效的 Mohr-Coulomb 强度参数，即岩体的黏聚力 C 和内摩擦角 φ 可由下式确定

$$\varphi = \arcsin\left[\frac{6am_b(s + m_b\sigma_{3n})^{a-1}}{2(1+a)(2+a\sqrt{a^2+b^2}) + 6am_b(s + m_b\sigma_{3n})^{a-1}}\right] \tag{9.47}$$

$$C = \frac{\sigma_c[(1+2a)s + (1-a)m_b\sigma_{3n}](s + m_b\sigma_{3n})^{a-1}}{(1+a)(2+a)\sqrt{1 + 6am_b(s + m_b\sigma_{3n})^{a-1}/(1+a)(2+a)}} \tag{9.48}$$

式中，$\sigma_{3n} = \sigma_{3max}/\sigma_c$。

应当指出，比较难确定的就是侧限应力上限值 σ_{3max}。

对于深埋洞室工程，侧限应力上限值 σ_{3max} 可由下式确定

$$\sigma_{3n} = \frac{\sigma_{3max}}{\sigma_c} = 0.47\left(\frac{\sigma_{cm}}{\gamma H}\right)^{-0.94} \tag{9.49}$$

对于边坡工程，侧限应力上限值 σ_{3max} 可由下式确定

$$\sigma_{3n} = \frac{\sigma_{3max}}{\sigma_c} = 0.72\left(\frac{\sigma_{cm}}{\gamma H}\right)^{-0.91} \tag{9.50}$$

式中，γ 为岩体的重度；H 为埋深；σ_{cm} 为岩体的整体强度，可由下式确定

$$\sigma_{cm} = \sigma_c\frac{[m_b + 4s - a(m_b - 8s)]\left(\frac{1}{4}m_b + s\right)^{a-1}}{2(1+a)(2+a)} \tag{9.51}$$

如果式（9.47）~式（9.51）的计算与现场岩体匹配得较好，那么，本节的方法是简洁、有效的，值得推广。

（3）**Jaeger 判据法预测岩体强度**　预测判据详见式（9.19）或式（9.20），这里从略。

9.8　岩体的变形性质

9.8.1　岩体的应力-应变分析

岩体与岩石的应力-应变曲线的差别是由于岩体节理的存在，当岩体受到压缩荷载作用时，就会产生节理的闭合或节理中充填物的变形，这些变形中有的部分是可以恢复的，但有些不可恢复；岩石材料则不具备或稍具备此特征。图 9.30 为岩石与岩体的 σ-ε 曲线，曲线 a 表示岩石的压缩变形处在弹性和弹塑性状态。一般情况下，岩石受到压缩荷载作用后，开始时是弹性变形，而后因荷载的增加，使弹性变形转变为塑性变形。但塑性变形一般很小，故可认为岩石材料的破坏属脆性破坏。曲线 b 表示岩体的应变曲线，它可分为三种不同的力学属性阶段：第 I 阶段，σ-ε 曲线向下凹，开始的曲率较大（节理闭合），在这种情况下，不属于线弹性；第 II 阶段，σ-ε 曲线近似于直线，属线弹性阶段，如果反复加、卸载，它是可逆的；第 III 阶段，岩石开始塑性变形或者开始破裂，并伴有结构面剪切滑移变形，在此段曲线内，横向应变速率常增加，岩石的体积也增大，若继续加载至峰值点 A_3 时，

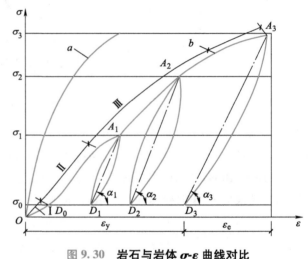

图 9.30　岩石与岩体 σ-ε 曲线对比
a—岩石　　b—岩体

岩体就会发生破坏。通常，第 II 阶段与第 III 阶段之间的过渡点处的应力为比例极限。从整条 σ-ε 曲线上看，曲线开始向下凹，而后向上凸，呈 S 形。例如，在 A_1 点进行卸载，将 σ_1 减至 σ_0，则岩体变形不恢复到 D_0 点，仅能达到 D_1 点。再加载使 $\sigma_2 > \sigma_1$，而后又卸载，得到曲线 $D_1A_2D_2$，则 D_0D_1 和 D_0D_2 为不可恢复的变形值。A_1D_1 与 A_2D_2 有时相互平行，它可以进行几次加、卸载轮回，最终求得一个平均角 α。$\tan\alpha$ 表示岩体的弹性模量 E 值。

9.8.2　岩体变形参数的估计

岩体变形参数的确定，除了可以通过室内外压缩试验所得应力-应变曲线直接测定外，还可以从如下几个角度进行估算。

1. 从现场岩体变形机理求解变形模量

岩体中节理的存在，使岩体的现场变形模量和泊松比与岩块有很大的差别。节理的相对两个面往往是部分接触的，当岩体受到荷载作用时，节理接触面的弹性压缩和剪切位移增加了岩体的变形。沃尔多夫等提出如下的模型：岩体被节理切割成近似于立方块，并使得一些

地方节理的接触面较分散，另一些地方节理面则脱开。所以，每处接触面的面积与整个岩块相比是很小的。

若在岩体中取一个立方岩块及一条节理，当岩块受到平均应力 σ 作用后，岩体的变形 δ 可由两个部分组成：一是岩块的变形 δ_1，二是节理的变形 δ_2。当岩块边长为 d，弹性模量为 E，且在岩体上的平均应力为 σ 时，则岩块的变形为

$$\delta_1 = \frac{\sigma d}{E} \tag{9.52}$$

设岩块的边长为 d，节理中两壁的接触面积为 nh^2（n 为接触面的数量，h^2 为每个接触面的面积），则作用于节理上的压缩荷载为 σd^2。当压缩荷载作用时，节理闭合，弹性变形 δ_2 可按弹性理论中的 Boussinesq 解求得。节理闭合弹性变形 δ_2 为

$$\delta_2 = \frac{2m\sigma d^2(1-\mu^2)}{nhE} \tag{9.53}$$

式中，m 为与受载面积形状因素有关的参数，当为方形面积时，$m = 0.95$。

沃尔多夫认为 $m(1-\mu^2)$ 约为 0.9，则有

$$\delta = \delta_1 + \delta_2 = \frac{\sigma d}{E} + \frac{2m\sigma d^2(1-\mu^2)}{nhE} \tag{9.54}$$

因岩体的有效变形模量为

$$E_m = \frac{\sigma}{q} = \frac{\sigma}{\delta/d} = \frac{\sigma d}{\delta} \tag{9.55}$$

则

$$\delta = \frac{\sigma d}{E_m} \tag{9.56}$$

将式（9.54）代入式（9.56）得

$$E_m = \frac{E}{1 + 2m(1-\mu^2)\left(\dfrac{d}{nh}\right)} \tag{9.57}$$

2. 层状岩体变形模量的计算

设岩体内存在单独一组有规律的节理（图 9.31），这是一个不连续岩体，此不连续岩体可采用等价的连续岩体来代替。

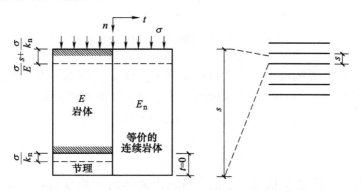

图 9.31　用等价连续介质模型代替规则节理岩体

现设完整岩体本身是各向同性的弹性体，其弹性模量为 E；节理面相互平行，其间距为 s；采用 n-t 坐标系，把 n 轴放在垂直节理的方向，即放在岩体的对称主向内。沿 n 方向作用有法向应力 σ，令节理的法向刚度为 k_n（节理法向应力-法向位移曲线的斜率）。又令等价连续岩体的弹性模量为 E_n，其法向变形为 $(\sigma/E)s$，则此变形模量等于法向变形 $(\sigma/E)s$ 与节理变形 σ/k_n 之和。由此得出下列方程

$$\frac{1}{E_n} = \frac{1}{E} + \frac{1}{k_n s} \tag{9.58}$$

3. 裂隙岩体变形参数的估算

对于裂隙岩体，国内外都特别重视建立岩体分类指标与变形模量之间的经验关系，并用于推求岩体的变形模量 E_m。下面介绍常用的几种方法：

1）Bieniawski 于 1978 年研究了大量岩体变形模量的实测资料，建立了分类指标 RMR 值和变形模量 E_m（GPa）间的统计关系如下

$$E_m = 2RMR - 100 \tag{9.59}$$

如图 9.32 所示，式（9.59）只适用于 RMR>55 的岩体。为弥补这一不足，Serafim 和 Pereira 根据收集到的资料（1983）及 Bieniawski 的数据（1978），拟合出适用于 RMR≤55 的岩体的方程，即

$$E_m = 10^{\frac{RMR-10}{40}} \tag{9.60}$$

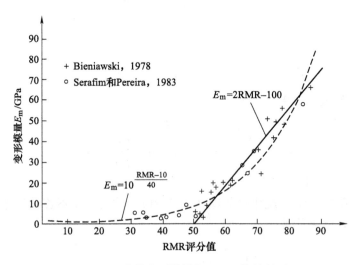

图 9.32　岩体变形模量与 RMR 值的关系

2）挪威的 Bhasin 和 Barton 等（1993）研究了岩体分类指标 Q 值、纵波速度 v_{mp}（m/s）和岩体平均变形模量 E_{mean}（GPa）之间的关系，提出了如下的经验关系

$$\begin{cases} v_{mp} = 1000\lg Q + 3500 \\ E_{mean} = \dfrac{v_{mp} - 3500}{40} \end{cases} \tag{9.61}$$

利用式（9.61），已知 Q 值或 v_{mp} 值，可求出岩体的平均变形模量 E_{mean}。应当指出，式（9.61）只适用于 $Q > 1$ 的岩体。

9.8.3 影响岩体变形性质的因素

影响岩体变形性质的因素较多，主要包括组成岩体的岩性、结构面特征及荷载条件、试件尺寸、试验方法和温度等。下面主要就结构面特征的影响进行讨论。结构面特征的影响包括结构面的方位、密度、张开度及充填特征等。

1. 结构面方位

结构面方位主要表现在岩体变形随结构面及应力作用方向的夹角的不同而不同，即导致岩体变形的各向异性。这种影响在岩体中结构面组数较少时表现特别明显，而随着结构面组数的增多，反而越来越不明显。另外，岩体的变形模量 E_m 也具有明显的各向异性。一般情况下，平行结构面方向的变形模量 $E_{//}$ 大于垂直方向的变形模量 $E_{\perp}$。表 9.9 为某些岩体的 $E_{//}/E_{\perp}$ 值，可以看出，岩体的 $E_{//}/E_{\perp}$ 一般为 1.5~2.5。

表 9.9　某些岩体的 $E_{//}/E_{\perp}$ 值

岩体名称	$E_{//}$/GPa	$E_{\perp}$/GPa	$E_{//}/E_{\perp}$	$E_{//}/E_{\perp}$ 平均比值	工程
页岩、灰岩夹泥灰岩	—	—	3~5	—	—
花岗岩	—	31.4	1~2	—	—
薄层灰岩夹碳质页岩	56.3		1.79	1.79	乌江渡水电站
砂岩	26.3	14.4	1.83	1.83	葛洲坝水电站
变质砾状绿泥石片岩	35.6	22.4	1.59	1.59	丹江口水电站
绿泥石云母片岩	45.6	21.4	2.13	2.13	
石英片岩夹绿泥石片岩	38.7	22.8	1.70	1.70	
板岩	9.7	6.1	1.59	1.32	五强溪水电站
	28.1	23.8	1.18		
	52.5	44.1	1.19		
砂岩	38.5	30.3	1.27	1.52	
	71.6	35.0	2.05		
	82.7	66.6	1.24		

2. 结构面的密度

结构面的密度主要表现在随着结构面密度的增大，岩体完整性变差，变形增大，变形模量减小。图 9.32 为岩体的变形模量 E_m 与 RMR 值的关系。由此可见，当岩体 RMR 值由 100 降至 65 时，E_m/E 迅速降低（E 为岩块的变形模量）；当 RMR<65 时，E_m/E 变化不大，即当结构面密度大到一定程度时，对岩体变形的影响就不明显了。

3. 结构面的张开度及充填特征

结构面的张开度及充填特征对岩体的变形也有明显的影响。一般情况下，张开度较大且无充填或充填较薄时，岩体变形较大，变形模量较小；反之，则岩体变形较小，变形模量较大。

9.9　综合考虑宏观、细观缺陷的岩体破坏机理与强度分析

从目前的研究可以看出，无论是岩体的破坏机理分析还是强度分析，都假定岩体是由完

整无损的岩石块体和节理网络所组成，显然这与实际情况有较大差异。这是因为岩体是同时含有宏观缺陷（宏观节理、裂隙等）和细观缺陷（微裂纹、微孔洞等）的复合损伤地质体，尽管目前的研究也注意到了宏观节理、细观裂隙等缺陷对岩体破坏机理及强度的影响，但是岩体内部细观缺陷的影响仍然是被忽略的。由于忽略了岩体内部的细观缺陷，其分析结果将会与实际情况产生多大的误差，这是目前工程上十分关心的问题。

本节的分析，假定岩体是由岩石块体和节理网络所组成，而岩石块体又是含有微裂纹、微孔洞等细观缺陷的材料，即从细观上讲各岩石微元的强度是不尽相同的，同时也假定岩石微元强度服从 Weibull 分布，以此为基础研究综合考虑宏观、细观两类缺陷的岩体破坏机理及强度问题。

9.9.1　岩体材料破坏现象及破坏机理

目前，对岩体破坏机理的研究由于试验条件及所选取的研究对象不同，也出现了多种不同的破坏现象及破坏机理，孙广忠等[3]根据试验地点及方法的不同，总结了以下试验条件下常见的破坏现象：

（1）室内试验中试样破坏现象　室内试验中试样的破坏现象综合起来有五种类型（图9.33），它们有的发生在脆性岩石中，有的发生在柔性岩石中，有的发生在节理岩体中。图9.33a 为典型的张破裂，其特征是裂缝平行于最大主应力方向，从断面上看裂缝呈放射状，主要发生在脆性岩石中；图9.33b、c 为低围压及高围压下的典型剪破坏；图9.33d 为剪破裂，是一种劈理现象；图9.33e 为上盘岩块沿节理面滑动，是块裂岩体的主要破坏机制。

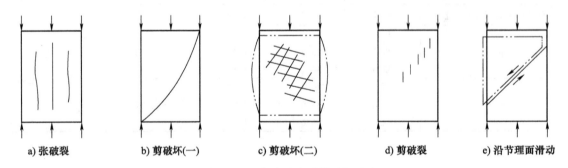

图 9.33　室内试验中试样破坏现象

（2）野外原位岩体力学试验中的岩体破坏现象　孙广忠等[3]把野外原位岩体破坏现象归纳为如图9.34所示的八种情况。图9.34a 为在较小压力作用下试样沿软弱结构面滑动的破坏；图9.34b 为模拟坝基而制备的混凝土/岩石接触面抗剪破坏，仍为沿结构面滑动的破坏；图9.34c、e 为受结构面控制产生的压破坏，碎裂结构岩体在轴向压缩作用下有的沿既有结构面开裂，有的沿结构面滑动，导致岩体结构解体而破坏，其破坏曲线呈假塑性和柔性破坏；图9.34d 为碎裂岩体抗剪试验中见到的剪破坏，其破坏特点是有的沿结构面滑动，有的将岩层拉裂，呈假塑性破坏；图9.34f、g 为压张破裂，薄层状碎裂岩体极易出现这种破坏，其特点是在压应力作用下岩体首先沿结构面张裂，形成直立的板柱，压应力达到一定程度后，板柱产生溃屈，从而导致岩体破坏；图9.34h 为软弱夹层挤出，这是极常见的破坏。

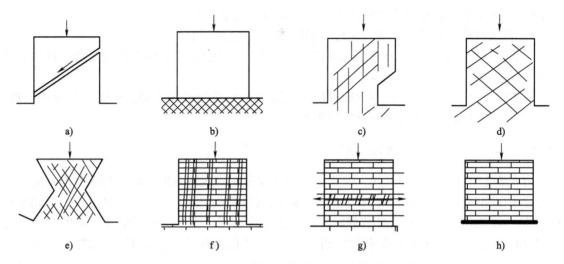

图 9.34 野外原位岩体力学试验中的岩体破坏现象

（3）地质工程及自然界的岩体破坏现象 此类现象概括起来主要有以下类型：

1）沿软弱结构面滑动。

2）板裂结构岩体产生倾倒变形而引起滑坡。

3）溃屈破坏。

4）岩爆、剥离、劈裂。

5）软弱夹层挤出。

6）洞间岩柱压破坏。

7）破裂面追踪。

（4）地质构造中常见的破坏现象 在岩体地质特征中经常见到各种破坏现象，常见的破坏类型为：

1）岩浆岩中节理冷却收缩产生的张破裂。

2）褶皱，即板裂岩体弯曲变形或溃屈破坏。

3）褶皱过程中产生的剪（张）破裂、纵横断层产生的张破裂、压扭性断层产生的剪破坏、劈理产生的剪（张）破裂等。

4）断层复活，即沿软弱结构面滑动。

5）雁行式裂口，即剪（张）破裂。

6）引拽褶皱，即流变。

（5）模型试验中见到的破坏现象

1）在试块试验、地质工程及自然界岩体中见到的破坏现象，在模型试验中都可以见到；而且在试块试验、地质工程及自然界岩体中见不到的破坏现象，在模型试验中也可见到，如结构体滚动。由此不难看出，岩体破坏机理与岩体结构密切相关。

2）完整结构岩体破坏时的主要破坏机制为张破裂及剪破坏。

3）碎裂结构岩体的破坏机制最复杂，各种结构岩体出现的破坏现象在这里都可能出现，如结构体张破裂及剪破坏、结构体滚动、结构体沿结构面错动、在最大主应力作用下岩体产生板裂化、出现倾倒及溃屈破坏等。

4）板裂结构岩体主要出现倾倒破坏、溃屈破坏及弯折破坏。

5）块裂结构岩体的主要破坏机理为结构体沿软弱结构面滑动。

显然，节理的存在及其分布形式的多样化导致节理岩体的破坏机理极其复杂，且与节理分布形式及受力状态密切相关。

下面就以自然界中经常见到的顺倾层状岩体边坡的溃屈破坏为例，说明综合考虑宏观、细观缺陷对岩体破坏机理及相应计算结果的影响。

9.9.2 综合考虑宏观、细观缺陷时的岩体强度分析

由9.7.2节的计算过程可知，计算结果是在仅考虑宏观缺陷即节理的基础上得出的，而没有考虑在完整岩块内部还存在着微裂隙、微孔洞等细观缺陷。同样，这里也假定微元强度服从 Weibull 分布，重新对含单节理的岩体试件强度进行计算，以探讨细观缺陷的存在对计算结果的影响。根据9.7.2节中的分析，当考虑岩石内部的细观缺陷后，式（9.30）可变为

$$\sigma_{mc} = \frac{2C_w}{(1 - f\cot\beta)\sin2\beta} \cdot \exp\left[\left(\frac{\sigma_{mc}}{E_0\varepsilon_0}\right)^m\right] \qquad (9.62)$$

或

$$\sigma_{mc} = \frac{2C_w}{\sin2\beta - \cos2\beta \cdot \tan\varphi_w - \tan\varphi_w} \cdot \exp\left[\left(\frac{\sigma_{mc}}{E_0\varepsilon_0}\right)^m\right] \qquad (9.63)$$

式中，各符号意义同前。

9.7.2节的算法不用考虑试样的变形，因此没有给出试样的弹性模量等常数。而本节提出的算法则需要考虑试样的变形，因此这里引用文献［3］的试验资料对其进行分析，设岩石弹性模量 $E_0 = 6949\text{MPa}$、泊松比 $\nu = 0.22$、$m = 3352$、$\varepsilon_0 = 0.0128$，同样式（9.62）与式（9.63）中等式两边同时含有 σ_{mc}，因此需要进行迭代求解。

下面仅以节理摩擦角为例说明两种不同算法对试件强度的影响规律。同样，取节理的黏聚力和倾角分别为 $C_w = 0.1\text{MPa}$、$\beta = 50°$，本节算法与原算法的计算结果比较如图9.35所示。可以看出两者计算结果基本相同，其最大差别发生在节理摩擦角为28°时，本节算法的计算结果为 26.98MPa，而原算法计算结果为 26.48MPa，误差约为1.9%，误差较小。该结果从另一方面说明，当岩体发生沿节理面的剪切破坏时，其强度与试样变形的关系很小，可以把节理面上下两部分试块作为无损伤的弹性体来考虑，甚至可以作为刚体来考虑；另一方面，这也说明当试样沿节理面发生破坏时，其破坏强度较小，而在较低的外力作用下，由于岩体内微元强度服从 Weibull 分布，强度较小的单元数量相对较少，在较低的外力作用下发生破坏的微元数量也较少，即使把试样作为损伤体来考虑，其计算结果误差也不大，这也说明了本节提出的模型的合理性。

另外要说明的是，本算例所用的试样强度相对较大，因而在较低外力作用下，其破坏的微元较少，最终对计算结果的影响也较小。否则，如果采用的试样完整部分强度相对于试样节理的摩擦强度相差不是很大时，那么两种不同算法对计算结果的影响将会变大。同样，为了更好地反映计算参数对计算结果的影响，本节还计算了岩体强度随 m 的变化规律，如图9.36所示。可以看出，随着 m 值的减小，岩体强度逐渐变大。尤其是当 $m = 0.1$ 时，试样在节理摩擦角为28°时取得峰值强度70.33MPa，约为 $m = 3$ 时峰值强度的2.6倍。然而，当 m

值增加到 1 以后，其对试样强度的影响就变得很小了。因此，可以认为，模型参数 E_0、m、ε_0 对计算结果是有较大影响的。在进行计算前，应通过相关试验准确确定参数的取值。

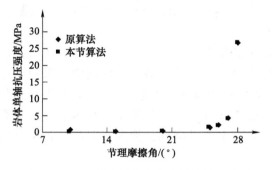

图 9.35　不同算法的岩体强度计算结果比较

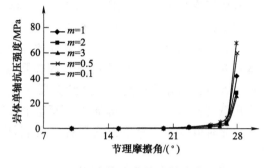

图 9.36　岩体强度随 m 的变化规律

总之，上述算例表明，为了更好地反映岩体工程的力学行为，在进行计算时有必要结合岩石实际的物理构造及力学特征，综合考虑岩体工程中存在的宏观、细观缺陷对岩体力学行为的影响，以得到更符合实际的结果。

9.10　岩体的水力学性质

岩体的水力学性质是指岩体的渗透特性及岩体与水共同作用所表现出来的力学性质。水在岩体中的作用包括两个方面：一是水对岩石的物理、化学作用，在工程上常用软化系数来表示；二是水与岩体相互耦合作用下的力学效应，包括空隙水压力与渗流水压力等的力学作用效应。在空隙水压力的作用下，首先是减少了岩体内的有效应力，从而降低了岩体的剪切强度。另外，岩体渗流与应力之间的相互作用很强烈，对工程稳定性具有重要的影响，如法国 Malpasset 拱坝溃决就是此例。

9.10.1　岩体与土体渗流的区别

土体的结构较疏松，其渗流以孔隙渗流为主（黄土除外，因其具有孔隙与裂隙双重介质特征）。孔隙的大小取决于岩性和土的颗粒堆积方式。一般情况下，黏土的孔隙度最大，但孔径小，透水能力差，一般作为弱透水层或隔水层；砂土随颗粒增大，孔隙度变大，渗透性变好。因此，土体渗流的特点是：土体渗透性取决于岩性，土体中颗粒越细，渗透性越差；土体可看作多孔连续介质；土体的渗透性一般具有均质（或非均质）各向同性（黄土为各向异性）的特点；土体渗流符合达西定律。

岩体与土体不同，其渗流以裂隙渗流为主，其渗流特点为：岩体渗透性取决于岩体中结构面的性质及岩块的岩性；岩体渗流以裂隙导水、微裂隙和岩石孔隙储水为其特点；岩体裂隙网络渗流具有定向性；岩体一般看作非连续介质（对密集裂隙可看作等效连续介质）；岩体的渗流具有高度的非均质性和各向异性；一般岩体中的渗流符合达西定律，但岩溶管道流一般属紊流，不符合达西定律；岩体渗流受应力场影响明显。复杂裂隙系统中的渗流，在裂隙交叉处具有"偏流效应"，即裂隙水流经大小不等的裂隙交叉处时，水流偏向宽大裂隙一侧流动。

9.10.2 岩体空隙的结构类型

岩体的空隙是地下水赋存的场所和运移的通道，岩体空隙的分布形状、大小、连通性，以及空隙的类型等，影响着岩体的力学性质和渗流特性。

（1）**多孔介质质点与多孔连续介质** 把包含在多孔介质内的表征性体积单元（简称表征体元 RVE）内的所有流体质点与固体颗粒的总和称为多孔介质质点；由连续分布的多孔介质质点组成的介质称为多孔连续介质。在研究岩体水力学时，若表征体元 RVE 内有充分多的孔隙（或裂隙）和流体质点，而这个表征体元 RVE 相对于所研究的工程区域而言又充分小，此时可按连续介质方法研究工程岩体的力学及水力学问题，否则用非连续介质方法研究。

（2）**裂隙网络介质** 由裂隙（如节理、断层等）个体在空间上相互交叉形成的网络状空隙结构，这种含水介质称为裂隙网络介质。由相互贯通的裂隙（为连续分布的裂隙）中的水流构成的网络，称为连通裂隙网络；由互不连通或存在阻水裂隙的裂隙（为断续分布的裂隙）中的水流构成的网络，称为非连通裂隙网络。

（3）**狭义双重介质** 由裂隙（如节理、断层等）和其间的孔隙岩块构成的空隙结构，其中裂隙导水（渗流具有定向性），孔隙岩块储水（渗流具有均质各向同性），这种含水介质称为狭义双重介质，即 Barenblatt（1960）提出的双重介质。

（4）**广义双重介质** 由稀疏大裂隙（如断层）和其间的密集裂隙岩块构成的空隙结构，其中裂隙导水（渗流具有定向性，控制区域渗流），密集裂隙岩块储水及导水（渗流具有非均质各向异性，控制局部渗流），这种含水介质称为广义双重介质。

（5）**岩溶管道网络介质** 由岩溶溶蚀管道个体在空间上相互交叉形成的网络状空隙结构，这种含水介质称为岩溶管道网络介质。在此介质中的水流基本上符合层流条件。

（6）**溶隙-管道介质** 由稀疏大岩溶管道（或暗河）和溶蚀网络构成的空隙结构，其中岩溶管道（或暗河）中的水流为紊流（具有定向性，控制区域渗流），溶蚀网络中的水流符合层流条件（渗流具有非均质各向异性，控制局部渗流），这种含水介质称为溶隙-管道介质。

按岩体空隙形成的机理，把岩体的空隙结构划分为原生空隙结构和次生空隙结构；根据岩体空隙的表现形式把岩体空隙结构划分为准孔隙结构、裂隙网络结构、孔隙-裂隙双重结构、溶隙-管道（或暗河）双重结构等；根据岩体结构面的连续性，可将岩体划分为连续介质、等效连续介质及非连续介质（包括双重介质和裂隙网络介质）。

9.10.3 裂隙岩体的水力特性

1. 单个结构面的水力特性

岩体是由岩块与结构面组成的，相对于结构面，岩块的透水性很弱，常可忽略。因此，岩体的水力学特性主要与岩体中结构面的组数、方向、粗糙起伏程度、张开度及胶结充填特征等因素直接相关；同时，还受到岩体应力状态及水流特征的影响。在研究裂隙岩体水力学的性质时，以上诸多因素不可能全部考虑到，往往先从最简单的单个结构面开始研究，而且只考虑平直光滑无充填时的情况，然后根据结构面的连通性、粗糙起伏程度及胶结充填等情况进行适当修正。对于表面光滑且无充填的单个贯通裂隙而言，其水力渗透系数为

$$K_f = \frac{ge^2}{12\nu} \tag{9.64}$$

式中，K_f 为水力渗透系数（m/s）；g 为重力加速度（m/s^2）；e 为裂隙张开度（m）；ν 为水的运动黏滞系数（m^2/s）。

但实际上岩体中的裂隙面往往是粗糙起伏且非贯通的，并常有物质充填阻塞。为此，Louis（1974）提出了如下的修正式

$$K_f = \frac{K_2 ge^2}{12\nu c} \tag{9.65}$$

式中，K_2 为裂隙面的连续性系数，指裂隙面连通面积与总面积之比；c 为裂隙面的相对粗糙修正系数，可用下式进行计算

$$c = 1 + 8.8\left(\frac{h}{2e}\right)^{\frac{3}{2}} \tag{9.66}$$

式中，h 为裂隙面起伏差。

2. 裂隙岩体的水力特性

对于含多组裂隙面的岩体，其水力学特征则比较复杂，目前研究这一问题的趋势如下：

1）用等效连续介质模型来研究，认为裂隙岩体是由孔隙性差而导水性强的裂隙面系统和透水弱的岩块孔隙系统构成的双重连续介质，裂隙孔隙的大小和位置的差别均不予考虑。

2）忽略岩块的孔隙系统，把岩体看成单纯的按几何规律分布的裂隙介质，用裂隙水力学参数或几何参数（结构面方位、密度和张开度等）来表征裂隙岩体的渗透空间结构，所有裂隙的大小、形状和位置都在考虑之列。

目前，针对这两种模型都进行了一定程度的研究，提出了相应的渗流方程及水力学参数的计算方法。在研究中还引进了张量法、线索法、有限单元法及水电模拟等方法。

当水流服从达西定律时，裂隙介质作为连续介质内各向异性的渗透特性可用渗透张量来描述。渗透张量的表达式为[4]

$$K = \frac{g}{12\nu}\sum_{i=1}^{n}\frac{e_i^3}{l_i}\begin{pmatrix} 1 - \cos^2\beta_i \sin^2\gamma_i & -\sin\beta_i \sin^2\gamma_i \cos\beta_i & -\cos\beta_i\sin\gamma_i\cos\gamma_i \\ -\sin\beta_i \sin^2\gamma_i\cos\beta_i & 1 - \sin^2\beta_i \sin^2\gamma_i & -\sin\beta_i\sin\gamma_i\cos\gamma_i \\ -\cos\beta_i\sin\gamma_i\cos\gamma_i & -\sin\beta_i\sin\gamma_i\cos\gamma_i & 1 - \cos^2\gamma_i \end{pmatrix} \tag{9.67}$$

式中，e_i、l_i、β_i、γ_i 分别表示第 i 组裂隙的宽度、间距，以及裂隙面的倾向和倾角，四者又称为裂隙系统的几何参数。

由式（9.67）可知，只要知道裂隙系统的几何参数，即各组裂隙的宽度、间距，以及裂隙面的倾向、倾角，就可推出渗透张量。而岩体裂隙系统的分组和优势方位的确定可以应用极点图、玫瑰花图和聚类法等。

3. 岩体渗透系数的测试

岩体渗透系数是反映岩体水力学特性的核心参数，渗透系数的确定一方面可用上述理论公式进行计算，另一方面可通过现场水文地质试验测定。现场试验主要有压水试验和抽水试验等方法。一般认为，抽水试验是测定岩体渗透系数比较理想的方法，但它只能用于地下水位以下的情况，地下水位以上的岩体可用压水试验来测定其渗透系数。具体的水文地质试验方法请参考相关文献。

9.10.4　应力对岩体渗透性能的影响

岩体中的水流通过结构面流动，而结构面对变形是极为敏感的。法国 Malpasset 拱坝的溃决事件给人们留下了深刻的教训，该拱坝建于片麻岩上，岩体的高强度使人们一开始就未想到水与应力之间的相互作用和影响会带来什么麻烦，而问题就恰恰出在这里。事后曾有人对该片麻岩进行了渗透系数与应力关系的试验（图 9.37），表明当应力变化范围为 5MPa 时，岩体渗透系数相差 100 倍。渗透系数的降低，反过来又极大地改变了岩体中的应力分布，使岩体中结构面上的水压力陡增，坝基岩体在过高的水压力作用下沿一个倾斜的软弱结构面产生滑动，导致溃坝。

野外和室内试验研究表明：孔隙水压力的变化明显地改变了结构面的张开度和流速，以及流体压力在结构面中的分布。如图 9.38 所示，结构面中的水流通量随其受到的正应力增加而降低很快；进一步研究发现，应力-渗流关系具有回滞现象，随着加、卸载次数的增加，岩体的渗透能力降低，但经历三四个循环后，渗透基本稳定。其原因是结构面受力闭合。

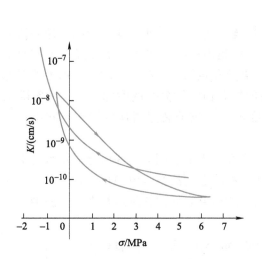

图 9.37　片麻岩渗透系数与应力关系

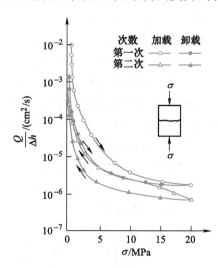

图 9.38　循环加载对结构面渗透性的影响

为了研究应力对岩体渗透性的影响，有不少学者提出了不同的经验关系式。Snow（1966）提出了以下经验关系式

$$K = K_0 + \left(\frac{K_n e^2}{S}\right)(p_0 - p) \tag{9.68}$$

式中，K_0 为初始应力 p_0 下的渗透系数；K_n 为结构面的法向刚度；e、S 分别为结构面的张开度和间距；p 为法向应力。

Louis（1974）在试验的基础上得出了以下经验关系式

$$K = K_0 e^{-\alpha \sigma_0} \tag{9.69}$$

式中，α 为系数；σ_0 为有效应力；e 为结构面的张开度。

由以上计算式可知，岩体的渗透系数是随着应力的增加而降低的。另外，人类工程活动对岩体的渗透性也有很大影响，如地下洞室和边坡的开挖改变了岩体中的应力状态，原来岩体中结构面的张开度因应力释放而增大，岩体的渗透性也增大；水库的修建改变了结构面中的应力水平，也会影响岩体的渗透性能。

9.10.5　渗流应力

当岩体中存在渗透水流时，位于地下水面以下的岩体将受到渗流静水压力和动水压力的作用，这两种渗流应力又称为渗流体积力。

由水力学知识可知，不可压缩流体在动水条件下的侧压总水头（h）为

$$h = z + \frac{p}{\rho_w g} + \frac{u^2}{g} \tag{9.70}$$

式中，z 为位置水头；p 为静水压力；ρ_w 为水的密度；$p/\rho_w g$ 为压力水头；u 为水流速度；u^2/g 为速度水头。

由于岩体中的水流速度很小，u^2/g 比起 z 和 $p/\rho_w g$ 常可忽略，因此有

$$h = z + \frac{p}{\rho_w g} \tag{9.71}$$

或

$$p = \rho_w g (h - z) \tag{9.72}$$

式（9.72）表明，只要求出了岩体中各点的水头值 h，便可完全确定出渗流场中各点的体积力，并可由式（9.72）求得相应各点的静水压力 p。

根据流体力学平衡原理，渗流引起的体积力由式（9.72）求导，得

$$\begin{cases} X = -\dfrac{\partial p}{\partial x} = -\rho_w g \dfrac{\partial h}{\partial x} \\[2mm] Y = -\dfrac{\partial p}{\partial y} = -\rho_w g \dfrac{\partial h}{\partial y} \\[2mm] Z = -\dfrac{\partial p}{\partial z} = -\rho_w g \dfrac{\partial h}{\partial z} + \rho_w g \end{cases} \tag{9.73}$$

由式（9.73）可知，渗流体积力由两部分组成，第一部分的 $-\rho_w g(\partial h/\partial x)$、$-\rho_w g(\partial h/\partial y)$、$-\rho_w g(\partial h/\partial z)$ 为渗流动水压力，它与水力梯度有关；第二部分的 $\rho_w g$ 为浮力，它在渗流空间中为一常数。

9.10.6　地下水渗流对岩体性质的影响

地下水是一种重要的地质营力，它与岩体之间的相互作用，一方面改变着岩体的物理、化学及力学性质，另一方面改变着地下水自身的物理、力学性质及化学组分。运动着的地下水对岩体产生三种作用，即物理的、化学的和力学的作用。

1. 地下水对岩体的物理作用

（1）润滑作用　处于岩体中的地下水，在岩体的不连续面边界，如坚硬岩石中的裂隙面、节理面和断层面等结构面，使不连续面的摩擦阻力减小，使作用在不连续面上的剪应力效应增强，结果是沿不连续面诱发了岩体的剪切运动，这个过程在斜坡发生降水入渗使得地下水位上升到滑动面以上时尤其显著。地下水对岩体产生的润滑作用反映在力学上，就是使岩体的摩擦角减小。

（2）软化和泥化作用　地下水对岩体的软化和泥化作用主要表现在对岩体结构面中充

填物的物理性状的改变。岩体结构面中的充填物随着含水率的变化，发生由固态向塑态直至液态的弱化效应，一般在断层带易发生泥化现象。软化和泥化作用使岩体的力学性能降低，黏聚力和摩擦角减小。

（3）结合水的强化作用　处于非饱和带的岩体，其中的地下水处于负压状态，此时的地下水不是重力水，而是结合水。按照有效应力原理，非饱和岩体中的有效应力大于岩体的总应力，地下水的作用是强化了岩体的力学性能，即增加了岩体的强度；当岩体中无水时（沙漠区表面的沙），包气带的沙土孔隙全被空气充填，空气的压力为正，此时沙土的有效应力小于其总应力，因而是一盘散沙，当加入适量水后沙土的强度迅速提高；当包气带土体中出现重力水时，水的作用就变成了（润滑土粒和软化土体）弱化土体，这就是在工程中要寻找土的最佳含水率的原因。

2. 地下水对岩体的化学作用

地下水对岩体的化学作用，主要是指地下水与岩体间的离子交换、溶解作用（黄土湿陷及岩溶）、水化作用（膨胀岩的膨胀）、水解作用、溶蚀作用、氧化还原作用、沉淀作用及超渗透作用等。

1）地下水与岩体间的离子交换，是由因物理力和化学力吸附到岩体颗粒上的离子和分子与地下水的一种交换过程。能够进行离子交换的物质是黏土矿物，如高岭土、蒙脱土、伊利石、绿泥石、沸石、氧化铁等，主要是因为这些矿物的表面存在着胶体物质。地下水与岩体之间的离子交换经常是以下形式：富含 Ca^{2+} 或 Mg^{2+} 的地下淡水在流经富含 Na^+ 的土体时，地下水中的 Ca^{2+} 或 Mg^{2+} 置换了土体内的 Na^+，一方面水中 Na^+ 的富集使天然地下水软化，另一方面新形成的富含 Ca^{2+} 和 Mg^{2+} 的黏土增加了孔隙度及渗透性能。地下水与岩体的离子交换使得岩体的结构发生改变，从而影响岩体的力学性质。

2）溶解作用和溶蚀作用，在地下水水化学的演化中起着重要作用。地下水中的各种离子，大多是由溶解作用和溶蚀作用产生的，经过天然的大气降水渗入土壤带、包气带或渗滤带时，溶解了大量的气体，如 N_2、Ar、O_2、H_2、He、CO、NH_3 等，弥补了地下水的弱酸性，增加了地下水的侵蚀性。这些具有侵蚀性的地下水对可溶性岩石［如石灰岩（$CaCO_3$）、白云岩（$CaCO_3$、$MgCO_3$）、石膏（$CaSO_4$）、岩盐（$NaCl$）及钾盐（KCl）等］产生溶蚀作用，溶蚀作用的结果使岩体产生溶蚀裂隙、溶蚀空隙及溶洞等，增大了岩体的孔隙率及渗透性。对于湿陷性黄土来说，随着含水率的增大，水溶解了黄土颗粒的胶结物——碳酸盐（$CaCO_3$），破坏了其大空隙结构，使黄土发生较大的变形，这就是黄土湿陷问题。黄土湿陷量取决于其空隙结构的大小、地下水的活动状况（水量及水溶液的饱和程度）及温度条件等。

3）水化作用，是水渗透到岩体的矿物结晶格架中或水分子附着到可溶性岩石的离子上，使岩石的结构发生微观、细观及宏观改变，减小了岩体的黏聚力。自然界中岩石的风化作用是由地下水与岩体之间的水化作用引起的，另外膨胀土与水也会发生水化作用，使其发生较大的体应变。

4）水解作用，是地下水与岩体（实质上是其中的离子）之间发生的一种反应。若岩土物质中的阳离子与地下水发生水解作用，则地下水中的 H^+ 含量增加，增大了水的酸度，即 $M^+ + H_2O \Longrightarrow MOH + H^+$。若岩土物质中的阴离子与地下水发生水解作用，则地下水中的 OH^- 含量增加，增大了水的碱度，即 $X^- + H_2O \Longrightarrow HX + OH^-$。水解作用一方面改变着地下水的

pH 值，另一方面使岩体发生物质上的改变，从而影响其力学性质。

5）氧化还原作用，是一种电子从一个原子转移到另一个原子的化学反应。氧化过程是被氧化的物质丢失自由电子的过程，还原过程则是被还原的物质获得电子的过程。氧化和还原过程必须一起出现，并相互弥补。氧化作用发生在潜水面以上的包气带，氧气可从空气中获得。在潜水面以下的饱水带，氧气耗尽，因氧气在水中的溶解度比在空气中的溶解度小得多，氧化作用随着深度的增加而逐渐减弱，还原作用则随着深度的增加而逐渐增强。地下水与岩体之间常发生的氧化过程如下：硫化物的氧化过程产生 Fe_2O_3 和 H_2SO_4，碳酸盐岩的溶蚀产生 CO_2。地下水与岩体之间发生的氧化还原作用，既改变了岩体中的矿物组成，又改变了地下水的化学组分及侵蚀性，从而影响岩体的力学特性。

上述地下水对岩体产生的各种化学作用大多是同时进行的，一般情况下，化学作用进行的速度很慢。地下水对岩体产生的化学作用主要是改变岩体的矿物组成，改变其结构性能，从而影响岩体的力学性能。

3. 地下水对岩体产生的力学作用

地下水对岩体产生的力学作用主要通过空隙静水压力和空隙动水压力作用对岩体的力学性质施加影响。前者减小岩体的有效应力而降低岩体的强度，裂隙岩体中的空隙静水压力可使裂隙产生扩容变形；后者对岩体产生切向的推力以降低岩体的抗剪强度。地下水在松散岩体、松散破碎岩体及软岩夹层中运动时对颗粒施加一体积力，在空隙动水压力的作用下可使岩体中的细颗粒物质产生移动，甚至被携出岩体之外，产生潜蚀而使岩体发生破坏，这就是管涌现象。

岩体裂隙或断层中的地下水对裂隙壁施加两种力，一种是垂直于裂隙壁的空隙静水压力（体积力），该力使裂隙产生垂向变形；另一种是平行于裂隙壁的空隙动水压力（体积力），该力使裂隙产生切向变形。当多孔连续介质岩体中存在空隙地下水时，未充满空隙的地下水对多孔连续介质骨架施加一空隙静水压力，该力为面力，结果是使岩体的有效应力增加；当地下水充满多孔连续介质时，地下水对多孔连续介质骨架施加一空隙静水压力，该力为面力，结果是使岩体的有效应力减小；当多孔连续介质岩体中充满流动的地下水时，地下水对多孔连续介质骨架施加一空隙静水压力和空隙动水压力（体积力）；当裂隙岩体中充满流动的地下水时，地下水对岩体裂隙壁施加一垂直于裂隙壁面的空隙静水压力和平行于裂隙壁面的空隙动水压力，空隙动水压力为面力。

 拓展阅读

岩石力学与工程事故——意大利瓦依昂水库岩坡滑动

瓦依昂坝位于意大利阿尔卑斯山东部皮亚韦（Piave）河支流瓦依昂河下游河段，距离最近的城市为瓦依昂市。距汇入皮亚韦河的瓦依昂河河口约 2km。混凝土双曲拱坝，最大坝高 262m，水库设计蓄水位 722.5m，总库容 1.69 亿 m^3，有效库容 1.65 亿 m^3。水电站装机容量 0.9 万 kW。施工年份 1956~1960 年。1963 年 10 月 9 日，左岸约 2.4 亿 m^3 的山体以最大 30m/s 的速度整体下滑，激起 250m 高的涌浪，翻越坝顶，约 300 万 m^3 水注入深 200 余米的下游河谷，冲毁兰加隆镇和附近 5 个村庄，死亡 1925 人。

意大利组织了对事故原因的大量调查研究，1977~1988 年又由美国专家进行了重新评估。对滑坡原因取得了以下共识：

1）地质水文因素方面河谷两岸的2组卸荷节理，加上倾向河床的岩石层面，构造断层和古滑坡面等组合在一起，在左岸山体内形面一个大范围的不稳定岩体，其中有些软弱岩层，尤其是黏土夹层成为主要滑动面，对水库失事起了重要作用；长期多次岩溶活动使地下孔洞发育。山顶地面岩溶地区成为补给地下水的集水区；地下的节理、断层和溶洞形成的储水网络，使岩石软化、胶结松散，内部扬压力增大，降低了重力摩阻力；1963年10月9日前的2周内大雨，库水位达到最高，同时滑动区和上部山坡有大量雨水补充地下水，地下水位升高，扬压力增大，以及黏土夹层、泥灰岩和裂隙中泥质充填物中的粘土颗粒受水饱和膨胀形成附加上托力，使滑坡区椅状地形的椅背部分所承受的向下推力增加，椅座部分抗滑阻力则减小，最终导致古滑坡面失去平衡而重新活动，缓慢的蠕动立即转变为瞬时高速滑动。

2）人为因素方面地质查勘不充分；地质人员的素质不高，判断失误。

岩石力学与工程学科专家——钱七虎

钱七虎，1994年当选为中国工程院院士。

钱七虎长期从事防护工程及地下工程的教学与科研工作，创建了中国防护工程学科，建成了国家重点学科、重点实验室和创新研究群体。系统建立了土中浅埋结构核爆炸荷载的相互作用计算理论、城市人防工程毁伤评估方法、防护工程抗高速、超高速钻地弹打击的设计计算方法和深部岩石非线性力学理论，研制出中国第一套空中核爆炸荷载模拟试验装置，研发出多种新型防护材料和系列高抗力复合结构。在国内倡导并率先开展了深部非线性岩石力学基础理论，以及深部防护工程抗核武器钻地爆炸毁伤效应的研究，填补了深地下工程抗核武器钻地爆炸效应的防护计算理论的空白。

随着经济建设与国防建设的不断发展，深部岩体工程越来越多，深部岩体工程在开挖洞室或巷道时，围岩变形和破坏等出现了一系列新的科学现象。除了岩爆和围岩挤压大变形以外，围岩的分区破裂化现象也吸引了很多岩石力学工作者的关注。分区破裂化就是围岩里面破裂区和非破裂区交替发生的现象（破裂区-非破裂区-破裂区-非破裂区）。

钱七虎提出了深部围岩分区破裂化现象，是一个与空间、时间效应密切相关的科学现象的新观点。认为分区破裂化效应的产生，一方面是由于高地应力和开挖卸荷导致围岩的"劈裂"效应，另一方面是由于围岩深部高地应力和开挖面应力释放所形成的应力梯度而产生的能量流。目前的认识是：提出了分区破裂化的定性规律（影响因素）中应该考虑巷道洞室开挖的速度（卸荷速度）；提出了分区破裂化与应变型岩爆是一个问题的两个侧面，都决定于岩体开挖后岩石积聚的变形势能转变为动能和破坏能的分配比例；指出了岩石延性随深度增加而增加，超过临界深度后，岩石都转变为非脆性（延性）破坏，即"硬岩变软岩"的结论不准确，认为该结论仅适应于实验室中双向围压下加载实验的结论，不适用于巷道洞室表面围岩存在一面卸载的情况，即围岩不可能都由硬岩变软岩，否则无法解释岩爆的发生。

复习思考题

9.1　名词解释：岩体结构、岩体结构面、切割度、工程岩体。

9.2　结构面按其成因通常分为哪几种类型？

9.3 简述结构面的自然特征。

9.4 结构面的剪切变形、法向变形与结构面的哪些因素有关?

9.5 为什么结构面的力学性质具有尺寸效应? 其尺寸效应体现在哪几个方面?

9.6 结构面是如何影响岩体强度的?

9.7 试述结构面的强度特点。

9.8 岩体强度的确定方法主要有哪些?

9.9 对岩石试样的平行层理与垂直层理加压时,其弹性模量有何区别? 强度是否相同?

9.10 为什么节理面往往不是单一的,而是成组成对出现在岩体中?

9.11 试述节理面对岩体强度的影响,随着节理面倾角的变化,岩体强度会发生什么变化?

9.12 为什么多节理岩体的力学性质反而近似于各向同性?

9.13 岩体与岩石的变形有何异同?

9.14 岩体变形参数的确定方法有哪些?

9.15 岩体变形曲线可分为哪几类? 各类岩体变形曲线有何特点?

9.16 简述结构面切向、法向变形的特性。

9.17 影响结构面力学性质的因素有哪些?

9.18 影响岩体强度的主要因素有哪些?

9.19 以含一条结构面的岩石试样的强度分析为基础,简单介绍岩体强度与结构面强度和岩石强度的关系,并在理论上证明结构面方位对岩体强度的影响。

9.20 花岗岩岩柱的基本力学指标: $C=20\text{MPa}$, $\varphi=30°$;岩柱的横截面面积 $A=5000\text{cm}^2$;柱顶承受荷载 $P=3000\text{t}$,自重忽略不计,试问是否会发生剪切破坏? 若岩柱中有一软弱结构面,其法线与轴线呈 75°,试问是否会发生破坏?

9.21 有一层状岩体,测得其结构面黏聚力 $C_j=2\text{MPa}$,内摩擦角 $\varphi_j=30°$,岩体应力 $\sigma_1=15\text{MPa}$, $\sigma_3=6\text{MPa}$,结构面与最大主应力方向的夹角为 30°,试问岩体是否会沿结构面破坏?

9.22 在岩体试样等围压三轴试验中,节理与 σ_3 的夹角为 33°,已知结构面黏聚力 $C_j=2.5\text{MPa}$,内摩擦角 $\varphi_j=35°$,结构体的黏聚力 $C=10\text{MPa}$,内摩擦角 $\varphi=45°$, $\sigma_3=6\text{MPa}$。求岩体的三轴抗压强度、破裂面的位置和方向。

9.23 某工程所属区域内地质构造十分发育,属于强地质构造带,岩体节理裂隙发育。在工程设计中需要对岩体强度进行估算分析,以进行数值计算和数值模拟来分析工程的稳定性。请利用最新的 Hoek-Brown 准则对工程区域的岩体强度参数进行估算分析。

该工程出露的岩性为凝灰岩及安山岩,其中凝灰岩分布最为广泛,而安山岩局部呈脉状产出,凝灰岩岩体强度较高,属硬质岩,抗风化能力较强。强风化层厚度为 3~5m,顺断层带时可达 10~20m,强风化带岩体呈干砌块石状,风化裂隙发育,岩石结构发生变化,纵波速度小于 2000m/s。弱风化层厚度较大,一般厚度为 25~30m,断层带可达 40m。弱风化层内断层面有风化的锈斑,但岩体的组织结构变化不大。顺弱风化层内的断层面附近,零星见有经渗流冲蚀形成的小孔隙和空洞。弱风化层纵波速度为 2000~3000m/s。利用 RMR 法对岩体进行分级可得岩体为 Ⅲ 级, $RMR=55$。

对工程区的岩体取样进行室内岩石力学试验。试验参数见表 9.10(表中仅给出利用 Hoek-Brown 准则进行岩体强度估算时所需的参数)。

表 9.10 **工程岩体岩石力学试验参数**

岩性	风化程度	密度/(g/cm³)	岩石单轴抗压强度/MPa
凝灰岩	强风化	2.67	≤90
	弱风化	2.70	90.90~151.20(平均 120.36)

参 考 文 献

［1］李俊平，连民杰. 矿山岩石力学 ［M］. 北京：冶金工业出版社，2011.

［2］孙广忠，孙毅. 岩石力学原理 ［M］. 北京：科学出版社，2011.

［3］GONG J C，MALVERN. Passively confined tests of axial dynamic compressive strength of concrete ［J］. Experimental Mechanics，1990，30（1）：50-59.

［4］张永兴. 岩石力学 ［M］. 北京：中国建筑工业出版社，2006.

地应力及其分布规律 | 第10章

10.1 地应力的概念与意义

地应力又称为原岩应力，也称为岩体初始地应力或绝对应力，是在漫长的地质年代里，由于地质构造运动等产生的。在一定时间和一定地区内，地壳中的应力状态是各种起源应力的总和。地应力对矿山开采、地下工程和能源开发等生产实践均有重要影响。

岩体介质有许多有别于其他介质的重要特性，由岩体的自重和构造应力（历史上地壳构造运动引起并残留至今）等因素导致岩体具有初始地应力是其具有的特色性质之一。

就岩体工程而言，如不考虑岩体地应力这一要素，就很难进行合理的分析并得出符合实际的结论。地下空间的开挖必然使围岩应力场和变形场重新分布并引起围岩损伤，严重时导致失稳、垮塌和破坏。其原因是在具有初始地应力场的岩体中进行开挖，而这种开挖所致的"荷载"通常又是地下工程问题中的重要荷载。由此可知，如何测定和评估岩体的地应力，如何合理模拟工程区域的初始地应力场，以及正确和合理地计算工程中的开挖"荷载"，是岩石力学与工程中不可回避的重要问题。

地应力的测量是确定工程岩体力学属性、进行围岩稳定性分析、实现岩土工程开挖设计和决策科学化的前提，所以选择合理有效的地应力测量方法意义重大。正因为如此，在岩石力学发展史中有关地应力测量、地应力场模拟等问题的研究和地应力测试设备的研制一直占有重要的地位。

10.1.1 地应力的基本概念

地应力可以概要地定义为存在于岩体中未受人工开挖扰动影响的自然应力，或称为原岩应力。地应力场呈三维状态且有规律地分布于岩体中，当工程开挖后，围岩的应力受到开挖扰动的影响而重新分布，重新分布后形成的应力称为二次应力或诱导应力。

10.1.2 地应力的成因、组成成分和影响因素

1. 地应力的成因

人们认识地应力的时间并不长，1878 年瑞士地质学家 Heim 首次提出了地应力的概念，并假定地应力是一种静水应力状态，即地壳中任意一点的应力在各个方向上均相等，且等于单位面积上覆岩层的重力，即

$$\sigma_h = \sigma_v = \gamma H \tag{10.1}$$

式中，σ_h 为水平应力；σ_v 为垂直应力；γ 为上覆岩层重度；H 为深度。

1962 年，苏联学者金尼克修正了 Heim 的静水压力假定，认为地壳中各点的垂直应力等于上覆岩层的重力 $\sigma_\mathrm{v} = \gamma H$，而侧向应力（水平应力）是泊松效应的结果，即

$$\sigma_\mathrm{h} = \frac{\nu}{1 - \nu}\gamma H \qquad (10.2)$$

式中，ν 为上覆岩层的泊松比。

同期的其他学者主要关心的也是如何用一些数学公式来定量地计算地应力的大小，并且都认为地应力只与重力有关，即以垂直应力为主，不同的只是侧压系数。然而，许多地质现象，如断裂、褶皱等，均表明地壳中水平应力的存在。早在 20 世纪 20 年代，我国地质学家李四光就指出："在构造应力的作用仅影响地壳上层一定厚度的情况下，水平应力分量的重要性远远超过垂直应力分量。"

1958 年，瑞典工程师 Hast 首先在斯堪的纳维亚半岛进行了地应力测量的工作，发现存在于地壳上部的最大主应力几乎处处是水平或接近水平的，而且最大水平主应力一般为垂直应力的一倍以上；在某些地表处，测得的最大水平应力高达 7MPa，这就从根本上动摇了地应力是静水压力的理论和以垂直应力为主的观点。

产生地应力的原因是十分复杂的。多年的实测和理论分析表明，地应力的形成主要与地球的各种动力运动过程有关，其中包括板块边界受压、地幔热对流、地球内应力、地心引力、地球旋转、岩浆侵入和地壳非均匀扩容等。另外，温度不均、水压梯度、地表剥蚀或其他物理与化学变化等也可引起相应的应力场。其中，构造应力场和自重应力场为现今地应力场的主要组成部分。

（1）大陆板块边界受压引起的应力场——构造应力场　我国所处的大陆板块受到外部两块板块的推挤，即印度洋板块和太平洋板块的推挤，推挤速度为每年数厘米，同时受到了西伯利亚板块和菲律宾板块的约束。在这样的边界条件下，板块发生变形，产生水平受压应力场。印度洋板块和太平洋板块的移动促成了我国山脉的形成，控制了我国地震的分布。

（2）地幔热对流引起的应力场　由硅镁质组成的地幔温度很高，具有可塑性，并可以上下对流和蠕动。当地幔深处的上升流到达地幔顶部时，就分为两股方向相反的平流，经一定流程直到与另一对流圈的反向平流相遇，一起转为下降流，回到地球深处，形成一个封闭的循环体系。地幔热对流引起地壳下面的水平应力。

（3）由地心引力引起的应力场——自重应力场　由地心引力引起的应力场称为自重应力场，自重应力场是各种应力场中唯一能够计算的应力场。地壳中任一点的自重应力等于单位面积上覆岩层的重力。自重应力为垂直方向应力，它是地壳中所有各点垂直应力的主要组成部分。但是垂直应力一般并不完全等于自重应力，这是因为板块移动等其他因素也会引起垂直方向的应力发生变化。

（4）岩浆侵入引起的应力场　岩浆侵入挤压、冷凝收缩和成岩，均在周围地层中产生相应的应力场，其过程也是相当复杂的。熔融状态的岩浆处于静水压力状态，对其周围施加的是各个方向相等的均匀压力。但是炽热的岩浆侵入后即逐渐冷凝收缩，并从接触界面处逐渐向内部发展。不同的热膨胀系数及热力学过程会使侵入岩浆自身及其周围岩体应力产生复杂的变化过程。应当指出，由岩浆侵入引起的应力场是一种局部应力场。

（5）地温梯度引起的应力场　地层的温度随着深度的增加而升高。温度梯度引起地层中的不同深度产生相应膨胀，从而引起地层中的正应力，其值可达相同深度自重应力

的数分之一。另外，岩体局部寒热不均，产生收缩和膨胀，会导致岩体内部产生局部应力场。

（6）地表剥蚀产生的应力场 地壳上升部分岩体因为风化、侵蚀和雨水冲刷搬运而产生剥蚀作用。剥蚀后，由于岩体内颗粒结构的变化和应力松弛赶不上这种变化，岩体内仍然存在着比由地层厚度引起的自重应力还要大得多的水平应力值。因此，在某些地区，大的水平应力除与构造应力有关外，还和地表剥蚀有关。

2. 自重应力和构造应力

对上述地应力的组成成分进行分析，依据促成岩体中初始地应力的主要因素，可以将岩体中初始地应力场划分为两大组成部分，即自重应力场和构造应力场。两者叠加起来便构成岩体中初始地应力场的主体。

（1）自重应力 地壳上部各种岩体由地心引力作用引起的应力称为自重应力，也就是说自重应力是由岩体的自重引起的。岩体自重作用不仅产生垂直应力，而且由于岩体的泊松效应和流变效应也会产生水平应力。在研究岩体的自重应力时，一般把岩体视为均匀、连续且各向同性的弹性体，因而可以引用连续介质力学原理来探讨岩体的自重应力问题。将岩体视为半无限体，即上部以地表为界，下部及水平方向均无界限。那么，岩体中某点的自重应力可按以下方法求得。

设距地表深度为 H 处取一单元体，如图 10.1 所示，岩体自重在地下深度为 H 处产生的垂直应力为单元体上覆岩体的重力，即

$$\sigma_z = \gamma H \qquad (10.3)$$

式中，γ 为上覆岩体的平均重度；H 为岩体单元的深度。

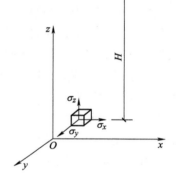

图 10.1 岩体自重垂直应力

若把岩体视为各向同性的弹性体，由于岩体单元在各个方向都受到与其相邻岩体的约束，不可能产生横向变形，即 $\varepsilon_x = \varepsilon_y = 0$；而相邻岩体的阻挡就相当于对单元体施加了侧向应力 σ_x 及 σ_y，考虑广义胡克定律则有

$$\begin{cases} \varepsilon_x = \dfrac{1}{E}\left[\sigma_x - \nu(\sigma_y + \sigma_z)\right] = 0 \\[2mm] \varepsilon_y = \dfrac{1}{E}\left[\sigma_y - \nu(\sigma_z + \sigma_x)\right] = 0 \end{cases} \qquad (10.4)$$

由此可得

$$\sigma_x = \sigma_y = \frac{\nu}{1-\nu}\sigma_z = \frac{\nu}{1-\nu}\gamma H \qquad (10.5)$$

式中，E 为岩体的弹性模量；ν 为岩体的泊松比。令 $\lambda = \nu/(1-\nu)$，则有

$$\sigma_z = \gamma H, \quad \sigma_x = \sigma_y = \lambda\sigma_z, \quad \tau_{xy} = 0 \qquad (10.6)$$

式中，λ 为侧压系数，其定义为某点的水平应力与该点垂直应力的比值。

若岩体由多层不同重度的岩层所组成（图 10.2），各岩层的厚度为 $h_i(i=1, 2, \cdots, n)$，重度为 $\gamma_i(i=1, 2, \cdots, n)$，泊松比为 $\nu_i(i=1, 2, \cdots, n)$，则第 n 层底面岩体的自重初始应力为

$$\begin{cases} \sigma_z = \sum_{i=1}^{n} \sigma_{z,i} = \sum_{i=1}^{n} \gamma_i h_i \\ \sigma_x = \sigma_y = \sum_{i=1}^{n} \lambda_i \sigma_{z,i} = \sum_{i=1}^{n} \frac{\nu_i}{1-\nu_i} \gamma_i h_i \end{cases} \tag{10.7}$$

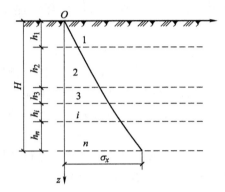

图 10.2　自重垂直应力分布

一般岩体的泊松比 ν 为 0.15～0.35，故侧压系数 λ 通常都小于 1，因此在岩体自重应力场中，垂直应力 σ_z 和水平应力 σ_x、σ_y 都是主应力，σ_x 为 σ_z 的 25%～54%。只有岩石处于塑性状态时，λ 值才增大。当 $\nu = 0.5$ 时，$\lambda = 1$，它表示水平应力与垂直应力相等（$\sigma_x = \sigma_y = \sigma_z$），即静水应力状态（Heim 假说）。Heim 认为岩石长期受重力作用产生塑性变形，甚至在深度不大时也会发展成各向应力相等的隐塑性状态。在地壳深处，其温度随深度的增加而加大，温变梯度为 30℃/km。在高温高压下，坚硬的脆性岩石也将逐渐转变为塑性状态。据估算，此深度应在距地表 10km 以下。

（2）构造应力　地壳形成之后，在漫长的地质年代中，在历次构造运动下，有的地方隆起，有的地方下沉。这说明在地壳中长期存在着一种促使构造运动发生和发展的内在力量，这就是构造应力。构造应力在空间有规律的分布状态称为构造应力场。

目前，世界上测定原岩应力的测点已深达 5000m，但多数测点的深度在 1000m 左右。从测点的数据来看很不均匀，有的点最大主应力在水平方向，且较垂直应力大很多，有的点垂直应力就是最大主应力，还有的点最大主应力方向与水平面形成一定的倾角，这说明最大主应力方向是随地区变化的。

近代地质力学的观点认为，在全球范围内构造应力的总规律是以水平应力为主。我国地质学家李四光认为，因地球自转角度的变化而产生地壳水平方向的运动是造成构造应力以水平应力为主的重要原因。

10.2　地应力的主要分布规律

已有的研究和工程实践表明，浅部地壳应力分布主要有如下的一些基本规律。

1）地应力是一个具有相对稳定性的非稳定应力场，它是时间和空间的函数。地应力在绝大部分地区是以水平应力为主的三向不等压应力场。三个主应力的大小和方向是随着空间和时间发生变化的，因而它是非均匀的应力场。地应力在空间上的变化，从小范围来看是很明显的，但就某个地区整体而言变化是不大的。如我国的华北地区，地应力场的主导方向为北向西到近于东向西的主压应力。在某些地震活动活跃的地区，地应力的大小和方向随时间的变化是很明显的。在地震前，处于应力积累阶段，应力值不断升高，而地震时使集中的应力得到释放，应力值突然大幅度下降。主应力方向在地震发生时会发生明显改变，在震后一段时间又会恢复到震前的状态。

2）实测垂直应力基本等于上覆岩层的重力。对全世界实测垂直应力 σ_v 的统计资料的分析表明，在深度为 25～2700m 的范围内，σ_v 呈线性增长，大致相当于按平均重度 γ 等于 27kN/m³ 计算出来的重力 γH。但在某些地区的测量结果有一定幅度的偏差，这些偏差除有一部分可能归结于测量误差外，板块移动，岩浆的对流、侵入、扩容、不均匀膨胀等也能引起垂直应力的异常，如图 10.3 所示。

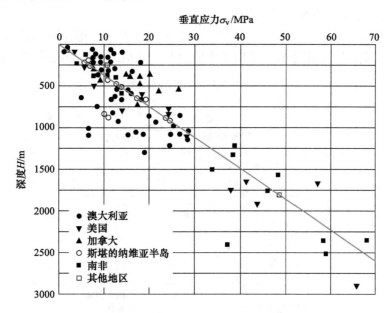

图 10.3　世界部分地区垂直应力 σ_v 随深度 H 的变化规律

3）**水平主应力普遍大于垂直主应力。**实测资料表明，在绝大多数地区均有两个主应力位于水平或接近水平的平面内，其与水平面的夹角一般不大于 30°，最大水平主应力 $\sigma_{h,max}$ 普遍大于垂直应力 σ_v；$\sigma_{h,max}$ 与 σ_v 的比值一般为 0.5～5.5，在很多情况下比值大于 2，见表 10.1。

表 10.1　世界部分地区水平主应力与垂直主应力的比值统计

地区名称	$(\sigma_{h,av}/\sigma_v)$ （%）			$\sigma_{h,max}/\sigma_v$
	<0.8	0.8～1.2	>1.2	
中国	32	40	28	2.09
澳大利亚	0	22	78	2.95
加拿大	0	0	100	2.56
美国	18	41	41	3.29
挪威	17	17	66	3.56
瑞典	0	0	100	4.99
南非	41	24	35	2.50
其他地区	37.5	37.5	25	1.96

如果将最大水平主应力与最小水平主应力的平均值

$$\sigma_{h,av} = \frac{1}{2}(\sigma_{h,max} + \sigma_{h,min}) \tag{10.8}$$

与 σ_v 相比，总结目前全世界地应力的实测结果，可得出 $\sigma_{h,av}/\sigma_v$ 的比值一般为 0.5～5.0，大多数为 0.8~1.5（表 10.1），这说明在浅层地壳中平均水平应力也普遍大于垂直应力。垂直应力在多数情况下为最小主应力，在少数情况下为中间主应力，只在个别情况下为最大主应力。这主要是构造应力以水平应力为主造成的。

4）平均水平应力与垂直应力的比值随深度的增加而减小，但在不同地区，变化的速度很不相同。图 10.4 为世界部分地区平均水平应力与垂直应力的比值随深度的变化规律。

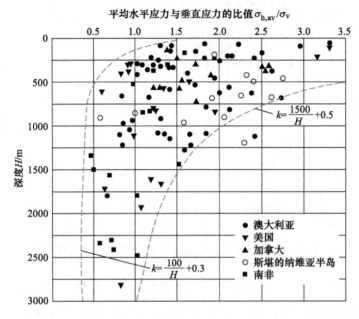

图 10.4　世界部分地区平均水平应力与垂直应力的比值随深度的变化规律

霍克和布朗根据图 10.4 所示结果回归出下列计算式来表示 $\sigma_{h,av}/\sigma_v$ 随深度变化的取值范围，即

$$\frac{100}{H} + 0.3 \leqslant \frac{\sigma_{h,av}}{\sigma_v} \leqslant \frac{1500}{H} + 0.5 \qquad (10.9)$$

式中，H 为深度（m）。

5）最大水平主应力与最小水平主应力也随深度的增加呈线性增长关系。与垂直应力不同的是，水平主应力线性回归方程中的常数项比垂直应力线性回归方程中的常数项的数值要大些，这反映了在某些地区近地表处仍存在显著水平应力的事实。

6）最大水平主应力与最小水平主应力一般相差较大，显示出很强的方向性。$\sigma_{h,min}/\sigma_{h,max}$ 一般为 0.2~0.8，多数情况下为 0.4~0.8，见表 10.2。

表 10.2　世界部分地区两个水平主应力的比值统计占比　　　　　　　　　　（%）

实测地点	统计数目	$(\sigma_{h,min}/\sigma_{h,max})$（%）				
		>0.75~1.0	>0.50~0.75	>0.25~0.50	>0~0.25	合计
斯堪的纳维亚半岛	51	14	67	13	6	100
北美地区	222	22	46	23	9	100
中国华北地区	18	6	61	22	11	100

7）地应力的上述分布规律还会受到地形、地表剥蚀、风化、岩体结构特征、岩体力学性质、温度、地下水等因素的影响，特别是地形和断层的扰动影响最大。

地形对原始地应力的影响是十分复杂的。在峡谷或山区，地形的影响在侵蚀基准面以上及以下一定范围内表现特别明显。一般情况下，谷底是应力集中的部位，越靠近谷底应力集中越明显。最大主应力在谷底或河床中心，近于水平，在两岸岸坡则向谷底或河床倾斜，并大致与坡面相平行。近地表或接近谷坡的岩体，其地应力状态和其他部位岩体显著不同，并且没有明显的规律性。随着深度不断增加或远离谷坡，地应力分布状态逐渐趋于规律化，并且显示出和区域应力场的一致性。

在断层和结构面附近，地应力分布状态将会受到明显的扰动。断层端部、拐角处及交汇处将出现应力集中的现象。端部的应力集中与断层长度有关，长度越大，应力集中越强烈；拐角处的应力集中程度与拐角大小及其与地应力的相互关系有关。当最大主应力的方向和拐角的对称轴一致时，其外侧应力大于内侧应力。由于断层带中的岩体一般较软弱和破碎，不能承受较高的应力和不利于能量积累，成为应力降低带，其最大主应力和最小主应力与周围岩体相比均显著减小。同时，断层的性质不同，对周围岩体应力状态的影响也不同。压性断层中的应力状态与周围岩体比较接近，仅是主应力的大小有所下降，而张性断层中的地应力大小和方向均发生了显著变化。

10.3　高地应力区域的主要岩石力学问题

10.3.1　高地应力判别准则和高地应力现象

1. 高地应力判别准则

高地应力的判别，目前业内无统一的判别标准。国内一般岩体工程以初始地应力在 20 ~ 30MPa 为高地应力（埋深大于 800m）。高地应力是一个相对的概念，由于不同岩石具有不同的弹性模量，岩石的储能性能也不同。一般情况下，地区初始地应力与该地区岩体的变形特性有关，岩质坚硬，能储存更多的弹性能，地应力也大。因此，高地应力是地质学的概念，是相对于围岩强度而言的，指岩石抗压强度与地应力的比值。也就是说，当围岩单轴抗压强度（σ_c）与围岩内部的最大地应力的比值达到某一水平时，才能称为高地应力或极高地应力，即

$$围岩强度比 = \frac{\sigma_c}{\sigma_{max}} \tag{10.10}$$

目前在地下工程的设计和施工中，都把围岩强度比作为判断围岩稳定性的重要指标，有的还作为围岩分级的重要指标。从这个角度讲，应该认识到：埋深大，不一定就存在高地应力问题；埋深小，但围岩强度很低的场合，如大变形的出现，也可能出现高地应力的问题。因此，在研究是否出现高或极高地应力问题时必须与围岩强度联系起来进行判定。

表 10.3 是一些以围岩强度比为指标的地应力分级标准，可作为参考。显然，并不是初始地应力大，就一定是高地应力。因为有时初始地应力虽然大，但与围岩强度相比却不一定高。因而，在埋深较浅的情况下，虽然初始地应力不大，但因围岩强度极低，也可能出现大变形。

表 10.3　以围岩强度比为指标的地应力分级标准

出处	极高地应力	高地应力	一般地应力
法国隧道协会	<2	2~4	>4
GB/T 50218—2014《工程岩体分级标准》	<4	4~7	>7
日本新奥法指南（1996 年）	>2	4~6	>6
日本仲野分级	<2	2~4	>4

围岩强度比与围岩开挖后的破坏现象有关，特别是与岩爆、大变形有关。前者是在坚硬完整的岩体中可能发生的现象，后者是在软弱或土质地层中可能发生的现象。表 10.4 为高初始地应力岩体在开挖中出现的主要现象，表 10.5 为不同围岩强度比开挖中出现的现象。

表 10.4　高初始地应力岩体在开挖中出现的主要现象

应力情况	主要现象	σ_c/σ_{max}
极高应力	硬质岩：开挖过程中时有岩爆发生，有岩块弹出，洞室岩体发生剥离，新生裂缝多，成洞性差，基坑有剥离现象，成型性差 软质岩：岩芯常有饼化现象。开挖过程中洞壁岩体有剥离，位移极为显著，甚至发生大位移，持续时间长。不易成洞，基坑发生显著隆起或剥离，不易成形	<4
高应力	硬质岩：开挖过程中可能出现岩爆，洞壁岩体有剥离和掉块现象，新生裂缝较多，成洞性较差，基坑时有剥离现象，成型性一般尚好 软质岩：岩芯时有饼化现象，开挖过程中洞壁岩体位移显著，持续时间长，成洞性差。基坑有隆起现象，成型性较差	4~7

表 10.5　不同围岩强度比开挖中出现的现象（日本仲野分级）

围岩强度比	<2	2~4	>4
地压特性	多产生塑性地压	有时产生塑性地压	不产生塑性地压

2. 高地应力现象[1]

1）岩芯饼化现象。在中等强度以下的岩体中进行勘探时，常可见到岩芯饼化现象。美国的 Obert 和 Stophenson（1965）用试验验证的方法获得了饼状岩芯，由此认定饼状岩芯是高地应力产物。从岩石力学破裂的成因来分析，岩芯饼化是剪胀破裂的产物。除此以外，还能发现钻孔缩径现象。

2）岩爆。在岩性坚硬完整或较完整的高地应力地区开挖隧洞或探洞的过程中时有岩爆发生，岩爆是岩石被挤压到弹性限度，岩体内积聚的能量突然释放所造成的一种岩石破坏现象。鉴于岩爆在岩体工程中的重要性，在 10.3.2 节将专题论述。

3）探洞和地下隧洞的洞壁产生剥离，岩体锤击时有嘶哑声并有较大变形，在中等强度以下的岩体中开挖探洞或隧洞，高地应力状况不会像岩爆那样剧烈，洞壁岩体产生剥离现象，有时裂缝一直延伸到岩体浅层内部，锤击时有嘶哑声。在软质岩体中的洞体则产生较大的变形，位移显著，持续时间长，洞径明显缩小。

4）岩质基坑底部隆起、剥离及回弹错动现象。在坚硬岩体表面开挖基坑或槽，在开挖过程中坑底突然隆起、断裂，并伴有响声；或在基坑底部产生隆起剥离。岩体中如有软弱夹层，则会在基坑斜坡上出现回弹错动现象（图 10.5）。

5）野外原位测试测得的岩体物理、力学指标比实验室岩块试验的结果要高。由于高地应力的存在，岩体的声波速度、弹性模量等参数增大，甚至比实验室无应力状态岩块测得的参数还要高。野外原位变形测试曲线的形状也会变化，在 σ 轴上有截距（图 10.6）。

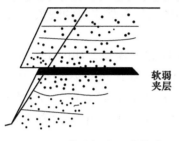

软弱夹层

图 10.5　基坑斜坡回弹错动

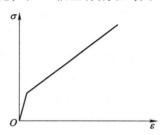

图 10.6　高地应力条件下岩体变形曲线

10.3.2　岩爆及其防治措施

1. 概述

围岩处于高应力场条件下产生的岩片（块）飞射抛撒，以及洞壁片状剥落等现象称为岩爆。岩体内开挖地下厂房、隧道、矿山地下巷道、采场等地下工程，引起挖空区围岩应力重新分布和集中，当应力集中到一定程度后就有可能产生岩爆。在地下工程开挖过程中，岩爆是围岩各种失稳现象中反应最强烈的一种。它是地下工程施工的一大地质灾害，由于它的突发性，在地下工程中对施工人员和施工设备的威胁十分严重。如果处理不当，就会给施工安全、岩体及建筑物的稳定带来很多困难，甚至会造成重大工程事故。

据不完全统计，在我国的大部分重要煤矿中，煤爆和岩爆的发生地点一般在 200～1500m 深处的地质构造复杂、煤层突然变化、水平煤层突然弯曲变成陡倾等部位。在一些严重岩爆发生区，曾有数以吨计的岩块、岩片和岩板抛出。我国水电工程的一些地下洞室中也曾发生过岩爆，地点大多在高地应力地带的结晶岩和灰岩中，或位于河谷近地表处。另外，在高地应力区开挖隧道，如果岩层比较完整、坚硬，也常发生岩爆现象。

由于岩爆是极为复杂的动力现象，至今对地下工程中岩爆的形成条件及机理还没有形成统一的认识。有的学者认为岩爆是受剪破裂，也有的学者根据自己的观察和试验结果得出张破裂的结论，还有一种观点把产生岩爆的岩体破坏过程分为劈裂成板条→剪（折）断成块→块、片弹射的阶段式破坏。

2. 岩爆的类型、性质和特点

岩爆的特征可从多个角度去描述。目前，主要是根据现场调查得到的岩爆特征，考虑岩爆危害方式、危害程度及防治对策等因素，分为破裂松脱型、爆裂弹射型、爆炸抛射型。

（1）破裂松脱型　围岩呈块状、板状、鳞片状，爆裂声响微弱，弹射距离很小，岩壁上形成破裂坑，破裂坑的深度主要受围岩应力和强度的控制。

（2）爆裂弹射型　岩片弹射及岩粉喷射，爆裂声响如同枪声，弹射岩片体积一般不超过 0.33m^3，直径为 5～10cm。洞室开凿后，一般出现片状岩石弹射、崩落或呈笋皮状的薄片剥落，岩片的弹射距离一般为 2～5m。岩块多为中间厚、周边薄的菱形岩片。

（3）爆炸抛射型 岩爆发生时巨石抛射，其声响如同炮弹爆炸，抛射岩块的体积从数立方米到数十立方米不等，抛射距离可达十几米。

此外，也有把岩爆分为应变型、屈服型及岩块突出型的，如图10.7所示。应变型是指巷道周边坚硬岩体产生应力集中，在脆性岩石中发生激烈的破坏，是最普通的岩爆现象；屈服型是指在有相互平行的裂隙的巷道中，巷道壁的岩石屈服，发生突然破坏，常常是由爆破震动所诱发；岩块突出型是指被裂隙或节理等分离的岩块突然突出的现象，常由爆破震动或地震等诱发。

岩爆的规模可以分为三类，即小规模、中等规模和大规模，如图10.8所示。小规模是指在壁面附近浅层部分（厚度小于0.25m）的破坏，破坏区域仍然是弹性的，岩块的质量通常在1t以下；中等规模是指形成厚度0.25~0.75m的环状松弛区域的破坏，但空洞本身仍然是稳定的；大规模是指超过0.75m以上的岩体显著突出，很大的岩块弹射出来，这种情况采用一般的支护是不能防止的。

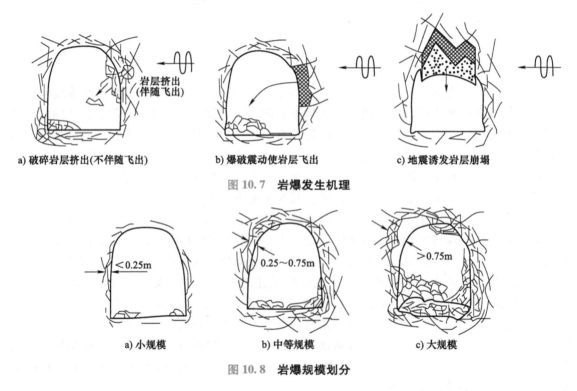

a) 破碎岩层挤出(不伴随飞出)   b) 爆破震动使岩层飞出   c) 地震诱发岩层崩塌

图10.7 岩爆发生机理

a) 小规模   b) 中等规模   c) 大规模

图10.8 岩爆规模划分

根据已有的隧道工程经验，岩爆具有以下一些基本特征：

1）从爆裂声方面来看，有强有弱，有的沉闷，有的清脆。一般来讲，声响如雷的岩爆规模较大，而声响清脆的规模较小。有的伴随着声响，可见破裂处冒岩灰。声响现象非常普遍，绝大部分岩爆伴随着声响而发生。

2）从弹射程度上来看，岩爆基本上只包括弱弹射和无弹射两类。一般洞室靠河侧的上部岩爆属于弱弹射类，其弹射距离不大于2.0m，一般在0.8~2.0m。洞室靠山侧的下部岩爆属于无弹射类，仅仅是将岩面劈裂形成层次错落的小块岩石，或脱离母岩滑落的大块岩石，且可以明显地观察到围岩内部已形成空隙或空洞。

3）从爆落的岩体来看，岩体主要有体积较大的块体或体积较小的薄片，薄片的形状呈中间厚、四周薄的贝壳状，其长与宽的尺寸相差并不悬殊，周边厚度则参差不齐。而岩块的形状多为有一对两组平行的裂面，其余的一组破裂面呈刀刃状。前者几何尺寸较小，一般在 4.5~20cm 范围内，后者从数十厘米到数米不等。

4）从岩爆坑的形态来看，有直角形、阶梯形和窝形，如图 10.9 所示。爆坑为直角形的岩爆，其规模较大，爆坑较深，且伴随有沉闷的爆裂声；阶梯形岩爆的规模最小，时常伴随着多次爆裂声发生，爆落的岩体多为片状或板状；窝形爆坑的岩爆规模有大有小，基本上为一次爆裂长窝形，破坏与声响基本同步。

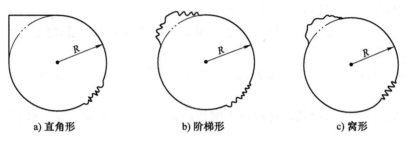

a) 直角形   b) 阶梯形   c) 窝形

图 10.9 三种典型岩爆坑断面形状

5）从同一部位发生岩爆的次数来看，有一次性和重复性两种情况。前者为一次岩爆后不加支护也不会再发生岩爆；后者则在同一部位重复发生岩爆，有的甚至达十多次，在施以锚杆支护的情况下，可以明显地观察到爆裂的岩块悬挂在锚杆上，形状主要为板状和片状。

6）从岩爆发出声响到岩石爆落的时间间隔来看，可分为速爆型和滞后型。前者一般紧随着声响后产生岩石爆落，其时间间隔一般不会超过 10s，且破坏规模较小；后者表现为只闻其声，不见其动，岩爆可滞后声响半小时甚至数月不等。也有少量只有声响而不发生岩石脱离母岩的现象，即只有围岩内部裂纹的扩展而不产生破坏性爆落岩石。

7）从岩爆坑沿洞轴线方向的分布来看，有三种类型，即连续型、断续型和零星型。前者表现为岩爆坑沿洞轴方向连续分布长达 20~100m；第二种表现为岩爆坑以几十厘米至 2m 为间隔成片分布，其沿洞轴分布长度一般为 10~100m，且洞壁上有明显可见的鳞片纹线现象；第三种则表现为小规模的单个岩爆出现。

3. 岩爆产生的条件

产生岩爆的原因很多，其中主要原因是在岩体中开挖洞室，改变了岩体赋存的空间环境，最直观的结果是为岩体产生岩爆提供了释放能量的空间条件。地下开挖岩体或其他机械扰动改变了岩体的初始应力场，引起挖空区周围的岩体应力重新分布和集中，围岩应力有时会达到岩块的单轴抗压强度，甚至会超出其数倍。这是岩体产生岩爆不可缺少的能量积累条件。在具备上述条件的同时，还要从岩性和结构特征方面去分析岩体的变形和破坏方式，最终要看岩体在宏观大破裂之前还储存有多少剩余弹性变形能。当岩体由初期逐渐积累弹性变形能，到伴随岩体变形和微破裂开始产生、发展，使岩体储存弹性变形能的方式转入边积累边消耗，再过渡到岩体破裂程度的加大，导致积累弹性变形能的条件完全消失，弹性变形能全部消耗掉。至此，围岩出现局部或大范围解体，无弹射现象，仅属于静态下的脆性破坏。该类岩石矿物颗粒致密程度低、坚硬程度比较弱、隐微裂隙发育程度较高。当岩石矿物结构致密程度、坚硬程度较高，且在隐微裂隙不发育的情况下，岩体在变形破坏过程中所储存的弹性变形能不仅能满足岩体变形和破裂所消耗的能量，满足变形破坏过程中产生热能、声能的要求，还有足够的剩余能量转换为动能，使逐渐被剥离的岩块（片）瞬间脱离母岩弹射出去。这是岩体产生岩爆弹射极为重要的一个条件。

岩体能否产生岩爆还与岩体积累和释放弹性变形能的时间有关。当岩体自身的条件相同时，围岩应力集中速度就越快，积累弹性变形能就越多，瞬间释放的弹性变形能也越多，岩体的岩爆程度就越强烈。

因此，岩爆产生的条件可归纳为：

1）洞室空间的形成是诱发岩爆的几何条件。

2）地下工程开挖导致围岩应力重新分布和集中，进而将导致围岩积累大量的弹性变形能，这是诱发岩爆的动力条件。

3）岩体承受极限应力产生初始破裂后剩余弹性变形能的集中释放量决定了岩爆的弹射程度。

4）岩爆通过何种方式出现，这取决于围岩的岩性、岩体结构特征、弹性变形能的积累和释放时间。

4. 岩爆发生的判据

从一些国家的规定和研究成果来看，岩爆发生的判据大同小异[1-6]。在地下工程的勘测设计阶段，根据所揭示的地质条件来判断岩爆的发生与否是有一定参考价值的。我国工程岩体分类标准采用的判据如下：

1）当 $\sigma_c / \sigma_{max} > 7$ 时，无岩爆。

2）当 $\sigma_c / \sigma_{max} = 4 \sim 7$ 时，可能会发生轻微岩爆或中等岩爆。

3）当 $\sigma_c / \sigma_{max} < 4$ 时，可能会发生严重岩爆。

上述各式中，σ_c 为岩石单轴抗压强度；σ_{max} 为最大地应力。

岩石强度指标可通过各种试验予以确定，最大地应力通常是通过实地测试获取，但并不是所有的工程都能够进行地应力测试。因此，应借助一些经验数据或直接采用围岩自重应力场中的垂直应力分量作为最大地应力值。

5. 岩爆的防治

通过大量的工程实践及经验的积累，目前已有许多有效的治理岩爆的措施，归纳起来有加固围岩、加装防护措施，改善围岩应力条件，改变围岩性质，完善施工方法等。

（1）围岩加固措施　该方法是对已开挖洞室周边的加固及对掌子面前方的超前加固。这些措施一是可以改善掌子面本身及 1~2 倍洞室直径范围内围岩的应力状态，二是具有防护作用，可防止弹射、塌落等。

（2）改善围岩应力条件　可从设计与施工的角度采用下述办法来改善围岩应力条件：

1）在选择隧道及其他地下结构物的位置时，应使其长轴方向与最大主应力方向平行，这样做可以减少洞室周边围岩的切向应力。

2）在设计时选择合理的开挖断面形状，以改善围岩的应力状态。

3）在施工过程中，爆破开挖采用短进尺、多循环，也可以改善围岩的应力状态，这一点已被大量的实践证实。

4）采用应力解除法，即在围岩内部人为形成一个破碎带，形成一个低弹性区，从而使掌子面及洞室周边的应力降低，使高应力转移到围岩深部。为达到这一目的，可以打超前钻孔或在超前钻孔中进行松动爆破。这种防治岩爆的方法也称为超前应力解除法。

（3）改变围岩性质 我国广泛使用煤层预注水法来改变煤的变形及强度特性，即注水软化法。煤试样在浸泡水以后，动态破坏时间增加，能量释放率显著下降。根据煤试样在自然状态和浸水饱和状态的动态破坏时间（应力曲线）相比较的结果可以看出，浸水饱和煤试样的动态破坏时间呈现数量级的增加。人们根据煤的这一特性对煤层进行预注水来防止冲击地压。煤层压力注水一般有两种方式：一是在煤层开采前进行压力预注水，使煤体湿润，减缓和消除煤的冲击能力，这是一种积极主动的区域性防治措施；第二种是对工作面前方的局部应力集中带进行高压注水，以减缓应力集中，解除煤爆危险，这是一种局部解危措施。

（4）施工安全措施 施工安全措施主要是躲避及清除浮石两种。岩爆一般在爆破后 1h 左右比较激烈，以后则逐渐趋于缓和；爆破多数发生在 1~2 倍洞室直径的范围以内，所以躲避也是一种有效的方法。每次爆破循环之后，施工人员躲避在安全处，待激烈的岩爆平息之后再进行施工。当然这样做要放缓工程的速度，是一种消极的方法。在拱顶部位由岩爆产生的松动石块必须清除，以保证施工安全。对于破裂松脱型岩爆，弹射危害不大，可采用清除浮石的方法来保证施工安全。

10.4　地应力测量方法

10.4.1　地应力测量方法简介

1. 国内外地应力测量的研究概况

人们最初对地应力概念的认识，以及地应力测量技术的发展都源于早期的矿山工程建设，最早的原位地应力测量起始于 20 世纪 30 年代。1932 年，美国人 Lieurace[7] 在胡佛水坝（Hoover Dam）下面的一个隧道中采用岩体表面应力解除法首次成功地进行了原岩应力的测量。进入 20 世纪 60 年代中期之后，随着岩石力学、数值分析、工程测试技术等学科的诞生和发展，地应力测量理论和测试技术得到了创新和发展。这时，出现了三维地应力测量技术，即通过一个单孔的测量就可以求得岩体中某一点的三维地应力状态，使钻孔应力测量技术进入了快速发展阶段。其中，以澳大利亚联邦科学和工业研究组织（CSIRO）研制的 CSIRO 型空心包体应变计应用最为广泛。20 世纪 60 年代末，美国人 Haimson[8] 提出了水压致裂法，成为和应力解除法并驾齐驱的两大地应力测量方法。水压致裂法的突出优点是能够测量地壳深部的地应力。1977 年美国人 Haimson[9] 在 5.1km 深度处进行了水力压裂地应力测量，并对此进行了大量理论和试验研究。

我国的地应力研究是在李四光教授的倡导下开展起来的。早在 20 世纪 40 年代，他就把地应力作为地质力学的一部分进行了研究。我国的地应力测量技术和设备的研制工作起步较晚，起始于 20 世纪 50 年代末期，而地应力实测工作从 20 世纪 60 年代初开始，到现在已经取得了大量的测量数据。进入 20 世纪 80 年代以后，空心包体应变计进入我国，随后地质力学研究所、长沙矿冶研究所和长江科学院等都研制了自己的空心包体应变计，如 KX-81、KX-2003、CKX-97、CKX-01 型空心包体应变计。20 世纪 80 年代，地壳应力研究所率先在国内开展了水力压裂地应力测量的研究工作，并于 1980 年 10 月在河北易县首次成功进行了水力压裂法地应力测量。进入 21 世纪后，葛修润、侯明勋[10,11]提出了一种钻孔局部壁面应力全解除法；胡斌[12]等在套孔应力解除的基础上提出了一次套钻确定三维地应力的新型钻孔变形计，提高了测量元件的分辨率（0.0001mm，精度达到 0.2%）。

2. 地应力测量的主要方法

经过数十年的发展，世界上已经有数十种地应力的测量方法，相关仪器也达数百种，其中常用的是应力恢复法、应力解除法和水压致裂法。

（1）**应力恢复法**　应力恢复法即应力补偿法，是最早使用的地应力测试技术，其中的扁千斤顶法应用最广。其测量地应力的过程是，将扁千斤顶放入围岩的开槽中，通过加压使开槽两侧两个测点的距离恢复到开槽前的状态，此时的压力即开槽前的围岩应力。

主要优点：读数直观，直接获得应力值，不需要进行弹性模量、泊松比的换算，测试技术易于掌握。

主要缺点：扁槽只能获得一个方向的应力，而实际的应力为六个应力分量，无法在同一地点开六个槽进行测量；仅能测得围岩表面的应力，测量深度受到极大限制；测得的应力并非原岩应力，而是地下工程开挖发生应力重新分布后的二次应力。

（2）**应力解除法**　应力解除法的原理：岩块从具有一定应力环境的岩体中取出后，岩石发生弹性变形，测量出解除应力后岩块的弹性变形，通过岩石力学试验测定弹性模量，由胡克定律即可计算得到解除应力前岩体中的应力大小及方向。其操作过程：将特制传感器安装在已施工好的待测岩体钻孔中的同心小孔内，同心套取岩芯，岩芯应力解除发生弹性变形，通过仪器记录应变，在实验室测量解除应力的岩块的弹性模量，计算获得的应力矢量（包括大小和方向）。目前，根据测试的应变或变形，应力解除法大体上可分为孔壁应变法、孔径变形法、孔底应变法。

主要优点：通过一个钻孔即可准确获得三维地应力的六个值；钻孔可以多次利用，多次测量，准确度高。

主要缺点：要求岩石完整，仪器安装段完整岩芯应在 50cm 左右，因此穿层钻孔很难测试成功；仪器安装过程复杂，操作难度大，测量技术难以掌握，成功率偏低；测量结果受温度影响大，离散度高。

（3）**水压致裂法**　水压致裂法的基本假设是岩石是各向同性、均匀介质、连续体、线弹性体，此外要假设钻孔方向是一个主应力方向，从而将问题转换为测量平面内另外两个主应力的问题。根据抗拉破坏准则，钻孔在高压水压力作用下在垂直于最小主应力方向出现裂缝，因此测量结果仅是垂直于钻孔的横截面上的二维应力。钻孔垂直时，通常假设钻孔轴线方向的应力等于上覆岩层的重力。

主要优点：测试周期短，不需要复杂的力学参数试验及换算，操作较为简便，易于掌握，是可以远距离测量深部地应力的方法之一。

主要缺点：水压致裂法是一种二维应力测量方法，其基本假设中的钻孔轴线是一个主应力方向，这在多数情况下不成立；水压致裂段岩体对完整性要求很高，不能含有原生裂隙。

（4）**其他方法**

1）地球物理法。地球物理法包括光弹性应力测定法、波速法、X 射线法、声发射法等。

① 光弹性应力测定法是用光弹性原理测定岩体表面或在钻孔中的应力变化，这种方法的灵敏度较低。

② 波速法是利用超声波或地震波在岩石中的传播速度的变化来测量应力，岩石受到应力作用时会影响波的传播速度。波速法测定应力在理论上存在问题，波速与应力张量之间不存在明确关系，这种方法目前应用还不广泛。

③ 用 X 射线法测定岩石的应力时，先测量接近抛光的定向石英晶片样品中原子间的间距 d，再把所得的原子间距 d 与无应变的石英原子间距相比较，可以计算出应力。这种方法的明显困难是如何将其用于测量岩体内部的应力，而不是测量表面的应力。

2）地质构造信息法。现在的地应力状态与现存的地质构造有密切关系，通过观察这些构造，可以获得主应力方向，而且只有最新的地质构造才能提供比较可靠的地应力信息。它可以与现场原岩应力实测结果相比较，证实其可靠性。主应力方向可由大规模的断层、褶曲走向判断。在小范围内，主应力方向可根据节理、裂隙的方向判断。

3）钻孔破坏信息法。大量的实践表明，钻孔的破坏主要由集中在孔壁的压剪裂纹形成，其方向垂直于最小主应力。目前，测量钻孔破坏的仪器主要是四臂测斜仪，也可选用六臂测斜仪或钻孔电视等仪器。由于钻孔费用极高，所以这种方法只能用于为其他目的而打的钻孔中。同时，此法只能提供地应力的方向，不能确定其大小。

4）井下应力监测。观测资料表明[13]，在大偏应力场中，煤层顶板中产生的水平应力将会引起低角度剪切裂纹的产生。如果顶板岩层暴露在外面，则在井下很容易测绘。在矩形巷道中，当主应力方向近似水平和垂直时，裂纹走向将垂直于最小水平主应力的方向。当矩形巷道与最大水平主应力呈一定角度时，在掘进工作面一侧将产生严重的应力集中现象，巷道一侧出现"槽沟破坏"。当巷道与最大水平主应力方向平行时，巷道受力状况最好。

地应力测量常用方法的特点见表 10.6，各类地应力测量方法及其特征见表 10.7。

表 10.6　地应力测量常用方法的特点[14]

测量方法	特点	适用范围	缺点
水压致裂法	设备简单、操作方便、测量值代表性好、适应性强、测量深度大	测量应力的空间范围较大，在没有可利用的巷道、洞室时，更能显示出优越性	测得的主应力方向不准，测量结果的精度不高；成本较高
应力解除法	测量精度相对较高	适用于矿山中的现有巷道和洞室	测量地点较为局限；运用上存在一些技术上的困难
应力恢复法	理论基础严密	仅适用于岩体表层	不能测量岩体中的主应力方向，工作量很大
声发射法	劳动量小，可保持研究地块的完整性，在同一测点和测区可进行多次测量	适用于高强度的脆性岩石	适用范围比较局限，对于较软弱疏松的岩体则不能使用，精度较低

表 10.7 各类地应力测量方法及其特征[14]

类别	组别	方法	物理参数	测量基线	测量工具	应力计算方法	测量参数
形变类	微观形变	钻孔底端解除法	钻孔底端解除的弹性变形	2~3cm	张量电阻器、光弹传感器、附有张量电阻器的应变计	用模型试验确定的分析公式和关系式	测量面主应力的数值和方向
		中心钻孔壁解除法	中心钻孔壁解除的弹性变形	1~2cm	张量电阻器	分析公式	观测截面主应力的数值和方向
		中心钻孔底端和孔壁解除法	中心钻孔壁的径向弹性变形和逆向蠕变	2~5cm	张量应变计、电容应变计、弦式应变计	分析公式	测量面主应力的数值和方向
		半解除法	巷道壁和矿柱周边岩石的弹性变形	2~50cm	张量应变计、弦式应变计、机械指示器	分析公式	巷道壁或矿柱壁主应力的数值和方向
		补偿荷载法	巷道表面解除的弹性变形和相继载荷的弹性变形，载荷变形的液压系统的压力值	2~50cm	张量应变计、弦式应变计、机械指示器、压力计	压力计直接测定	巷道表面法线主应力的数值和方向
		钻孔壁形变测量 高弹性变形	钻孔壁径向变形	3~4cm	光弹传感器（硅酸硼玻璃）	分析公式，校准曲线	垂直于钻孔轴的应力增量和方向
		钻孔壁形变测量 低弹性变形	根据传感器中液体的压力和流量测定钻孔壁径向变形	3~8cm	液压传感器、压力计	分析公式	压力增量值
		钻孔壁形变测量 非弹性变形（钻孔法等）	钻孔壁的径向变形和纵向变形	2~10cm、10~50cm	张量应变计、电容应变计、电阻应变计、弦式应变计等	分析公式	垂直于钻孔轴的平面应力增量及方向
		钻孔法周围应力场的扰动法	平行的钻孔和裂缝等形成时发生的孔壁的径向变形	3~8cm	各种类型的应变计	分析公式	应力值和方向
	宏观形变	巷道壁形变测量法	巷道的径向变形和巷道壁表面的变形	50~500cm	机械应变计、电阻应变计、弦式应变计、张量应变计等	由应变转换应力的分析公式	应力增量
		大地测量法（水准仪和经纬仪测量）	地表和地下巷道内测点的垂直位移与水平位移	2km以下	水准仪、经纬仪	几何制图和分析公式	应力值和方向

（续）

类别	组别	方法	物理参数	测量基线	测量工具	应力计算方法	测量参数
形变类	宏观形变	高精度水准三角测量法	地表测量的水平位移和垂直位移	1.5~25km（三角边长）、25~200km（闭合多边）	水准仪、经纬仪、测线工具	几何制图和计算、函数相关关系	应力作用方向，有倾斜特征的水平位移和垂直位移的方向与强度，以及切应力值
构造类	宏观构造	在钻孔底和钻孔壁压入冲头	冲头钻入的深度，冲头上的压力值	2cm以下	定时指示计、压力计	校准曲线	平均应力值
		水压致裂法	裂隙的方向；裂隙造成的压力值	1m以下	液压传感器、压力计	分析公式	钻孔破裂段应力的方向和数值
		钻孔时岩芯产生裂隙几何形状分析法	裂隙的方向，岩芯饼的厚度	0.3m以下	地质罗盘、卷尺	裂隙的形成与应力值的函数相关关系	作用力的方向与近似值
		在巷道周围产生的裂隙和剥落的几何形状分析法	四壁上岩石逐渐剥落的巷道，其附近的裂隙方向和位置	1m以下	地质罗盘、卷尺	几何制图；裂隙剥落的形成与应力值的函数相关关系	作用力的方向和近似值
		构造反推法	裂隙方向	由数十米到数十千米	地质罗盘、卷尺	几何制图	裂隙形成期作用力的方向和近似值
	显微构造	显微构造分析法	矿物颗粒和小地质体变形方向	数厘米以下	偏光显微镜，X射线衍射微分分析仪	赤平极射投影网几何制图	引起变形的应力作用方向
地震类	超声波组	超声波发射法	岩体中弹性超声波的速度和幅度	10~120cm	超声波传感器	波速与应力关系的校准曲线	应力的数值与方向；应力变化的相对定性鉴定
		超声波测井法	弹性纵波和横波的速度	1~50cm	超声波传感器	波速与应力关系的校准曲线	应力的数值与方向；应力变化的相对定性鉴定
	脉冲地震组	冲击地震法	弹性纵波和横波的速度	0.1~30m	接收传感器	校准曲线	根据波速特征曲线的各向异性值及其变化对岩体应力的相对定性鉴定

（续）

类别	组别	方法	物理参数	测量基线	测量工具	应力计算方法	测量参数
地震类	脉冲地震组	爆破地震法	弹性纵波和横波的速度	>100m	接收传感器	校准曲线	根据波速特征曲线的各向异性值及其变化对岩体应力的相对定性鉴定
		振动地震法	弹性纵波波速	>100m	接收传感器	校准曲线	根据波速特征曲线的各向异性值及其变化对岩体应力的相对定性鉴定
	地震声波组	地震法	地壳内受到爆炸破坏时产生的弹性纵波初值	数十千米	地震检波器	赤平极射投影网几何制图	主应力方向
		微观地震法	单位时间内自生微破裂的数量、幅度、脉冲衰减、波长	数十米以下	地震探测器、地震接收器	校准曲线	最大作用应力值
电磁类	电法组	电阻法	岩石电阻率	0.1m至数十米	电位计	校准曲线、分析公式	定性估计、应力定量测定近似值
	磁法组	导磁率法	磁化率	数十厘米至数百米	磁力仪	校准曲线	应用的范围未确定
放射性类	γ射线组	γ透视法	γ射线衰减强度	<1m	γ放射源、放射性仪器	校准曲线	应用的范围未确定
		γ-γ测井	γ射线衰减强度	<1m	γ放射源、检波器、计数器	校准曲线	应用的范围未确定

10.4.2 地应力测量的基本原理

岩体应力现场测量的目的是了解岩体中存在的应力大小和方向，为分析岩体工程的受力状态，以及为支护设计及岩体加固设计提供重要的基础资料。岩体应力测量还是预报岩体失稳破坏及预报岩爆的有力工具。岩体应力测量可以分为岩体初始应力测量和地下工程应力分布测量，前者是为了测定岩体初始地应力场，后者则是为了测定岩体开挖后引起的应力重分布状况。从岩体应力现场测量的技术来讲，这两者并无原则上的区别。显然，研究地应力测量的基本原理、方法、技术是非常重要的内容。

原始地应力测量就是确定存在于拟开挖岩体及其周围区域未受扰动的三维应力状态。岩体中任一点的三维应力状态可由选定坐标系中的六个分量（σ_x，σ_y，σ_z，τ_{xy}，τ_{yz}，τ_{zx}）来表示，如图 10.10 所示。这种坐标系可以根据需要任意选择，但一般情况下取地球坐标系作为测量坐标系。由六个应力分量可求得该点的三个主应力的大小和方向，这是唯一的。在实际测量中，每一测点涉及的岩石体积可能从数立方厘米到数千立方米，这取决于采用何种测量方法。但无论多大，对于整个岩体而言，仍可视为一点。虽然也有测定大范围岩体内的平均应力的方法，如超声波等地球物理方法，但这些方法很不准确，因而应用不多。由于地应力状态的复杂性和多变性，要想准确地测定某一地区的地应力，就必须对充足数量的"点"进行测量，在此基础上才能借助数值分析和数理统计、灰色建模、人工智能等方法，进一步描绘出该地区的全部地应力场状态。

地应力现场测量的基本原理：地应力是一个非可测的物理量，它只能通过测量应力变化引起的位移、应变或电阻、电感、波速等可测物理量的变化值，然后基于某种假设反算出来。因此，目前国内外使用的所有地应力测量方法，均是通过钻孔、地下开挖或在露头面上刻槽引起岩体中应力产生扰动，然后用各种探头测量应力扰动引起的各种物理量变化值的方法来实现。

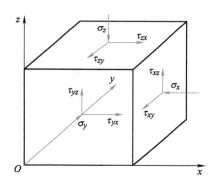

图 10.10　岩体中任一点三维应力状态

为了进行地应力测量，通常需要预先开挖一些洞室以便人和设备进入测点。然而，只要洞室一经开挖，洞室周围岩体中的应力状态就受到了扰动。有一类方法，如早期的扁千斤顶法等，是在洞室表面进行应力测量，然后在计算原始应力状态时，再把洞室开挖引起的扰动作用考虑进去，通常情况下紧靠洞室表面的岩体会受到不同程度的破坏，使它们与未受扰动的岩体的物理、力学性质大不相同；同时，洞室开挖对原始应力场的扰动也是十分复杂的，不可能进行精确的分析和计算。所以，这类方法得出的原岩应力状态往往是不准确的，甚至是完全错误的。为了克服这类方法的缺点，另一类方法是从洞室表面向岩体中打小孔，直至原岩应力区；地应力测量是在小孔中进行的，由于小孔对原岩应力状态的扰动是可以忽略不计的，这就保证了测量是在原岩应力区中进行。目前，普遍采用的应力解除法和水压致裂法均属此类方法。

对测量方法的分类并没有统一的标准。有人根据测量手段的不同，将在实际测量中使用过的测量方法分为构造法、变形法、电磁法、地震法、放射性法五大类；也有人根据测量原理的不同分为应力恢复法、应力解除法、应变恢复法、应变解除法、水压致裂法、声发射法、X 射线法、重力法。但根据国内外多数学者的观点，依据测量基本原理的不同，也可将测量方法分为直接测量法和间接测量法两大类。

1）直接测量法是由测量仪器直接测量和记录各种应力量，如补偿应力、恢复应力、平衡应力，并由这些应力量和原岩应力的相互关系，通过计算获得原岩应力值。在计算过程中，并不涉及不同物理量的换算，不需要知道岩石的物理、力学性质和应力、应变之间的关系。扁千斤顶法、水压致裂法、刚性包体应力计法和声发射法均属直接测量法。其中，水压致裂法目前应用最为广泛，声发射法次之。

2）在间接测量法中，不是直接测量应力量，而是借助某些传感元件或某些介质，测量和记录岩体中某些与应力有关的间接物理量的变化，如岩体中的变形或应变，岩体的密度、渗透性、吸水性、电阻、电容的变化，弹性波传播速度的变化等，然后由测得的间接物理量的变化，通过已知的公式计算岩体中的应力值。因此，在间接测量法中，为了计算应力值，首先必须确定岩体的某些物理、力学性质，以及所测物理量和应力的相互关系。套孔应力解除法和其他的应力或应变解除方法，以及地球物理方法等是间接测量法中较常用的，其中套孔应力解除法是目前国内外普遍采用的且发展较为成熟的一种地应力测量方法。

10.4.3　水压致裂法

1. 测量原理

水压致裂法在20世纪50年代被广泛应用于油田生产，通过在钻井中制造人工裂隙来提高石油的产量。Hubbert 和 Wiliis 在实践中发现了水压致裂裂隙和原岩应力之间的关系。这一发现又被 Fairhurst 和 Haimson 用于地应力测量，其测量原理如图 10.11 所示。

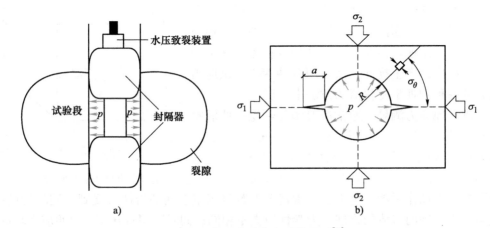

图 10.11　水压致裂应力测量原理[6]

由弹性力学理论可知，当一个位于无限体中的钻孔受到无穷远处二维应力场（σ_1, σ_2）作用时，离开钻孔端部一定距离的部位处于平面应变状态。此时，钻孔周边的应力为

$$\begin{cases} \sigma_\theta = \sigma_1 + \sigma_2 - 2(\sigma_1 - \sigma_2)\cos2\theta \\ \sigma_r = 0 \end{cases} \tag{10.11}$$

式中，σ_θ、σ_r 分别为钻孔周边的切向应力和径向应力；θ 为周边一点与 σ_1 轴的夹角。

由式（10.11）可知，当 $\theta = 0°$ 时，σ_θ 取得极小值，即

$$\sigma_\theta = 3\sigma_2 - \sigma_1 \tag{10.12}$$

如果采用图 10.11 所示的水压致裂系统将钻孔的某段封隔起来，并向该段钻孔注入高压水，当水压超过 $3\sigma_2 - \sigma_1$ 和岩石抗拉强度 σ_t 之和后，在 $\theta = 0°$ 处，即 σ_1 所在方位处将发生孔壁开裂。设钻孔壁发生初始开裂时的水压为 p_i，则有

$$p_i = 3\sigma_2 - \sigma_1 + \sigma_t \tag{10.13}$$

如果继续向封隔段注入高压水，使裂隙进一步扩展，当裂隙深度达到 3 倍钻孔直径时，此处已接近原岩应力状态，停止加压，保持压力恒定，将该恒定压力记为 p_s，则由图 10.11 可知，p_s 应和原岩应力 σ_2 平衡，即

$$p_s = \sigma_2 \tag{10.14}$$

由式（10.13）和式（10.14）可知，只要测出岩石抗拉强度 σ_t，即可由 p_i 和 p_s 求出 σ_1 和 σ_2，这样 σ_1 和 σ_2 的大小与方向就全部确定了。

在钻孔中存在裂隙水的情况下，如封隔段处的裂隙水压力为 p_0，则式（10.13）变为

$$p_i = 3\sigma_2 - \sigma_1 + \sigma_t - p_0 \tag{10.15}$$

根据式（10.14）和式（10.15）求 σ_1 和 σ_2，需要知道封隔段岩石的抗拉强度，这往往是很困难的。为了克服这一困难，在水压致裂试验中增加一个环节，即在初始裂隙产生后将水压卸除，使裂隙闭合，再重新向封隔段加压，使裂隙重新打开，记裂隙重开时的压力为 p_r，则有

$$p_r = 3\sigma_2 - \sigma_1 - p_0 \tag{10.16}$$

这样，由式（10.14）和式（10.16）求 σ_1 和 σ_2 就无须知道岩石的抗拉强度。因此，由水压致裂法测量原岩应力不涉及岩石的物理、力学性质，而完全由测量和记录的压力值来决定。

2. 水压致裂法的特点

（1）水压致裂法的一般优点

1）设备简单。只需用普通钻探方法打钻孔，用双止水装置密封，用液压泵通过压裂装置压裂岩体，不需要复杂的电磁测量设备。

2）操作方便。只通过液压泵向钻孔内注液压裂岩体，观测压裂过程中的泵压、液量即可。

3）测值直观。它可根据压裂时的泵压（初始开裂泵压、稳定开裂泵压、关闭压力、起动压力）计算出地应力值，不需要复杂的换算及辅助测试，还可求得岩体抗拉强度。

4）测值代表性很好。所测得的地应力值及岩体抗拉强度是较大范围内的平均值，有较好的代表性。

5）适应性强。不需要电磁测量元件，不怕潮湿，可在干孔及孔中有水条件下进行试验，不怕电磁干扰，不怕振动。

（2）水压致裂法的独特之处　水压致裂法能够测量岩体深部的应力，已见报道的最大测深为 5000m，这是其他方法不能做到的。因此，这种方法可用来测量深部地壳的构造应力场。同时，对于某些工程，如露天边坡工程，由于没有现成的地下井巷、隧道、洞室等可用来接近地应力的测量点，或者在地下工程前期需要估计该工程区域的地应力场，使用水压致裂法才是最经济实用的。如果使用其他更精确的方法如应力解除法，则需要首先打几百米长的导洞才能接近测点，费用是十分昂贵的。因此，对于一些重要的地下工程，在工程前期使用水压致裂法估测地应力场，在工程施工过程中或工程完成后再使用应力解除法比较精确地测量某些测点的地应力大小和方向，就能为工程设计、施工和维护提供比较准确可靠的地应力场数据。

（3）水压致裂法的缺陷　最大的缺陷就是主应力的方向测不准。水压致裂测量结果只能确定垂直于钻孔平面内的最大主应力和最小主应力的大小与方向。所以，从原理上讲，它是一种二维应力的测量方法。若要测定测点的三维应力状态，必须打互不平行的交汇于一点的三个钻孔，这在实际中几乎是不可能的。一般情况下，假定钻孔方向为一个主应力方向，例如，将钻孔打在垂直方向，并认为垂直应力是一个主应力，其大小等于单位面积上覆岩层

的重力，则可由单孔水压致裂结果来确定一个三维应力场。但在某些情况下，垂直方向并不是一个主应力的方向，其大小也不等于上覆岩层的重力。如果钻孔方向和实际主应力的方向偏差 15°以上，那么上述假设就会对测量结果造成较为显著的误差。

（4）适应性评价　水压致裂法认为初始开裂发生在钻孔壁切向应力最小的部位，即平行于最大主应力的方向，这是基于岩石为连续、均质和各向同性的假设。如果孔壁本来就存在天然节理、裂隙，那么初始开裂将很可能发生在这些部位，而并非切向应力最小的部位。因而，水压致裂法适用于完整的脆性岩石中。

10.4.4　应力解除法

应力解除法是岩体应力测量中应用较广的方法。它的基本原理是：当需要测定岩体中某点的应力状态时，人为地将该处的岩体单元与周围岩体分离。此时，岩体单元上所受的应力将被解除，该单元体的几何尺寸也将产生弹性恢复。应用一定的仪器测定这种弹性恢复的应变值或变形值，并且认为岩体是连续、均质和各向同性的弹性体，于是就可以借助弹性理论的解答来计算岩体单元所受的应力状态。

应力解除法的具体方法很多，按测试深度可以分为表面应力解除法、浅孔应力解除法及深孔应力解除法。按测试变形或应变的方法不同，又可以分为孔径变形测试法、孔壁应变测试法及钻孔应力解除法等。下面介绍常用的钻孔应力解除法。

钻孔应力解除法可分为岩体孔底应力解除法和岩体钻孔套孔应力解除法。

1. 岩体孔底应力解除法

岩体孔底应力解除法是向岩体中的测点先钻进一个平底钻孔，在孔底中心处粘贴应变传感器（如电阻应变花探头或双向光弹应变计），通过钻出岩芯，使受力的孔底平面完全卸载；从应变传感器获得的孔底平面中心处的恢复应变，再根据岩石的弹性常数，可求得孔底中心处的平面应力状态。由于孔底应力解除法只需钻进一段不长的岩芯，对于较为破碎的岩体也能应用。

孔底应力解除法主要工作步骤如图 10.12 所示。将应力解除的钻孔岩芯在室内测定其弹性模量和泊松比，即可应用公式计算主应力的大小和方向。由于深孔应力解除测定岩体全应力的六个独立的应力分量需用三个不同方向的共面钻孔进行测试，其测定和计算工作都较为复杂，在此不再介绍。

2. 岩体钻孔套孔应力解除法

采用该方法对岩体中某点进行应力量测时，先向该点钻进一定深度的超前小钻孔，在此小钻孔中埋设钻孔传感器，再通过钻取一段同心的管状岩芯使应力解除，根据应变及岩石弹性常数，即可求得该点的应力状态。

钻孔套孔应力解除法的主要工作步骤如图 10.13 所示，采用的钻孔传感器可分为位移（孔径）传感器和应变传感器两类，以下主要阐述使用位移传感器的测量方法。

从理论上讲，不管套孔的形状和尺寸如何，套孔岩芯中的应力都将完全被解除。但是，若测量探头对应力解除过程中的小孔变形有限制或约束，它们就会对套孔岩芯中的应力释放产生影响。此时，就必须考虑套孔的形状和大小。一般情况下，探头的刚度越大，对小孔变形的约束就越大，套孔的直径也就越大。对绝对刚性的探头，套孔的尺寸必须无穷大，才能实现完全的应力解除。这就是刚性探头不能用于应力解除测量的缘故。对于 USBM 孔径变形计和 CSIR 孔壁应变计、CSIRO 型空心包体应变计等，由于它们对钻孔变形几乎没有约束，对套孔尺寸和形状的要求就不太严格，一般套孔直径超过小孔直径的 3 倍即可。而对实心包体应变计，套孔的直径就要适当大一些。

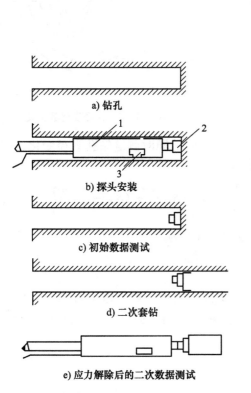

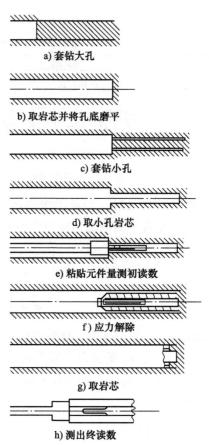

图 10.12 孔底应力解除法主要工作步骤
1—安装器 2—探头 3—温度补偿器

图 10.13 钻孔套孔应力解除法的主要工作步骤

中国科学院武汉岩土力学研究所设计制造的钻孔变形计属于位移传感器，测量元件分为钢环式和悬臂钢片式两种，如图 10.14 所示。该钻孔变形计可用来测定钻孔中岩体应力解除前后孔径的变化值（径向位移值）。钻孔变形计置于中心小孔需要测量的部位，变形计的触脚方位由前端的定向系统来确定。通过触脚测出孔径位移值，其灵敏度可达 $1×10^{-4}$mm。孔径变化的测量如图 10.15 所示。

由于量测的是垂直于钻孔轴向平面内的孔径变形值，它与孔底平面应力解除法一样，也需要对三个不同方向的钻孔进行测定，才能最终得到岩体全应力的六个独立应力分量。在大多数试验场合下，往往进行简化计算，如假定钻孔方向与 σ_3 方向一致，并认为 $\sigma_3 = 0$，则此时通过孔径位移值计算应力的计算式为

$$\frac{\delta}{d} = \frac{1}{E}\left[(\sigma_1 + \sigma_2) + 2(\sigma_1 - \sigma_2)(1 - \nu^2)\cos 2\theta\right] \tag{10.17}$$

式中，δ 为钻孔直径变化值；d 为钻孔直径；θ 为测量方向与水平轴的夹角（图 10.15）；E、ν 为岩石弹性模量与泊松比。

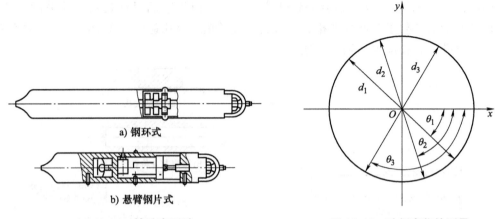

a) 钢环式

b) 悬臂钢片式

图 10.14 钻孔变形计

图 10.15 孔径变化的测量

根据式（10.17），如果在 0°、45°、90° 三个方向上同时测定钻孔直径变化，则可计算出与钻孔轴垂直平面内的主应力大小和方向，有

$$\begin{matrix} \sigma_1' \\ \sigma_2' \end{matrix} = \frac{E}{4(1-\nu^2)}\left[(\delta_0 + \delta_{90}) \pm \frac{1}{\sqrt{2}}\sqrt{(\delta_0 - \delta_{45})^2 + (\delta_{45} - \delta_{90})^2}\right] \tag{10.18}$$

$$\alpha = \frac{1}{2}\cot\frac{2\delta_{45} - (\delta_0 - \delta_{90})}{\delta_0 - \delta_{90}} \tag{10.19}$$

且 $\cos 2\alpha/(\delta_0 - \delta_{90}) > 0$（判别式）。

式中，α 为 δ_0 与 σ_1' 的夹角，但当 $\cos 2\alpha/(\delta_0 - \delta_{90}) < 0$ 时，则 α 取为 δ_0 与 σ_2' 的夹角。

这里用符号 σ_1'、σ_2' 而不用 σ_1、σ_2，表示它并不是真正的主应力，而是垂直于钻孔轴向平面内的似主应力。

10.4.5 声发射法

1. 测试原理

材料在受到外荷载作用时，其内部储存的应变能快速释放产生弹性波，从而发出声响，称为声发射。1950 年，德国人 Kaiser 发现多晶金属的应力从其历史最高水平释放后，再重新加载，当应力未达到先前最大应力值时，很少有声发射产生，而当应力达到和超过历史最高水平后，则大量产生声发射，这一现象叫作 Kaiser 效应。从很少产生声发射到大量产生声发射的转折点称为 Kaiser 点，该点对应的应力即材料先前受到的最大应力。后来国外许多学者证实了在岩石压缩试验中也存在 Kaiser 效应，许多岩石如花岗岩、大理岩、石英岩、砂岩、安山岩、辉长岩、闪长岩、片麻岩、辉绿岩、灰岩、砾岩等也具有显著的 Kaiser 效应，从而为应用这一技术测定岩体初始应力奠定了基础。

地壳内岩石在长期应力作用下达到稳定应变状态，岩石达到稳定状态时的微裂结构与所受应力同时被"记忆"在岩石中，如果把这部分岩石用钻孔法取出岩芯，即该岩芯被应力解除，此时岩芯中张开的裂隙将会闭合，但不会"愈合"。由于声发射与岩石中的裂隙生成有关，当该岩芯被再次加载并且岩芯内应力超过它原先在地壳内所受的应力时，岩芯内开始产生新的裂隙，并伴有大量声发射出现，于是可以根据岩芯所受荷载，确定出岩芯在地壳内所受的应力大小。

Kaiser 效应为测量岩石应力提供了一个途径，即如果从原岩中取回定向的岩石试样，通过对加工的不同方向的岩石试样进行加载声发射试验，测定 Kaiser 点，即可找出每个试样以前所受的最大应力，并进而求出取样点的原始（历史）三维应力状态。

2. 测试步骤

（1）试件制备　从现场钻孔提取岩石试样，必须确定试样在原环境状态下的方向。将试样加工成圆柱体试件，径高比为（1∶3）~（1∶2）。为了确定测点的三维应力状态，必须在该点的岩样中沿六个不同方向制备试件，假如该点局部坐标系为 $Oxyz$，则三个方向选为坐标轴方向，另三个方向选为 Oxy、Oyz、Ozx 平面内的轴角平分线方向。为了获得测试数据的统计规律，每个方向的试件为 15~25 块。

为了消除试件端部与压力试验机上下压头之间因摩擦产生的噪声和试件端部的应力集中，试件两端浇注由环氧树脂或其他复合材料制成的端帽（图 10.16）。

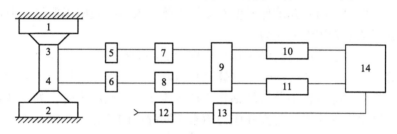

图 10.16　室内试验的声发射监测系统框图

1、2—上、下压头　3、4—换能器 A、B　5、6—前置放大器 A、B　7、8—输入鉴别单元 A、B
9—定区检测单元　10—计数控制单元 A　11—计数控制单元 B　12—试验机油路压力传感器
13—压力电信号转换仪器　14—数据显示与分析

（2）声发射测试　将试件放在单压缩试验机上加压，并同时监测加压过程中从试件中产生的声发射现象。图 10.16 是一组典型的监测系统框图。在该系统中，两个压电换能器（声发射接受探头）固定在试件的上下部，用以将岩石试件在受压过程中产生的弹性波转换成电信号。该信号经放大、鉴别之后送入定区检测单元，定区检测指检测两个探头之间特定区域里的声发射信号，区域外的信号被认为是噪声而不被接受。定区检测单元输出的信号送入计数控制单元，计数控制单元将规定的采样时间间隔内的声发射模拟量和数字量（事件数和振铃数）分别送到记录仪或显示器绘图、显示或打印。

Kaiser 效应一般发生在加载的初期，故加载系统应选用小吨位的应力控制系统，并保持加载速率恒定，尽可能避免人工控制加载速率。如人工加载则应采用声发射事件数或振铃总数曲线判定 Kaiser 点，而不应根据声发射事件速率曲线判定 Kaiser 点。这是因为声发射速率和加载速率有关，在加载初期，人工操作很难保证加载速率恒定，在声发射事件速率曲线上可能出现多个峰值，很难判定真正的 Kaiser 点。

（3）计算地应力　由声发射监测所获得的应力-声发射事件数（速率）曲线（图 10.17），即可确定每次试验的 Kaiser 点，并进而确定该试件轴线方向先前受到的最大应力值。每 15~25 个试件获得一个方向的统计结果，六个方向的应力值即可确定取样点的历史最大三维应力的大小和方向。

根据 Kaiser 效应的定义，用声发射法测得的是取样点的历史最大应力，而非现今地应力。但是也有一些人对此持相反意见，并提出了"视 Kaiser 效应"的概念。认为声发射试验可获得两个 Kaiser 点，一个对应于引起岩石饱和残余应变的应力，它与现今应力场一致，比历史最高应力值低，因此称为视 Kaiser 点。在视 Kaiser 点之后，还可获得另一个真正的 Kaiser 点，它对应于历史最高应力。

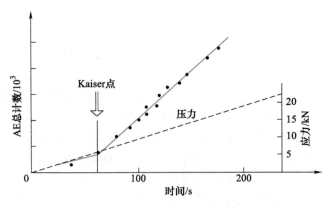

图 10.17　应力-声发射事件数（速率）曲线

由于声发射与弹性波传播有关，所以高强度的脆性岩石有较明显的声发射 Kaiser 效应出现，而多孔隙低强度及塑性岩体的 Kaiser 效应不明显，所以不能用声发射法测定比较软弱疏松岩体中的应力。

需要指出的是，传统的地应力测量和计算理论是建立在岩石为线弹性、连续、均质和各向同性的理论假设基础之上的，而一般岩体都具有程度不同的非线性、不连续性、不均质和各向异性。在由应力解除过程中获得的钻孔变形或应变值求地应力时，如忽视岩石的这些性质，必将导致计算出来的地应力与实际应力值有不同程度的差异，为提高地应力测量结果的可靠性和准确性，在进行结果计算、分析时必须考虑岩石的这些性质。下面是几种考虑和修正岩体非线性、不连续性、不均质性和各向异性的影响的主要方法：

1）岩石非线性的影响及其正确的岩石弹性模量和泊松比确定方法。

2）建立岩体不连续性、不均质性和各向异性模型并用相应程序计算地应力。

3）根据岩石力学试验确定的现场岩体不连续性、不均质性和各向异性修正测量应变值。

4）用数值分析方法修正岩石不连续性、不均质性、各向异性和非线弹性的影响。

 拓展阅读

典型岩石力学与工程——湖北大冶露天矿场

大冶铁矿东区露天采场由象鼻山、狮子山和尖山三大矿体组成，经过多年的露天开采，已经形成了东西长约 2400m，南北最宽处约 1000m 的深凹露天坑。

矿体围岩主要是闪长岩、大理岩、矽卡岩，通过对东区露天采场进行的地质测绘及矿、岩力学分析，并根据对地下排水巷道的稳定性调查和对大量钻孔岩、矿芯资料的综合分析，将东区露天采场深部矿体及围岩稳固性分为三个等级，既稳定区、较稳定区和不稳定区。

大冶铁矿是地采、露采并存的矿山。地采所用采矿方法为无底柱分段崩落法，为了一个矿山不同采区设备通用和管理方便，对露天转地下矿体仍选择了无底柱分段崩落法开采。用这种方法开采临近深凹露天边坡的矿体，有下列问题需要解决：

① 临近深凹露天边坡矿体，由于上部露天边坡岩体在露采时已受回采爆破破坏的作用，其完整性和稳定性严重受损，这部分矿体应怎样开采、巷道怎样布置，才能确保生产的高效安全。

② 地采时各种爆破所产生的强烈震动效应，必然对露天高边坡产生一定程度扰动与破坏，采取何种措施才能控制爆破破坏效应，减少采动对高边坡的危害影响，确保边坡的稳定。

③ 露天转地下采用无底柱分段崩落法开采，露天边坡下矿岩结构发生重大变化，边坡原有的应力平衡被打破，边坡变形和位移会不断发生和发展，这到何种程度会破坏边坡原有的自稳结构，会影响到边坡的稳定。

④ 无底柱分段崩落法采矿的必要条件是在覆盖岩层下进行放矿，覆盖层厚度一般要大于一个分段高度，或以大于 15~20m 为宜。对目前的东区矿体而言，与露天边坡的相接关系为：1）矿体直接出露在边坡上；2）边坡出露矿体已有回填料回填一定厚度，狮子山部分矿体已有 48m 废石回填层。前者必须考虑覆盖层如何形成，后者现有覆盖层厚度虽然能满足初期开采的需要，但随着开采的进行，下部开采面积增大，要保持合适的覆盖层厚度，就必须解决其后续补充问题。

岩石力学与工程学科专家——葛修润

葛修润，1995 年，当选为中国工程院院士。

金沙江最大的支流雅砻江流域，锦屏二级水电站也在开发之中。其工程区域、地质条件非常复杂，除了高地应力和岩爆之外，更有很严重的地下水问题，在锦屏水电站巨大的输水隧道工程中，地应力实测是其中极为重要的问题。在锦屏山下 2430m 深处，有几个单位用了国内外各种方法进行测试，都没有测出该地区的地应力资料。葛修润首创了 BWSRM 三维地应力测量方法。

地应力测井机器人的功能主要包括：①对测量钻孔的孔壁质量进行观测，选择测量孔段；②对所选择的测量孔段的局部壁面（工作面）进行打磨、干燥处理；③对工作面进行喷胶、自动粘贴应变片，对工作面进行环形切割钻进实施应力全解除作业；④实时采集应变测量数据。

地应力测井机器人的主要工作步骤可以概括为：①选择应力解除点位；②实施应力解除作业；③应力解除作业结束后，将设备从钻孔中取出，一次应力解除任务完成；④在同一局部孔段内，重复上述步骤，完成对至少 3 个壁面的应力解除作业。

复习思考题

10.1　岩体原始应力状态与哪些因素有关？

10.2　试述自重应力场与构造应力场的区别和特点。

10.3　什么是岩体的构造应力？构造应力是怎样产生的？土中有无构造应力？为什么？

10.4　什么是侧压系数？侧压系数能否大于 1？从侧压系数值的大小如何说明岩体所处的应力状态？

10.5　某花岗岩埋深 1000m，其上覆盖地层的平均密度为 2500kg/m³，花岗岩处于弹性状态，泊松比 $\nu = 0.3$。该花岗岩在自重作用下的初始垂直应力和水平应力分别为多少？

10.6　地应力是如何形成的？控制某一工程区域内地应力状态的主要因素是什么？

10.7　简述地壳浅部地应力分布的基本规律。

10.8　简述地应力测量的重要性。

10.9　地应力测量方法分为哪两类？这两类的主要区别在哪里？每类包括哪些主要测量技术？

10.10 简述水压致裂法的基本测量原理和主要优缺点。

10.11 简述声发射法的主要测试原理。

10.12 简述套孔应力解除法的基本测量原理和主要测试步骤。

10.13 简述高地应力的概念和判别准则。

10.14 简述高地应力现象。

参 考 文 献

[1] 周维垣. 高等岩石力学 [M]. 北京：水利电力出版社，1990.

[2] 谭以安. 岩爆类型及其防治 [J]. 现代地质，1991，5 (4)：450-456.

[3] 张志强. 岩爆发生条件的基本分析 [J]. 铁道学报，1998，20 (4)：82-85.

[4] 陆家佑. 岩爆预测的理论与实践 [J]. 煤矿开采，1998，(3)：26-29.

[5] 蔡美峰，乔兰，于波. 金川二矿区深部地应力测量及其分布规律研究 [J]. 岩石力学与工程学报，1999，18 (4)：141-418.

[6] 何满潮，谢和平，彭苏萍，等. 深部开采岩体力学研究 [J]. 岩石力学与工程学报，2005，24 (16)：2803-2813.

[7] LIEURACE R S. Stress in foundation at boulder dam [C] //Colorado：Colorado School of Mines Press，1933.

[8] HAIMSON B C. Hydraulic fracturing in porous and nonporous rock and its potential for determining in situ stresses at great depth [D]. Twin Cities：University of Minnesota，1968：1-50.

[9] HAIMSON B C. Recent in-situ stress measurements using the hydrofracturing technique [A]. Wang F D，Clark G B ed. Proceedings 18th U. S. Symposium on Rock Mechanics [C] //Colorado：Colorado School of Mines Press，1977，4：21-26.

[10] 葛修润，侯明勋. 一种测定深部岩体地应力的新方法：钻孔局部壁面应力全解除法 [J]. 岩石力学与工程学报，2004，23 (23)：3923-3927.

[11] 葛修润，侯明勋. 三维地应力 BWSRM 测量新方法及其测井机器人在重大工程中的应用 [J]. 岩石力学与工程学报，2011，30 (11)：2161-2180.

[12] 胡斌，章光，李光煜. 一次套钻确定三维地应力的新型钻孔变形计 [J]. 岩土力学，2006，27 (5)：816-822.

[13] 康红善. 煤岩体地质力学原位测试及在围岩控制中的应用 [M]. 北京：科学出版社，2013.

[14] 地应力测量的国内外研究现状 [EB/OL]. (2014-05-10) [2018-03-03]. http：//www.doc88.com/p-3983710897995.html.

组成岩体的岩石性质、结构不同，以及岩体中结构面发育情况的差异，使得岩体力学的性质相当复杂。为了在工程设计与施工中能区分出岩体质量的好坏，以及表现在稳定性上的差别，需要对岩体进行合理分级与分类。围岩分级是指根据岩体完整程度和岩石强度等指标将无限的岩体序列划分为具有不同稳定程度的有限个类别，即将稳定性相似的一些围岩划归为一类，将全部的围岩划分为若干类。在围岩分类的基础上再依照每一类围岩的稳定程度给出最佳的施工方法和支护结构设计。

围岩分级是选择施工方法、工程结构参数，科学管理生产，评价经济效益的依据之一；是确定结构上的荷载（松散荷载）、衬砌结构的类型及尺寸，制定劳动定额、材料消耗标准等的基础，这也是岩石力学与工程应用方面的基础性工作。

为了客观地评价岩体质量和岩体稳定性，需要寻找科学的岩体分类方法。因此，岩体质量评价的分类方法课题深受国内外学者的重视，出现了数十种岩体分类方法。本书仅介绍比较有影响的几种岩体质量评价的分类方法。

在分类方法中，各个因素应有明确的物理意义，并且应该是独立的影响因素。一般情况下，为各种工程服务的工程岩体分类应考虑以下因素：岩体的性质（尤其是结构面和岩块的工程质量），风化程度，水的影响，岩体的各种物理、力学参数，地应力，工程规模和施工条件等。在定量分类中，其指标量值的变化都用几何级数来反映，级数的公比一般为1.2~1.4，特性变动范围为 10~30 倍。

在工程岩体分类中，一是应用巷道的自稳时间或塌落量来反映工程的稳定性，二是应用巷道顶面的下沉位移量来反映工程的稳定性。在这种情况下，分类只能是岩石质量、结构面、水、地应力等因素的综合反映。在有的岩体分类中，把它作为岩体分类以后的岩体稳定性评价来考虑。

综上所述，目前在工程岩体分类中，作为评价的独立因素，只有岩石质量、岩体结构面和水的影响等，地应力影响只能在综合因素中反映。

11.1 按岩石（芯）质量指标（RQD）分类

按岩石质量指标分类是 Deer 于 1964 年提出的，它是根据钻探时的岩芯完好程度来判断岩体的质量，以此对岩体进行分类，即将长度在 10cm 以上（含 10cm）的岩芯累计长度占总长度的百分比，称为岩石（芯）质量指标，用 RQD 表示，表达式为

$$RQD = \frac{10cm \text{ 以上（含 10cm）岩芯累计长度}}{\text{总长度}} \times 100\% \qquad (11.1)$$

岩石（芯）质量指标见表 11.1。这种分类方法简单易行，是一种快速、经济、实用的岩体质量评价方法，在一些国家得到广泛应用。但它没有反映出节理的方位、充填物的影响等，因此在更完善的岩体分类中，仅把 RQD 作为一个参数加以使用。

表 11.1　岩石（芯）质量指标

分类	很差	差	一般	好	很好
RQD(%)	<25	25~50	50~75	75~90	≥90

当没有钻孔资料时，可以按下式确定 RQD 值：

较长或板状岩体　　　　　　　$RQD = 115 - 3.3J_V$　　　　　　　　　　(11.2)

立方体状岩体　　　　　　　　$RQD = 110 - 2.5J_V$　　　　　　　　　　(11.3)

式中，J_V 为单位体积结构面的数量。

11.2　按岩体结构类型分类

谷德振教授等根据岩体结构划分岩体类型，这种分类方法的特点是，考虑了各类结构的地质成因，突出了岩体的工程地质特性。这种分类方法把岩体结构分为四类，即整体块状结构、层状结构、碎裂结构和散体结构，在前三类中每类又分为数个亚类，详见表 11.2。按岩体结构类型分类的方法，对重大岩体工程的地质评价来说，是一种较好的分类方法，颇受国内外重视。

表 11.2　根据岩体结构划分岩体类型

岩体结构类型				岩体完整性		主要结构面及其抗剪特性			岩块湿抗压强度/Pa
类		亚类		结构面	完整性	级别	类型	主要结构面	
代号	名称	代号	名称	间距/cm	系数 I			摩擦系数 f	
I	整体块状结构	I_1	整体结构	>100	>0.75	存在Ⅳ级、Ⅴ级	刚性结构面	>0.60	>6000
		I_2	块状结构	50~100	0.35~0.75	以Ⅳ级、Ⅴ级为主	刚性结构面，局部为破碎结构面	0.40~0.60	>3000，一般大于6000
II	层状结构	II_1	层状结构	30~50	0.30~0.60	以Ⅲ级、Ⅳ级为主	刚性结构面，柔软结构面	0.30~0.50	>3000
		II_2	薄层状结构	≤30	≤0.40	Ⅲ级、Ⅳ级显著	柔软结构面	0.30~0.40	1000~3000
III	碎裂结构	III_1	镶嵌结构	≤50	≤0.36	Ⅳ级、Ⅴ级密集	刚性结构面，破碎结构面	0.40~0.60	>6000
		III_2	层状碎裂结构	≤50（骨架岩层中较大）	≤0.40	Ⅱ级、Ⅲ级、Ⅳ级均发育	泥化结构面	0.20~0.40	≤3000，骨架岩层在3000上下
		III_3	碎裂结构	≤50	≤0.30	—	破碎结构面	0.16~0.40	≤3000
IV	散体结构			—	≤0.20	—	节理密集呈无序状分布，表现为泥包块或块夹泥	≤0.20	无实际意义

注：k_v 为完整性系数，$k_v = (v_{pm}/v_{pr})^2$，v_{pm} 为岩体中弹性波的传播速度，v_{pr} 为岩石中弹性波的传播速度；岩体中起控制作用的结构面的摩擦系数 $f = \tan\varphi$，φ 为该结构面的内摩擦角。

11.3　GB/T 50218—2014《工程岩体分级标准》简介

　　GB/T 50218—2014《工程岩体分级标准》提出了两步分级法：第一步，按岩体的基本质量指标 BQ 进行初步分级；第二步，针对各类工程岩体的特点，考虑其他影响。

　　基本质量分级主要考虑岩石的坚硬程度和岩体的完整性程度两个分级因素，采用定量和定性相结合、经验判断与测试计算相结合的方法进行。

　　《工程岩体分级标准》的基本结构如图 11.1 所示。

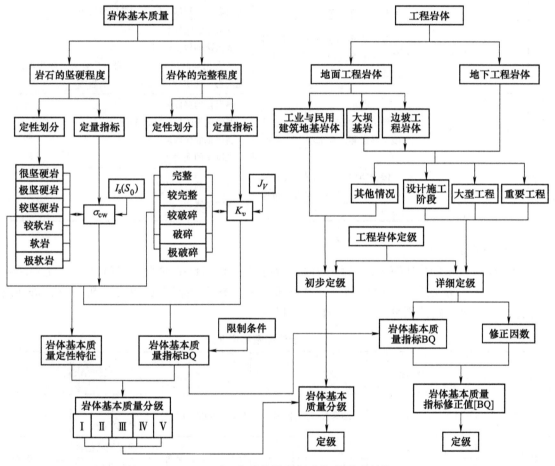

图 11.1　《工程岩体分级标准》的基本结构

1. 岩石坚硬程度

　　度量这一性质的定量指标有岩石单轴抗压强度、弹性变形模量、回弹值等。在这些力学指标中，岩石的单轴抗压强度容易测得，与其他强度指标密切相关，同时又能反映出受水软化的性质，所以分级标准采用岩石单轴饱和抗压强度 σ_{cw} 作为岩石的坚硬程度的定量指标。现场勘查时，直观地鉴别岩石的坚硬程度，可根据岩石的锤击难易程度、回弹程度、手触感觉和吸水反应来为岩石的坚硬程度做定性鉴定[1]。

　　岩石坚硬程度划分见表 11.3。

表11.3 岩石坚硬程度划分

名称		定量鉴定 σ_{cw}/MPa	定性鉴定	代表性岩石
硬质岩	坚硬岩	>60	锤击声清脆,有回弹,震手,难击碎;浸水后大多无吸水反应	未风化至微风化:花岗岩、正长岩、闪长岩、辉绿岩、玄武岩、安山岩、片麻岩、石英片岩、硅质板岩、石英岩、硅质胶结的砾岩、石英石岩、硅质石灰岩等
	较坚硬岩	30~60	锤击声较清脆,有轻微回弹,稍震手,较难击碎;浸水后有轻微吸水反应	弱风化的坚硬岩 未风化至微风化:熔结凝灰岩、大理岩、板岩、白云岩、石灰岩、钙质胶结的砂岩等
软质岩	较软岩	15~30	锤击声不清脆,无回弹,轻易击碎;浸水后指甲可刻出印痕	强风化的坚硬岩 弱风化的较坚硬岩 未风化至微风化:凝灰岩、千枚岩、砂质泥岩、泥灰岩、泥质砂岩、粉砂岩、页岩等
	软岩	5~15	锤击声哑,无回弹,有凹痕,易击碎;浸水后手可撕开	强风化的坚硬岩 弱风化至强风化的较坚硬岩 弱风化的较软岩 未风化的泥岩等
	极软岩	≤5	锤击声哑,无回弹,有较深凹痕;手可捏碎,浸水后可捏成团	全风化的各种岩石 各种半成岩

2. 岩体完整程度

分级标准对综合几何特征的"结构面发育程度"和综合结构面性状特征的"主要结构面的结合程度"分别进行了定性划分,并参考主要结构面类型进行综合分析评价,进而对岩体完整程度进行定性划分并定名,详见表11.4。

表11.4 岩体完整程度划分

名称	结构面发育程度		主要结构面的结合程度	主要结构面类型	相应结构面类型	完整性系数 K_v
	组数	平均间距/m				
完整	1~2	>1.0	结合好或结合一般	节理、裂隙、层面	整体状或巨厚层状结构	>0.75
较完整	1~2	>1.0	结合差	节理、裂隙、层面	块状或厚层状结构	0.55~0.75
	2~3	0.4~1.0	结合好或结合一般		块状结构	
较破碎	2~3	0.4~1.0	结合差	—	裂隙块状或中厚层状结构	0.35~0.55
	≥3	0.2~0.4	结合好或结合一般		镶嵌碎裂结构、厚层状结构	
破碎	≥3	0.2~0.4	结合差	—	裂隙块状结构	0.15~0.35
		≤0.2	结合好或结合一般		碎裂状结构	
极破碎	无序		结合很差	—	散体状结构	≤0.15

表中的"主要结构面"是指相对发育的结构面,即张开度较大、充填物较差、成组性好的结构面。结构面发育程度包括结构面组数和平均间距,它们是影响岩体完整性的重要因素。

在进行地质勘查时,应对结构面组数和平均间距进行认真测绘和统计。

在岩性相同的条件下,岩体完整性系数 $K_v = (v_{pm}/v_{pr})^2$,v_{pm} 为岩体弹性波纵波波速,v_{pr} 为岩块弹性波纵波波速。k_v 值既反映了岩体结构面的发育程度,又反映了结构面的性状,是一项能较全面地定量反映岩体完整程度的指标。分级标准将 K_v 值作为反映岩体完整程度的定量指标,按表 11.4 做定量划分。

3. 岩体基本质量分级和工程岩体的初步定级

岩体的基本质量指标 BQ 为

$$BQ = 90 + 3\sigma_{cw} + 250K_v \tag{11.4}$$

式中,K_v 为岩体完整性系数(龟裂系数);σ_{cw} 为岩石单轴饱和抗压强度(MPa)。

K_v 可以通过对岩石、岩体的弹性波波速测定经计算确定,也可以对照有代表性露头或开挖面的工程地质岩组的节理裂隙统计值来定性确定 K_v 值。K_v 与节理裂隙统计值 J_V 的对照见表 11.5,K_v 与定性划分的岩体完整程度的对应关系见表 11.6。

σ_{cw} 与定性划分的岩石坚硬程度的对应关系见表 11.7。当 $\sigma_{cw} > 90K_v + 30$ 时,以 $\sigma_{cw} = 90K_v + 30$ 代入求 BQ 值;当 $K_v > 0.04\sigma_{cw} + 0.4$ 时,以 $K_v = 0.04\sigma_{cw} + 0.4$ 代入求 BQ 值。

岩体体积节理数 J_V(条/m³)为

$$J_V = S_1 + S_2 + \cdots + S_n + S_k \tag{11.5}$$

式中,S_n 为第 n 组节理每米长测线上的条数;S_k 为每立方米岩体非成组节理条数。

表 11.5　J_V 与 K_v 对照

J_V/(条/m³)	<3	3~10	10~20	20~35	≥35
K_v	>0.75	0.55~0.75	0.35~0.55	0.15~0.35	≤0.15

表 11.6　K_v 与定性划分的岩体完整程度的对应关系

K_v	>0.75	0.55~0.75	0.35~0.55	0.15~0.35	≤0.15
完整程度	完整	较完整	较破碎	破碎	极破碎

表 11.7　σ_{cw} 与定性划分的岩石坚硬程度的对应关系

σ_{cw}/MPa	>60	30~60	15~30	5~15	≤5
坚硬程度	坚硬岩	较坚硬岩	较软岩	软岩	极软岩

按式(11.4)计算 BQ 值,结合岩体质量的定性特征,可将岩体初步划分为五级,见表 11.8。

表 11.8　岩体质量分级

基本质量级别	岩体质量的定性特征	岩体基本质量指标 BQ
I	坚硬岩,岩体完整	>550
II	坚硬岩,岩体较完整;较坚硬岩,岩体完整	451~550

（续）

基本质量级别	岩体质量的定性特征	岩体基本质量指标 BQ
Ⅲ	坚硬岩，岩体较破碎；较坚硬岩或软、硬岩互层，岩体较完整；较软岩，岩体完整	351~450
Ⅳ	坚硬岩，岩体破碎；较坚硬岩，岩体较破碎或破碎；较软岩或较硬岩互层且以软岩为主，岩体较完整或较破碎	251~350
Ⅴ	较软岩，岩体破碎；软岩，岩体较破碎或破碎；全部极软岩及全部极破碎岩	≤250

4. 工程岩体的稳定性分级

工程岩体也叫围岩，其分级除与岩体基本质量的好坏有关外，还受地下水、主要软弱结构面、天然应力的影响，应结合工程特点，考虑各影响因素，修正岩体基本质量指标，作为不同工程岩体分级的定量依据。主要软弱结构面产状影响修正系数 K_1 按表 11.9 确定，地下水影响修正系数 K_2 按表 11.10 确定，天然应力影响修正系数 K_3 按表 11.11 确定。

对于地下工程，按下式修正 [BQ] 值

$$[BQ] = BQ - 100(K_1 + K_2 + K_3) \tag{11.6}$$

式中，K_1、K_2、K_3 值分别按表 11.9~表 11.11 确定，无表中所列情况时，修正系数取零。[BQ] 出现负值时应按特殊问题处理。

表 11.9 主要软弱结构面产状影响修正系数 K_1

结构面产状及其与洞轴线的组合关系	结构面走向与洞轴线夹角 $\alpha \leq 30°$，倾角 $\beta = 30°~75°$	结构面走向与洞轴线夹角 $\alpha > 60°$，倾角 $\beta > 75°$	其他组合
K_1	0.4~0.6	0~0.2	0.2~0.4

表 11.10 地下水影响修正系数 K_2

地下水状态	BQ			
	>450	351~450	251~350	≤250
潮湿或点滴状出水	0	0.1	0.2~0.3	0.4~0.6
1.0				
淋雨状或涌流状出水，水压>0.1MPa 或单位水量 10L/min	0.2	0.4~0.6	0.7~0.9	1.0

表 11.11 天然应力影响修正系数 K_3

天然应力状态	BQ				
	>550	451~550	351~450	251~350	≤250
极高应力区	1.0	1.0	1.0~1.5	1.0~1.5	1.0
高应力区	0.5	0.5	0.5	0.5~1.0	0.5~1.0

5. 工程岩体分级标准的应用

工程岩体基本级别一旦确定，可按表 11.12 选用岩体的物理、力学参数，判定跨度等于或小于 20m 的地下工程的自稳性。当实际自稳能力与表中相应级别的自稳能力不相符时，应对岩体级别进行相应调整。

表 11.12　各级岩体物理、力学参数和围岩自稳能力

级别	重度 γ /（kN/m³）	峰值抗剪强度		变形模量 E/GPa	泊松比 ν	围岩自稳能力
		内摩擦角 φ/（°）	黏聚力 C/MPa			
I	>26.5	>60	>2.1	>33	<0.2	跨度 ≤ 20m，可长期稳定，偶有掉块，无塌方
II	>26.5	50~60	1.5~2.1	20~33	0.2~0.25	跨度 10~20m，可基本稳定，局部可发生掉块或小塌方 跨度<10m，可长期稳定，偶有掉块
III	24.5~26.5	39~50	0.7~1.5	6~20	0.25~0.3	跨度 10~20m，可稳定数日至一个月，可发生小至中塌方 跨度 5~10m，可稳定数月，可发生局部块体位移及小至中塌方 跨度<5m，可基本稳定
IV	22.5~24.5	27~39	0.2~0.7	1.3~6	0.3~0.35	跨度>5m，一般无自稳能力，数日至数月内可发生松动变形、小塌方，进而发展为中至大塌方。埋深小时，以拱部松动破坏为主；埋深大时，有明显塑性流动变形和挤压破坏 跨度≤5m，可稳定数日至一个月
V	≤22.5	≤27	≤0.2	≤1.3	≥0.35	无自稳能力

注：1. 小塌方：塌方高度小于 3m，或塌方体积小于 30m³。

　　2. 中塌方：塌方高度 3~6m，或塌方体积 30~100m³。

　　3. 大塌方：塌方高度大于 6m，或塌方体积大于 100m³。

工程岩体基本级别一旦确定，还可按表 11.13 选用岩体结构面峰值抗剪强度参数。对于边坡岩体和地基岩体的分级，目前研究较少。如何修正，标准未做严格规定。

表 11.13　岩体结构面峰值抗剪强度

级别	两侧岩体坚硬程度及结构面结合程度	内摩擦角 φ/（°）	黏聚力 C/MPa
I	坚硬岩，结合好	>37	>0.22
II	坚硬岩、较坚硬岩，结合一般；较软岩，结合好	29~37	0.12~0.22
III	坚硬岩、较坚硬岩，结合差；较软岩、软岩，结合一般	19~29	0.08~0.12
IV	较坚硬岩、较软岩，结合差或结合很差；软岩，结合差；软质岩的泥化面	13~19	0.05~0.08
V	较坚硬岩及全部软质岩，结合很差；软质岩的泥化层	≤13	≤0.05

11.4　岩体地质力学（CSIR）分类

由南非科学与工业研究委员会提出的 CSIR 分类指标值 RMR，由岩块强度指标 R_1、岩芯质

量指标 R_2、节理间距指标 R_3、节理条件指标 R_4 及地下水指标 R_5 组成。分类时，首先将各种指标的数值按表 11.14 的标准评分，求和得总分，即 $RMR = R_1 + R_2 + R_3 + R_4 + R_5$；然后按表 11.15 及表 11.16 的规定对总分 RMR 做适当修正；最后用修正后的总分对照表 11.17，求出所研究岩体的类别及相应的无支护地下工程的自稳时间和岩体强度指标（C，φ）值。

CSIR 分类是为了解决坚硬节理岩体中浅埋隧道工程问题而发展起来的。从现场应用看，使用较简便，大多数情况下，岩体评分值（RMR）都有用。但在处理那些造成挤压、膨胀和涌水的极其软弱的岩体问题时，此分类方法很难使用。

表 11.14 岩体地质力学（CSIR）分类评分

分类参数			数值范围					
R_1	完整岩石强度/MPa	点荷载强度指标	>10	4~10	2~4	1~2	对强度较低的岩石宜用单轴抗压强度		
		单轴抗压强度	>250	100~250	50~100	25~50	5~25	1~5	≤1
	评分值		15	12	7	4	2	1	0
R_2	岩芯质量指标 RQD（%）		90~100	75~90	50~75	25~60	≤25		
	评分值		20	17	13	8	3		
R_3	节理间距/cm		>200	60~200	20~60	6~20	≤6		
	评分值		20	15	10	8	5		
R_4	节理条件		节理面很粗糙，节理不连续，节理宽度为零，节理面岩石坚硬	节理面稍粗糙，宽度<1mm，节理面岩石坚硬	节理面稍粗糙，宽度<1mm，节理面岩石较弱	节理面光滑或含厚度<5mm的软弱夹层，张开度 1~5 mm，节理连续	含厚度>5mm的软弱夹层，张开度>5mm，节理连续		
	评分值		30	25	20	10	0		
R_5	地下水条件	每 10m 长的隧道涌水量/（L/min）	0	<10	10~25	25~125	≥125		
		节理水压力与最大主应力的比值	0	<0.1	0.1~0.2	0.2~0.5	≥0.5		
		一般条件	完全干燥	潮湿	只有湿气（有裂隙水）	中等水压	水的问题较严重		
	评分值		15	10	7	4	0		

表 11.15 节理走向和倾向对岩体开挖的影响

节理走向和倾向	走向与隧道轴垂直				走向与隧道轴平行		与走向无关
	沿倾向掘进		反倾向掘进		倾角20°~45°	倾角45°~90°	倾角0°~20°
	倾角45°~90°	倾角20°~45°	倾角45°~90°	倾角20°~45°			
对岩体开挖的影响	非常有利	有利	一般	不利	一般	非常不利	不利

表 11.16　**按节理方向修正 RMR 总评分**

节理走向或倾向		非常有利	有利	一般	不利	非常不利
评分值	隧道	0	-2	-5	-10	-12
	地基	0	-2	-7	-15	-25
	边坡	0	-5	-25	-50	-60

表 11.17　**总评分值及其确定的岩体稳定性级别与参数**

总评分值	80~100	60~80	40~60	20~40	≤20
分级	I	II	III	IV	V
质量描述	非常好的岩体	好岩体	一般岩体	较差岩体	非常差岩体
平均稳定时间	(15m 跨度)20a	(10m 跨度)1a	(5m 跨度)7d	(2.5m 跨度)10h	(1m 跨度)30min
岩体黏聚力/kPa	>400	300~400	200~300	100~200	≤100
岩体内摩擦角/(°)	>45	35~45	25~35	15~25	≤15

11.5　Barton 岩体质量（Q）分类

Barton 等于 1974 年提出了 NGI 岩体的隧道开挖质量分类法，其分类指标值 Q 为

$$Q = \frac{RQD}{J_n} \times \frac{J_r}{J_a} \times \frac{J_w}{SRF} \tag{11.7}$$

式中，RQD 为岩石质量指标；J_n 为节理组数；J_r 为节理粗糙度；J_a 为节理蚀变系数；J_w 为节理含水折减系数；SRF 为应力折减系数。式（11.7）中各参数的组合，反映了岩体的下列特征：岩体的完整性、结构面的形态、充填物特征及其变化程度、水和其他应力的存在对岩体质量的影响。分类时，根据上述参数的实测资料，分别查表 11.1、表 11.18~表 11.22 确定各自的数值，然后代入式（11.7）求岩体的 Q 值。以 Q 值为依据将岩体分为 9 类，D_r 与 Q 的关系如图 11.2 所示。

表 11.18　**节理发育组数及取值**

节理组数	J_n
整体结构，无或很少有节理	0.5~1
一组节理	2
一组节理加随机节理	3
二组节理	4
二组节理加随机节理	6
三组节理	9
三组节理加随机节理	12
四组以上节理，不规则，极发育，将岩体切割成小方块体	15
岩体破碎，类似土状	20

表 11.19 节理粗糙度及取值

节理粗糙度		J_r
岩壁接触，或者剪切不超过10cm时，岩壁仍接触	不连续节理	4
	粗糙、不规则的波浪状节理	3
	平滑的波浪状节理	2
	光滑的波浪状节理	1.5
	粗糙或者不规则的平面状节理	1.5
	平滑的平面状节理	1.0
	光滑的平面状节理	0.5
剪切时，岩壁不接触	含有黏土充填物，其厚度足以使两壁不接触	1.0
	含有砂石、砾石或压碎带，其厚度足以使两壁不接触	1.0

表 11.20 节理含水状况描述及取值

节理含水状况描述	估计水压/MPa	J_w
开挖面干燥或少量渗水	<0.1	1.0
中度渗水或有一定水压，偶尔有节理充填物被冲洗出	0.1~0.25	0.66
坚硬岩体的未充填物节理有大量渗水或高压	0.25~1.0	0.5
有大量渗水或高压，大量节理充填物被冲洗出	0.25~1.0	0.33
爆破时有极大的渗水或极高水压，但随后逐渐减小	≥1.0	0.1~0.2
极大的渗水或极高水压	≥1.0	0.05~0.1

表 11.21 节理蚀变及取值

节理蚀变程度		J_a	φ（近似值）
节理直接接触	A. 坚硬的、半软弱的经过处理而紧密且不具透水充填物的节理（如石英或绿帘石充填）	0.75	
	B. 节理面未产生蚀变，仅少数表面稍有变化	1.0	25°~35°
	C. 轻微蚀变的节理，表面为半软弱矿物所覆盖，具砂质微粒、风化岩土等	2.0	25°~30°
	D. 节理为粉质黏土或砂质黏土覆盖，少量黏土，半软弱岩覆盖	3.0	20°~25°
	E. 有软弱的或低摩擦角的黏土矿物覆盖在节理面（如高岭石、云母、绿泥石、滑石、石膏等）或含少量膨胀性黏土（不连续覆盖，厚1~2m或更薄）的节理面	4.0	8°~16°
当剪切变形<10 cm时，节理面直接接触	F. 砂质微粒，岩石风化物充填	4	25°~30°
	G. 紧密固结的半软弱黏土矿物充填（连续的或厚度小于5mm）	6	16°~24°
	H. 中等或轻微固结的黏土矿物充填（连续的或厚度小于5mm）	8	12°~16°
	I. 膨胀性黏土充填，如连续分布的厚度小于5mm的蒙脱石充填时，J_a 值取决于膨胀性颗粒所占百分率，以及水的渗透情况	8~12	6°~12°

（续）

节理蚀变程度		J_a	φ（近似值）
剪切后，节理面不再直接接触	J、K、L. 破碎带夹层或挤压破碎带岩石和黏土（对各种黏土状态的说明见 G 或 H、I）	6~8 或 8~12	6°~24°
	M. 粉质或砂质黏土及少量黏土（半软弱）	5	
	N、O、P. 厚的连续分布的黏土带或夹层（黏土状态说明见 G、H、I）	10、13 或 13~20	6°~24°

表 11.22　岩体应力状态描述及应力折减系数 SRF 取值

岩体应力状态描述				SRF
软弱带与开挖线相交，隧洞开挖使岩体松动	有多条含有黏土或化学分解岩石的软弱带，围岩非常松动（任何深度）			10
	有一条含有黏土或化学分解岩石的软弱带（开挖深度≤50m）			5
	有一条含有黏土或化学分解岩石的软弱带（开挖深度>50m）			2.5
	硬岩含有多条剪裂带（无黏土），围岩松动（任何深度）			7.5
	硬岩，含有一条剪裂带（无黏土），开挖深度≤50m			5
	硬岩，含有一条剪裂带（无黏土），开挖深度>50m			2.5
	松动张开节理，节理极发育或者岩石呈小方块状等（任何深度）			5
优良岩体，存在初始地应力的问题	低地应力，近地表	$\dfrac{\sigma_c}{\sigma_1}$	>200	2.5
	中等地应力		10~200	1.0
	高地应力，极紧密结构，对稳定有利，可能对侧壁不利		5~10	0.5~2
	轻度岩爆（整体状岩体）		2.5~5	5~10
	强烈岩爆（整体状岩体）		≤2.5	10~20
挤压性岩体，软岩在高压影响下塑性流动	中等挤压			5~10
	强烈挤压			10~20
已膨胀岩体，因水存在而引起岩体膨胀	中等膨胀压力			5~10
	强烈膨胀压力			10~15

注：σ_c 为岩体抗压强度，σ_1 为岩体所受最大主应力。

　　通过调查研究，Barton 等建议采用下列经验计算式来确定工程跨度

$$W = 2\mathrm{ESR}Q^{0.4} \tag{11.8}$$

式中，W 为无支护巷道的最大安全跨度（m）；Q 为 Barton 岩体质量指标；ESR 为巷道支护比，对于永久性矿山工程取 ESR = 1.6~2.0，对于临时性矿山巷道工程（如滞后对采空区进行处理的采场）可取 ESR = 2~4。根据当量尺寸的定义，当量尺寸 $D_r = 2\mathrm{ESR}Q^{0.4}/\mathrm{ESR} = 2Q^{0.4}$。$W$ 与 Q 的关系如图 11.3 所示。

　　Q 分类法考虑的地质因素较全面，而且把定性分析和定量评价结合了起来，因此 Q 分类法是目前比较好的岩体分类方法，且软、硬岩体均适用，在处理极其软弱的岩层问题时推荐采用此分类方法。另外，Bieniawski（1976）在大量实测统计的基础上，发现 Q 值与 RMR 值间具有如下统计关系

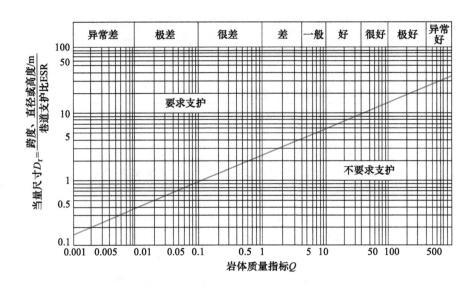

图 11.2 D_r 与 Q 的关系

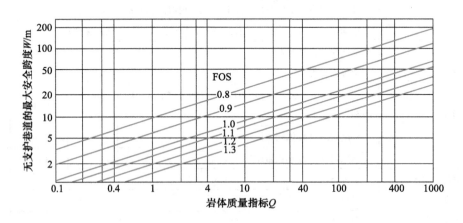

图 11.3 W 与 Q 的关系（FOS 为安全系数）

$$RMR = 9\lg Q + 44 \qquad (11.9)$$

除上述分类方法外，GB 50086—2015《岩土锚杆与喷射混凝土支护工程技术规范》及铁路、矿山等行业部门制定的围岩分类标准，在国内应用也很广泛，可根据岩体条件和工程类型选用。

为了全面地考虑各种影响因素，又使分类形式简单、使用方便，岩体质量评价及其分类的未来发展将具有如下特点：

1）采用多因素综合指标的岩体分类，在分类中力求充分考虑各种因素的影响和相互关系，重视岩体的不连续性，把岩体的结构和岩石强度作为影响岩体质量的主要因素和指标。

2）定性和定量相结合。

3）利用岩体简易力学测试（如钻孔岩芯、波速测试、点荷载试验等）的特性，初步、快速地判别岩体的分类级别，减少费用昂贵的大型试验，使岩体分类简单易行。

4）重视新理论、新方法在岩体分类中的应用。随着计算机等技术的发展，一些新理论、新方法（如遗传算法、模糊评价、数据挖掘等）相继应用于岩体分类。

5）强调岩体工程分类与工程岩体处理方法、施工方法相结合，建立岩体工程分类与岩体力学参数估算的定量关系。

11.6　《工程岩体分级标准》与 Q 分类法、RMR 分类法之间的关系

在《工程岩体分级标准》颁布之前，国内岩石工程界除了使用本行业的岩体分级方法外，同时普遍选用一些国外比较流行的分级方法作为比较，其中使用较多的是挪威的 Q 分类法和南非的 RMR 分类法。这两种方法多年来在世界各国广泛应用，积累了丰富的实际工程资料。我国的《工程岩体分级标准》由于应用时间较短，直接应用的经验并不多。为此，将《工程岩体分级标准》和这两种国际著名的岩体分级方法进行对比分析，以便从另一个侧面来验证使用《工程岩体分级标准》得到的成果，有助于从使用 Q 分类法和 RMR 分类法向使用《工程岩体分级标准》过渡。分析研究一些实际工程中同时应用这三种方法进行岩体分级的资料，可以得到三种方法之间的对应关系。

1. 工程岩体质量指标［BQ］值与 Q 系统分类指标 Q 值的关系

根据对现场实测数据的统计分析，［BQ］值与 Q 值呈指数关系，拟合的关系式为

$$[BQ] = 0.0984e^{0.0144Q} \tag{11.10}$$

表 11.23 为《工程岩体分级标准》与 Q 系统岩体级别的关系。从表中可以看出，《工程岩体分级标准》和 Q 分类法岩体级别的对应关系比较好。Ⅰ级相当于 Q 系统的 $2_{上}$ 级以上，为极好、特别好的岩体；Ⅴ级相当于 Q 系统的 6 级及 6 级以下，为坏、特别坏的岩体；其余级别两者相差约半级。

表 11.23　《工程岩体分级标准》与 Q 系统岩体级别的关系

《工程岩体分级标准》级别	［BQ］值	Q 值	Q 分类法级别
Ⅰ	>550	>290	$2_{上}$ ~ 1
Ⅱ	450~550	70~290	$3_{上}$ ~ $2_{下}$
Ⅲ	350~450	16~70	$4_{上}$ ~ $3_{下}$
Ⅳ	250~350	4~16	5 ~ $4_{下}$
Ⅴ	≤250	≤4	6、7、8、9

2. 工程岩体质量指标［BQ］值与地质力学分类 RMR 值的关系

通过对大量实测资料的统计分析，［BQ］值与 RMR 值呈线性关系，拟合的关系式为

$$[BQ] = 0.089RMR + 21.378 \tag{11.11}$$

根据上式，《工程岩体分级标准》与 RMR 系统岩体级别的关系见表 11.24。从表中可以看出，《工程岩体分级标准》Ⅰ级相当于 RMR 的 $Ⅱ_{上}$ ~ Ⅰ级，《工程岩体分级标准》Ⅴ级相当于 RMR 的Ⅳ级、Ⅴ级，其余各级别两者相差约半级。

表 11. 24   《工程岩体分级标准》与 RMR 系统岩体级别的关系

《工程岩体分级标准》级别	［BQ］值	RMR 值	RMR 级别
I	>550	>70	II上 ~ I
II	451~550	60~70	II下
III	351~450	50~60	III上
IV	251~350	40~50	III下
V	≤250	≤40	IV、V

《工程岩体分级标准》与 RMR 分类法同属五级分类法，但 RMR 分类法对从"极好"到"极坏"的岩体采取比较均衡的分级间隔，而《工程岩体分级标准》针对岩体稳定性评价这一基本目的，"特别好"和"特别坏"的岩体稳定性十分明显，再细化分级的实际意义不大，故将"特别好"和"特别坏"的都归结到 I 级和 V 级中。Q 系统分类法为 9 级分类法，划分更细（特别是对比较差的岩体）。两者比较，《工程岩体分级标准》V 级包含了 Q 系统分类法的 6~9 级。

11. 7   数值分类法在工程岩体分级中的应用

在各种工程岩体分级中运用数学方法确定分级数据、分级界限和分级模式，可以增强科学性，减少随意性，为岩体分级奠定了坚实的基础。分类学的崛起和应用方兴未艾，概括地了解各种数值分类法，将有助于以分类为目的的研究[1]。

11. 7. 1   聚类分析法的应用

1. 聚类分析的原理

事物的分类法有其内在的规律。按照数学观点，"类"是很好的集合体。两个样品（或变量）能够归为一类，彼此一定很靠近，或者说它们之间的距离最短。

表示距离的方法可用欧氏距离。在多变量事物（或样品）中，每个事物（或样品）都是多维空间的一个点，点与点之间的欧氏距离定义为

$$d_{ij} = \sqrt{\sum_{k=1}^{m} (X_{ik} - X_{jk})^2} \qquad (11.12)$$

式中，d_{ij} 为第 i 个样品与第 j 个样品之间的距离；X_{ik} 为第 i 个样本，第 k 个变量；X_{jk} 为第 j 个样本，第 k 个变量；m 为变量数目。

使用式（11.12）计算欧氏距离，首先要对变量的量纲进行标准化处理，使其成为无量纲值。

在实施聚类的过程中，应先使样品自成一类，然后计算各样品之间的距离；按距离最近原则将两个样品合成一类，再计算该类与其余各类的距离，继续按最近原则合并，使类的数目进一步减少，直到所有的样品归为一类为止。这一过程可以用聚类图表示，如图 11.4 所示。

需要指出，几个样本形成一个类之后，它与其他类之间的距离应从集合样本的重心算起。在多变量情况下，重心坐标构成矩阵形式。

2. 聚类分析法的应用

在围岩稳定动态分级法中运用了聚类分析，这种方法的基本过程是：

1）选择代表性矿山和地下工程作为抽样总体。

2）在该矿山选择具有代表性的巷道中，测试并观测断面处岩石点荷载强度、岩体声波速度、围岩位移稳定时间及结构面平均间距等指标，作为分级判据。

3）对测试数据进行标准化处理。

4）确定岩体的初始级别。当全部样品

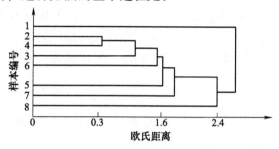

图 11.4　**最短距离法的聚类图**

划分为 K 类时，每个样品的初始级别用它的各个指标的最大与最小值按以下计算式来确定

$$N_{c(i)} = \mathrm{IFIX}\left\{\frac{(k-1) \times \left[\mathrm{AMAX} - S_{(i)}\right]}{(\mathrm{AMAX} - \mathrm{AMIN})} + 0.5\right\} + 1 \qquad (11.13)$$

式中，$N_{c(i)}$ 为每个样本所属的类号；IFIX 表示括号内取整数；$\mathrm{AMAX} = \max S_{(i)}$；$\mathrm{AMIN} = \min S_{(i)}$；$S_{(i)}$ 可由下式计算

$$S_{(i)} = \sum_{j=1}^{m} x'_{ij} \qquad (11.14)$$

式中，x'_{ij} 为标准化后第 i 个样品第 j 个指标。

5）计算每类的重心（该类样品的均值），并将求得的重心作为初始分级标准。

6）计算每一样品到各类重心的距离，并按最近距离原则将该样品划入最近的一类中。

7）重新计算各类重心，作为新的分级标准，反复调整每个样本所属类别，计算新重心，直到前后两次求得的重心完全相同，则输出最终分级结果。

全过程已编制出计算程序。经实际应用证实，这种方法以现场测试为基础，依据聚类分析和可靠性分析揭示的分级内在规律进行处理，具有人为因素少、分级级别可调等特点，是一种较好的方法。

11.7.2　模糊分类法原理与应用

在自然界中，当两个事物之间的关系不宜用有或无做出肯定或否定回答时，都可以考虑用模糊关系来描述。在工程岩体分类中，有时不能确切地判定围岩属于哪一级别，这时应用模糊分类法可能更好。这类方法有模糊等价关系分类法、模糊相似优先比分类法等。

1. 模糊等价关系分类法

如 X、Y 之间存在模糊关系 R，可以用 X、Y 中元素在 $[0，1]$ 上取值的 $m \times n$ 阶矩阵，即模糊矩阵来表示。

建立一个反映样品之间相互关系的矩阵（如相关系数矩阵、距离矩阵），将其中每个元素都变换到 $[0，1]$ 区间，满足模糊关系 R；然后对 R 进行若干次合成运算求得对应的模糊等价关系矩阵，作为分类的基本方程；在 $[0，1]$ 区间中给定 λ 值，就可以从中得出不同的分类结果；最后根据实际需要选择合理的分类。

2. 模糊相似优先比分类法

这种方法的基本思路是，用成对的样品与一个固定样品进行比较，建立各样品与固定样品之间的相似优先关系，最后确定相似程度的最大者。该方法的步骤是：确定相似因子与各样品在不同因子条件下的特征值；建立相似优先关系；用给定的 λ 水平集确定相似程度。

有被选择的样品 A_1、A_2、…，以及固定样品 A_k 共处在一个集合中，建立一个在多因子条件下被选择样品与固定样品之间的优先次序，并用相似优先比来度量。相似优先比用模糊性度量中的海明距离来确定，其定义为

$$C_{ij} = \frac{d_j}{d_i + d_j}, \quad d_i = |X_i - X_k|, \quad d_j = |X_j - X_k| \tag{11.15}$$

式中，X_k 为固定样品 A_k 在某一因素条件下的特征值；X_i、X_j 为选择样品 i 和 j 在同一因素条件下的特征值。

用相似优先比建立模糊关系 $\boldsymbol{R}$，有

$$\boldsymbol{R} = (C_{ij}) \tag{11.16}$$

式中，$\boldsymbol{R}$ 为一种矩阵形式。

在多因素的情况下，要逐个因素建立对应的相似优先比矩阵 $\boldsymbol{R}_i$。当给定一个 λ 值（$\lambda \in [0, 1]$），得到相应的截割矩阵 $\boldsymbol{R}_\lambda$ 为

$$\boldsymbol{R}_\lambda = (C_{ij}), \quad C_{ij} = \begin{cases} 0 & (C_{ij} < \lambda) \\ 1 & (C_{ij} > \lambda) \end{cases} \tag{11.17}$$

若 λ 降低时，首次出现 $\boldsymbol{R}_{\lambda 1}$，其第 i 行元素除对角线元素外均为 1，则表明某一因素情况下，样品 A_i 与固定样品 A_k 相似程度最大，A_i 为第一批优先对象。剔除 $\boldsymbol{R}_{\lambda 1}$ 矩阵中第 i 行第 i 列元素，即除去第一批优先对象得到新的相似优先比矩阵；用同样的方法可以得到第二批优先对象，其余类推，便可得到全体样品在某一因素条件下相对于固定样品的优先次序。序号越小，表明所对应的样品与固定样品的相似程度越大。

 拓展阅读

典型岩石力学与工程——阿尔卑斯山隧道（新圣哥达隧道）

阿尔卑斯山脉是欧洲最高大、最雄伟的山脉，位于欧洲中南部，西起法国，经瑞士、德国、意大利到奥地利和斯洛文尼亚，大体呈东西方向，绵延 1200km，宽度 130~260km，平均海拔约 3000m。阿尔卑斯山脉也是中部欧洲地区最主要的交通屏障。1881 年建成了圣哥达铁路隧道（长约 15km）。1986 年欧洲经济复苏，铁路运输能力已不能满足需求，于是又开始对新铁路隧道进行方案评估。

新圣哥达隧道采取两条平行的单线，净空直径 7.9m。隧道基本垂直主构造单元穿过阿尔卑斯山核部，构造变质历史复杂。隧道最大埋深约 2400m，最大坡度 8‰，设计客运列车平均速度为 250km/h，货车为 160km/h。

由于隧道位于阿尔卑斯州褶皱运动中，因此数次受到压力和温度升高的影响。年轻的沉积岩，受到挤压和长期的构造应力与运动影响，逐渐改变并恶化了岩石的特性。

主要技术方案及措施：

（1）高地应力软岩段处理

1）采取全断面自进式超前玻纤锚杆及注浆加固地层，锚杆长度 18m，每开挖 6m 施作一个循环。加固后全断面开挖，从而实现即时闭环。

2）采用圆形断面，加大预留变形量，一般为 30cm，最高达 70cm。

3）一次开挖进尺 1.3m，开挖后及时架设 2×TH44 钢架。钢架间距根据地质情况可选择 33cm、50cm、66cm、100cm。

4）每开挖一个循环，环向设置长度为 12m 的自进式径向锚杆。

5）为了确保衬砌支护体系具有全部的承载能力，假设在距离隧道表面 75m 处（约 5 倍洞径）屈服结束，在 15~60m 范围内，应结合围岩监控量测情况采取必要的增设套拱、径向二次锚固、补喷混凝土等措施。

自 2004 年 12 月开始遇到高地应力软岩地层后，施工异常艰难，至 2007 年 10 月，在长达近 3 年的时间内，完成施工约 1.1km，月进度不足 40m/月。尽管采取了有效的措施，径向变形量平均为 20~30cm，最大为 75cm。

（2）富水断层破碎带处理在赛德润竖井工区正洞向南施工中遇到了一个富水断层破碎带，初始涌水量约 50m³/h，采取两端夹击方案进行注浆。在 102d 时间内，完成钻孔 12800m，注入水泥浆 210t，从而将涌水量控制在一个可以接受的水平，保证了隧道安全开挖。

（3）TBM 通过不良地质的处理

1）超前预报。TBM 施工中，一般地段采用 TSP 或地质雷达等物探方法。对于地质复杂地段或接近断层时，采用超前钻孔，钻孔深度 80~120m，两次超前钻探搭接长度 10~20m，从而确保安全岩柱厚度。

2）富水断层处理。在阿姆斯泰克斜井工区正洞 TBM 施工中遇到了一条富水断层，宽度 8~15m，涌水量约为 72m³/h，施工受阻。通过采取注浆加固堵水措施，共完成钻孔 2800m，注入水泥浆 160t，才使 TBM 安全通过了断层带。

（4）高温处理　为降低施工环境温度，采取了有效的制冷系统，以确保任何工作面的最大温度不超过 28℃（限制在 100% 湿度条件下繁重的劳动）。

（5）抽排水处理　竖井工区为防止淹井灾害，安设了一台有效的自动工作的水泵系统，抽水能力达到 3600m³/h。

岩石力学与工程学科专家——比尼奥斯基（Z. T. Bieniawski）

比尼奥斯基是 20 世纪最杰出和最有影响力的岩石力学与工程人物之一。他于 1973 年提出了 RMR（Rock Mass Rating）系统，是一种确定岩体质量等级的方法，并先后对其进行了 4 次修正，现以 1989 年版本为标准。该系统考虑了岩块的单轴抗压强度（R_1）、岩石质量指标 RQD（R_2）、结构面间距（R_3）、结构面条件（R_4）、地下水条件（R_5）、结构面产状与工程走向的关系（R_6）共 6 个指标作为基本参数，对影响岩体稳定性的各个主要因素进行评分，并以其总和值作为岩体的 RMR 值。

通过地质调查得到这 6 个指标的具体数值，RMR 系统中的 R_1，R_2 和 R_3 三项权重较大，但各指标的调整分值很模糊。在工程实践中准确对岩体进行评分是每个工作人员所关心的重点，但往往存在评分不准确而导致最终的结论出现较大偏差的现象。

RMR 系统前三项为定量指标，后三项为定性指标，因此它是一个半定量半定性方法。该方法重点考虑非连续面的发育程度、力学性质及非连续面的产状与工程的空间关系。在 RMR 系统中，不论是岩块的单轴抗压强度、RQD 值，还是非连续面间距都具有方向性，从而使得 RMR 值表现明显的各向异性。

虽然 RMR 系统考虑了地下水对岩体结构的影响，但是地应力与地温同样作为岩体赋存环境却未涉及。在高应力、高地温条件下，岩石损伤加剧，表现为岩石由脆性向塑性转变，岩石的流变效应增强，因此，RMR 系统对于深埋的地下工程适用性较差。

复习思考题

11.1 名词解释：RQD 分类法、BQ 分类法、RMR 分类法。

11.2 在 CSIR 分类法、Q 分类法和 BQ 分类法中各考虑了岩体的哪些因素？

11.3 如何进行 CSIR 分类？

11.4 如何通过岩体分级确定岩体的有关力学参数？

11.5 简述工程岩体分类的目的。

11.6 影响围岩分类的主要因素有哪些？

11.7 简述我国现行《工程岩体分级标准》的主要原理和方法。

参 考 文 献

[1] 李俊平，连民杰. 矿山岩石力学 [M]. 北京：冶金工业出版社，2011.

岩石地下工程稳定分析方法

第12章

地下工程是岩石工程中建造最多的地下构造物，如交通隧道、地下厂房、地下采矿等。解决好地下工程施工时遇到的各种岩石力学问题（如岩体的二次应力分布、围岩压力的计算、节理等不连续面对围岩二次应力状态和围岩压力的影响，以及开挖洞室后围岩的稳定性评价等），对地下工程的设计、施工和运维等工作具有重要意义。

岩石地下工程在力学上和结构上有以下主要特点：

1）岩石在结构与力学性质上与其他材料存在不同，如具有节理和塑性段的扩容（剪胀）现象等。

2）地下工程是先受力（原岩应力），后开挖（开巷）。

3）深埋巷道属于无限域问题，影响圈内的自重可以忽略。

4）大部分较长的巷道可作为平面应变问题处理。

5）围岩与支护相互作用，共同决定着围岩的变形及支护所受的荷载与位移。

6）地下工程结构允许超负荷时具有可缩性。

7）地下工程结构在一定条件下出现围岩抗力。

8）几何不稳定结构在地下可以是稳定的。

12.1 围岩二次应力状态的基本概念

在掌握了岩体的力学性质、岩体的初始地应力状态后，如何分析经人工开挖后洞室围岩的二次应力状态是本章要重点解决的问题之一。

人工开挖使岩体的应力状态发生了变化，而这部分被改变了应力状态的岩体称作围岩。围岩范围的大小与岩体的自身特性有关。围岩的二次应力状态指经开挖后岩体在无支护条件下岩体经应力调整后的应力状态。可以这样理解，若将初始地应力看作是一次应力状态，那么二次应力状态的特点是经人工开挖引起的、在无支护的条件下，经应力重新分布后的应力状态。显然，分析围岩的二次应力状态，必须掌握两个条件：一是岩体自身的力学性质；二是岩体的初始地应力状态。围岩的二次应力状态分布特征主要有以下两种：

（1）围岩二次应力的弹性分布　岩体经人工开挖洞室之后，洞壁的部分应力被释放，使洞室周围的岩体发生应力重分布。因为岩体自身强度比较高或者作用于岩体的初始地应力比较低，所以洞室周边的应力状态都在弹性应力的范围内，这样的围岩二次应力状态称作弹性分布。这种类型的洞室，从理论上说，是不必进行特别支护即可保持稳定的。

（2）围岩二次应力的弹塑性分布　与上述的弹性分布不同，由于作用岩体的初始地应力较大或岩体自身的强度比较低，洞室开挖后，洞周的部分岩体应力超出了岩体的屈服应力，岩体进入了塑性状态。随着与洞壁距离的增大，最小主应力也随之增大，进而提高了岩体的强度，并促使该点的岩体应力转为弹性状态。因此，这种弹性应力与塑性应力并存的状态称为围岩二次应力的弹塑性分布。

分析上述两种不同的应力分布状态时，主要采用弹塑性理论的方法。然而，当利用弹塑性理论分析洞室围岩的二次应力状态，必将遇到有关岩体介质的假设条件问题。岩体中存在着许多规模不等的不连续面，但是除了规模较大的断层及软弱夹层以外，可将不连续面的分布近似地视为是随机的，它对岩体的影响从整体上来考虑并不是很大。因此，在研究二次应力分布时，大都将岩体看成是均质的各向同性体，可以满足弹塑性力学中对介质的基本假设条件。然而，对于特殊的、局部的岩体不连续面，由于其规模大或产状不利或强度极低等原因，应该将其作为特殊的问题，采用专门的方法（如剪裂区计算等）进行稳定性评价。

12.2 深埋圆形洞室围岩二次应力状态的弹性分析

12.2.1 侧压力系数 $\lambda = 1$ 时的深埋圆形洞室围岩的二次应力状态

1. 基本假设

在深埋岩体中开挖一圆形洞室，可利用弹性力学的理论分析该洞室围岩二次应力的弹性应力分布状态。对于岩体这一介质而言，除了要满足弹性力学中的基本假设条件（将围岩视为均质、各向同性、线弹性，无流变行为）以外，就侧压力系数 $\lambda = 1$ 时深埋圆形洞室的二次应力分析而言，还必须添加一些补充的假设条件：

1）对于深埋（$z \geq 20R_0$）圆形洞室，取计算单元为一无自重的单元体，不计由于洞室开挖而产生的重力变化，并将岩体的自重应力视为作用在无穷远处的初始应力状态，如图 12.1 所示。

2）对于深埋（$z \geq 20R_0$）圆形洞室，岩体的初始应力状态在没有特殊说明时，仅考虑岩体的自重应力，且侧压力系数按弹性力学中的 $\lambda = \nu/(1-\nu)$ 计算，本小节取 $\lambda = 1$。这样，原问题就简化为荷载与结构都是轴对称的平面应变圆孔问题，如图 12.2 所示。

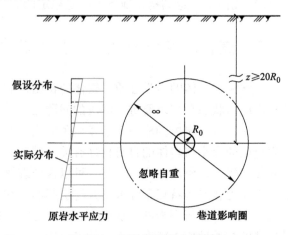

图 12.1 深埋巷道的力学特点

2. 基本方程

用弹性力学求解上述问题时，通常先根据计算简图（图 12.3 和图 12.4）建立反映简图中单元体的静力平衡方程和位移的几何方程，通过本构方程建立应力-应变关系式，求得用应变表示（或用应力表示）的微分方程；在求得该微分方程的通解之后，再利用洞室开挖后的圆形边界条件确定其积分常数，求出最终的位移、应力、应变的表达式。

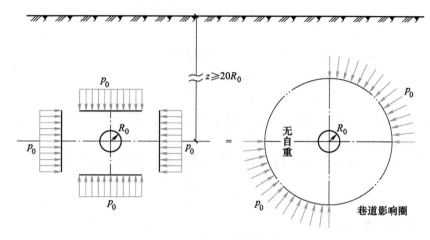

图 12.2　轴对称圆巷的条件

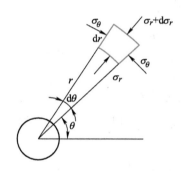

图 12.3　微元体受力状态

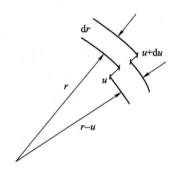

图 12.4　微元体位移

静力平衡方程为

$$\frac{\mathrm{d}\sigma_r}{\mathrm{d}r} + \frac{\sigma_r - \sigma_\theta}{r} = 0 \qquad (12.1)$$

几何方程为

$$\varepsilon_r = \frac{\mathrm{d}u}{\mathrm{d}r} \qquad (12.2)$$

$$\varepsilon_\theta = \frac{u}{r} \qquad (12.3)$$

式中，ε_θ、ε_r 分别为洞室围岩的切向应变和径向应变。

本构方程（平面应变问题）为

$$\varepsilon_r = \frac{1 - \nu^2}{E}\left(\sigma_r - \frac{\nu}{1 - \nu}\sigma_\theta\right) \qquad (12.4)$$

$$\varepsilon_\theta = \frac{1 - \nu^2}{E}\left(\sigma_\theta - \frac{\nu}{1 - \nu}\sigma_r\right) \qquad (12.5)$$

有 5 个未知数，即 σ_r、σ_θ、ε_r、ε_θ、ν，有 5 个方程，故问题可解。

3. 边界条件

$$r = R_0, \sigma_r = 0 (\text{不支护}) \qquad (12.6)$$

$$r \to \infty, \sigma_r = p_0 (p_0 \text{ 为原岩应力}) \tag{12.7}$$

4. 结果

由式（12.1）~式（12.5）联立可解得方程组的通解为

$$\begin{cases} \sigma_\theta = A \mp \dfrac{B}{r^2} \\ \sigma_r = A \pm \dfrac{B}{r^2} \end{cases} \tag{12.8}$$

根据边界条件式（12.6）、式（12.7）确定积分常数，得

$$A = p_0, B = -p_0 R_0^2$$

将 A、B 代入式（12.8），得切向应力与径向应力的解析表达式为

$$\begin{cases} \sigma_\theta = p_0 \left(1 \pm \dfrac{R_0^2}{r^2} \right) \\ \sigma_r = p_0 \left(1 \mp \dfrac{R_0^2}{r^2} \right) \end{cases} \tag{12.9}$$

根据广义胡克定律，有

$$\varepsilon_z = \frac{1}{E} [\sigma_z - \nu(\sigma_r + \sigma_\theta)]$$

在此，$\varepsilon_z = 0$，则有

$$\sigma_z = \nu(\sigma_r + \sigma_\theta) = 2\nu p_0 \tag{12.10}$$

式中，σ_z 为洞室围岩弹性区沿巷道轴向方向的应力。

对于理想弹塑性体，$\nu = 0.5$，则有 $\sigma_z = 2\nu p_0 = p_0$。

类似方法，可求得相应的位移、应变的解析表达式为

$$\begin{cases} u = \dfrac{(1+\nu)p_0}{E} \left[(1-2\nu)r + \dfrac{R_0^2}{r} \right] \\ \varepsilon_r = \dfrac{(1+\nu)p_0}{E} \left[(1-2\nu) - \dfrac{R_0^2}{r^2} \right] \\ \varepsilon_\theta = \dfrac{(1+\nu)p_0}{E} \left[(1-2\nu) + \dfrac{R_0^2}{r^2} \right] \end{cases} \tag{12.11}$$

5. 讨论

（1）巷道围岩的二次应力分布规律

1）式（12.9）和式（12.10）表示开巷（孔）后的应力重分布的结果，即二次应力场的应力分布。

2）σ_r、σ_θ、σ_z 的分布与角度无关，皆为主应力，即径向与切向平面均为主平面，说明二次应力场仍为轴对称。

3）应力 σ_r 和 σ_θ 的大小与弹性常数 E、ν 无关，而应力 σ_z 的大小与弹性常数 ν 有关。

4）周边处（$r = R_0$）有 $\sigma_r = 0$、$\sigma_\theta = 2p_0$。周边处的切向应力最大，且与巷道半径无关。

5）定义应力集中系数为

$$K = \frac{\text{开巷后应力}}{\text{开巷前应力}} = \frac{\text{二次应力}}{\text{原岩应力}} \tag{12.12}$$

在周边处有 $K = 2p_0/p_0 = 2$，为本节条件下的二次应力场的最大应力集中系数。

6）若定义以 σ_θ 高于 $1.05p_0$ 或 σ_r 低于 $0.95p_0$ 为巷道影响圈边界，再考虑式（12.9），有

$$\sigma_\theta = 1.05p_0 = p_0 \left(1 + \frac{R_0^2}{r^2} \right) \tag{12.13}$$

从而得到 $r \approx 5R_0$。工程上，有时以 10% 作为影响边界，则同理可得影响半径 $r \approx 3R_0$。

应力解除试验，可将 $3R_0$ 作为影响半径边界。有限元计算常取 $5R_0$ 的范围作为计算域。上述情况就是其粗略的定量依据。

（2）巷道围岩的径向位移　因为开挖的圆形洞室和荷载对称，所以洞室的切向位移为零，仅有径向位移存在，其表达式为

$$u = \frac{(1 + \nu)p_0}{E} \left[(1 - 2\nu)r + \frac{R_0^2}{r} \right]$$

则圆形洞室的径向位移由两部分组成，一部分与开挖洞室的半径有关，另一部分则与洞室半径无关。

若令 $R_0 = 0$（其物理意义表示洞室尚未开挖），则上式改写为

$$u_0 = \frac{(1 - 2\nu)(1 + \nu)p_0 r}{E} \tag{12.14}$$

根据 u_0 的物理意义可知，这部分位移是由初始应力 p_0 的作用而在未开挖前已产生的位移。可以理解为这部分位移在开挖前早已完成，因此它并不是实际工程中要特别关注的位移。而与工程直接有关的开挖后所产生的位移 Δu，可用下式求得

$$\Delta u = u - u_0 = \frac{p_0(1 + \nu)R_0^2}{Er} \tag{12.15}$$

因为开挖了圆形洞室，所以岩体经过应力调整后围岩产生的位移增量为 Δu，这不仅取决于岩体的弹性常数 E、ν，还与岩体的初始应力 p_0、洞室半径 R_0 和分析点距洞室轴线的距离 r 有关。

（3）巷道围岩的应变　圆形洞室周边围岩的应变特性与位移特性比较接近。由式（12.11）可知，也可将应变分成两部分，其中一部分为开挖前的应变，计算式中不包含 R_0，同样这部分应变是由初始应力的作用产生的，在开挖前已经完成，其表达式为

$$\varepsilon_{r_0} = \varepsilon_{\theta_0} = \frac{(1 + \nu)(1 - 2\nu)p_0}{E} \tag{12.16}$$

两个方向上的应变值相等，表明在开挖前岩体在初始应力作用下仅产生体积压缩。由于开挖产生的应变可按下式求得

$$\begin{cases} \Delta\varepsilon_r = \varepsilon_r - \varepsilon_{r_0} \\ \Delta\varepsilon_\theta = \varepsilon_\theta - \varepsilon_{\theta_0} \end{cases} = \mp \frac{(1 + \nu)p_0 R_0^2}{Er^2} \tag{12.17}$$

由式（12.17）可知，切向应变与径向应变的绝对值大小相等，符号相反，切向应变是压应变，径向应变是拉应变，这表明在 $\lambda = 1$ 且为弹性分布的条件下，巷道围岩的体积不发生变化。

（4）洞室围岩的稳定性评价　对于洞室围岩的稳定性评价，必须根据屈服准则来判断。研究表明，巷道围岩是否稳定（是否进入塑性），与原岩应力 p_0 及岩石的基本力学参数 C、φ 有关。基于 M-C 准则和 D-P 准则的圆形巷道围岩开始屈服时的原岩应力为

$$p_0^{\text{M-C}} = \frac{C\cos\varphi}{1 - \sin\varphi} = \frac{1}{2}\sigma_c \tag{12.18}$$

$$p_0^{\text{D-P}} = \frac{k}{1 - 3\alpha} \tag{12.19}$$

式中，α、k 分别为根据 D-P 屈服条件进行判断时，与岩石内摩擦角和黏聚力有关的试验常数，且 $\alpha = 2\sin\varphi/[\sqrt{3}(3-\sin\varphi)]$，$k = 6C\cos\varphi/[\sqrt{3}(3-\sin\varphi)]$。

应当指出，绝大部分相关文献将巷道的轴向应力 $\sigma_z = 2\nu p_0$ 忽略了，仅根据式（12.9）就得出了巷道围岩周边的应力可以看成单轴压缩状态的结论；并进而将 $\sigma_\theta = 2p_0 \leqslant [\sigma]$ 作为围岩处于弹性状态的判断依据（$[\sigma]$ 为围岩的弹性限值，或者岩石的允许单轴应力），认为当 $\sigma_\theta = 2p_0 > [\sigma]$ 时，围岩将进入塑性或发生破坏，这些认识显然是不正确的。从式（12.18）或式（12.19）可知，洞室开挖后，围岩是否发生屈服，仅仅取决于不同屈服准则定义的材料参数（如 M-C 准则的 C、φ，或 D-P 准则的 α、k），而与原岩应力无关。

12.2.2　侧压力系数 $\lambda \neq 1$ 时的深埋圆形洞室围岩的二次应力状态

当侧压力系数 $\lambda \neq 1$ 时，深埋圆形洞室的二次应力计算，通常将其计算简图分解成两个较为简单的计算模式，然后将两者叠加后求得，其计算简图如图 12.5 所示。

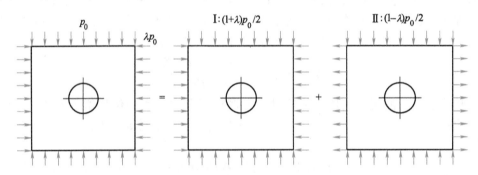

图 12.5　$\lambda \neq 1$ 时圆形洞室围岩的二次应力计算简图

图 12.5 中的情况 I 作用着 $(1+\lambda)p_0/2$ 的初始应力，并且垂直应力与水平应力相等；而情况 II 作用着 $(1-\lambda)p_0/2$ 的初始应力，其中垂直应力是压应力，而水平应力是拉应力。若将两种情况作用的外荷载相加，其外荷载为垂直应力 p_0，水平应力 λp_0。根据弹性力学的解将两者叠加求得任意一点的应力状态为

$$\begin{cases} \sigma_r = \dfrac{p_0}{2}\left[(1+\lambda)\left(1-\dfrac{R_0^2}{r^2}\right) - (1-\lambda)\left(1-4\dfrac{R_0^2}{r^2}+3\dfrac{R_0^4}{r^4}\right)\cos2\theta\right] \\[2mm] \sigma_\theta = \dfrac{p_0}{2}\left[(1+\lambda)\left(1+\dfrac{R_0^2}{r^2}\right) + (1-\lambda)\left(1+3\dfrac{R_0^4}{r^4}\right)\cos2\theta\right] \\[2mm] \tau_{r\theta} = -\dfrac{p_0}{2}\left[(1-\lambda)\left(1+2\dfrac{R_0^2}{r^2}-3\dfrac{R_0^4}{r^4}\right)\sin2\theta\right] \end{cases} \tag{12.20}$$

而其位移计算式为

$$\begin{cases} u_r = \dfrac{(1+\nu)p_0 R_0^2}{2Er}\left\{(1+\lambda) + (1-\lambda)\left[2(1-2\nu)+\dfrac{R_0^2}{r^2}\right]\cos2\theta\right\} \\[2mm] u_\theta = \dfrac{(1+\nu)p_0 R_0^2}{2Er}\left\{(1-\lambda)\left[2(1-2\nu)+\dfrac{R_0^2}{r^2}\right]\sin2\theta\right\} \end{cases} \tag{12.21}$$

显然，上述的计算式要比 $\lambda=1$ 时的计算式复杂得多，不仅作用着切向应力，还存在切向位移。位移式（12.21）仅用于表示因开挖产生的洞室周边围岩的径向位移 u_r 和切向位移 u_θ。

由于计算式比较复杂，在此仅讨论 $r=R_0$ 的情况，即洞室周边处的应力和位移特性。首先，分析应力状态。由式（12.21）可知，洞室围岩的应力状态不仅与距洞室轴线中心的距离 r 有关，还与任意点到中轴的连线与 x 轴的夹角 θ 及侧压力系数 λ 有关。为了分析其具有的特点，先简化式（12.20），当 $r=R_0$ 时，式（12.20）可简化为 $\sigma_\theta=p_0[(1+2\cos2\theta)+\lambda(1-2\cos2\theta)]$，$\sigma_r=0$，$\tau_{r\theta}=0$。

设 $1+2\cos2\theta=K_z$，$1-2\cos2\theta=K_x$，则简化后的式（12.20）可改写为

$$\begin{cases} \sigma_\theta=(K_z+\lambda K_x)p_0=Kp_0 \\ \sigma_r=0,\tau_{r\theta}=0 \end{cases} \qquad (12.22)$$

式中，K 为开挖后围岩的总应力集中系数；K_z、K_x 分别为垂直和水平的应力集中系数。

由式（12.22）可知，围岩的总应力集中系数 K 是 θ 角和侧压力系数 λ 的函数，受这两个因素的影响。图 12.6 表示了洞壁应力 σ_θ 的总应力集中系数变化。

图 12.6 采用了一种比较特殊的坐标，其坐标原点随 θ 角的变化而变化，设置在每个 θ 角的径线与 $r=R_0$ 的洞壁的交点上，且通过洞轴中心点的射线在洞壁上向外为正向，洞内为负，并取某点的应力值除以初始应力 p_0 作为其比例尺。由图 12.6 可知，当 $\lambda=1$ 时，洞壁的应力值为 $2p_0$。此时的切向应力 σ_θ 与 θ 角无关，都为初始应力的两倍，因此总应力集中系数 K 在图中表现为半径为 $3R_0$ 的圆（因为 $r=R_0$，为所有不同 θ 角的坐标原点）。当 $\lambda=0$ 时，其洞壁的应力分布为最不利状态，此时洞顶（$\theta=90°$）的切向应力

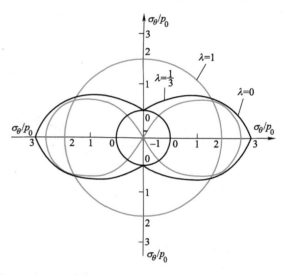

图 12.6 洞壁应力 σ_θ 的总应力集中系数变化

$\sigma_\theta=-p_0$，将承受拉应力；而在洞的侧壁中腰部位（$\theta=0°$）将承受最大的压应力 $\sigma_0=3p_0$。$\lambda=1/3$ 是洞顶是否出现拉应力的分界值；若 $\lambda<1/3$，则洞顶将产生拉应力；若 $\lambda>1/3$，洞顶将表现为压应力；若 $\lambda=1/3$，则 $\sigma_0=0$。

位移状态的表达式要比应力复杂得多，在此仅讨论当 $r=R_0$ 时洞壁的位移及位移计算式。经简化后，洞壁位移计算式表示为

$$\begin{cases} u_r=\dfrac{(1+\nu)p_0R_0}{2E}[(1+\lambda)+(1-\lambda)(3-4\nu)\cos2\theta] \\ u_\theta=\dfrac{(1+\nu)p_0R_0}{2E}[(1-\lambda)(3-4\nu)\sin2\theta] \end{cases} \qquad (12.23)$$

影响洞壁位移的因素有很多，有岩体的弹性常数 E、ν，初始应力状态 p_0，开挖洞室的半径 R_0 等。由于 $\lambda \neq 1$，位移与径向夹角 θ 也有一定的关系。此外，从量级来说，径向位移要比切向位移稍大些，因此径向位移对洞室的稳定性而言，其仍起着主导作用。

12.2.3　深埋椭圆形洞室的二次应力状态

1. 洞壁应力计算式

地下工程中经常采用椭圆形的洞室截面，图 12.7 表示的是在单向应力作用时椭圆形洞室的计算简图。按此计算简图的求解结果，当 $r = R_0$ 时，洞壁的应力为

$$\begin{cases} \sigma_\theta = p_0 \dfrac{(1 + K)^2 \sin^2(\theta + \beta) - \sin^2\beta - K^2\cos\beta}{\sin^2\theta + K^2 \cos^2\theta} \\ \sigma_r = 0,\ \tau_{r\theta} = 0 \end{cases} \tag{12.24}$$

式中，K 为 y 轴上的半轴 b 与 x 轴上的半轴 a 的比值，即 $K = b/a$；θ 为洞壁上任意一点 M 与 x 轴的夹角；β 为单向外荷载与 x 轴的夹角；p_0 为初始应力值。

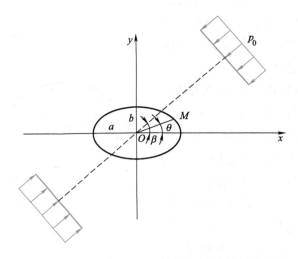

图 12.7　在单向应力作用时椭圆形洞室的计算简图

若将岩体所受的初始应力分解成 $\beta = 0°$（初始应力为 λp_0）和 $\beta = 90°$（初始应力为 p_0）两种状态，按上述计算模式求得的应力进行叠加，即可求得椭圆形洞室的二次应力分布状态，洞壁的应力计算式为

$$\begin{cases} \sigma_\theta = p_0 \dfrac{(1 + K)^2 \cos^2\theta - 1 + \lambda\left[(1 + K)^2 \sin^2\theta - K^2\right]}{\sin^2\theta + K^2 \cos^2\theta} \\ \sigma_r = 0,\ \tau_{r\theta} = 0 \end{cases} \tag{12.25}$$

2. 洞壁应力分布特点分析

洞壁的切向应力不仅与初始应力 p_0 与 λ 有关，还取决于任意点与 x 轴的夹角 θ 和 K 的大小。表 12.1 列出了几种特殊条件组合情况下的结果。由表 12.1 可知，当 $\lambda = 0$ 时为最不利条件，侧壁的 σ_θ 为最大压应力值 $p_0(2 + K)/K$，而洞顶为最大拉应力，其值为 $-p_0$；当 $\lambda < 1/(1 + 2k)$ 时，洞顶将出现拉应力。这是在工程中应给予重视的问题。

表 12.1　切向应力 σ_θ 的变化特征

$\theta/(°)$	$\lambda = 0$	$\lambda = 1$	λ
0	$\dfrac{2+K}{K}$	$\dfrac{2}{K}$	$\dfrac{2+K(1-\lambda)}{K}$
45	$\dfrac{K^2+2K-1}{1+K^2}$	$\dfrac{4K}{1+K^2}$	$\dfrac{K^2+2K-1+\lambda(1+2K-K^2)}{1+K^2}$
90	-1	$2K$	$\lambda(1+2K)-1$

3. 理想截面尺寸

洞室的理想截面尺寸通常应满足三个条件：洞室周边的应力分布应该是均匀的，且在同一半径上应力相等；洞室周边的应力应该都为压应力，在洞壁处不出现拉应力；其应力值应该是各种截面中最小的。椭圆洞室可求得满足上述条件的洞室截面尺寸，即"谐洞"。若已知侧压力系数为 λ，设 $K = b/a = 1/\lambda$，并将此假设条件代入式（12.25），即

$$\sigma_\theta = p_0 \frac{\left(1+\dfrac{1}{\lambda}\right)^2 \cos^2\theta - 1 + \lambda\left[\left(1+\dfrac{1}{\lambda}\right)^2 \sin^2\theta - \dfrac{1}{\lambda^2}\right]}{\sin^2\theta + \dfrac{\cos^2\theta}{\lambda^2}} = (1+\lambda)p_0 \qquad (12.26)$$

得出的结果很理想。其洞室周边的切向应力 σ_θ 的值与 θ 角无关，并且在 $\lambda \neq 1$ 时 σ_θ 也为均匀的压应力，且其应力值小于圆形洞室 $\lambda = 1$ 时的洞室周边切向应力值。

12.2.4　深埋矩形洞室的二次应力状态

矩形洞室一般采用旋轮线代替 4 个直角，利用级数求解其应力状态。其结果可简化成下式（$r = R_0$ 时的洞室周边应力）

$$\sigma_\theta = (K_z + \lambda K_x)p_0, \sigma_r = 0, \tau_{r\theta} = 0 \qquad (12.27)$$

表 12.2 列出了洞壁不同 θ 角对应的应力集中系数。表中 $\beta = 0$、$\beta = \pi/2$ 时的系数分别为水平应力集中系数 K_x 和垂直应力集中系数 K_z；a、b 分别为在 x、y 轴的宽度和高度。实际应用时可查得相应的系数再乘以水平初始应力和垂直初始应力，经叠加后即可求得各点的应力值。图 12.8 是这一计算的实例。矩形洞室的角点上的应力远大于其他部位的应力值。当 $\lambda = 1$ 时，矩形洞室的周边均为正应力，而图中的虚线则是按 $\lambda = \nu/(1-\nu)$ 计算得到的结果，此时顶板处将出现拉应力。

表 12.2　矩形洞室周边应力的数值

$\theta/(°)$	$a/b=5$ $\beta=0$	$a/b=5$ $\beta=\dfrac{\pi}{2}$	$a/b=3.2$ $\beta=0$	$a/b=3.2$ $\beta=\dfrac{\pi}{2}$	$a/b=1.8$ $\beta=0$	$a/b=1.8$ $\beta=\dfrac{\pi}{2}$	$a/b=1$ $\beta=0$	$a/b=1$ $\beta=\dfrac{\pi}{2}$
0	-0.768	2.420	-0.770	2.152	-0.8336	2.0300	-0.808	1.472
10	—	—	-0.807	2.520	-0.8354	2.1794	—	—
20	-0.152	8.050	-0.686	4.257	-0.7573	2.6996	—	—
25	2.692	7.030	—	6.207	-0.5989	5.2609	—	—
30	2.812	1.344	2.610	5.512	-0.0413	3.7041	—	—

（续）

θ/(°)	a/b=5		a/b=3.2		a/b=1.8		a/b=1	
	$\beta=0$	$\beta=\dfrac{\pi}{2}$	$\beta=0$	$\beta=\dfrac{\pi}{2}$	$\beta=0$	$\beta=\dfrac{\pi}{2}$	$\beta=0$	$\beta=\dfrac{\pi}{2}$
35	—	—	3.181	—	1.1599	3.8725	-0.268	3.366
40	1.558	-0.644	2.392	-0.193	2.7628	2.7236	0.980	3.860
45	—	—	—	—	3.3517	0.8205	3.000	3.000
50	—	—	—	—	2.9538	-0.3248	3.860	0.980
55	—	—	—	—	—	—	3.366	—
60	—	—	—	—	1.9836	-0.8751	—	-0.268
65	—	—	—	—	—	—	—	—
70	—	—	—	—	-1.4852	-0.8674	—	—
80	—	—	—	—	1.2636	-0.8197	—	—
90	1.192	-0.940	1.342	-0.980	1.1999	-0.8011	1.472	-0.808

12.2.5　群洞围岩的弹性应力计算

在实际工程中，群洞是非常普遍的，如高速公路穿越山岭隧道、矿山运输巷道、水电工程中的地下厂房等，经常会有两条甚至数条巷道平行、交错。根据经上述开挖造成的弹性应力分布，每条巷道在挖掘后将对周围 3~5 倍半径范围内的围岩产生影响，如果相邻巷道位于这个影响区内，它们就会相互影响，给巷道的使用和维护带来困难。这就需要在设计中考虑相邻巷道的作用，设计合理的巷间岩柱宽度，尽量减少相互的应力叠加效应。

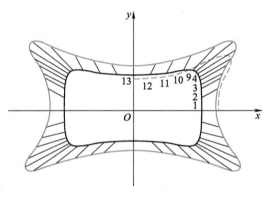

图 12.8　矩形洞室（$a/b=1.8$）周边应力分布

Howland 于 1934 年给出了无限介质中一排平行等间隔的圆孔的应力分布，图 12.9 为其中的两个圆孔，且有 $a/b=\lambda_1$。为便于理解原文献，这里的初始地应力表示为 T。

在竖向（与圆孔圆点的连线相垂直）虚力作用下，当巷道间距与直径相等时，巷道围岩的应力集中系数分布如图 12.10 所示。与单孔圆形巷道相比（$\lambda_1=0$），由于相邻巷道的作用，最大切向应力由 3 增加到 3.26。

图 12.11 为外加应力沿着水平方向时的应力分布，其他条件与图 12.10 相同，当

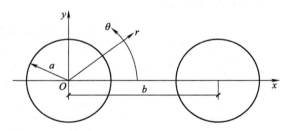

图 12.9　无限介质中的等间距圆孔

$\lambda_1=0.25$ 时，与单孔条件下的应力分布相比，洞壁最大应力集中系数由 3 降为 2.16。此时，T 为水平方向无限远处施加的应力。当 T 以垂直于中心线方向施加时，最大应力要大于隔离

孔处，$\lambda_1 = 0.25$ 时的最大应力为 $3.24T$。由此可见，沿着水平方向加载，巷道之间存在"屏蔽"作用，即巷道之间的岩柱应力明显降低。从图中还可以推断，相邻巷道的影响范围仅为一倍于巷道直径的范围。巷道间岩柱的形状和尺寸对于岩柱中的应力分布有直接的影响。

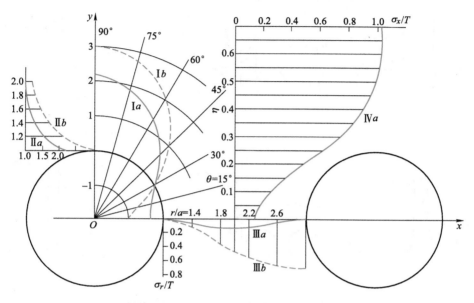

图 12.10　巷道围岩的应力集中系数分布

注：a 为 $\lambda_1 = 0.25$ 时的应力分布曲线，b 为 $\lambda_1 = 0$ 时的应力分布曲线，I 为沿巷道周边分布的应力比值（σ_θ/T），II 为沿 y 轴分布的应力比值（σ_y/T），III 为沿 x 轴分布的应力比值（σ_x/T），IV 为沿距离两个相邻孔中心等距的线上分布的应力比值（σ_x/T）。

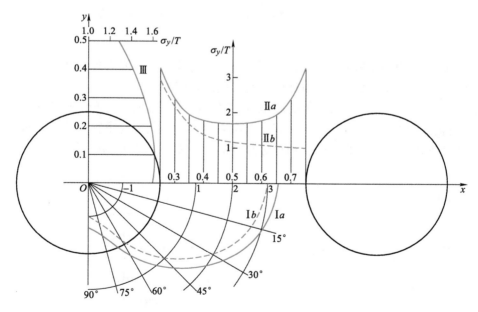

图 12.11　施加水平方向荷载时的应力分布

注：a 为 $\lambda_1 = 0.25$ 时的应力分布曲线，b 为 $\lambda_1 = 0$ 时的应力分布曲线，I 为沿巷道周边分布的应力比值（σ_θ/T），II 为沿 y 轴分布的应力比值（σ_y/T），III 为沿 x 轴分布的应力比值（σ_x/T）。

Obert 和 Duvall 用光弹试验的方法研究了巷道间岩柱尺寸对应力分布的影响，图 12.12 给出了岩柱应力分布特征，其中，σ_p 为平均应力，σ_b 为洞壁切向应力，$p_z = p_0$。从图中可以看出，岩柱的平均应力随着岩柱宽度的减小而增加，但 σ_b/σ_p 却降低了。

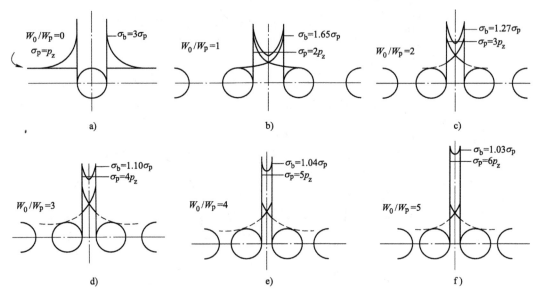

图 12.12　巷道间岩柱尺寸和形状对岩柱应力分布的影响

12.3　深埋圆形洞室围岩二次应力状态的弹塑性分析

12.3.1　轴对称圆形巷道的理想弹塑性分析——卡斯特纳求解

1. 基本假设

基本假设：深埋圆形平巷、无限长；原岩应力各向等压；原岩为理想弹塑性体，本构关系如图 12.13 所示，原岩为不可压缩材料；巷道埋深 $z \geqslant 20R_0$。

当洞室周边的二次应力超出岩体的屈服应力时，洞室周边围岩将产生塑性区。就岩石的力学特性而言，多数岩石属脆性材料，其屈服应力的大小不太容易求得。因此，近似地采用 M-C 准则作为进入塑性状态的判据。轴对称圆巷的力学模型如图 12.14 所示。

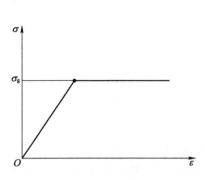

图 12.13　理想弹塑性材料的本构关系

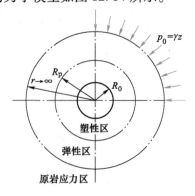

图 12.14　轴对称圆巷的力学模型

2. 基本方程

在弹性区，积分常数待定的弹性应力解为

$$\begin{cases} \sigma_r = A \pm \dfrac{B}{r^2} \\ \sigma_\theta \end{cases} \tag{12.28}$$

在塑性区，轴对称问题的平衡方程为

$$\frac{\mathrm{d}\sigma_r}{\mathrm{d}r} + \frac{\sigma_r - \sigma_\theta}{r} = 0 \tag{12.29}$$

强度准则方程（选用 M-C 准则）为

$$\sigma_\theta = \frac{1 + \sin\varphi}{1 - \sin\varphi}\sigma_r + \frac{2C\cos\varphi}{1 - \sin\varphi} \tag{12.30}$$

塑性区内有 2 个未知应力（σ_θ、σ_r）和 2 个方程 [式（12.29）和式（12.30）]，故不必借用几何方程就可以解题。这类方程又称为刚塑性或极限平衡方程。

3. 边界条件

弹性区有以下边界条件：对于外边界，$r \to \infty$，$\sigma_r = \sigma_\theta = p_0$；对于内边界（与塑性区的交界面），$r = R_\mathrm{p}$（塑性区半径），有

$$\begin{cases} \sigma_r^\mathrm{e} = A \pm \dfrac{B}{R_\mathrm{p}^2} \\ \sigma_\theta^\mathrm{e} \end{cases} \tag{12.31}$$

塑性区有以下边界条件：对于外边界（弹塑性区的交界面），$r = R_\mathrm{p}$，有 $\sigma_r^\mathrm{p} = \sigma_r^\mathrm{e}$、$\sigma_\theta^\mathrm{p} = \sigma_\theta^\mathrm{e}$（上角标 e、p 分别表示弹性区与塑性区的量）；对于内边界（周边），$r = R_0$ 有 $\sigma_r = p_1$。

4. 解题

由式（12.29）和式（12.30）联解，并用塑性区的内边界条件，得

$$\sigma_r^\mathrm{p} = (p_1 + C\cot\varphi)\left(\frac{r}{R_0}\right)^{\frac{2\sin\varphi}{1-\sin\varphi}} - C\cot\varphi \tag{12.32}$$

将式（12.32）代入式（12.30），整理得

$$\sigma_\theta^\mathrm{p} = (p_1 + C\cot\varphi)\frac{1 + \sin\varphi}{1 - \sin\varphi}\left(\frac{r}{R_0}\right)^{\frac{2\sin\varphi}{1-\sin\varphi}} - C\cot\varphi \tag{12.33}$$

由式（12.32）和式（12.33）可知，当 $r = R_\mathrm{p}$ 时，$\sigma_r^\mathrm{p} = p_0(1 - \sin\varphi) + C\cos\varphi$、$\sigma_\theta^\mathrm{p} = p_0(1 + \sin\varphi) - C\cos\varphi$，$\sigma_r^\mathrm{p} + \sigma_\theta^\mathrm{p} = 2\sigma_\mathrm{c}$；同时，$\sigma_r$、$\sigma_\theta$ 与 p_0 无关，只取决于强度准则。这是极限平衡问题的特点。

由式（12.28）与弹性区外边界条件可得

$$\sigma_r^\mathrm{e} = p_0 + B/r^2 \quad \sigma_\theta^\mathrm{e} = p_0 - B/r^2 \tag{12.34}$$

由式（12.32）、式（12.34）和塑性区外边界条件解得 B，将其代入式（12.34），整理得弹性区应力为

$$\begin{cases} \sigma_r^\mathrm{e} = p_0 \pm \dfrac{R_\mathrm{p}^2}{r^2}(p_0\sin\varphi + C\cos\varphi) \\ \sigma_\theta^\mathrm{e} \end{cases} \tag{12.35}$$

塑性区半径为

$$\frac{R_{\mathrm{p}}}{R_0} = \left[\frac{(p_0 + C\cot\varphi)(1 - \sin\varphi)}{(p_1 + C\cot\varphi)} \right]^{\frac{1-\sin\varphi}{2\sin\varphi}} \tag{12.36}$$

5. 结果

1）弹性区应力表示为

$$\begin{cases} \sigma_\theta^{\mathrm{e}} \\ \sigma_r^{\mathrm{e}} \end{cases} = p_0 \pm (C\cos\varphi + p_0\sin\varphi) \left[\frac{(p_0 + C\cot\varphi)(1 - \sin\varphi)}{p_1 + C\cot\varphi} \right]^{\frac{1-\sin\varphi}{\sin\varphi}} \left(\frac{R_0}{r} \right)^2 \tag{12.37}$$

2）塑性区应力表示为

$$\begin{cases} \sigma_r^{\mathrm{p}} = (p_1 + C\cot\varphi) \left(\dfrac{r}{R_0} \right)^{\frac{2\sin\varphi}{1-\sin\varphi}} - C\cot\varphi \\[3mm] \sigma_\theta^{\mathrm{p}} = (p_1 + C\cot\varphi) \dfrac{1 + \sin\varphi}{1 - \sin\varphi} \left(\dfrac{r}{R_0} \right)^{\frac{2\sin\varphi}{1-\sin\varphi}} - C\cot\varphi \end{cases} \tag{12.38}$$

3）塑性区半径表示为

$$R_{\mathrm{p}} = R_0 \left[\frac{(p_0 + C\cot\varphi)(1 - \sin\varphi)}{(p_1 + C\cot\varphi)} \right]^{\frac{1-\sin\varphi}{2\sin\varphi}} \tag{12.39}$$

弹塑性区的应力分布如图 12.15 所示。塑性区的径向应力和切向应力都随着 r 的增大而增大，并且两者是极限状态应力，只与围岩的强度参数（C、φ）和支护反力 p_1 有关，而与原岩应力 p_0 无关。

6. 讨论

1）R_{p} 与 R_0 成正比，与 p_0 呈正变关系，与 C、φ 呈反变关系。

2）塑性区内各应力点与原岩应力 p_0 无关，且其应力圆均与强度曲线相切（此为联立方程求解时应用屈服准则的特点之一）。

3）指数 $(1 - \sin\varphi)/2\sin\varphi$ 的物理意义，可以近似理解为"拉压强度比"。如图 12.16 所示，斜直线与横轴的交点为莫尔圆的点圆，代表三轴等拉强度，即 $C\cot\varphi$；而单轴抗压强度 $\sigma_{\mathrm{c}} = 2C\cos\varphi/(1 - \sin\varphi)$；两者之比即 $(1 - \sin\varphi)/2\sin\varphi$。

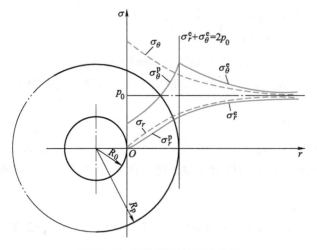

图 12.15 弹塑性区的应力分布

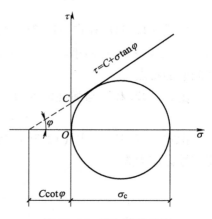

图 12.16 莫尔圆的应用

7. 关于支护反力及其相关概念的澄清

众多文献在讨论到此问题时，都会考虑用塑性区边界有支护力 p_1 的边界条件来决定积分常数，如上式（12.37）~式（12.39），这就是著名的卡斯特纳方程。

侯公羽（2008）[1]详细地分析了卡斯特纳方程求解的力学模型的错误和缺陷，并指出：①模型视支护力 p_1 与原岩应力 p_0 是同时作用的，即开挖体被取出后立即有 p_1 作用到巷道周边上，p_1 与 p_0 是同步加载的，这与工程实际不符；②模型的支护力 p_1 为主动支护力且是一次性加载，这与工程实际不符；③主动支护力与被动支护反力的区别是显著的，区分两者在物理和力学意义上的不同之处非常重要；④从弹塑性变形经历的时间历程上看，因为巷道围岩弹塑性变形是立即发生并完成的，支护力 p_1 根本赶不上围岩的弹塑性变形，因此在围岩的弹塑性求解中不应考虑 p_1 的作用。

侯公羽（2012）[2]还对卡斯特纳方程求解的弹塑性区应力进行了讨论，发现卡斯特纳方程求解会得出一些不正确的结论，分析后认为产生不正确的原因是卡斯特纳方程求解中忽略了以下问题：

1）塑性区应力求解时，没有使用假设的理想弹塑性材料的塑性本构关系这一条件。求解中，虽然使用了 M-C 准则，但没有与假设条件（塑性区应力 σ_s）建立联系。

2）塑性区应力求解时，没有考虑沿巷道轴向方向的应力 σ_z 的影响。事实上，因为求解过程中没有使用塑性本构关系，也就无法对塑性区的 σ_z 进行求解。

3）没有求解围岩开始屈服时的原岩应力限值。

但是，当我们注意到开挖面的空间效应时，侯公羽（2012）[2]对这一问题找到了一种解决的方案和思路。开挖面的支撑作用可以沿巷道轴向方向影响到一个特定的范围，处于这个范围内的巷道，其围岩径向位移（弹性、塑性）都会受到开挖面空间效应的影响，巷道此时会受到"虚拟的支护力 p_2^*"的作用。这个"虚拟的支护力 p_2^*"是由于开挖面具有的空间效应产生的影响。随着开挖面的推进，某个断面处的"虚拟的支护力 p_2^*"可以与后来的支护结构提供的支护力 p_1 进行"组合"，具体见 12.4.2 节。

12.3.2　塑性区半径处的应力

将塑性区半径 R_p 的表达式（12.39）代入弹、塑性区内应力的计算式（12.32）和式（12.33），即可求得弹、塑性区边界上的应力计算式，即

$$\begin{cases} \sigma_\theta^{R_p} = p_0(1 + \sin\varphi) + C\cos\varphi \\ \sigma_r^{R_p} = p_0(1 - \sin\varphi) - C\cos\varphi \end{cases} \tag{12.40}$$

式中，$\sigma_\theta^{R_p}$、$\sigma_r^{R_p}$ 分别为弹、塑性区边界上的径向应力。

上述计算式是一个特定的值，它的大小将影响弹性区内的应力和位移。

12.3.3　塑性区的位移

井巷围岩的弹塑性位移量级较大，通常以厘米为单位，这是支护时应重点注意的问题。

（1）基本假设　基本假设与上述轴对称弹塑性应力问题相同，符合一般理想塑性材料的体积应变为零的假设，不考虑剪胀效应。

（2）弹、塑性区边界处的位移　弹塑性边界的位移由弹性区的岩体变形引起。弹性区

的变形可按外边界趋于无穷、内边界为 R_p 的厚壁圆筒处理。根据式（12.15），可写出弹、塑性区边界处的位移计算式

$$u_p = \frac{1 + \nu}{E}(p_0 - \sigma_r^{R_p})R_p \qquad (12.41)$$

将式（12.40）代入式（12.41），可得

$$u_p = \frac{p_0 \sin\varphi + C\cos\varphi}{2G}R_p \qquad (12.42)$$

式中，$G = E/[2(1 + \nu)]$。

根据塑性区体积不变的假设（图 12.17），有

$$R_p^2 - (R_p - u_p)^2 = R_0^2 - (R_0 - u_0)^2 \qquad (12.43)$$

于是，可以得到 $u_0 = (R_p/R_0)u_p$。

最终，可以得到巷道周边的位移计算式为

$$u_0 = \frac{p_0 \sin\varphi + C\cos\varphi}{2G} \cdot \frac{R_p^2}{R_0} \qquad (12.44)$$

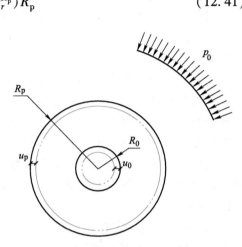

图 12.17　塑性区体积不变假设条件下的轴对称圆巷周边位移

巷道围岩弹塑性位移也可以通过塑性力学中弹塑性小变形理论获得，因为假设条件是一样的，所以结论也相同。

12.3.4　深埋圆形洞室二次应力状态的弹塑性分布特性小结

1）在 $\lambda = 1$ 的条件下，塑性区是一个圆环。塑性区内的应力 σ_r^p、σ_θ^p 将随着 r 的增大而增大，且塑性区内的应力 σ_r^p、σ_θ^p 应满足 M-C 准则。

2）在 $r = R_p$ 处为弹、塑性的交界处，该处的径向应力将影响弹性区的应力、位移、应变的计算。

3）当 $r > R_p$ 时，围岩进入弹性区。因为塑性区的存在将限制弹性区内的应力、位移、应变的发生，所以与无塑性区的二次应力状态相比较，各计算式中增加了因塑性区边界上的径向应力 $\sigma_r^{R_p}$ 的作用产生的增量。但是，其分布规律与纯弹性分布大致相同，仍可用 $\sigma_\theta^e + \sigma_r^e = 2p_0$ 来校核计算结果。

12.4　围岩-支护相互作用全过程解析

侯公羽[2]于 2012 年完成了《弹塑性变形条件下围岩-支护相互作用全过程解析》一文，其核心内容是：根据开挖面的空间效应及 Hoek 拟合方程计算某工程实例的巷道顶板径向位移沿巷道轴向方向分布的曲线，建立了围岩-支护耦合作用的力学模型，进而建立了描述巷道顶板径向位移与力学模型中的虚拟支护力的关系的数学模型；通过对数学、力学模型的解析与分析，研究了围岩-支护在其相互作用的全过程中两者的相互作用路径，在此基础上对弹塑性变形阶段围岩-支护的相互作用原理给出了新的认识；应用该研究成果，对某工程实例进行了支护作用效果的计算与分析研究。本节对此进行简要介绍。

12.4.1 开挖面的空间效应及其影响范围内的巷道径向变形曲线

随着巷道工作面不断向前推进，沿巷道的轴向方向（开挖前进方向）因为有开挖面的支撑作用，所以开挖出来的巷道围岩的弹塑性变形得不到充分释放，弹塑性的应力重分布不能很快完成，某一断面的弹塑性变形随着与工作面距离的远去而逐步释放直至完成，这称为开挖面的空间效应。应当指出，开挖面的空间效应并不是指开挖面的三维空间问题。

开挖面的空间效应及其影响范围内的巷道径向位移曲线，有众多文献进行了论述。对于巷道径向位移曲线的估计与拟合，使用较多的拟合方程是由 Hoek 通过对现场量测数据和数值模拟数据进行拟合给出的方程，即

$$u_{R_0}^{p_2^*} = u_{R_0}(\infty)\left[1 + \exp\left(-\frac{x}{1.1R_0}\right)\right]^{-1.7} \tag{12.45}$$

式中，$u_{R_0}^{p_2^*}$ 为围岩作用有原岩应力 p_0 且在巷道周边作用有虚拟支护力 p_2^* 条件下的径向位移；$u_{R_0}(\infty)$ 为围岩只作用有原岩应力 p_0 且在巷道周边没有任何其他应力作用时的径向位移。本节分别采用基于 D-P 准则、M-C 准则和 H-B 准则的 3 个位移计算式对 $u_{R_0}(\infty)$ 进行了计算，详见 12.4.2 节。

仔细分析 12.3 节的求解过程和方程（12.45）不难发现，巷道的径向位移有以下两种可能的变形组合：原岩应力相对于岩石的基本力学参数较小时，巷道围岩只产生弹性区而不产生塑性区，巷道只产生弹性径向位移；原岩应力相对于岩石的基本力学参数较大时，巷道围岩既产生弹性区又产生塑性区，则巷道的径向位移既包括弹性位移又包括塑性位移。基于某工程实例计算的巷道顶板径向位移如图 12.18 所示。

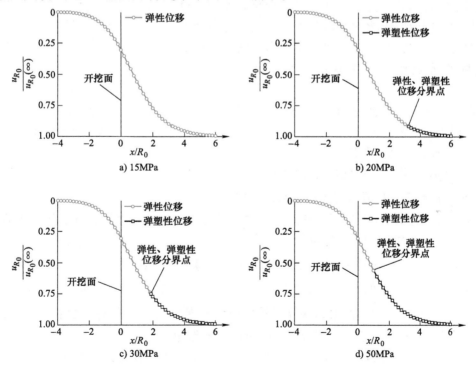

图 12.18 基于某工程实例计算的巷道顶板径向位移

图 12.18 工程实例的基本数据为：巷道半径 $R_0 = 3\mathrm{m}$，原岩应力 $p_0 = 15\mathrm{MPa}$、$20\mathrm{MPa}$、$30\mathrm{MPa}$、$50\mathrm{MPa}$；岩石的单轴抗压强度 $\sigma_c = 20\mathrm{MPa}$，内摩擦角 $\varphi = 25°$，黏聚力 $C = 6\mathrm{MPa}$，剪切模量 $G = 5000\mathrm{MPa}$。

图 12.18 中的坐标已做了比例换算处理，即到开挖面距离的比例换算值为 x/R_0，巷道顶板径向位移的比例换算值为 $u_{R_0}/u_{R_0}(\infty)$。其中，x 为某计算面至开挖面的距离，u_{R_0} 为开挖面空间效应影响范围内的巷道顶板径向弹塑性位移，$u_{R_0}(\infty)$ 为不受开挖面空间效应影响的巷道顶板径向弹塑性位移。

围岩开始屈服时的原岩应力 $p_0^{\mathrm{D-P}} = 16.92\mathrm{MPa}$（基于 D-P 准则），因此从图 12.18 中可以看出：当原岩应力 $p_0 = 15\mathrm{MPa}$ 时，巷道的顶板径向位移只有弹性位移；当原岩应力 $p_0 = 20\mathrm{MPa}$、$30\mathrm{MPa}$、$50\mathrm{MPa}$ 时，巷道的顶板径向位移既有弹性位移又有塑性位移，同时原岩应力相对于岩石的单轴抗压强度的匹配级别越大，塑性位移在弹塑性总位移中所占的比例就越大。

12.4.2 围岩-支护相互作用过程解析

1. 基于开挖面空间效应的等效力学模型

巷道产生变形的原因是围岩受到各种力场的作用，这里的"各种力场"主要指原岩应力、开挖面空间效应、支护结构的被动支护反力。因为有开挖面空间效应的影响，所以开挖面已开挖一侧巷道周边的弹塑性变形沿巷道轴向方向的分布规律应按照式（12.45）（当然，读者也可以统计出其他类似的计算式）变化和发展。对于受开挖面空间效应影响的巷道某断面，在建立力学模型与求解时，必须将开挖面空间效应的影响结果转化为虚拟力场的等效作用。其等效力学模型如图 12.19 所示。

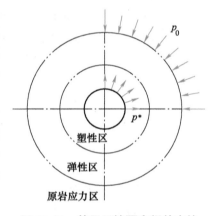

图 12.19　基于开挖面空间效应的等效力学模型

在图 12.19 中，设巷道周边处的作用力为 p^*。p^* 在不同情况下有不同的意义：

1）$p^* = p_0$，巷道未开挖时。

2）$p^* = p_2^*$，巷道开挖之后无支护作用。

3）$p^* = p_1 + p_2^*$，巷道开挖之后有支护作用。

式中，p_0 为原岩应力；p_2^* 为因开挖面空间效应影响而在巷道周边处进行等效作用简化的虚拟支护力；p_1 为支护结构的支护反力。

虚拟支护力 p_2^* 的简化原理：由式（12.45）计算出巷道某断面处的径向位移 $u_{R_0}^{p_2^*}$，再由巷道径向位移的计算式计算出相对于 $u_{R_0}^{p_2^*}$ 的等效作用于巷道周边上的虚拟支护力 p_2^*。将式（12.45）中各个断面的作用都换算成等效简化的虚拟支护反力 p_2^* 之后，就不必再考虑开挖面空间效应的影响，只需考虑等效简化的 p_2^* 的作用。

这样的简化将式（12.45）的位移与虚拟支护力 p_2^* 通过弹塑性位移计算式建立起了力学和数学关系，使求解围岩-支护作用的全过程成为可能。基于具体工程实例计算的等效简

化的虚拟支护力 p_2^* 如图 12.20 所示，将其中任一条曲线上下翻转后，对应于弹性变形部分的曲线 p_2^* 和 $u_{R_0}^{p_2^*}$ 是相似的。

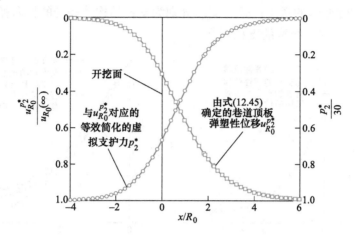

图 12.20 对应于 $u_{R_0}^{p_2^*}$ 的等效简化的虚拟支护力 p_2^*

2. 围岩只发生径向弹性位移时进行支护的解析

若围岩在原岩应力的作用下只发生径向弹性位移，则围岩-支护耦合作用过程的实时解析如下：

巷道周边在力（$p_1+p_2^*$）作用下的巷道顶板径向位移为[3]

$$u_{R_0}^{p_1+p_2^*} = \frac{1}{2G}[p_0 - (p_1 + p_2^*)]R_0 \tag{12.46}$$

对应于支护结构外径处的径向弹性位移 $u_{R_0}^c$ 的支护反力 p_1 为

$$p_1 = K_c u_{R_0}^c = K_c[u_{R_0}^{p_1+p_2^*} - u_{R_0}(x_B)] \tag{12.47}$$

式中，$u_{R_0}^c = u_{R_0}^{p_1+p_2^*} - u_{R_0}(x_B) \leqslant u_{max}^c$，且有

$$u_{R_0}(x_B) = u_{R_0}(\infty)\left[1 + \exp\left(-\frac{x_B}{1.1R_0}\right)\right]^{-1.7} \tag{12.48}$$

对应于 $u_{R_0}^{p_2^*}$ 的虚拟支护力 p_2^* 有

$$p_2^* = p_0 - 2G\frac{u_{R_0}^{p_2^*}}{R_0} \tag{12.49}$$

根据 Hoek 拟合方程，有

$$u_{R_0}^{p_2^*} = u_{R_0}(\infty)\left[1 + \exp\left(-\frac{x}{1.1R_0}\right)\right]^{-1.7} \tag{12.50}$$

对应于 $u_{R_0}(x_B)$ 的虚拟支护力 $p_2^*(x_B)$ 有

$$p_2^*(x_B) = p_0 - 2G\frac{u_{R_0}(x_B)}{R_0} \tag{12.51}$$

以上各式中，p_1 为支护反力；p_2^* 为对应于已释放的围岩顶板径向位移 $u_{R_0}^{p_2^*}$ 的虚拟力；$u_{R_0}^{p_1+p_2^*}$ 为力（$p_1+p_2^*$）作用下的围岩顶板径向位移，这也是围岩-支护耦合作用的实时解析；

$u_{R_0}(x_B)$ 为开始支护时点 B 处（图 12.21b）的围岩顶板径向位移；x_B 为开始支护时点 B 处（图 12.21b）至开挖面的距离，x_B 必须位于开挖面空间效应的影响范围内，否则支护结构将失去支护弹塑性变形的意义；$u_{R_0}^c$、u_{max}^c 分别为支护结构外径处的径向弹性位移、径向弹性位移极限值；K_c 为支护结构的支护刚度。

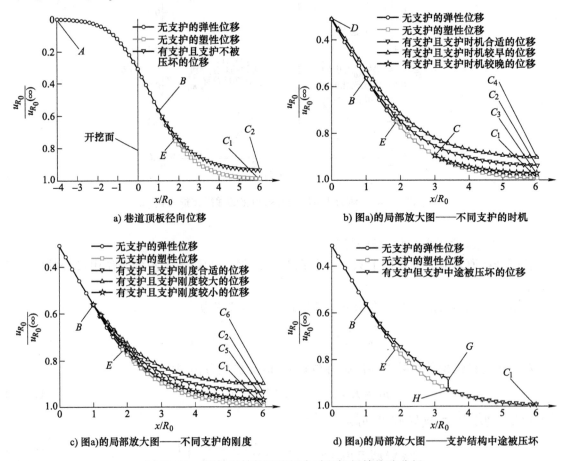

图 12.21　围岩-支护相互作用全过程解析的位移分析

将式（12.47）和式（12.49）代入式（12.46），得到在围岩发生径向弹性位移阶段进行支护时围岩-支护耦合作用过程的实时解析式，即

$$u_{R_0}^{p_1+p_2^*} = \frac{u_{R_0}(x_B)\dfrac{K_c R_0}{2G} + u_{R_0}(\infty)\left[1 + \exp\left(-\dfrac{x}{1.1R_0}\right)\right]^{-1.7}}{1 + \dfrac{K_c R_0}{2G}} \qquad (12.52)$$

式中，$x \in [x_B, +\infty)$。

3. 围岩发生径向弹塑性位移但在塑性位移阶段进行支护的解析

（1）围岩-支护相互作用全过程解析（由 D-P 准则计算巷道径向弹塑性位移）　若围岩在原岩应力的作用下发生径向弹塑性位移，且在围岩发生塑性位移阶段进行支护，则围岩-支护相互作用过程的实时解析如下：

巷道周边在力（$p_1 + p_2^*$）作用下的巷道顶板径向弹塑性位移（由 D-P 准则计算）为

$$u_{R_0}^{p_1+p_2^*} = \frac{3\alpha R_0}{2G} \left[\frac{1-3\alpha}{p_1 + p_2^* + \dfrac{k}{3\alpha}} \right]^{\frac{1-3\alpha}{3\alpha}} \left(p_0 + \frac{k}{3\alpha} \right)^{\frac{1}{3\alpha}}$$

（12.53）

对应于支护结构外径处的径向弹性位移 $u_{R_0}^c$ 的支护反力 p_1 为

$$p_1 = K_c u_{R_0}^c = K_c \left[u_{R_0}^{p_1+p_2^*} - u_{R_0}(x_C) \right]$$

（12.54）

式中，$u_{R_0}(x_C) = u_{R_0}(\infty) \left[1 + \exp(-x_C/1.1R_0) \right]^{-1.7}$，且 $u_{R_0}^c = u_{R_0}^{p_1+p_2^*} - u_{R_0}(x_C) \leqslant u_{\max}^c$。

对应于 $u_{R_0}^{p_2^*}$ 的虚拟支护力 p_2^* 为

$$p_2^* = \left[\frac{3\alpha R_0}{2G u_{R_0}^{p_2^*}} \right]^{\frac{3\alpha}{1-3\alpha}} (1-3\alpha) \left(p_0 + \frac{k}{3\alpha} \right)^{\frac{1}{1-3\alpha}} - \frac{k}{3\alpha}$$

（12.55）

式中，$u_{R_0}^{p_2^*}$ 的计算采用式（12.50）。

对应于 $u_{R_0}(x_C)$ 的虚拟支护力 $p_2^*(x_C)$ 有[4]

$$p_2^*(x_C) = \left[\frac{3\alpha R_0}{2G u_{R_0}(x_C)} \right]^{\frac{3\alpha}{1-3\alpha}} (1-3\alpha) \left(p_0 + \frac{k}{3\alpha} \right)^{\frac{1}{1-3\alpha}} - \frac{k}{3\alpha}$$

（12.56）

式中，$u_{R_0}(x_C)$ 为开始支护时点 C 处（图 12.21b）的围岩顶板径向位移；x_C 为开始支护时点 C 处（图 12.21b）至开挖面的距离。

将式（12.54）和式（12.55）代入式（12.53），得到在围岩发生径向弹塑性位移且在塑性位移阶段进行支护时，围岩-支护相互作用全过程的实时解析方程，即

$$\left[\frac{u_{R_0}^{p_2^*}}{u_{R_0}^{p_1+p_2^*}} \right]^{\frac{3\alpha}{1-3\alpha}} = 1 + \frac{K_c \left[u_{R_0}^{p_1+p_2^*} - u_{R_0}(x_C) \right] \left(u_{R_0}^{p_2^*} \right)^{\frac{3\alpha}{1-3\alpha}}}{\left[\dfrac{3\alpha R_0}{2G} \right]^{\frac{3\alpha}{1-3\alpha}} (1-3\alpha) \left(p_0 + \dfrac{k}{3\alpha} \right)^{\frac{1}{1-3\alpha}}}$$

（12.57）

式中，$x \in [x_C, +\infty)$。

应当指出，式（12.57）为超越方程，无法求解出径向位移 $u_{R_0}^{p_1+p_2^*}$ 的闭合解析解，但可以通过数值计算方法得到 $u_{R_0}^{p_1+p_2^*}$ 的数值解。

（2）**围岩-支护相互作用全过程解析**（由 M-C 准则计算巷道径向弹塑性位移） 条件同（1），由 M-C 准则计算巷道径向弹塑性位移时，围岩-支护相互作用全过程的实时解析方程为

$$\left[\frac{u_{R_0}^{p_2^*}}{u_{R_0}^{p_1+p_2^*}} \right]^{\frac{\sin\varphi}{1-\sin\varphi}} = 1 + \frac{K_c \left[u_{R_0}^{p_1+p_2^*} - u_{R_0}(x_C) \right] \left(u_{R_0}^{p_2^*} \right)^{\frac{\sin\varphi}{1-\sin\varphi}}}{(1-\sin\varphi) \left(\dfrac{R_0 \sin\varphi}{2G} \right)^{\frac{\sin\varphi}{1-\sin\varphi}} (p_0 + C\cot\varphi)^{\frac{1}{1-\sin\varphi}}}$$

（12.58）

式中，C、φ 分别为岩石的黏聚力和内摩擦角；其余符号意义同前；$u_{R_0}^{p_2^*}$ 的计算采用式（12.50）。

应当指出，这里的 $u_{R_0}^{p_1+p_2^*}$ 也需要通过数值计算才能得到 $u_{R_0}^{p_1+p_2^*}$ 的数值解。

（3）**围岩-支护相互作用全过程解析**（由 H-B 准则计算巷道径向弹塑性位移） 条件同（1），由 H-B 准则计算巷道径向弹塑性位移时，围岩-支护相互作用全过程的实时解析方

程为

$$\ln^2\left(\frac{u_{R_0}^{p_2^*}}{u_{R_0}^{p_1+p_2^*}}\right) + 2\left[\ln\left(\frac{u_{R_0}^{p_2^*}}{u_{R_0}^{p_1+p_2^*}}\right)\right]\left[2A - \ln\left(\frac{2u_{R_0}^{p_2^*}G}{R_0 N_2}\right)\right] = \frac{16K_c}{m\sigma_c}[u_{R_0}^{p_1+p_2^*} - u_{R_0}(x_C)] \quad (12.59)$$

式中，$N_2 = p_0 - m\sigma_c A^2/4 + s\sigma_c/m$；$A = 0.5[\sqrt{m^2\sigma_c^2 + 16s\sigma_c^2 + 16m\sigma_c p_0}/(m\sigma_c) - 1]$；$m$、$s$ 均为 H-B 准则中无量纲的参数；其余符号意义同前；$u_{R_0}^{p_2^*}$ 的计算采用式（12.50）。

应当指出，这里的 $u_{R_0}^{p_1+p_2}$ 也需要通过数值计算方法才能得到 $u_{R_0}^{p_1+p_2^*}$ 的数值解。

基于广义 H-B 准则（2002 版）的解，因为其位移解已经是半解析半数值解，所以这里没必要再对此进行作用过程的求解。

4. 围岩发生径向弹塑性位移但在弹性位移阶段进行支护的解析

若围岩在原岩应力的作用下发生径向弹塑性位移，且在围岩发生弹性位移阶段进行支护，则围岩-支护耦合作用过程的实时解析如下：

1）在围岩-支护相互作用处于弹性位移阶段时，其实时解析与式（12.52）相同。

2）在围岩-支护相互作用进入塑性位移阶段时，其实时解析与式（12.57）相同，但开始支护时作用点的岩顶板径向位移应改为 $u_{R_0}(x_B)$，即图 12.21b 中的 B 点。

$$\left[\frac{u_{R_0}^{p_2^*}}{u_{R_0}^{p_1+p_2^*}}\right]^{\frac{3\alpha}{1-3\alpha}} = 1 + \frac{K_c[u_{R_0}^{p_1+p_2^*} - u_{R_0}(x_B)](u_{R_0}^{p_2^*})^{\frac{3\alpha}{1-3\alpha}}}{\left[\frac{3\alpha R_0}{2G}\right]^{\frac{3\alpha}{1-3\alpha}}(1-3\alpha)\left(p_0 + \frac{k}{3\alpha}\right)^{\frac{1}{1-3\alpha}}} \quad (12.60)$$

式中，$x \in [x_B, +\infty)$，$u_{R_0}^{p_2^*}$ 的计算采用式（12.50）。

5. 围岩发生弹性变形或弹塑性变形的判据

围岩在原岩应力的作用下发生的是弹性变形还是弹塑性变形，可由下式判断

$$\begin{cases} p_0 > p_0^{\text{D-P}} = \dfrac{k}{1-3\alpha} \\[2mm] p_0 > p_0^{\text{M-C}} = \dfrac{C\cos\varphi}{1-\sin\varphi} \\[2mm] p_0 > p_0^{\text{H-B}} = \dfrac{\sqrt{s}\,\sigma_c}{2} \end{cases} \quad (12.61)$$

式中，$p_0^{\text{D-P}}$、$p_0^{\text{M-C}}$、$p_0^{\text{H-B}}$ 分别为基于 D-P 准则、M-C 准则、H-B 准则的围岩开始屈服时的原岩应力。

若式（12.61）成立，则围岩发生径向弹塑性变形；否则，围岩只发生径向弹性变形。

6. 关于 $u_{R_0}^c = u_{R_0}^{p_1+p_2^*} - u_{R_0}(x_B)$、$u_{R_0}^c = u_{R_0}^{p_1+p_2^*} - u_{R_0}(x_C)$ 的限定条件[5]

1）对于混凝土类支护结构来说，支架必须在 $u_{R_0}^c \leqslant u_{max}^c$ 的条件下才能正常起到支护作用；如果支架的变形 $u_{R_0}^c > u_{max}^c$，则支护结构将被压坏，随后的围岩也将处于无支护的状态并最终全部卸载。

2）对于可缩性支架来说，当变形值超过其极限值后，支架变形将进入变形增长而支护反力基本保持不变的工作状态。一般情况下，可缩性支架允许的变形值较大，因此不易被围岩压坏。

12.4.3　围岩-支护相互作用全过程的分析

1. 对位移的分析

根据 12.4.2 节对围岩-支护相互作用全过程的解析,可以对围岩-支护相互作用全过程给出新的认识,如图 12.21 所示。图 12.21 为围岩-支护相互作用全过程解析的位移分析,其中 A 点为待开挖岩体未受开挖面空间效应影响的位置,B、C 和 D 点均为开始支护的位置,C_1 点为无支护巷道顶板塑性位移不再受开挖面空间效应影响的位置,C_2、C_3、C_4、C_5 和 C_6 点为不同条件下有支护巷道顶板塑性位移不再受开挖面空间效应影响的位置,E 点为无支护巷道顶板的弹性位移、弹塑性位移的分界点,G 点为有支护巷道的支护结构被压坏的位置,H 点为巷道在 G 点被压坏后跳跃到无支护情况下的对应位置。

1) 由于受开挖面空间效应的影响,其影响范围内的无支护巷道的径向位移曲线如图 12.21a 中 A-B-E-C_1 曲线所示。经过对比分析与研究,取图 12.21a 中 A-B-E-C_1 曲线的拟合方程作为由 Hoek 给出的方程 (12.45)。

2) 图 12.21a 的 A-B-E-C_1 曲线是根据巷道实际位移的量测结果经过拟合处理得到的,但由于受开挖面空间效应的影响,它也等效于在原岩应力 p_0 和巷道周边处的虚拟支护力 p_2^* 共同作用下的等效作用。也就是说,巷道围岩在某位置 x/R_0 处的径向位移 $u_R^{p_2^*}$ [由方程 (12.45) 确定] 对应于在该处承受的力 p_0 和力 p_2^* 的共同作用,如由式 (12.49) 或式 (12.55) 确定的对应于 $u_R^{p_2^*}$ 的虚拟支护力 p_2^* 就是如此。

对于本节选用的工程实例来说,在 A 点,径向位移近似为 0,对应的虚拟支护力近似为 30MPa;在 E 点,径向位移近似为 7.238mm,对应于虚拟力近似为 5.874MPa;在 C_1 点,径向位移近似为 9.565mm(未受开挖面空间效应影响处为 9.635mm,相对位移值为 9.565/9.635 = 0.993),对应的虚拟支护力近似为 0。

3) 巷道被开挖后若不进行支护,巷道围岩向开挖空间内发生收缩变形,由于受开挖面空间效应的影响,这个变形在巷道轴向方向的分布由方程 (12.45) 确定。但此时,巷道产生变形的原始动力是原岩应力 p_0,对巷道变形起到限制作用的是巷道周边的虚拟支护力 p_2^*,即巷道径向位移是由力 p_0 和力 p_2^* 共同作用的结果。

4) 当在某位置进行支护时,巷道围岩仍然会向开挖空间内继续发生收缩变形,由于继续受开挖面的空间效应影响,这时发生的变形在巷道轴向的分布(即围岩-支护耦合作用过程的实时解析)由式 (12.47)~式 (12.52) 计算(若在围岩发生径向弹性位移阶段开始支护),或者由式 (12.53)~式 (12.57) 计算(若在围岩发生径向塑性位移阶段开始支护)。此时,巷道产生变形的原始动力是原岩应力 p_0,对巷道变形起到限制作用的是巷道周边的作用力 $p_1+p_2^*$,即此时的巷道径向位移是由力 p_0 和力 $p_1+p_2^*$ 共同作用的结果。

5) 从图 12.21b 可以看出,若以曲线 A-B-C_2 作为合适的支护条件下的围岩-支护耦合作用过程,当支护时机较早时,围岩-支护耦合作用过程为曲线 A-D-C_4;当支护时机较晚时,围岩-支护耦合作用过程为曲线 A-B-E-C-C_1。

6) 从图 12.21c 可以看出,若以曲线 A-B-C_2 作为合适的支护条件下的围岩-支护耦合作用过程,当支护刚度较大时,围岩-支护耦合作用过程为曲线 A-B-C_6;当支护刚度较小时,围岩-支护耦合作用过程为曲线 A-B-C_5。

7）从图12.21d可以看出，若围岩-支护耦合作用过程是曲线$A\text{-}B\text{-}G$，假如支护结构工作到G点时被压坏，则巷道的径向位移将在瞬间跳跃至无支护情况下的曲线$A\text{-}B\text{-}E\text{-}H\text{-}C_1$中的$H$点。此后，巷道的径向位移按照$H\text{-}C_1$路径发展。

8）图12.21表明，目前的支护结构还无法有效地控制巷道围岩的径向弹塑性位移。

2. 对支护力的分析

图12.22为围岩-支护相互作用全过程解析的支护力分析，其中B点和C点的意义同图12.21；因为算例的原岩应力为30MPa，故比例换算值取为$p^*/30$。

在图12.22中，曲线①为无支护时巷道顶板径向支护力的分布，曲线②、③分别为有支护且支护时机较早、较晚时巷道顶板径向支护力的分布，曲线④、⑤分别为支护时机较早、较晚时支护结构对围岩提供的支护反力。

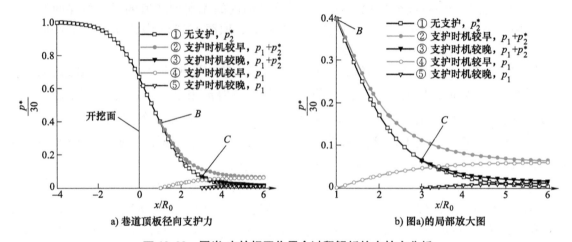

a) 巷道顶板径向支护力　　　　　　b) 图a)的局部放大图

图 12.22　围岩-支护相互作用全过程解析的支护力分析

图12.22揭示的主要规律为：

1）随着开挖面的推移，由于开挖面空间效应的影响，该区域巷道受到的虚拟支护力p_2^*不断减小，如曲线①。当在某处进行支护时（如B点或C点），支护结构开始提供支护反力p_1，而且p_1不断增大（如曲线④或曲线⑤），但总支护力$p_1+p_2^*$却不断减小（如曲线②或曲线③）。至远离开挖面处，即不再受到开挖面空间效应影响处，p_2^*减小至0，总支护力$p_1+p_2^*$减至p_1。此后的巷道只有支护结构在起支护作用，而且p_1将保持恒定（因为巷道围岩的弹塑性变形已经全部释放完毕，且不考虑其他因素）。

2）对比分析图12.21和图12.22可知，同一断面处，有支护的巷道，自支护结构开始作用时起，围岩受到的总支护力$p_1+p_2^*$比不支护时的虚拟支护力p_2^*要大，因此对应的围岩径向位移比不支护时要小。

3）支护时机较早，支护结构需提供的支护反力较大（如曲线②）；支护时机较晚，支护结构需提供的支护反力较小（如曲线③）。

4）在本文算例的条件下，在C点进行支护时（如曲线③），对于一般的喷射混凝土结构（C30，厚300mm）来说，已经使其支护反力p_1接近其承载力的极限值。这再次表明，目前的支护结构还无法有效地控制巷道围岩的径向弹塑性位移。

3. 支护力与位移的关系

图 12.23 为巷道周边处的支护力 p^*（p_2^* 或 $p_1+p_2^*$）与位移 u_{R_0} 的关系。开始支护时，（p_2^*，u_{R_0}）的坐标大致为（5.4189，11.9370）。开始进入弹塑性变形时，（p_2^*，u_{R_0}）的坐标大致为（7.4590，5.1369）。

从图 12.23 可以看出如下规律：

1）在弹性变形阶段，巷道周边处的支护力 p^*（不论是 p_2^* 还是 $p_1+p_2^*$）与位移 u_{R_0} 呈线性变化关系。这是因为弹性变形阶段的各类弹性变形分别由式（12.47）、式（12.49）、式（12.51）和式（12.52）确定。

2）在弹塑性变形阶段，巷道周边处的支护力 p^*（不论是 p_2^* 还是 $p_1+p_2^*$）与位移 u_{R_0} 呈非线性变化关系。这是因为该条件下的弹塑性变形由式（12.60）确定。

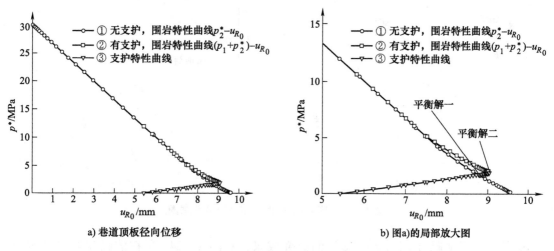

a) 巷道顶板径向位移　　　　　　　　b) 图a)的局部放大图

图 12.23　围岩-支护相互作用全过程解析——p^*-u_{R_0} 关系分析

3）支护力 p^* 与位移 u_{R_0} 之所以表现出上述变化关系，其原因是两者都是由开挖面的空间效应来控制。本例计算条件下，支护力 p^* 与位移 u_{R_0} 都是由方程（12.45）控制的结果。

4）从图 12.23b 可知，利用曲线①和③相交，可以求得围岩与支护的一个平衡解，设为"平衡解一"。"平衡解一"的物理意义是：从平衡点处开始，让支护结构以恒定的支护反力 p_1 与围岩发生相互作用，同时让围岩的虚拟支护力 p_2^* 为零，即让开挖面空间效应的影响从平衡点处往后均消失，这显然是无法实现的。因此，"平衡解一"在工程实际中是不可能实现的。

5）如果考虑开挖面空间效应的影响，并且注意到支护结构与围岩开始发生作用后 p_1 是逐渐增加的，那么，围岩与支护的相互作用就是曲线②和③相交的结果，设为"平衡解二"，如图 12.23b 所示。

从图 12.23b 可以明显看出，"平衡解二"与"平衡解一"是不同的。"平衡解二"的 p_1 比"平衡解一"略大，"平衡解二"的 u_{R_0} 比"平衡解一"明显要大。当支护刚度较大时，"平衡解二"和"平衡解一"的区别会更大。

应当指出，"平衡解二"是支护设计中应该选用的正确的解，也是工程实际中可以实现的解。

4. 关于围岩-支护相互作用机制的分歧与辨析

在巷道支护设计中，最困难的是围岩形变压力的确定，即围岩发生弹塑性变形时的支护荷载的估算。目前来看，可靠的方法就是严格按照围岩-支护相互作用机制来进行计算。

目前，广泛采用图 12.24a 来解释围岩发生形变压力时的围岩-支护相互作用机制。其中，GRC 曲线为围岩特性曲线，SCC 曲线为支护特性曲线，p_1 代表支护反力即支护荷载，u_0 代表周边位移。围岩-支护相互作用机制的传统认识[7]：图 12.24a 中，在 GRC 曲线与 SCC 曲线的交点 C 处，围岩与支护达到了平衡。交点 C 处对应的 SCC 曲线上的力，就是支护结构由于具有一定的支护强度和支护刚度而必须付出的代价。遗憾的是，使用交点 C 解释围岩-支护的相互作用机制，存在诸多瑕疵和缺陷，甚至是错误，在文献［1］［2］中已做了详细的讨论，这里不再赘述。

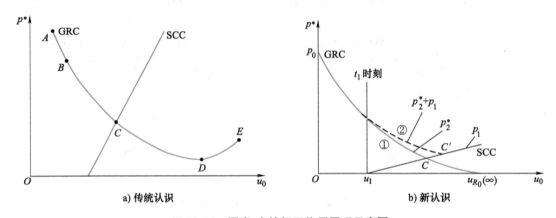

图 12.24　围岩-支护相互作用原理示意图

这里，依据文献［1］［2］［8］的研究成果，对图 12.24a 存在的错误给出简要分析如下：

（1）对围岩特征曲线 GRC 的认识　传统观点认为围岩特征曲线 GRC 的特征规律如图 12.24a 中 *ABCDE* 曲线所示。但这条曲线存在以下一些错误：

1）A 点应该在纵坐标轴上，即此时围岩需要的支护力是最大的，数值上等于原岩应力 p_0。

2）D 点应该在横坐标轴上，即此时提供给围岩的支护力为 0，对应的围岩变形达到最大值，即 $u_{R_0}(\infty)$。

3）*DE* 曲线不存在，或与 *A-B-C-D* 曲线画到一起不合适。因为，*ABCD* 曲线是弹塑性力学的解，其纵坐标的物理意义是"支护结构"主动或被动地施加于巷道周边的径向支护力。而 *DE* 曲线是围岩发生破坏、垮落之后视垮落体的自重全部作用于支护结构上的结果，即松动压力。但其量级一般不会很大（与形变压力相比），例如，巷道垮落高度 40m 时，松动压力的量级才仅有 1MPa 左右。

4）SCC 曲线画得太陡峭，即图示的支护结构的刚度太大，容易给读者，特别是初学者造成"支护结构能提供的支护力的量级很大"的误解。以上这些都是错误的图示。

应当指出，图 12.24b 的 GRC 曲线在靠近纵坐标轴附近一小段是弹性变形，其余大部分是弹塑性变形。

（2）**没有考虑"开挖面空间效应"的影响** 没有支护作用时，GRC 曲线就是图 12.24b 中曲线①，其上的力是假想的力。关于这个假想的力，很少有文献详细地关注这个力到底是什么，事实上，这个力就是"开挖面空间效应"，记为虚拟支护力 p_2^*。p_2^* 是开挖面在其前后 $-4D \sim 6D$ 范围内形成的对围岩进行"支护"的结果，是开挖面空间效应表现出来的对巷道围岩径向变形的控制能力。

（3）**SCC 曲线与 GRC 曲线在交点 C 处达到"平衡"** 这个传统认识是错误的。因为，在物理上，若两个力达到"平衡状态"，一般是指两个力的大小相等、方向相反。但 SCC 曲线上的力 p_2^* 与 GRC 曲线上的力 p_1 不是方向相反的、矛盾的两个力，而是作用方向相同、目的相同的两个力，既然这两个力的作用目的、作用目标是一致的，何来"达到平衡"一说呢？

（4）**没有考虑围岩与支护的相互作用** 传统认识中，认为有没有支护是一样的，其GRC 曲线都是曲线①，这是错误的。事实上，有支护作用时，即从 SCC 曲线开始工作时刻 t_1（t_1 对应图 12.24b 中 u_1 的位置）开始，GRC 曲线就不再是原来的曲线①了。也就是说，从时刻 t_1 开始，支护结构开始起作用了，此时，GRC 曲线由图 12.24b 中①变为②，其上的力相应地变为 $p_2^* + p_1$（支护结构的支护力为 p_1）。当然，随着开挖面的推进，在支护力的组合 $p_2^* + p_1$ 中会出现此消彼长的变化。即随着工作面推进，p_2^* 减小，p_1 增大，但 $p_2^* + p_1$ 总体还是减小的，是一个 p_1 逐渐接替 p_2^* 的变化过程。当巷道径向变形达到稳定点 C' 处时，p_2^* 减小至 0，而支架的支护力 p_1 增大至最大值 $p_{1,max}$。

应当指出，正确地理解形变压力条件下围岩-支护相互作用机制，应该使用节 12.4.1 ～节 12.4.3 的解析方法。其中，基本假定是：① 围岩变形仅考虑发生弹性变形和塑性变形，没有考虑流变变形；② 弹塑性变形是瞬时发生的；③ 围岩形变压力是在开挖面空间效应的影响范围内对支护结构产生作用。这样的处理，既揭示了围岩与支护之间相互的力学作用，又体现了其空间效应（开挖面空间效应，影响范围是巷道开挖直径的 $-4D \sim 6D$）和时间效应（支护时机）。

12.4.4 工程算例与分析

工程算例的基本参数同 12.4.2 节。为了使最终的巷道顶板径向塑性位移所占的比例不至于太小，取原岩应力 $p_0 = 30$MPa。

选取的支护结构参数为[7]：浇筑混凝土强度等级为 C30，支护层厚度为 300mm，抗压强度 $f_c = 14.3$MPa，变形模量 $E_c = 2 \times 10^4$MPa，泊松比 $\nu_c = 0.167$。由计算可知，支护刚度 $K_c = 0.5$MPa/mm。

开始支护点 B 位于弹性位移区的围岩-支护作用过程如图 12.25 所示。其中，E' 点为有支护巷道顶板的弹性位移与弹塑性位移的分界点，其余各符号意义同图 12.21。

从图 12.25 可知，无支护条件下巷道顶板的径向位移路径为 A-B-E-H-C_1，有支护条件下巷道顶板的径向位移路径为 A-B-E'-G-C_2，有支护但支护结构中途被压坏条件下巷道顶板的径向位移路径为 A-B-E'-G-H-C_1。巷道顶板弹性位移与塑性位移的分界点，有支护情况下的 E 点比无支护情况下的 E' 点位置要滞后，这是支护结构的支护反力 p_1 与围岩的虚拟支护力

p_2^* 联合作用的结果。有支护情况下，巷道顶部径向位移会受到一定的约束，但效果并不明显。对于有支护且支护未被压坏情况下的巷道，至巷道顶板位移不再受开挖面空间效应影响的位置 C_2 点，其相对位移为 0.9366。与无支护相比，支护结构（浇筑混凝土强度等级为 C30，支护层厚度为 300mm）仅将巷道顶板的径向位移约束了 5.7%。

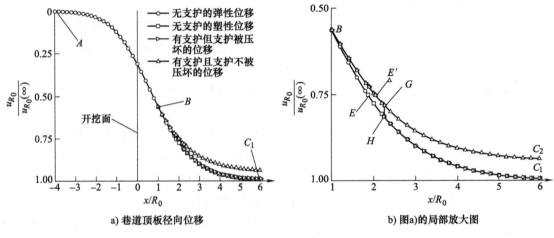

a) 巷道顶板径向位移　　　　　　b) 图a)的局部放大图

图 12.25　**围岩-支护作用过程**（开始支护点 B 位于弹性位移区）

开始支护点 C 位于**塑性位移区**的围岩-支护作用过程如图 12.26 所示，各符号意义同图 12.21。

比较图 12.25 和图 12.26 可知，开始支护点设在 B 点和 C 点，对巷道的支护效果没有实质性影响。开始支护点设在 C 点，支护结构对巷道顶板径向位移的约束效果更微弱；至巷道顶板位移不再受开挖面空间效应影响的位置 C_2 点，其相对位移约为 0.9724。与无支护相比，支护结构仅将巷道顶板的径向位移约束了约 2.1%。支护时机是重要的，支护时机越早，从约束巷道的径向位移来看，支护效果越好。但要注意，若支护时机太早，因支护结构特别是喷射混凝土结构的抗变形能力较差，可能会导致支护结构过早地被压坏，进而使巷道处于无支护状态。进一步的计算表明，若要获得较好的支护效果，如果支护结构具有较大的承载能力和抗变形能力（高强度的可塑性支架具有这种能力），则越早进行支护（以支护结构不被压坏为原则），要比盲目地提高支护结构的刚度更有效、更现实。

12.4.5　小结

1）根据开挖面空间效应原理，以及由 Hoek 给出的拟合方程（12.45），计算了某工程实例的巷道围岩的径向位移沿巷道轴向方向分布的曲线。计算结果表明，对于具体的巷道（岩石的 C、φ、E、ν 给定），当原岩应力 p_0 大到能使巷道周边产生塑性区时，p_0 越大，则方程（12.45）的曲线中弹塑性位移所占的比例就越大。在本算例条件下，取原岩应力 $p_0 = 30$MPa 时，巷道径向位移的轴向分布曲线中弹塑性位移所占比例不超过 30%。也就是说，在实际工程中，支护结构遇到的位移，绝大部分是围岩的径向弹性位移。目前的支护结构（混凝土强度等级为 C30，支护层厚度为 300mm）用于控制巷道（半径 ≥3m）围岩顶板的径向弹性位移或弹塑性位移是不理想的，或者说是无效的。

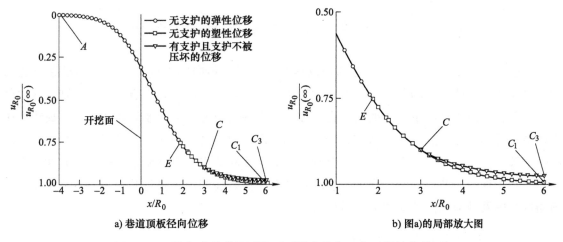

a) 巷道顶板径向位移　　　　　　b) 图a)的局部放大图

图 12.26　围岩-支护作用过程（开始支护点 C 位于塑性位移区）

2）对围岩-支护作用的全过程进行了详细的理论分析与研究，对围岩-支护相互作用的原理给出了新的认识。

① 明确指出巷道产生变形的原始动力是原岩应力 p_0，对巷道变形起到限制作用的是巷道周边的虚拟支护力 p_2^*（有支护时也包括 p_1），即巷道径向位移是由力 p_0 和力 p_2^*（有支护时也包括 p_1）共同作用的结果。

② 力 p_0 和 p_2^* 共同作用的结果，产生了拟合方程（12.45）。

③ 创造性地将方程（12.45）的位移与虚拟支护力 p_2^* 通过弹塑性位移计算式建立起了力学和数学关系，如图 12.19 所示，以及式（12.47）~ 式（12.51）、式（12.53）~ 式（12.56）。

④ 获得了对围岩-支护相互作用的全过程的解析求解，如式（12.52）、式（12.57）（D-P 准则）、式（12.58）（M-C 准则）、式（12.59）（H-B 准则）。

3）围岩-支护相互作用全过程解析的思路与步骤：

① 求 $u_{R_0}^{p_1+p_2^*}$。由弹性及弹塑性位移解（基于 M-C 准则、D-P 准则、H-B 准则），求出围岩在力（$p_1+p_2^*$）作用下的巷道顶板径向位移 $u_{R_0}^{p_1+p_2^*}$。

② 求 p_1。由支护结构的材料特性即可求出 p_1。若 p_1-Δu 关系可以简化为线性，则 $p_1 = K_c [u_{R_0}^{p_1+p_2^*} - u_{R_0}(x_B)]$。

③ 求 p_2^*。由弹性及弹塑性位移解，可反算求出巷道顶板发生径向位移 $u_{R_0}^{p_2^*}$ 时对应的虚拟支护力 p_2^*。其中，$u_{R_0}^{p_2^*}$ 由式（12.45）计算。

④ 求解 $u_{R_0}^{p_1+p_2^*}$。将步骤②、③求出的 p_1 和 p_2^* 代入步骤①中的径向位移计算式，即可求出 $u_{R_0}^{p_1+p_2^*}$。

4）对方程（12.45）不满意的读者，可以选择更符合自己研究的巷道情况的拟合曲线。对于 p^* 和 $u_{R_0}^{p_2^*}$ 的关系，读者还可以考虑使用其他的求解，如塑性软化阶段的求解等，该求解可靠即可。

12.5　节理岩体中深埋圆形洞室的剪裂区及应力分析

在以上几节中讨论的二次应力都是以连续、均质、各向同性的介质这一假设条件为基础，当岩体在某些特殊的条件下，如层状岩体，则会与这一假设条件有很大的差别。就岩体的强度而言，由于这些不连续面的存在，往往会出现由节理强度控制岩体的强度，最终产生岩体剪切滑移破坏，这时的二次应力分布状态将出现剪裂区。剪裂区是节理岩体由于开挖产生沿节理面的剪切滑移破坏的区域。节理岩体的强度随节理的产状明显地呈各向异性，因此剪裂区并不像前两节讨论的结果那样呈环状分布，而是在洞周呈猫耳状分布。本节主要介绍剪裂区范围及剪裂区内的应力分析等内容。

12.5.1　剪裂区分析的基本假设

剪裂区的计算分析仍然采用前述弹性力学分析方法。由于要表征剪裂区沿节理面发生剪切滑移破坏，在整个计算过程中，除了必须满足前述当 $\lambda = 1$ 时圆形洞室二次应力计算的基本假设条件，还必须按以下的假设条件分析剪裂区的应力及范围：

1）岩体中仅具有单组节理，且不计入节理间距的影响。

2）剪裂区内的径向应力 σ_r^p 与 $\lambda = 1$ 条件下纯弹性分布的 σ_r 相等，且可按式 $\sigma_r^p = p_0(1 - R_0^2/r^2)$ 进行计算。这一假设条件的成立，可用图 12.15 验证。由图 12.15 可知，塑性区内的 σ_r^p 随 r 的变化曲线与纯弹性应力分布曲线（图中的虚线）非常接近。因此，为了简化计算，而设此条件。

3）剪裂区内的切向应力受节理面的强度控制，即在剪裂区内，岩体的二次应力都满足节理面的强度计算式（9.19）。剪裂区外的应力可由 $\lambda = 1$ 时纯弹性分布的计算式确定。

12.5.2　剪裂区内的应力

图 12.27 为剪裂区应力分析的计算简图，图中各符号的含义如下：β_0 为层状节理与 x 轴的夹角；θ 为任意一点的单元体径向线与 x 轴的夹角；β 为节理与单元体径向线的夹角（单元体的破坏角），根据几何关系可知 $\beta = \beta_0 - \theta$，由于节理的存在，β 的方向是单元体中强度最为薄弱的方向，即可能会沿此方向产生剪切滑移；σ_θ、σ_r 分别为作用在单元体上的切向应力和径向应力。$\lambda = 1$，因此 σ_θ 为最大主应力，而 σ_r 为最小主应力。根据假设条件可知，剪裂区内的应力应满足节理面的强度条件（由于剪裂区已发生沿节理面的剪切滑移破坏），因此应力符号采用 σ_r^p 和 σ_θ^p，以区别于弹性区内的应力，即

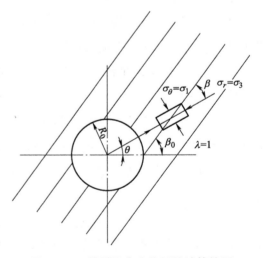

图 12.27　剪裂区应力分析的计算简图

$$\begin{cases} \sigma_r^p = p_0 \left(1 - \dfrac{R_0^2}{r^2} \right) \\[4mm] \sigma_\theta^p = \dfrac{p_0 \left(1 - \dfrac{R_0^2}{r^2} \right) \cos(\beta - \varphi_j) \sin\beta + C_j \cos\varphi_j}{\sin(\beta - \varphi_j) \cos\beta} \end{cases} \tag{12.62}$$

式中，$\beta = \beta_0 - \theta$。

在式（12.62）中，影响 σ_r^p、σ_θ^p 的因素很多，剪裂区内的应力不仅与洞室岩体的初始应力 p_0，节理面的强度参数 C_j、φ_j，开挖洞室的半径 R_0 和任意一点距离 r 的比值有关，还与 β_0 和 θ 有关。β_0 和 θ 变化，会使处在剪裂区内的应力状态也发生变化，即使在相同的距离 r 上，因 θ 不同，其应力值也将不相等。当圆形洞室的二次应力小于节理面的强度时，岩体的二次应力为弹性分布，而弹性分布的应力 σ_θ、σ_r 仍按弹性应力计算式（12.9）求解。

12.5.3 剪裂区范围的计算

如前所述，剪裂区是岩体沿节理面产生剪切滑移破坏的区域。根据本计算方法的假设条件和剪裂区内应力的分布特性，剪裂区范围是岩体中二次应力必须满足 $\lambda = 1$ 条件的弹性应力，又必须是节理面抗剪强度的应力点轨迹线围成的区域。为了更方便地说明剪裂区，虽然它们的分布形状并非是圆形，仍将剪裂区边界至开挖洞室的中心点的距离 r_p 称为剪裂区半径。由上一小节的分析结果可知，剪裂区内的应力即使在相同的距离 r 处，由于 θ 不同，其应力也不相同。可见，剪裂区并非是圆环，剪裂区半径的大小随 θ 的变化而变化。根据上述条件，利用 $\lambda = 1$ 时弹性应力和剪裂区内的应力计算式，可求得剪裂区半径 r_p 的大小。

当 $r = r_p$ 时，$\sigma_\theta^p = \sigma_\theta^e$、$\sigma_r^p = \sigma_r^e$。根据式（12.9）和式（12.62）可求得剪裂区半径为

$$r_p = R_0 \sqrt{\frac{p_0 \sin(2\beta - \varphi_j)}{p_0 \sin\varphi_j + C_j \cos\varphi_j}} \tag{12.63}$$

式（12.63）类似于剪裂区的应力计算式，剪裂区半径 r_p 的大小，在外界条件已确定的情况下，主要取决于 β（β_0、θ 及洞室半径 R_0）的影响。当 $r_p = R_0$ 时，其含义为剪裂区的半径与洞室半径重合，即无剪裂区。只有按式（12.63）求得的 $r_p > R_0$ 时，才可能存在剪裂区。由此可推得，当

$$p_0 \geqslant \frac{C_j \cos\varphi_j}{\sin(2\beta - \varphi_j) - \sin\varphi_j} \tag{12.64}$$

时，开挖洞室的周边才会出现剪裂区。当式（12.64）为等式时，表明 $r_p = R_0$，恰好剪裂区处在洞壁上。按此条件可求得剪裂区起始点 θ 的角度，从而确定洞室可能出现的剪裂区范围。由于三角函数的多值性，通常洞周将出现四个剪裂区。对于岩石工程来说，剪裂区的出现表示岩体将失稳，因此必须采取有效的加固措施。而剪裂区的最大半径和它所处的位置是设计加固措施所必需的数据。由式（12.63）可知，当计算式等号右项的根号中求得最大值时，即为剪裂区半径的最大值。经分析发现，式（12.63）中的 $\sin(2\beta - \varphi_j)$ 是一个小于或等于 1 的数值，要取最大值，令其为 1 即可。

令 $\sin(2\beta - \varphi_j) = 1$，可得

$$\beta = 45° + \varphi_j / 2 \tag{12.65}$$

按上式，将已知的 β_0 和 $\theta = \beta_0 - \beta$ 代入，求出最大剪裂区半径所处的位置，而最大剪裂区半径可由下式求得

$$r_{\text{pmax}} = R_0 \sqrt{\frac{p_0}{p_0 \sin\varphi_j + C_j \cos\varphi_j}} \tag{12.66}$$

以上内容分析了存在于节理岩体中的可能出现的剪裂区，以及剪裂区内的应力分布。由上述的分析结果可知，这些分析仅在某些特定的条件下才会成立，并且是一个近似的计算结果。

12.6 围岩压力成因及影响因素

12.6.1 围岩压力的基本概念

在实际工程中，很少有不进行支护就使用的洞室工程。而在进行支护设计时，作用在支护上的荷载是设计中不可缺少的参数，这就引出了围岩压力这一概念。

对于围岩压力的认识类似于对岩体的认识，也经历了一个逐渐发展、不断完善的过程。最初，人们将围岩压力看成是一个很简单的概念，认为支护是一种构筑物，而岩体的围岩压力则是荷载，两者是相互独立的系统。在此基础上，围岩压力即开挖后岩体作用在支护上的压力（狭义的围岩压力）。随着人们对岩体认识的不断提高，尤其是经过现场量测试验积累了大量成果后，发现实际工程情况并非如此。实践告诉我们，岩体本身就是支护结构的一部分，它承担了部分二次应力的作用。支护结构应该与岩体是一个整体，两者应成为一个系统，来共同承担开挖引起的二次应力作用。因此，对围岩压力的定义，又可理解为二次应力的全部作用（广义的围岩压力）。在这个广义的围岩压力概念中，最具特色的是支护与围岩的共同作用。洞室开挖后，岩体的应力调整、向洞内位移的变化也说明了围岩与支护一起发挥各自所具有的强度特性，共同参与了这一应力重分布的整个过程。

地下洞室围岩压力是作用于支护或衬砌上的重要荷载，所以对围岩压力的估算是否准确，直接关系到支护和衬砌结构的设计是否合理，也是能否确保地下洞室顺利施工及安全运营的关键之一。因此，有关地下洞室围岩压力方面的课题倍受国内外工程界和岩体力学工作者的关注，已有一系列的科研工作，并基于多种力学理论建立了不少计算式。尽管如此，因为地下洞室工程的隐蔽性、复杂的地质背景及场地条件等，所以对围岩压力的准确估算仍然是十分困难的。因此，以下介绍的围岩压力理论及计算式均是在一定简化条件下得到的，是近似的，只在特定条件下是正确的，必须通过实践加以逐步完善，不能生搬硬套。

12.6.2 围岩压力成因

关于地下洞室围岩压力的成因及其随时间变化的过程，拉勃蔡维奇曾对其作过解释。如图 12.28 所示，仅考虑围岩中最大压力为竖向的情况。

围岩压力随时间的发展过程包括下述三个阶段：

1）如图 12.28a 所示，洞室开挖引起围岩变形，在周壁产生挤压作用，同时在左右两侧围岩中形成楔形岩块，这两个楔形岩块具有向洞内移动的趋势，从而使洞室两侧又产生压力，并且由此过渡到第二阶段。这种楔形岩块是由洞室两侧围岩剪切破坏产生的。

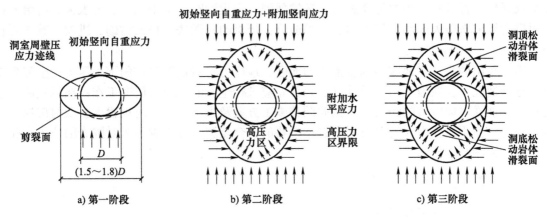

图 12.28　地下洞室围岩压力成因机理及演化过程

2）如图 12.28b 所示，当洞室左右两侧围岩中的侧向楔形岩块发生移动及变形之后，洞室的跨度似乎增大了。因此，在围岩内形成了一个椭圆形的高压力区。在椭圆形高压力区曲线（边界线）与洞室周界线（周壁）之间的岩体发生了松动。

3）如图 12.28c 所示，位于洞顶和洞底的松动岩体开始发生变形，并且向着洞内移动，其中洞顶松动岩体在重力作用下有掉落到洞内的危险。围岩压力逐渐增加。

由此可见，地下洞室围岩压力的形成是与洞室开挖后围岩的变形、破坏及松动分不开的。由围岩变形产生的对支护或衬砌的压力称为变形压力，这主要是由连续介质的弹塑性变形和流变变形导致的压力。由围岩破坏与松动对支护或衬砌产生的压力称为松动压力，这是由围岩的松散介质导致的压力，主要由普氏地压理论求解。围岩变形量的大小及破坏与松动程度决定着围岩压力的大小。对于岩性及结构不同的围岩，由于其变形和破坏的性质及程度不同，所产生围岩压力的主要原因也就不同，经常碰到以下三种情况：

1）在坚硬而完整的岩体中，洞室围岩应力一般是小于岩体极限强度的，所以岩体只发生弹性变形而无塑性变形，岩体没有破坏及松动。又因为岩体弹性变形在洞室开挖后即已结束，所以这种岩体中的洞室不会发生坍塌等失稳现象。这类岩体，如果在开挖后对洞室进行支护或设置衬砌，则支护或衬砌上将没有围岩压力。

2）在相对不坚硬且发育有结构面的岩体中（中等质量岩体），因为洞室围岩变形较大，不仅发生弹性变形，还伴有塑性流变及少量的岩石破碎现象，再加上围岩应力重新分布需要一定时间，所以在设置支护或衬砌之后，围岩变形将受到支护及衬砌的约束，于是便产生对支护及衬砌的压力。因此，在这种情况下，支护或衬砌的设置时间及结构刚度对围岩压力的大小影响较大。在这类岩体中，压力主要是由围岩较大的变形引起的，而岩体的破坏、松动及塌落很小。也就是说，这类岩体中主要是变形压力，而较少产生松动压力。

3）在软弱而破碎的岩体中，因为岩体结构面极为发育，并且极限强度很低，在洞室开挖结束后或开挖过程中，重新分布的应力很容易超过岩体强度而引起围岩破坏、松动与塌落。所以，在这类岩体中，破坏和松动是产生围岩压力的主要原因，松动压力占主导地位，而变形压力则是次要的。若不及时设置支护或衬砌，围岩变形与破坏的范围将不断扩展，最后造成洞室失稳，有的甚至在施工过程中就出现坍塌事故。此时，支护或衬砌的主要作用是支撑塌落岩块的重量，并且阻止围岩变形与破坏的进一步扩大。在这类岩体中开挖洞室，若支护或衬砌设置较晚，当岩体变形与破坏发展到一定程度时，由于围岩压力太大，将给支护或衬砌设置带来很大困难，轻则抬高工程造价，严重的将无法支护或衬砌，进而导致工程被迫放弃。

需要指出的是，在地应力高度集中的地区，地应力将对地下洞室的围岩压力产生强烈影响。这种情况下，在地下洞室设计之前，首先应进行全面的地应力研究工作；在洞室施工过程中，要加强对地应力的测量，并据此调整施工方案及进度，为及时设置支护及衬砌提供依据；在洞室使用过程中，需要对洞室进行必要的安全监测，这也少不了对围岩的应力变化进行长期的监测与分析。

12.6.3　围岩压力影响因素

1. 场地条件及地质构造

场地条件及地质构造对围岩压力的影响是十分重要的。一般情况下，场地条件包括地形地貌、地下水、地热梯度、岩体组成（不同岩石类型）及松散覆盖层的性质与厚度等，所以场地条件对围岩压力的影响是多方面的。如沿河谷斜坡或山坡修建地下洞室时往往出现严重的偏压现象，地下水的流动经常对支护或衬砌产生较大的动水压力，较高的地热会降低围岩的屈服强度，由不同类型岩石组成的围岩将产生不均匀的压力，而较厚的上覆松散堆积物又会增大围岩的竖向荷载等。

地质构造对于围岩压力的影响有时显得相当突出。地质构造简单地区的岩体中无软弱结构面或结构面较少，岩体完整而无破碎现象，围岩稳定而压力小；相反，地质构造复杂，岩体不完整而发育有各种软弱结构面的部位，围岩便不稳定，围岩压力很大，并且不均匀。地应力高度集中一般是地质构造作用的结果，因地质构造产生的高水平地应力将引起较高的围岩压力而对工程造成很大危害，高水平的地应力分布状态对工程设计及施工方案的选择有时起决定性作用。在断层带或断裂破碎带及褶皱构造发育的地区，洞室围岩压力一般很大，因为在这些地段的岩体中开挖地下洞室时，即使在施工过程中也会引起较大范围的崩塌，从而造成很高的松动压力。

此外，岩层倾斜（图12.29a）、结构面不对称（如图12.29b所示，包括结构面性质、密度、宽度及延伸长度等）及斜坡（图12.29c）等因素，均能引起不对称围岩压力（偏压），所以在估算地下洞室围岩压力时不可忽视场地条件及地质构造的影响。

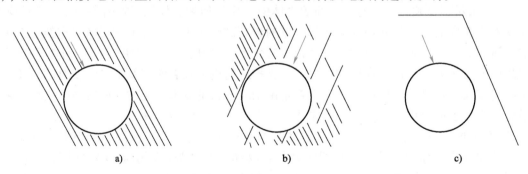

图12.29　**地下洞室偏压成因示意**（箭头表示较高压力方向）

2. 洞室形状及大小

洞室形状不仅对围岩应力重新分布产生一定的影响，还影响围岩压力的大小。一般情况下，断面为圆形、椭圆形及拱形的洞室，其围岩应力集中程度较小，岩体破坏较轻且较稳定，围岩压力也就较小。而矩形断面洞室的围岩应力集中程度较大，拐角处应力集中程度尤其突出，所以围岩压力较其他断面形状洞室的围岩压力要大些。

虽然洞室围岩应力与断面大小无关，但是围岩压力却与洞室断面的大小关系密切。一般而言，随着洞室跨度的增加，围岩压力也随之增大。现有的某些围岩压力计算式一般表示为围岩压力与洞室跨度呈线性正比例关系。但是，工程实践表明，对于跨度较大的洞室来说，情况并非如此。跨度很大的洞室，由于容易发生局部坍塌和偏压现象，则围岩压力与跨度之间不一定是正比例关系。据我国铁路隧道调查资料，当单线隧道及双线隧道的跨度相差 80% 时，它们的围岩压力仅相差 50%。所以，工程上对于大跨度洞室，在进行支护或衬砌结构设计时若还是采用围岩压力与跨度之间的线性正比例关系，则会显得过于保守，从而导致支护或衬砌材料的浪费。此外，在结构面较发育而稳定性较差的岩体中开挖洞室，实际的围岩压力往往要比按常规方法估算出的围岩压力大得多。如在图 12.30 中，岩体结构面相当发育，破碎程度很大，当按照图中虚线所示的尺寸开挖较小的洞室时，被结构面切割而趋于向洞内塌落的岩块较少，则围岩压力较小；相反，如果按照图中实线所示的尺寸开挖较大的洞室时，将有

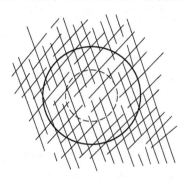

图 12.30　不同断面尺寸洞室围岩压力大小对比示意

大量的岩块向洞内方向滑动与塌落，则围岩实际压力将远大于由正比例关系估算出的压力值。

3. 衬砌或支护形式及刚度

地下洞室围岩压力有松动压力与形变压力之分，当松动压力作用时，衬砌或支护作用就是承受松动岩体或塌落岩体的重量；当形变压力作用时，衬砌或支护作用则是阻止或限制围岩的变形。一般情况下，衬砌或支护可能同时起这两种作用。在地下洞室工程中，经常采用两种类型支护：①外部支护，也称为普通支护或被动支护，将支护结构（普通锚杆、喷射混凝土、浇筑混凝土）设置于围岩外部（洞室内则靠近周壁处），依靠支护结构自身的承载能力来承担围岩压力，当支护结构紧靠洞室周壁时或者在支护结构与周壁之间回填密实的情况下，此时支护结构起到限制围岩变形及维持围岩稳定的双重作用；②内撑支护或自撑支护，实质是通过化学灌浆或水泥灌浆、预应力锚杆等方式加固围岩，使围岩处于自稳定状态，即围岩自身阻止变形和承担自重。一般情况下，第二种支护类型较经济，但是技术要求较高。

衬砌或支护结构的刚度及支护时间（洞室开挖后围岩暴露的时间）直接影响着围岩压力的大小。支护结构刚度越大，支护结构的可变形量就越小，则允许围岩的变形量也就越小，围岩压力便越大；反之，围岩压力也就越小。洞室开挖过程中围岩开始发生变形，且一直延续到开挖结束之后一段时间。研究表明，在围岩一定的变形范围内，支护结构上的围岩压力随着支护设置之前围岩已释放变形量的增加而减小（开挖面空间效应原理）。长期以来，经常使用的薄层混凝土衬砌或具有一定柔性的外部支护，均能充分利用围岩的自承能力，以减少支护结构上的围岩压力。

4. 洞室埋深

目前，洞室埋深与围岩压力的关系在认识上尚未统一。就现有的围岩压力估算公式的形

式来看，有的公式显示围岩压力与埋深有关，有的公式则显示围岩压力与埋深无关。一般来说，当围岩处于弹性状态时，围岩压力应与埋深无关；当围岩中出现塑性变形区时，由于埋深对围岩应力分布及侧压力系数 λ 有影响，进而影响塑性变形区的形状及大小，并由此影响围岩压力。研究表明，当围岩处于塑性状态时，洞室埋深越大，围岩压力也就越大。对于深埋洞室，因围岩处于高压塑性状态，所以围岩压力将随着埋深的增加而增大，在这种情况下宜采用柔性较大的衬砌或支护结构，以充分发挥围岩的自承能力，从而降低围岩压力。

5. 时间

围岩压力主要是因岩体的变形与破坏引起，而岩体的变形和破坏均是有时间历程的，所以围岩压力也就与时间有关。在洞室开挖期间及开挖结束的最初阶段，围岩变形及位移较快，围岩压力迅速增长；而洞室开挖结束一段时间后，围岩变形结束，围岩压力也随之趋于稳定。围岩压力随时间变化的主要原因在于，除了围岩变形和破坏有一定时间过程之外，围岩蠕变也起重要作用。

6. 施工方法及施工速度

工程实践表明，围岩压力大小与洞室施工方法及施工速度也有很大关系。在岩性较差及岩体结构面较发育（岩体破碎较强烈）地段，如果采用爆破方式施工，尤其是"放大炮"掘进，将会引起围岩强烈破坏而增大围岩压力，而采用掘岩机掘进、光面爆破及减少超挖量等合理的施工方法均可以降低围岩压力。在灰岩、泥灰岩、泥岩、泥质页岩、白云母及其他片岩类的易风化岩体中开挖洞室，需要加快施工速度且及时加以衬砌，以尽可能避免围岩与水接触，从而阻止围岩压力继续增长。施工时间长、衬砌较晚、回填不密实或回填材料易压缩等均会引起围岩压力的增大。

12.7　地下洞室围岩压力及稳定性验算

地下洞室围岩压力是否超出其极限强度或屈服强度，以及围岩是否破坏与失稳等，将直接影响对围岩压力的正确估算，所以在对围岩压力进行估算之前，应首先进行围岩压力及稳定性验算。而对于较软弱及破碎的岩体，则没有必要进行围岩压力及稳定性验算，因为在这种岩体中开挖洞室无疑会产生围岩压力。经常需要进行围岩压力及稳定性验算的岩体包括完整而坚硬岩体、水平层状岩体及倾斜层状岩体等。

12.7.1　完整而坚硬岩体的围岩压力及稳定性验算

对于完整而坚硬岩体来说，因为其结构面很少且规模小、强度大、无塑性变形等，可以假定岩体为各向同性且均匀的连续弹性体，所以验算洞室周壁上的切向应力是否超过岩体强度极限即可，一般不需要进行围岩压力计算，也就是验算

$$\sigma_\theta < [\sigma_c] \tag{12.67}$$

式中，σ_θ 为洞室周壁上的切向应力（压应力）；$[\sigma_c]$ 为岩体许可抗压强度。

考虑在长期荷载作用下洞室围岩强度也许会降低，所以岩体许可抗压强度 $[\sigma_c]$ 一般采用以下数值

$$\begin{cases} 无裂缝坚硬岩体, [\sigma_c] = 0.6\sigma_c \\ 有裂缝坚硬岩体, [\sigma_c] = 0.5\sigma_c \end{cases} \tag{12.68}$$

式中，σ_c 为岩体浸湿抗压强度。

切向应力 σ_θ 可以采用前述方法经计算获得。工程中，往往存在直墙拱形洞室，但目前尚无有效的直墙拱形洞室的围岩压力计算式，一般是通过试验或有限元方法获取这种类型洞室的围岩压力。经验表明，若洞室高跨比 $h/B = 0.67 \sim 1.5$ 时，就可以将直墙拱形洞室作为椭圆形或圆形断面洞室处理，此时的围岩切向应力 σ_θ 的近似计算式为

$$\begin{cases} 拱顶切向应力, \sigma_\theta = \left[\left(\frac{2b}{a} + 1 \right) \frac{\nu}{1 - \nu} - 1 \right] p_0 \\ 拱角切向应力, \sigma_\theta = \left[\frac{2b}{a} - \frac{\nu}{1 - \nu} + 1 \right] p_0 \end{cases} \tag{12.69}$$

式中，p_0 为计算点的初始竖向地应力；ν 为岩体泊松比；a 为洞室跨度的一半；b 为洞室高度的一半；$p_0 = \gamma H$，其中 H 为洞室轴线埋深，γ 为岩体重度。

对于其他断面形状的洞室，尤其是矩形断面洞室，拐角处的应力集中系数往往很大，应特别注意因为局部应力集中而超过岩体强度的情况。但工程实践又表明，这种局部应力集中不至于影响围岩稳定，所以一般不予考虑。

如果洞室周壁切向应力 σ_θ 为拉应力，则应验算以下条件

$$|\sigma_\theta| < [\sigma_t] \tag{12.70}$$

式中，$[\sigma_t]$ 为岩体许可抗拉强度。

如果应力验算不满足式（12.67）或式（12.70）时，则应采取适当的加固措施，如设置衬砌、支护及锚杆等。

12.7.2　水平层状岩体的围岩压力及稳定性验算

靠近洞室顶壁的水平层状岩体，尤其是薄层状岩体，有脱离围岩主体而形成独立梁的趋势。但是，一般情况下，除非有锚杆或排架结构及时支撑，否则这种位于洞室顶壁的薄层状岩体有可能塌落下来。

图 12.31 为位于洞室顶壁的水平层状岩体坍塌过程示意图。首先，洞室顶壁的水平层状岩体与其上的岩体脱开并向下（洞内）弯曲，如图 12.31a、b、c 所示，并且在其两端上表面及中部下表面形成张裂缝，其中位于端部的张裂缝首先形成。端部倾斜的应力轨迹线导致张裂缝在对角线方向上逐步展开，最后造成水平层状岩体坍塌，如图 12.31d 所示。这种水平层状岩体塌落后留下一对悬臂梁，可成为位于其上的水平层状岩体的基座。因此，随着水平层状岩体塌落由洞壁开始向洞顶之上的围岩内部逐层发生，洞顶之上的水平层状岩体的跨度将逐渐减小。这些水平层状岩体的连续破坏与塌落，最后会形成一个稳定的梯形洞室，这也是在水平层状岩体中修建梯形洞室的原因。

位于洞室顶壁之上的水平层状岩体可以看成是两端固定的水平梁。而这种梁的最大拉应力 σ_{max} 出现于两端的顶面处，其值为

$$\sigma_{max} = \frac{\gamma L^2}{2t} \tag{12.71}$$

式中，L 为梁长度（洞室跨度）；t 为梁厚度（高度）；γ 为岩体重度。

若水平层状岩体梁两端受到水平地应力 σ_h 作用，则该梁上的拉应力可以降低。此时，最大拉应力 σ_{max} 为

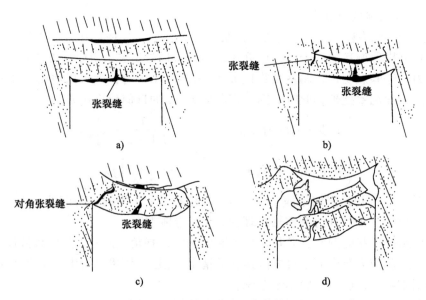

图 12.31　位于洞室顶壁的水平层状岩体坍塌过程示意

$$\sigma_{\max} = \frac{\gamma L^2}{2t} - \sigma_{\mathrm{h}} \tag{12.72}$$

取用水平地应力 σ_{h} 时，一般限制在欧拉屈服应力 $(\pi^2 E t^2)/(3L^2)$ 的 1/2 之内，即

$$\sigma_{\mathrm{h}} < \frac{\pi^2 E t^2}{6L^2} \tag{12.73}$$

式中，E 为岩体弹性模量。

位于水平层状岩体梁中心处的最大拉应力 $\sigma'_{\max}$ 一般为式（12.72）的一半，即

$$\sigma'_{\max} = \frac{\gamma L^2}{4t} - \frac{\sigma_{\mathrm{h}}}{2} \tag{12.74}$$

梁的最大挠度为

$$U_{\max} = \frac{\gamma L^4}{32 E t^2} = \frac{(\gamma t) L^4}{32 E t^3} \tag{12.75}$$

为安全起见，可以保守地假定 σ_{h} 为零，则由式（12.71）算出的最大拉应力 $\sigma_{\max}$ 若小于岩体抗拉强度，那么便是安全的；否则，洞室将失稳，必须采取一定的结构加固措施。

如果洞室顶壁上的围岩是由不同物理、力学性质，以及不同厚度的多种水平层状岩体组成，例如由两种水平岩层组成，它们的弹性模量、密度及厚度分别为 E_1、γ_1、t_1 及 E_2、γ_2、t_2，则可以把这种岩层看成是两端固定的"异型材料复合梁"进行验算。假定较薄的梁在上、较厚的梁在下，荷载便从较薄的梁传递到较厚的梁，其中较厚的梁的应力及挠度仍然可以根据式（12.71）或式（12.72）、式（12.75）计算，但是式中的重度 γ 应该用最大重度 γ_{a} 来代替，即有

$$\gamma_{\mathrm{a}} = \frac{E_1 t_1^2 (\gamma_1 t_1 + \gamma_2 t_2)}{E_1 t_1^3 + E_2 t_2^3} \tag{12.76}$$

式（12.76）可以推广到由几个不同性质岩层组成的"异型材料复合梁"，其厚度自下

而上逐渐递减。如果较薄的梁在下，较厚的梁在上，那么下面的梁就有与原梁脱开分离的趋势。若采用锚杆加固，则锚杆设计要允许岩层分离，荷载通过锚杆传递。在这种情况下，假定锚杆提供的应力为 Δq，则厚梁单位面积上的荷载为 $\gamma_1 t_1 + \gamma_2 t_2$，薄梁单位面积上的荷载为 $\gamma_2 t_2 - \Delta q(\Delta q \leqslant \gamma_2 t_2)$ 或 $\Delta q - \gamma_2 t_2(\Delta q > \gamma_2 t_2)$。

这两种岩层内的最大拉应力由下式确定

$$\sigma_{\max} = \frac{(\gamma_1 t_1 + \gamma_2 t_2)L^2}{2t_1^2}，厚梁 \tag{12.77}$$

$$\begin{cases} \sigma_{\max} = (\gamma_2 t_2 - \Delta q)L^2/(2t_2^2)，\Delta q \leqslant \gamma_2 t_2 \\ \sigma_{\max} = (\Delta q - \gamma_2 t_2)L^2/(2t_2^2)，\Delta q > \gamma_2 t_2 \end{cases}，薄梁 \tag{12.78}$$

这种形式的荷载传递称为"悬挂"效应。锚杆的另一作用是防止岩层间滑动，增加梁的抗剪强度，下面讨论这一问题。

假定 x 为水平坐标轴，坐标原点在梁的一端，则梁内单位宽度的剪力 Q 为

$$Q = \gamma t\left(\frac{L}{2} - x\right)$$

在任何截面 x 处的最大剪应力 τ 为

$$\tau = \frac{3Q}{2t} = \frac{3\gamma}{2}\left(\frac{L}{2} - x\right) \tag{12.79}$$

最大剪应力发生在梁两端，即 $x = 0$、$x = L$ 处，有

$$\tau_{\max} = \pm\frac{3\gamma L}{4} \tag{12.80}$$

考虑梁是由两个岩层组成的（$\gamma_1 = \gamma_2$ 和 $E_1 = E_2$），设岩层间的内摩擦角和黏聚力分别为 φ_j、C_j，并且在不同岩层间滑动的情况下，梁近似为均质体。锚杆间距设计要求使它们在每一 x 处提供的平均单位面积上的力 p_b 满足下式

$$p_b \tan\varphi_j \geqslant \frac{3\gamma}{2}\left(\frac{L}{2} - x\right) \tag{12.81}$$

这就是摩擦效应。

如果同时考虑摩擦效应及悬挂效应，并且锚杆间距均匀，那么锚杆系统提供的平均单位面积上的力至少应为

$$p_b = \frac{3\gamma L}{4\tan\varphi_j} + \Delta q \tag{12.82}$$

12.8　松散岩体的围岩压力计算

节理密集和非常破碎的岩体的力学性能与无黏结力的松散地层相似，经开挖洞室后产生的围岩压力主要表现为松动压力。围岩压力的松散体理论是在长期观察地下洞室开挖后的破坏特性的基础上建立起来的。浅埋的地下洞室，开挖后洞室顶部岩体往往会产生较大的沉降，有的岩体甚至会出现塌落、冒顶等现象。基于这样一种破坏形式，建立了应力传递、岩柱重力等计算方法；而在深埋的地下洞室，开挖后一般仅发生洞室部分岩体的塌落，在这一塌落过程中，上部岩体进行了应力重分布而形成了自然平衡拱，而作用在支护上的荷载即平

衡拱内的岩体自重。本小节根据松散岩体的特殊性质介绍类似上述基本思想的围岩松动压力的计算方法。

12.8.1 浅埋洞室的围岩松动压力计算——太沙基理论（Karl Terzaghi，1883—1963）

1. 太沙基围岩压力计算方法

太沙基围岩压力计算方法是比较典型的应力传递法，其计算简图与岩柱法相同（图12.32）。在进行公式推导时，必须分析单元体的应力状态，并利用静力平衡方程求出计算松散岩体的围岩压力表达式。

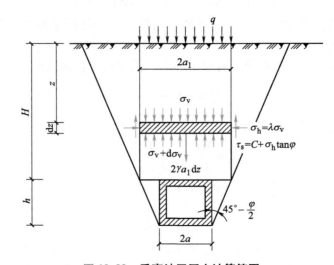

图 12.32 垂直地层压力计算简图

（1）太沙基理论的基本假设　太沙基在进行应力分析时，建立了如下的假设条件：

1）认为岩体是松散体，但存在一定的黏聚力，其强度服从莫尔-库仑强度理论，即

$$\tau = C + \sigma\tan\varphi$$

2）洞室开挖后，将产生如图12.32所示的两个滑动面，滑动面与洞室侧壁的夹角为$45° - \varphi/2$。地面作用着附加荷载q。

（2）太沙基围岩压力计算式　在图12.32中取一微元体，并利用静力平衡方程可得

$$(\sigma_v + d\sigma_v)2a_1 - 2a_1\sigma_v + 2\tau_s dz - 2a_1\gamma dz = 0 \tag{12.83}$$

式中，σ_v为作用在微元体上部的围岩压力；τ_s为作用在微元体两侧的剪应力，根据其假设条件，微元体将沿这两侧面发生沉降而产生剪切破坏，故剪应力τ_s可按莫尔-库仑强度理论求得，即$\tau_s = C + \sigma_h\tan\varphi$，其中$\sigma_h = \lambda\sigma_v$，$\lambda$为岩体侧压力系数，一般可取$\lambda = 1$；$\gamma$为岩体的重度；$a_1 = a + h\tan(45° - \varphi/2)$，$h$为洞高，$a$为洞宽的一半；$z$为微元体上覆岩层的厚度；$dz$为微元体的厚度。

将上述的各应力分量代入式（12.83），并加以整理得

$$d\sigma_v = -[(a_1\gamma - C - \lambda\sigma_v\tan\varphi)/a_1]dz \tag{12.84}$$

对上式进行变形，有

$$\frac{\mathrm{d}(a_1\gamma - C - \lambda\sigma_\mathrm{v}\tan\varphi)}{a_1\gamma - C - \lambda\sigma_\mathrm{v}\tan\varphi} = -\frac{\lambda\tan\varphi}{a_1}\mathrm{d}z \qquad (12.85)$$

解微分方程得

$$a_1\gamma - C - \lambda\sigma_\mathrm{v}\tan\varphi = A\mathrm{e}^{-\left(\frac{\lambda\tan\varphi}{a_1}\right)z} \qquad (12.86)$$

根据边界条件 $z=0$、$\sigma_\mathrm{v}=q$，其积分常数为

$$A = a_1\gamma - C - \lambda q\tan\varphi \qquad (12.87)$$

代入通解，并令 $z=H$，得到作用在洞顶的围岩压力计算式为

$$p_\mathrm{v} = \frac{a_1\gamma - C}{\lambda\tan\varphi}\left[1 - \exp\left(-\frac{\lambda\tan\varphi}{a_1}H\right)\right] + q\exp\left(-\frac{\lambda\tan\varphi}{a_1}H\right) \qquad (12.88)$$

作用在侧壁的围岩压力仍然假设为一梯形，而梯形上部、下部的围岩压力可按下式计算

$$\begin{cases} e_1 = p_\mathrm{v}\tan^2(45° - \varphi/2) \\ e_2 = e_1 + \gamma h\tan^2(45° - \varphi/2) \end{cases} \qquad (12.89)$$

由式（12.88）可知，当 $H \to \infty$ 时，$p_\mathrm{v} = (a_1\gamma - C)/\tan\varphi$。在一般情况下，当 $H > 50\mathrm{m}$ 时，指数项的数值约为 0.1%，故其对围岩压力的影响可忽略不计。

2. 浅埋山坡处洞室围岩压力的计算

当洞室处在图 12.33 所示的情况时，围岩压力将产生偏压，而其计算原理同岩柱法。考虑岩柱两侧摩擦力的作用，衬砌上的垂直压力的总和等于岩柱 ABB_0A_0 的重力减去两侧破裂面（AB 和 A_0B_0）上的摩擦力。

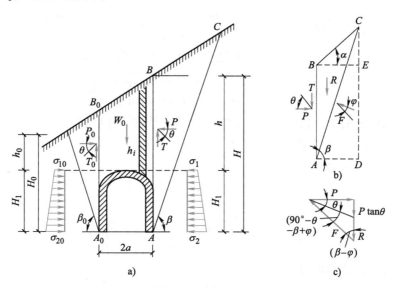

图 12.33　浅埋山坡处洞室围岩压力的计算简图

岩柱两侧面上的摩擦力，可由岩柱侧面 AB 和滑动面 AC 所形成的岩体在力的平衡条件下求得。设 θ 为岩柱两侧面的摩擦角，φ 为岩体的内摩擦角，β 为滑动面与水平面的夹角，α 为地面的坡角，根据图 12.33 上作用力的平衡条件，可作出力的多边形。岩柱 ABC 的重量 R 为

$$R = \left(\frac{\gamma H}{2}\right)\overline{AD} \qquad (12.90)$$

式中，$\overline{AD} = \overline{CD}/\tan\beta = \overline{CE}/\tan\alpha$；$H = \overline{CD} - \overline{CE} = \overline{AD}(\tan\beta - \tan\alpha)$，则式（12.90）化为

$$R = \frac{\gamma H^2}{2(\tan\beta - \tan\alpha)} \tag{12.91}$$

在力的三角形中，根据正弦定律得

$$\frac{P/\cos\theta}{\sin(\beta - \varphi)} = \frac{R}{\sin(90° - \theta - \beta + \varphi)} \tag{12.92}$$

由此可得

$$P = \frac{R\sin(\beta - \varphi)\cos\theta}{\cos(\theta + \beta - \varphi)} \tag{12.93}$$

上式的分子和分母中同乘以 $\cos(\beta - \varphi)$，并将式（12.91）中的 R 值代入上式，简化后得

$$P = 0.5\gamma h^2 \lambda \tag{12.94}$$

式中，$\lambda = \dfrac{1}{\tan\beta - \tan\alpha} \cdot \dfrac{\tan\beta - \tan\varphi}{1 + \tan\beta(\tan\varphi - \tan\theta) + \tan\varphi\tan\theta}$。

在式（12.94）中，岩柱滑动面与水平面的夹角 β 为未知，它可由 P 的极大值条件求得，即

$$\frac{dP}{d\beta} = 0 \tag{12.95}$$

即

$$\tan^2\beta - 2\tan\varphi\tan\beta - \frac{\tan\varphi - \tan\alpha + \tan^2\varphi\tan\theta - \tan\alpha\tan^2\varphi}{\tan\varphi - \tan\theta} = 0 \tag{12.96}$$

式（12.96）为 $\tan\beta$ 的二次方程。解这个方程，即可求得 $\tan\beta$ 的值为

$$\tan\beta = \tan\varphi + \sqrt{\frac{(1 + \tan^2\varphi)(\tan\varphi - \tan\alpha)}{\tan\varphi - \tan\theta}} \tag{12.97}$$

我们需要求得 β 的极大值，故式（12.97）中根号前的符号取正值。同理可得，A_0B_0 面上的 P_0、λ_0 和 $\tan\beta_0$ 的表达式。

衬砌上承受的总荷载 Q 为

$$Q = W - P\tan\theta - P_0\tan\theta \tag{12.98}$$

将式（12.94）代入上式，并化简后得

$$Q = W\left[1 - \frac{\gamma(H^2\lambda + H_0^2\lambda_0)\tan\theta}{2W}\right] \tag{12.99}$$

衬砌上承受的荷载强度可表示为

$$q_i = \gamma h_i\left[1 - \frac{\gamma(H^2\lambda + H_0^2\lambda_0)\tan\theta}{2W}\right] \tag{12.100}$$

上述各式中，γ 为岩体的重度；h_i 为计算点处衬砌顶上的岩柱高度；W 为每单位长度洞室顶部岩柱的总重力，$W = \gamma a(h + h_0)$；β 为滑动面与水平面所夹角度；α 为地表面的坡角；φ 为岩体的内摩擦角；θ 为岩柱两侧的摩擦角，对于岩石取 $\theta = (0.7 \sim 0.8)\varphi$，对于土取 $\theta = (0.3 \sim 0.5)\varphi$，对于淤泥、流砂等松软土取 $\theta = 0$；λ、λ_0 为侧压力系数，且 λ 同式（12.94）。

$$\lambda_0 = \frac{1}{\tan\beta_0 - \tan\alpha} \cdot \frac{\tan\beta_0 - \tan\varphi}{1 + \tan\beta_0(\tan\varphi - \tan\theta) + \tan\varphi\tan\theta}$$

$$\tan\beta = \tan\beta_0 = \tan\varphi + \sqrt{\frac{(1 + \tan^2\varphi)(\tan\varphi - \tan\alpha)}{\tan\varphi - \tan\theta}}$$

衬砌侧墙上的水平侧压力可按下式计算

$$\begin{cases} \sigma_1 = \gamma h\lambda \ , \sigma_2 = \gamma(h + H_1)\lambda \\ \sigma_{10} = \gamma h_0\lambda_0, \sigma_{20} = \gamma(h_0 + H_{10})\lambda_0 \end{cases} \tag{12.101}$$

水平侧压力的分布图形为梯形（图 12.33）。要注意的是，式（12.100）只适用于采用矿山法施工的隧洞。若隧洞采用明挖法施工，则按式（12.100）计算求得的荷载值将比实际的偏小。这时，需采用不考虑岩柱摩擦力的方法来计算衬砌上的荷载。

12.8.2 深埋洞室的松散体围岩压力计算——普氏地压理论

在深埋洞室的松动围岩压力计算中，最常用的是普氏地压理论，这是由俄国学者普罗托奇雅科诺夫（后简称普氏）在 1907 年提出的。普氏经过长期观察发现，深埋洞室开挖之后，由于节理的切割，洞顶的岩体产生塌落；当塌落到一定程度之后，岩体会形成一个自然平衡拱，此时即使不支护，洞室的顶部也会保持自我平衡。因此，普氏地压理论又称为自然平衡拱理论。

1. 普氏地压理论的基本假设

1）岩体由于节理的切割，经开挖后形成松散岩体，但仍具有一定的黏结力。

2）洞室开挖后，洞顶岩体将形成一自然平衡拱。在洞室的侧壁处，沿与侧壁夹角为 45°-φ/2 的方向产生两个滑动面，其计算简图如图 12.34 所示。而作用在洞顶的围岩压力仅是自然平衡拱内的岩体自重。

3）采用坚固系数 f 来表征岩体的强度。其物理意义为 $f = \tau/\sigma = C/\sigma + \tan\varphi$。但在实际应用中，普氏采用了一个经验计算式，可方便地求得坚固系数 f 的值，即

$$f = \frac{\sigma_c}{10} \tag{12.102}$$

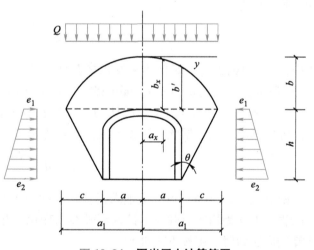

图 12.34 围岩压力计算简图

式中，σ_c 为岩石的单轴抗压强度（MPa）；f 是一个无量纲的经验系数，在实际应用中，还得同时考虑岩体的完整性和地下水的影响。

4）形成的自然平衡拱的洞顶岩体只能承受压应力而不能承受拉应力。

2. 普氏地压理论的计算式

（1）自然平衡拱拱轴线方程的确定　为了求得洞顶的围岩压力，首先必须确定自然平衡拱拱轴线方程的表达式，然后求出洞顶到拱轴线的距离，以计算平衡拱内岩体的自重。先

假设拱轴线是一条二次曲线，如图 12.35 所示。在拱轴线上任取一点 $M(x, y)$，根据拱轴线不能承受拉应力的条件，则所有外力对 M 点的弯矩应为零，即

$$\sum M = 0, \quad Ty - \frac{Qx^2}{2} = 0 \tag{12.103}$$

式中，Q 为拱轴线上部岩体的自重产生的均布荷载；T 为平衡拱拱顶截面的水平推力；x、y 分别为 M 点的 x、y 轴坐标。

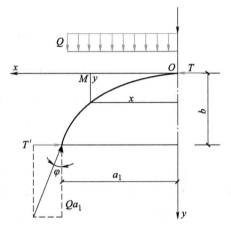

图 12.35　自然平衡拱计算简图

上述方程中有两个未知数，还需建立一个方程才能求得其解。由静力平衡方程可知，上述方程中的水平推力 T 与作用在拱脚的水平推力数值相等、方向相反，即 $T = T'$。

拱脚很容易产生水平位移而改变整个拱的内力分布，因此普氏认为拱脚的水平推力 T' 必须满足下列要求：$T' \leqslant Qa_1 f$，即作用在拱脚处的水平推力必须小于或者等于由垂直反力产生的最大摩擦力，以便保持拱脚的稳定。此外，普氏为了安全，又将此最大摩擦力降低了一半，即 $T' = Qa_1 f/2$，将此式代入方程式（12.103）可得拱轴线方程为

$$y = \frac{x^2}{a_1 f} \tag{12.104}$$

显然，拱轴线方程是一条抛物线，根据此式可求得拱轴线上任意一点的高度。当 $x = a_1$，$y = b$ 时，可得

$$b = \frac{a_1}{f} \tag{12.105}$$

式中，b 为拱的矢高，即自然平衡拱的最大高度；a_1 为自然平衡拱最大跨度的一半，如图 12.35 所示，可按式 $a_1 = a + h\tan(45° - \varphi/2)$ 计算。

（2）**围岩压力的计算**　普氏认为，作用在深埋松散岩体中的洞室顶部的围岩压力，仅为拱内岩体的自重。据此，洞顶最大围岩压力可按下式进行计算：

$$q = \gamma b = \frac{\gamma a_1}{f} \tag{12.106}$$

根据式（12.106）可方便地求得任意点拱高对应的围岩压力。工程中通常将洞顶的最大围岩压力作为均布荷载，不计入洞轴线的变化引起的围岩压力变化。用普氏围岩压力理论计算侧向压力时，可按下式进行

$$\begin{cases} e_1 = \gamma b \tan^2(45° - \varphi/2) \\ e_2 = \gamma(b + h)\tan^2(45° - \varphi/2) \end{cases} \tag{12.107}$$

应用普氏地压理论计算围岩压力时应注意以下问题：

1）洞室的埋深。普氏地压理论要求岩体经开挖后能够形成一个自然平衡拱，这是计算的关键。许多工程实例说明，若上覆岩体的厚度不大（一般认为洞室埋深小于 2~3 倍的 b 值时），洞顶就不会形成平衡拱，岩体往往会产生冒顶现象。因此，在应用普氏地压理论分析围岩压力时，应注意所开挖的洞室必须具有一定的埋深。

2）坚固系数 f 的确定。在实际应用中，除了按式（12.102）求得 f 值，还必须根据施工现场、地下水的渗漏情况、岩体的完整性等给予适当修正，使坚固系数更全面地反映岩体的力学性能。

因此，在 20 世纪五六十年代，也有人将其作为岩体分类的一种方法，直接应用于某些规模较小的岩石隧道工程中，为设计提供参数。

12.9 立井围岩压力计算

在某些岩体工程中，需要开挖圆形断面竖井。对于断面直径及深度均较大的竖井，其围岩应力及稳定性问题在设计中倍受关注，在场地条件复杂、地应力集中地区尤其如此。以下仅就较为简单的情况讨论竖井围岩应力计算的基本原理。

1. 竖井围岩为完整、连续岩石介质的压力计算

如图 12.36a、b 所示，在坚硬且无裂缝的岩体中开挖一个横断面为圆形的竖井，断面半径为 a、岩体重度为 γ、侧压力系数为 k_0。若竖井深度较其断面直径大得多时，可以作为平面问题处理，并且在一般情况下能够采用弹塑性力学理论导出围岩应力计算式。

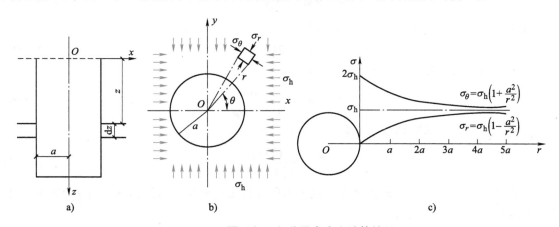

图 12.36 圆形断面竖井围岩应力计算简图

建立空间柱坐标系，竖直向下为 z 轴正方向，xOy 面为平面极坐标系（图 12.36 中，r 表示极径，θ 表示极角）。极角 θ 自水平坐标轴 Ox 正方向算起按逆时针方向为 θ 角正方向。坐标轴 Oz 为竖井轴线，空间柱坐标系的坐标原点 O 落于大地平面上，现在考虑距地表 zm 深处岩体水平薄层 dz 的应力。作用在该水平薄层上的竖向地应力 σ_v 为

$$\sigma_v = \gamma z \tag{12.108}$$

则作用于该水平薄层上的水平地应力 σ_h 为

$$\sigma_h = k_0 \gamma z \tag{12.109}$$

由于在岩体中开挖竖井将引起围岩地应力重新分布，若假定半径为 a 的圆井在地表下深度 z 处的水平薄层围岩 dz 属于平面应力问题，那么其重分布后的径向应力 σ_r 及切向应力 σ_θ 可以近似表示为

$$\begin{cases} \sigma_r = \sigma_h \left(1 \mp \dfrac{a^2}{r^2}\right) ,(r \geq a) \\ \sigma_\theta \end{cases} \tag{12.110}$$

由式（12.109）可知，σ_h 是深度 z 的线性递增函数，所以 σ_r 及 σ_θ 也随着深度 z 的递增而增大。所以，当深度 z 增大到某一值使 $\sigma_\theta - \sigma_r$ 满足 M-C 准则时，水平薄层围岩 dz 将发生塑性流动而失稳，即有

$$\sigma_\theta = \frac{1 + \sin\varphi}{1 - \sin\varphi}\sigma_r + \frac{2C\cos\varphi}{1 - \sin\varphi} \tag{12.111}$$

式中，C、φ 分别为围岩的黏聚力、内摩擦角。

井壁处围岩是最危险的，所以只考虑井壁围岩是否发生破坏便足以评价竖井围岩的整体稳定性。在井壁上，当 $r=a$ 时，$\sigma_r=0$，由式（12.111）得

$$\sigma_\theta = \frac{2C\cos\varphi}{1 - \sin\varphi} \tag{12.112}$$

由式（12.111）得，井壁破坏的依据为

$$\sigma_\theta \geqslant \frac{2C\cos\varphi}{1 - \sin\varphi} \tag{12.113}$$

当 $r=a$ 时，由式（12.110）得

$$\sigma_\theta = \sigma_h\left(1 + \frac{a^2}{r^2}\right) = 2\sigma_h \tag{12.114}$$

将式（12.109）代入式（12.114）得

$$\sigma_\theta = 2k_0\gamma z \tag{12.115}$$

将式（12.115）代入式（12.113）得

$$2k_0\gamma z \geqslant \frac{2C\cos\varphi}{1 - \sin\varphi} \tag{12.116}$$

由式（12.116）可得确保竖井稳定的极限深度 z_{max} 为

$$z_{max} = \frac{C\cos\varphi}{k_0\gamma(1 - \sin\varphi)} \tag{12.117}$$

由式（12.117）可知，确保竖井稳定的极限深度 z_{max} 只与围岩的物理、力学性质指标有关，而与竖井断面大小无关。

2. 竖井围岩中存在水平软弱夹层所引起的破坏分析

如图 12.37a 所示，在深度 z 处存在厚度为 dz 的水平软弱夹层，假定岩体中的初始地应力场为静水压力式，即 $\sigma_x = \sigma_y = \sigma_z = \sigma_0 = \gamma z$（$\gamma$ 为岩体重度，z 为埋深）。因此，竖井开挖后对于厚度为 dz 的水平软弱夹层而言，无论是弹性变形区还是塑性变形区，下式均成立，即

$$\frac{d\sigma_r}{dr} - \frac{\sigma_\theta - \sigma_r}{r} = 0 \tag{12.118}$$

因为在静水压力式的初始地应力场中，总有下式成立

$$\begin{cases} \sigma_r \\ \sigma_\theta \end{cases} = \sigma_0\left(1 \mp \frac{R_0^2}{r^2}\right)$$

因为软弱夹层强度较低，所以当竖井开挖引起地应力重新分布时，围岩中的应力易超过软弱夹层的屈服强度而使其发生塑性流动，从而导致竖井破坏。因此，竖井开挖后，软弱夹层的应力状态对于评价竖井稳定性十分重要。软弱夹层塑性区的变形按以下原则确定

$$\varepsilon_z = \varepsilon_z^e + \varepsilon_z^p \tag{12.119}$$

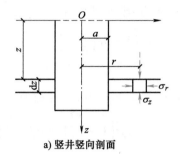 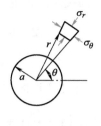

a) 竖井竖向剖面　　　　　　b) 水平软弱夹层dz径向应力
　　　　　　　　　　　　　　 σ_r 及切向应力 σ_θ 分布

图 12. 37　竖井围岩存在水平软弱夹层时应力计算简图

式中，ε_z 为总变形量；ε_z^e、ε_z^p 分别为弹性变形量及塑性变形量。

由广义胡克定律，有

$$\varepsilon_z^e = \frac{1}{E}[\sigma_z - \nu(\sigma_\theta + \sigma_r)] \tag{12.120}$$

对于塑性变形，根据其变形特征，假定塑性应变计算式如下

$$\varepsilon_z^p = D\Big[\sigma_z - \frac{1}{2}(\sigma_\theta + \sigma_r)\Big] \tag{12.121}$$

式中，$D = (\sigma, \varepsilon)$，与塑性变形强度有关。

将式（12.120）及式（12.121）代入式（12.119），得

$$\varepsilon_z = \frac{1}{E}[\sigma_z - \nu(\sigma_\theta + \sigma_r)] + D[\sigma_z - 0.5(\sigma_\theta + \sigma_r)] \tag{12.122}$$

对于厚度为 dz 的软弱夹层来说，可以近似认为 $\varepsilon_z = 0$，则由式（12.122）解得

$$\sigma_z = \frac{(\sigma_\theta + \sigma_r)\Big(\dfrac{\nu}{E} + \dfrac{D}{2}\Big)}{\dfrac{1}{E} + D} \tag{12.123}$$

若仅为弹性变形，则 $D = 0$，式（12.123）变为

$$\sigma_z^e = \nu(\sigma_\theta^e + \sigma_r^e) \tag{12.124}$$

若仅为塑性变形，则 $E = \infty$，$1/E = 0$，式（12.123）变为

$$\sigma_z^p = 0.5(\sigma_\theta^p + \sigma_r^p) \tag{12.125}$$

若软弱夹层中应力 σ_z、σ_θ、σ_r 满足下式的塑性变形条件时才发生塑性流动，即有

$$(\sigma_1 - \sigma_2)^2 + (\sigma_2 - \sigma_3)^2 + (\sigma_3 - \sigma_1)^2 = 2\sigma_y^2 \tag{12.126}$$

可以认为有

$$\sigma_1 = \sigma_\theta^p, \sigma_2 = \sigma_z^p = 0.5(\sigma_\theta^p + \sigma_r^p), \sigma_3 = \sigma_r^p \tag{12.127}$$

将式（12.127）代入式（12.126）得

$$\sigma_\theta^p - \sigma_r^p = \frac{2\sigma_y}{\sqrt{3}} \tag{12.128}$$

式（12.128）为软弱夹层发生塑性变形的屈服条件，σ_y 为软弱夹层的屈服强度，σ_r^p、σ_θ^p 分别为软弱夹层发生塑性变形时的径向应力及切向应力。联立式（12.118）和式

（12.128）可以解得软弱夹层塑性变形区的径向应力 σ_r^p 及切向应力 σ_θ^p 分别为

$$\sigma_r^p = \frac{2\sigma_y \ln\left(\dfrac{r}{R_0}\right)}{\sqrt{3}}, \sigma_\theta^p = \frac{2\sigma_y \left[1 + \ln\left(\dfrac{r}{R_0}\right)\right]}{\sqrt{3}} \tag{12.129}$$

塑性变形区之外的弹性变形区的径向应力 σ_r^e 及切向应力 σ_θ^e 分别为

$$\sigma_r^e = k_0\gamma z\left(1 - \frac{R_0^2}{r^2}\right) + \sigma_r^p\left(\frac{R_p}{r}\right)^2, \sigma_\theta^e = k_0\gamma z\left(1 + \frac{R_0^2}{r^2}\right) + \sigma_r^p\left(\frac{R_p}{r}\right)^2 \tag{12.130}$$

式中，R_p 为塑性变形区半径；σ_r^p 为弹性变形区与塑性变形区分界上的径向应力；z 为软弱夹层埋深；γ 为上覆岩层重度；r 为计算点半径；k_0 为岩体侧压力系数；R_0 为竖井半径。

在弹性变形区与塑性变形区的分界上有

$$\sigma_r^e + \sigma_\theta^e = \sigma_r^p + \sigma_\theta^p \tag{12.131}$$

将式（12.129）、式（12.130）代入式（12.131）得

$$R_p = R_0 \exp\left[\frac{\sqrt{3}\,k_0\gamma z}{2\sigma_y} - \frac{1}{2}\right] \tag{12.132}$$

将 $R_p = R_0$ 代入式（12.132）便可解得确保软弱夹层不发生塑性流动的极限深度，即

$$z_{\max} = \frac{\sigma_y}{\sqrt{3}\,k_0\gamma} \tag{12.133}$$

若软弱夹层的埋深小于式（12.133）中的 $z_{\max}$，则软弱夹层将不破坏，能够承受上覆岩层的压力或自重荷载；相反，如果软弱夹层的埋深超过式（12.133）中的 $z_{\max}$，则会因为软弱夹层的塑性流动，使井壁破坏或失稳。若软弱夹层中应力 σ_r、σ_θ 满足式（12.111）的屈服条件（塑性变形条件），则联立式（12.111）和式（12.118）可以解出塑性变形区的径向应力 σ_r 及切向应力 σ_θ 的表达式，即

$$\sigma_r^p = C\cot\varphi\left[\left(\frac{r}{R_0}\right)^{\frac{2\sin\varphi}{1-\sin\varphi}} - 1\right] \tag{12.134-1}$$

$$\sigma_\theta^p = C\cot\varphi\left\{\frac{1 + \sin\varphi}{1 - \sin\varphi}\left(\frac{r}{R_0}\right)^{\frac{2\sin\varphi}{1-\sin\varphi}} - 1\right\} \tag{12.134-2}$$

应当指出，如果初始地应力场在水平面内的两个分量不相等，则竖井围岩应力可以近似按式（12.133）计算。

12.10 斜巷围岩压力计算

斜巷的地压现象介于平巷与立井之间，倾角较小时，地压和平巷差不多。但注意（图12.38），其特点是沿重力方向铅直作用的 Q_d 有两个分量：

1）$N = Q_d\cos\alpha$，作用于支架平面内，对支架的构件造成内力。

2）$T = Q_d\sin\alpha$，沿巷道倾向（轴向）作用，引起支架倾覆。

架设斜巷支架时，常朝上方偏斜 5°~12°，称为"迎山角"。支架架设后，由于 T 的作用，支架逐渐转向垂直顶底板的位置，对支架稳定有利。随着倾角的增大，N 减少，T 增加。支架结构应加强抵抗 T 的倾覆作用，如施加顶撑、底撑等。当 α 角很大时，地压和支

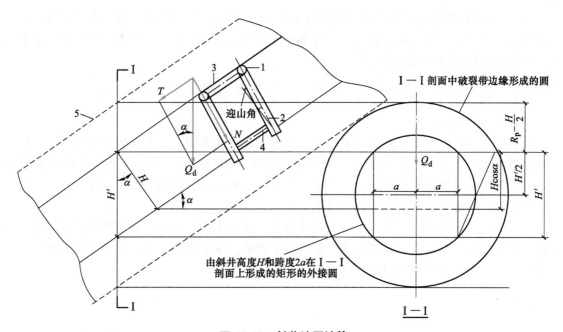

图 12.38 斜巷地压计算

1—梁 2—柱 3—顶撑 4—底撑 5—顶板破裂带边缘

架结构都和立井的情况近似。

因 α 角的中间值很多，为便于计算，通常规定如下：当 $\alpha \leqslant 45°$ 时，按平巷公式计算总顶压 Q_d，然后由 α 计算 N、T 分力；当 $45° < \alpha < 80°$ 时，一律按 $45°$ 计算 Q_d、N 和 T，因为 $\alpha >$ $45°$ 以后 N 很小，为保证支架有一定承载能力，取 $\alpha = 45°$ 时的 N 值作为支架计算荷载；$\alpha \geqslant$ $80°$ 时，按立井地压公式计算。

注意，当 $\alpha \leqslant 45°$ 时，地压的计算断面取 $2a \times H'$，而不按 $2a \times H$ 计算。其中，$H' = H/\cos\alpha$。

12.11 围岩-支护相互作用的流变变形机制

12.11.1 基于流变变形特性的完整围岩支护的基本原则

应用岩石流变力学解决岩石地下工程的支护问题时，应当注意产生流变的阈值问题，即流变下限。该下限值根据围压情况可由流变试验具体确定。当围岩的应力水平达到或超过流变下限值时，就将产生流变效应；反之，如围岩的应力水平小于其流变下限值时，则不会产生流变。

据此，侯公羽（2008）[1]提出了对完整围岩进行支护的基本原则：

1）不论是软岩还是硬岩，当围岩的应力水平达到或超过其流变下限值时，都可能产生流变效应，应该按照岩石流变力学特性（围岩流变特性曲线）进行支护设计。这时的支护目的主要是通过支护结构对围岩提供支护反力，以此来改善围岩的应力状态，进而控制围岩的流变变形。

2）不论是软岩还是硬岩，如围岩的应力水平小于其流变下限值，则不会产生流变，可以不进行力学意义上的支护。但是，为了控制围岩的进一步劣化，应进行维护意义上的支护，如及时喷射混凝土封闭围岩等。

12.11.2 围岩-支护相互作用流变变形机制的概念模型的建立与新认识

1. 岩石流变性质

几乎所有的岩石都具有流变变形性质，但是工程中的围岩是否发生流变变形决定于围岩应力水平的大小及支护反力的大小。岩石的流变性质包括蠕变、松弛、弹性后效和黏性流动。通常，岩石流变变形主要是指岩石蠕变变形。因此，以下提到蠕变、蠕变变形时，除有特别说明外，均统一使用流变、流变变形。

岩石流变变形具有三个阶段和三个水平特性，如图 12.39 所示。Ⅰ 阶段为初期流变，Ⅱ阶段为稳定流变，Ⅲ 阶段为加速流变。应力水平越高，流变变形越大。这三个阶段和三个水平特性，是金属、岩石和其他材料的通性，非岩石特有。

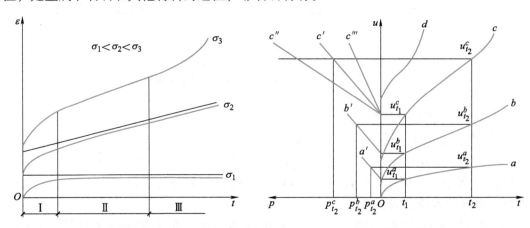

图 12.39　侧向约束条件下的岩石侧向流变性质　　图 12.40　围岩-支护相互作用流变力学机制

2. 围岩-支护相互作用流变变形机制的概念模型建立

根据上述分析建立的围岩-支护相互作用的流变变形机制的概念模型如图 12.40 所示。其中，围岩的流变（主要考虑蠕变）特性曲线如图 12.40 的右半部分即 u-t 坐标系所示，支护特性曲线如图 12.40 的左半部分即 p-u 坐标系所示。

同一围岩在极高、高、中、低等不同应力水平作用下的径向流变位移变形如图 12.40 中的曲线 d、c、b、a 所示。注意，图 12.40 的纵坐标为洞室周边径向流变的变形，该流变位移与图 12.39 的流变应变是有区别的，两者之间存在换算关系，最简单的是线性关系。

为了简单说明围岩-支护相互作用的流变力学机制，以下仅考虑围岩洞室周边的径向流变变形与该围岩的岩石单轴压缩侧向流变应变的关系为线性关系。显然，这样的选取并不改变岩石蠕变的三阶段特性和三水平特性。

3. 围岩-支护相互作用流变变形机制的新认识

假定支护结构在图 12.40 中的 t_1 时刻开始支护，与围岩开始发生相互作用，则在 t_1 时刻，围岩流变特性曲线 a、b、c 的流变位移变形分别为 $u_{t_1}^a$、$u_{t_1}^b$ 和 $u_{t_1}^c$，支护特性曲线 a'、b'、c' 的变形均为零。

随着围岩流变变形的继续增加，支护结构因被动地被挤压而发生收敛变形，进而对围岩施加不断增长的支护反力，如图 12.40 中的支护特性曲线 a'、b'、c'所示。假定围岩与支护结构的相互作用至 t_2 时刻达到新的平衡状态，围岩流变变形停止，则在 t_2 时刻，围岩流变特性曲线 a、b、c 的流变位移变形分别为 $u_{t_2}^a$、$u_{t_2}^b$ 和 $u_{t_2}^c$。

在围岩与支护的相互作用时段 t_2-t_1 内，围岩相对于曲线 a、b、c 完成的流变位移变形增量分别为 $(u_{t_2}^a-u_{t_1}^a)$、$(u_{t_2}^b-u_{t_1}^b)$ 和 $(u_{t_2}^c-u_{t_1}^c)$，如图 12.40 中的 $u\text{-}t$ 关系所示。由于支护结构和围岩的相互作用，假定两者的相互作用符合变形协调关系，则支护结构的被动径向位移也分别为 $(u_{t_2}^a-u_{t_1}^a)$、$(u_{t_2}^b-u_{t_1}^b)$ 和 $(u_{t_2}^c-u_{t_1}^c)$。相应地，在 t_2 时刻，需要支护结构提供的支护反力分别为 $p_{t_2}^a$、$p_{t_2}^b$、$p_{t_2}^c$，如图 12.40 中 $p\text{-}u$ 坐标系所示，且有

$$p_{t_2}^a = K_c(u_{t_2}^a - u_{t_1}^a),\ p_{t_2}^b = K_c(u_{t_2}^b - u_{t_1}^b),\ p_{t_2}^c = K_c(u_{t_2}^c - u_{t_1}^c) \tag{12.135}$$

12.11.3　基于围岩-支护相互作用流变变形机制的分析

根据上述建立的围岩-支护相互作用流变变形机制的概念模型（图 12.40），以及对新机制的认识，可以获得以下有关支护问题的初步研究成果：

1）通常第 I 阶段的流变变形一般发生较快，待现场支护时变形已经完成，现场一般支护不到，能支护到的流变变形大部分在第 II 和第 III 阶段。

2）岩石的流变试验表明，在应力水平适中时，岩石的流变变形存在稳定流变阶段，即第 II 阶段。分析认为，对围岩流变变形进行控制的有效时机应该是在围岩流变变形的第 II 阶段。在第 II 阶段内，如果能使围岩与支护达到平衡，围岩的流变变形停止，围岩将是稳定的。如果过了第 II 阶段，围岩与支护还未达到平衡，围岩的流变变形还未停止，则围岩将进入加速流变的第 III 阶段，这个阶段一般是无法再稳定围岩的。

3）围岩的应力水平对支护反力的影响很大。当围岩应力水平较低时（曲线 a），其蠕变变形较小，达到平衡时需要的支护反力也较小，如曲线 a'所示。当围岩应力水平较高时（曲线 b 和 c），其蠕变变形也较大，达到平衡时需要的支护反力也较大，如曲线 b' 和 c' 所示。

4）支护刚度对支护反力的影响很大。支护刚度越大，达到平衡时需要的支护反力也越大，如曲线 c''所示。支护刚度越小，达到平衡时需要的支护反力也越小，如曲线 c'''所示。

5）支护时机对支护效果的影响很大。一般情况是支护时机越早越好。但在现场的施工条件下，至开始支护时，围岩流变变形一般已经处于第 II 或第 III 阶段。这时，如果支护时机过晚，支护结构无法在第 II 阶段将围岩流变变形控制住，一旦围岩流变进入第 III 阶段，将无法对围岩再进行有效的支护控制。

6）综合考虑支护的刚度和支护时机才能获得良好的支护效果。如果支护刚度低，一般要求尽早进行支护。支护的时机较早，但如果支护的刚度过低，也很难保证在围岩流变的第 II 阶段内有效地控制住流变变形。如果支护刚度较大，支护可以晚一些；如果现场条件和工艺允许，也应该尽早进行支护。

7）对于应力水平极高的围岩，如曲线 d 所示，一般在现场环境下无法实施有效的支护，或者说支护极其困难。因为此时的支护将面临两种困境：一是支护时机很有限，通常来不及，或者说支护时机很难控制；二是支护的代价可能非常大，因为流变变形大，所以要求

支护结构提供的支护反力通常很大。高地应力和深部岩石力学的支护问题就属于围岩的应力水平极高（曲线 d）这种情况。

8）大量的流变试验表明：软岩在第Ⅰ阶段和第Ⅱ阶段的流变变形一般比中硬及以上岩石要大，有的甚至大 10 倍以上；软岩在第Ⅰ阶段和第Ⅱ阶段完成其流变变形所需的时间也比中硬及以上岩石要长，大部分在 2 倍以上。因此，结合图 12.40 进行分析认为：

① 对于软岩巷道的支护，必须让开其流变变形的第Ⅰ阶段，以避免支护结构与围岩相互作用之后因围岩流变变形过大而迫使支护结构提供较大的支护反力。

② 对于软岩巷道的支护，一般有充分的支护时间，因为软岩在第Ⅰ阶段的变形时间一般有几天以上，而中硬及以上岩石在第Ⅰ阶段的变形时间一般只有约 1 天。因此，中硬及以上岩石要及时进行二次支护（如果需要力学意义上的支护），软岩需要根据流变变形量测的结果再确定支护时机，待其进入第Ⅱ阶段后再进行二次支护，不能太早。

③ 对于相同的支护结构来说，中硬及以上岩石的流变变形较小，相互作用之后需要支护结构提供的支护反力也较小。软岩的流变变形较大，而支护结构（通常较多使用的是浇筑或喷射混凝土）能退让的变形有限，导致两者相互作用之后需要支护结构提供的支护反力也较大。这就是工程中软岩巷道的支护经常失败、支护结构经常被挤坏，而中硬及以上岩石巷道的支护结构较少发生破坏的原因。

9）关于新奥法及时封闭岩面的问题。新奥法提倡及时封闭岩面，这是必要且正确的。但在现实中，大部分岩石地下工程只能在临时支护中做到，甚至有一些是做不到的。待进行永久支护时，变形已经发生了相当长的时间，弹塑性变形早已发生并结束了，围岩进入了流变变形阶段。

因此，支护时机很重要。在不同的时间段进行支护，需要按照相应时间段的围岩变形特性进行计算、设计。从目前的支护技术来看，临时支护在弹塑性变形发生之后尽早支护是有可能的，这对封闭岩面、避免围岩进一步劣化是有益的。尽管不同的施工方法其支护时间间隔会相差较大，但对中硬及以上岩石如果需要力学意义上的支护，则应尽早进行永久支护，这在大部分的现场条件下是可以实现的。

在上述对相关问题的认识及初步研究成果中，有些认识是根据新机制得出的新认识，如1）、2），以及 8）中的①与③；有些知识虽然与现有的知识是一致的，但分析时用的机制不同，这里应用的是流变变形机制，如 3）~7）、8）中的②、9）。

应当指出，在上述的认识中，大部分是工程实践总结的结果，用现有的围岩-支护相互作用机制还解释不了，但用流变变形机制模型都可以解释。更重要的是，流变变形机制模型既具有理论意义又具有工程实践价值。

12.12　常规条件下巷道支护设计的内容、原理、方法与流程

12.12.1　巷道支护设计的原理与方法

综合本章及本书相关知识可知，若要实现科学、安全、经济的巷道支护设计，需要在设计中实现以下目标：

1）设计的流程必须涵盖工程地质研究、数学力学模型分析、设计方法研究、综合评价

四个范畴。

2）设计的原理与方法必须满足以下要求：① 全面、综合地考虑地应力量级、岩石质量评价（围岩地质力学参数与指标）、围岩体强度、围岩结构特征与围岩分级等影响因素，并准确地取值或估算；② 准确解析不同围岩类型巷道的围岩-支护相互作用机制；③ 严格遵循围岩-支护相互作用机制来确定（或估算）围岩压力，即支护荷载。

3）设计方案必须确保科学性与经济性的统一。设计方案在确保科学性、安全性的基础上，还要在经济上既有利于降低巷道支护的施工成本，又有利于降低巷道的维护成本。

侯公羽[8]在上述三个目标及前人研究工作的基础上，提出了巷道支护设计的内容、原理、方法与流程，如图 12.41 所示。

（1）工程地质研究

1）岩体地质特征（地层、岩性、结构面特征与分布、地下水等）→建立地质模型；

2）岩块与结构面的力学性质（通过室内试验获得变形、强度等参数）→岩体力学性质、力学参数（现场试验、模拟试验、理论估算等）；

3）应力条件（天然应力、水压力、地震力等）→开挖卸荷力学效应（应力重分布、变形、破坏等）。

（2）进行数学、力学建模分析

1）力学模型的建立，包括介质模型、应力、力学参数、变形破坏机理、边界条件等。

2）稳定性分析与计算，包括连续介质力学理论、散体力学理论、有限元方法、非确定性理论、可靠度理论、人工智能，等。

（3）支护荷载计算与支护结构选型

1）掌握巷道工程开挖卸荷过程中围岩的力学响应，判断是否需要进行支护。若围岩整体性好、自承能力强，开挖后围岩能够保持自稳，则不需要力学意义上的支护，仅需对围岩进行维护意义上的支护。若开挖后围岩变形较大，必须进行力学意义上的支护时，再进行以下计算与设计工作。

2）准确计算以下四个影响因素及其相关指标：地应力量级、岩石质量评价、围岩体强度、围岩结构特征与围岩分级等。

3）准确解析不同围岩类型条件下巷道的围岩-支护相互作用机制。

4）严格按照围岩-支护相互作用机制计算围岩压力（支护荷载）和围岩变形大小。

5）进行支护结构的选型与支护能力估算。这里，需要综合考虑埋深（选用荷载法、作用-反作用模型法、工程类比法等）、施工方法（TBM 法、综掘法、钻爆法）和围岩-支护相互作用机制。

（4）综合评价　根据工程设计要求（如安全系数）及其他判别指标（如成本、服务期等）进行综合评价。

（5）进行支护结构设计　如支护结构的内力参数、几何参数等。

应当指出，图 12.41 给出的是常规条件下巷道支护设计的原理、方法与流程。因为常规条件下的巷道支护设计，其支护方法与支护技术是成熟的，支护机制是清晰的。图 12.41，"稳定"主要是指力学与安全意义方面，而"合理"主要是指经济意义方面。

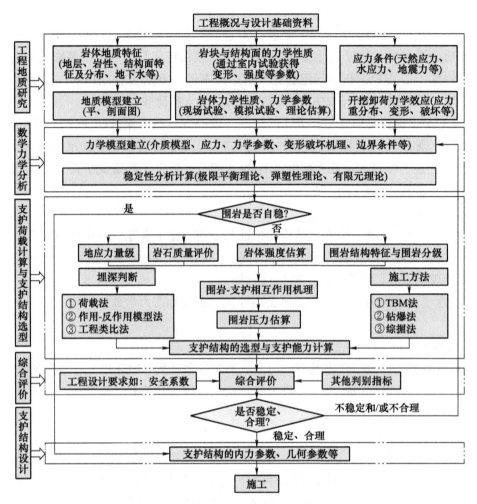

图 12.41 巷道支护设计的内容、原理、方法与流程

12.12.2 关键设计参数的计算方法

1. 地应力高低的判别准则

有关地应力的理论估计和实测，见本书第 11 章。

高地应力的判别无统一标准。通常，高地应力是指初始地应力的量级为 20～30MPa 以上。按照海姆假说估计，这个量级的初始地应力对应的埋深为 800～1200m。

高地应力是一个相对的概念[8]。地应力高，且围岩强度也高，则开挖之后的巷道围岩稳定性不一定显现出高地应力的力学效应；反之，如果围岩强度很低，那么，即使地应力较低（较浅的埋深），巷道开挖之后也可能显现出高地应力的力学效应。因此，表征地应力的高低，通常使用岩石抗压强度与地应力的比值来判断，即

$$围岩强度比 = \frac{\sigma_c}{\sigma_{max}} \tag{12.136}$$

因此，必须综合考虑地应力与围岩强度之间的相对大小，才能科学、准确地判断出地应

力的高低。

2. 巷道围岩的结构特征与围岩分级

岩体的结构特征主要是指结构面和结构体的不同组合形态，是地质构造作用的结果。其中，结构面是控制岩体变形与破坏的关键因素[1]。因此，研究巷道的变形和破坏、进行巷道支护设计，首先是分析清楚岩体的结构特征，其次才是研究岩石块体的力学特征。

赵勇[9]对国外 18 种（如 Q 法、RMR 法、普氏分级等）和国内 20 种（如《工程岩体分级标准》等）围岩分级方法进行了分析，统计分析了各项影响因素的使用频率，统计结果见表 12.3。

表 12.3 表明，影响工程岩体稳定性的基础指标有 2 个，即岩石坚硬程度和岩体完整程度；影响工程岩体稳定性的环境指标有 3 个，即地下水、结构面、初始地应力。显然，国内对结构面、初始地应力的重视程度要比国外高得多。

表 12.3　国内外各项影响因素采用率[9]

项目	岩石力学指标		环境指标		
	岩石坚硬程度	岩体完整程度	地下水	结构面	初始地应力
国外	83.3%	88.9%	44.4%	16.7%	16.7%
国内	100%	95%	65%	70%	45%

应当指出，围岩分级研究仍然是个未了的问题。目前情况下，在设计中使用《工程岩体分级标准》是较好的选择。

3. 岩体强度的估算

众所周知，岩石（岩块）的强度指标 c、φ 越高，对巷道的稳定性越有利。但对于巷道围岩来说，岩石（岩块）的强度指标 c、φ 仅仅是必要条件之一。如果围岩的完整性指标不好，那么，围岩体的强度指标及其稳定性仍然会比较低。因此，准确地估算围岩体的强度，是巷道支护设计中进行力学模型计算的基础。

岩石强度参数较易获取，一般在现场采集小试件后，即可在实验室测得。但岩体强度参数通常是很难获取的，需要进行大型的工程岩体试验，对于一般的工程而言是不现实的。

E. Hoek 和 E. T. Brown 在 1980 年指出，"一个好的强度准则，不仅能与试验值高度匹配，而且能估算岩体强度。"遗憾的是，在隧道/巷道的设计与施工中，很少见到重视岩体强度估算的案例，能够比较准确地估算岩体强度的设计更是凤毛麟角。

E. Hoek 和 P. Marinos 在 2000 年给出了一个岩体强度的计算公式，即

$$\sigma_{cm} = (0.0034 m_i^{0.8}) \sigma_c \left[1.029 + 0.025 e^{(-0.1 m_i)} \right]^{GSI} \tag{12.137}$$

式中，σ_{cm} 为岩体强度；σ_c 为岩石单轴抗压强度；m_i 为 Hoek-Brown 常数；GSI 为地质强度指标。

宋建波等应用 Hoek-Brown 强度准则对岩体强度估算方法进行了详细研究，并注意到了岩体结构特征的影响。

对围岩强度的智能化快速估算：① 对于 Ⅰ 级和Ⅳ、Ⅴ 级岩体，可以使用 Hoek-Brown 强度准则或直接引用式（12.137）进行估算；② 对于 Ⅱ、Ⅲ 级岩体，使用岩体结构面强度理论进行估算为主。

4. 有效地提高围岩体强度指标的途径

从目前的研究水平看，有效提高围岩体强度指标的途径通常有两种：①通过注浆，提高围岩体的 c、φ；②通过锚杆的预紧力对围岩实施主动支护，进而提高围岩体的 c、φ。

通过注浆提高围岩体的 c、φ 是有效的、可行的途径。目前的注浆研究，已经取得较大的进展。但对于卵石和粉细砂地层、高地压下的煤层等，普遍存在注浆效果不佳的情况。因此，注浆机制尚需要深入研究。

通过预紧力锚杆对围岩进行主动支护，其应用范围和可靠性需要详细讨论。一般来说，对于松散、破碎类围岩，锚杆的加固效果通常比较好。但需要配合注浆加固，否则易受环境扰动影响，然后先局部失稳再整体失稳。但是，对于比较完整的围岩体，从力学意义上来说，锚杆的预紧效果甚微，不具有工程意义。

5. 围岩压力的估算

（1）围岩压力的基本概念 在进行支护设计时，工程师首先需要知道作用在支护结构上的荷载是多少，这个荷载就是围岩压力。因此，对围岩压力进行准确估算是非常重要的。关于地下洞室围岩压力方面的研究，倍受国内外工程界和学者们的关注，已有一系列的科研工作，并基于多种力学理论建立了不少计算公式。

（2）围岩压力的成因 围岩压力的形成是由于洞室的开挖卸荷效应（开挖后围岩的变形、松动及破坏）导致的。产生围岩压力有以下三种可能：

1）对于 Ⅰ 级（坚硬、完整）岩体，当相对地应力不高时，巷道围岩只发生弹性变形，围岩没有破坏及松动。对这种条件的巷道进行支护，支护结构上通常没有围岩压力。

2）对于 Ⅱ、Ⅲ 级（中等质量）岩体，巷道围岩不仅发生弹性变形，还有塑性变形，甚至流变变形。这种情况下，围岩-支护相互作用机制对应的围岩压力主要是形变压力（弹塑性求解），而较少产生松动压力。

3）对于 Ⅳ、Ⅴ 级（软弱、破碎）岩体，松动和破坏是产生围岩压力的主要原因。围岩-支护相互作用机制对应的主要是松动压力（普氏地压理论求解），而形变压力则是次要的。

因此，围岩压力的影响因素可以归纳如下：

1）场地条件及地质构造。

2）洞室埋深。

3）洞室形状及大小。

4）施工方法及施工速率。

5）衬砌或支护形式及刚度。

6）支护作用时机与时间。

（3）围岩压力的估算理论 由于地下洞室工程的隐蔽性，加之复杂的地质背景及场地条件等，导致对围岩压力进行准确的估算显然是十分困难的。因此，本节介绍的围岩压力估算理论都是近似的，只在特定条件下是比较准确的，必须通过实践逐步加以完善，不得生搬硬套。

1）各种估算理论。

① 古典压力理论。太沙基理论通常适用于浅埋地层。普氏地压理论适用于深埋地层。压力拱范围与围岩地质条件、支护时机、支护刚度、隧道开挖断面形状、工程埋深、施工工法等因素相关。

② 弹塑性压力理论。弹塑性压力理论主要是使用弹塑性力学理论与方法，研究巷道的开挖与支护问题。目前，对于圆形断面的弹塑性解析已经非常成熟，也被学术界广泛认可。工程上，通常会选择一个安全系数，将其他断面形状的巷道近似地简化为圆形来处理。

③ 现场量测法。围岩压力现场测量方法包括直接测量法和间接测量法。直接测量法，将测试元件和设备等直接设置在支护结构上，进行围岩压力的测试。间接测量法，通常在支护结构后面埋设压力盒或者在支护结构内埋设应变测量元件，获得测量应力和应变来反算围岩压力。这两种测量方式都有一定的局限性，由于工程的局限性及技术手段的制约，目前现场量测法还没有得到普遍应用。

④ 工程类比统计法。通过对大量相似的历史开挖工程资料进行统计分析和总结，对特定工程的围岩情况进行合理的围岩分级，从而提出合理的围岩压力经验系数和经验值。

⑤ 数值模拟法。数值模拟法计算快捷、高效，是一种低成本的方法，被广泛应用于实际工程中设计方案的选取及验证等。目前，很多软件都可以用来研究岩石力学及复杂岩土工程问题。这些软件采用的方法基本上划分为四种：有限元法（ABAQUS 等）、有限差分法（FLAC）、边界元法、离散元法（PFC、UDEC）。

2）巷道/隧道深埋与浅埋的划分。由于深埋与浅埋对围岩压力的估算结果有较大的影响，因此，分界方法一直存在较大的分歧。目前，分界方法主要有以下三种：① 以能否形成承载拱为分界（普氏地压理论）；② 以计算公式达到最大值为分界（太沙基公式等）；③ 建立在经验判断基础上的分界。

矿山巷道的埋深通常都大于 $20R_0$（R_0 为巷道半径），即属于深埋，对此通常没有分歧。比较难划分的是针对浅埋的情况。事实上，对于小于 $20R_0$（一般巷道的直径 6m 以上，对应的埋深 60m）的情况一律视为浅埋，通常是可行的。对于浅埋巷道，上覆岩体视为散体介质进行围岩压力计算与支护设计，其力学计算是偏于保守的，对巷道的安全与稳定也是有利的，经济上也不会有太大的付出。这样，就可以把复杂的深浅埋划分问题进行简化处理，有利于巷道的智能化快速设计与施工。

6. 常用支护结构的支护能力估算

巷道支护的常用形式包括素喷混凝土、锚杆、U 形钢。

侯公羽等[10]针对 6m、5m 和 4m 直径的巷道工程算例，深入研究了喷射混凝土、锚杆、U 型钢三种常用支护结构的承载力计算值，并进行了对比分析。计算原则是：

1）锚杆的支护参数为：间排距 1m×1m、直径 20mm、长度 2.20m、破断力 200kN、端部锚固。根据圣维南原理，将锚杆的集中力作用效果等效地转化为均匀应力作用效果，根据锚杆屈服时的承载力计算。

2）在圆巷中，将 U 形钢支架简化为承受均布荷载的圆环，圆环的内力只有轴力。

3）喷射混凝土，壁厚 200mm，强度等级为 C20 和 C30。

主要研究内容：三种支护结构的极限承载能力计算，基于开挖面空间效应的三种支护结构控制围岩弹塑性变形的计算；研究了 U 形钢支架的荷载-径向变形本构关系，提出了剩余支护承载力的概念，分析了支护结构对围岩的各类形变压力进行支护的机制。研究结果表明：① 三种支护结构极限承载力 p_1（<1MPa）相对于原岩应力 p_0（>10MPa）来说量级太低，控制 5~6m 及更大直径的巷道围岩弹塑性变形是无效的，但控制 4m 直径的巷道围岩弹塑性变形是有效的；② 对于直径达 5~6m 甚至更大的巷道围岩，若支护结构的剩余支护承载力

p_{i2}较大，则该支护结构未来的支护潜力还较大。

各类常用支护结构的临界支护力计算结果汇总列于表 12.4。

表 12.4　各类常用支护结构的临界支护力 p_{cr1}[10]

巷道直径 /m	P_{cr1}/MPa				
	喷射混凝土 C20/C30 厚 200mm	锚杆 $\phi 20mm$	40U 形钢	$5\phi×159mm$	$8\phi×194mm$
6	0.62/0.92	0.20	0.73	0.20	0.70
5	0.74/1.10	0.20	1.26	0.35	1.05
4	0.91/1.36	0.20	2.46	0.69	2.05

表 12.4 显示，40U 形钢的承载力最高，钢管混凝土的承载力次之，锚杆的承载力相差较远。表 12.4 还显示，锚杆的支护能力只与其间、排距有关，而与巷道的直径无关，而其他支护结构的支护能力与巷道的直径都有很大关系。锚杆支护的这一特点，简化了锚杆支护设计的计算和布设。

7. 关于复杂变形问题的建议

1）在使用围岩-支护相互作用机制估算围岩压力时，不可避免地会遇到变形协调问题。因此，在估算围岩压力时，应当针对变形协调问题给予合理的计算。

2）除了常见的巷道变形现象，巷道还存在分区破裂化现象、流变性、塑性范围较大区域的大变形、受动压影响的急速变形、动态冲击地压的破坏变形等。但是，由于这些复杂变形问题的产生机制、围岩-支护相互作用机制等尚未被揭示清楚，其控制技术也在研究之中，因此本节从略。

8. 关于其他支护理论和支护技术的使用建议

在巷道支护设计时，通常会遇到基于高强度高刚度支护原理、协调支护原理、支护时机、围岩改性或强化、能量转化等理论的设计问题。在使用这些理论进行巷道支护设计时，必须依据这些理论和技术的围岩-支护相互作用机制，对巷道的围岩压力和变形大小进行估算。

在支护技术中，目前国内外出现了很多先进的支护技术和支护材料，如恒阻大变形锚索、新型的注浆材料及高强度支护材料等，还有用于高效施工的设备等。由此也出现了新的支护方法，甚至在复杂巷道的支护中能够代替传统的锚、网、索支护。在使用这些新技术、新方法时，也要依据围岩-支护相互作用机制来进行围岩压力和变形大小的估算。

 拓展阅读

典型岩石力学与工程——秦山核电站

秦山核电站三期工程位于浙江省海盐县城东南 11km 处秦山脚下，东南方 0.8km 有正在运行发电的一期核岛，西南 1.5km 为正在建设的核电二期工地。工程场地位于上侏罗纪中酸性火山碎屑岩系的英安质熔结凝灰岩中，岩石坚固性系数 $f=12$，重度为 25kN/m³，抗压强度约为 110MPa。

岩石基坑场地，东西长 460m，南北宽 170m，深 8~24m。施工要求极为严格。

（1）水孔法压力量测及其解决的问题　为了确定各种爆破的有关参数，采用了水孔法压力量测对深孔爆破应力场进行研究和分析。目前，国际上有两种测量方法：一是模拟试验，所得出的结果往往由于地质条件变化很大，实际工程中很难得到推广和运用；二是工地试验法，往往存在着近爆源量测的诸多困难（主要来自三个方面：电源问题、传感器与岩石的匹配设置问题及仪器和人员的安全问题）而难以推广应用，而水孔法压力量测则成功地解决了这些问题，对研究爆破近区的振动规律及振动的预报分析很有意义。

（2）底板保护层的处理　该工程对底板的要求是：标高欠挖控制在 7cm 以内，超挖控制在 20cm 以内，底板不得有因施工原因造成的新裂隙。

1）底板保护层问题。根据国际惯例，对于核电站这样极重要部位的基坑底板，在开挖过程中，一般是将爆破孔穿至设计标高以上 30cm 处进行装药爆破，爆破至设计标高以上 30cm 处不再爆破，同时不允许履带式机械进入现场，也不允许用机械的方法进行铲装，改为轮胎式凿岩机和风镐破岩，人工方法装料，以确保基坑底部岩石的完整性和足够的承载能力。

2）刻意预留保护层带来的问题。爆破时，因为爆破漏斗的存在，当炮孔底部落在设计标高以上 30cm 处时，由于岩性的不同，地层的产状与自由面位置关系的不同，所留下的根底也就不同，因此，预留的保护层会远远超过 30cm，极大地增加了底板处理的工作量，导致雷管、导爆管及其他起爆网络所需的材料急剧增加，引起人工费用的相应增加，也会浪费时间，拖延工期。

岩石力学与工程学科专家——于学馥

于学馥（1919—2010），是我国采矿工程界第一批博士生导师，是中国岩石力学与工程学科的创始人、奠基人与学科前沿开拓者之一，是中国这一领域最早的教育家。他在国际岩石力学界首先提出了"轴变论""岩石记忆"与非确定性科学理论，为我国现代采矿科学理论发展奠定了基础；是中国地铁建设"暗挖"法的创建者、倡导者和积极推动者；曾获得国家科学技术进步特等奖、全国"五一劳动奖章"等多项国家奖励。

于学馥长期运用现代科学技术理论与研究方法，从事科研、工程实践与教学工作，在教学和理论研究与工程实践上做出了突出贡献，取得了系统的创造性成果。在教学方面，他在 20 世纪 50 年代，在国内高校首先创建并发展了我国岩石力学教育事业，开出了岩石力学新课程，采用由静力学结构分析向动力学结构分析发展的新理论进行巷道地压规律研究；在工程岩石力学方面，从 50 年代开始创立的"轴变论"，推动了采矿和地下工程技术原理向动态研究发展的第一步，轴变论理论的提出早于国外 18 年。在 20 世纪 80 年代初期，形成了一套建立在非均质、非连续介质理论之上，以现代数学力学分析和计算机数值模拟分析为主的地下围岩稳定分析理论；此后，又在国际上首次提出了岩石记忆的新概念和岩石记忆与开挖新理论、非确定性分析理论，为解决工程施工因素计算奠定了科学基础。

复习思考题

12.1 名词解释：围岩、二次应力场、围岩压力。

12.2 分析地下工程围岩应力的弹塑性分布特征。

12.3 简述地下工程围岩体的破坏机理。

12.4 简述地下工程脆性围岩、塑性围岩的破坏形式及产生的机制。

12.5 简述普氏地压理论。

12.6 立井及斜巷的围岩压力的计算原理是什么。

12.7 什么是围岩变形曲线和支护特性曲线？支护特性曲线的主要作用是什么？

12.8 简述围岩-支护相互作用的流变变形机理的概念模型及对其机理的新认识。

12.9 在侧压系数 $\lambda = 1$ 的均质石灰岩体地表下 100m 深度处开挖一个圆形洞室，已知岩体的物理、力学指标为 $\gamma = 25\text{kN/m}^3$、$C = 0.3\text{MPa}$、$\varphi = 36°$，试问洞壁是否稳定？

12.10 简述巷道支护设计的原理与方法。

参 考 文 献

[1] 侯公羽. 围岩-支护作用机制评述及其流变变形机制概念模型的建立与分析 [J]. 岩石力学与工程学报，2008，27（增刊2）：3618-3629.

[2] 侯公羽，李晶晶. 弹塑性变形条件下围岩-支护相互作用全过程解析 [J]. 岩土力学，2012，33(4)：961-970.

[3] 蔡美峰，何满潮，刘东燕. 岩石力学与工程 [M]. 2版. 北京：科学出版社，2013.

[4] 侯公羽，牛晓松. 基于 Levy-Mises 本构关系及 D-P 屈服准则的轴对称圆巷理想弹塑性解 [J]. 岩土力学，2009，30(6)：1555-1562.

[5] 侯公羽. 基于开挖面空间效应的围岩-支护相互作用机制 [J]. 岩石力学与工程学报，2011，30（增刊1）：2871-2877.

[6] 孙广忠. 岩体结构力学 [M]. 北京：科学出版社，1988.

[7] 侯公羽. 岩石力学高级教程 [M]. 北京：科学出版社，2018.

[8] 侯公羽，梁金平，李小瑞. 常规条件下巷道支护设计的原理与方法研究 [J]. 岩石力学与工程学报，2022，41(04)：681-711.

[9] 赵勇. 隧道设计理论与方法 [M]. 北京：人民交通出版社，2019：25-51.

[10] 侯公羽，李晶晶，杨悦，等. 围岩弹塑性变形条件下锚杆、喷混凝土和 U 形钢的支护效果研究 [J]. 岩土力学，2014，35(5)：1357-1366.

第13章

岩质边坡工程稳定分析方法

13.1 岩质边坡的应力分布特征

边坡包括天然边坡和人工边坡，它具有一定的坡度和高度，在重力和其他地质应力作用下不断地发展变化着。自然界的山坡、谷壁、河岸等各种边坡的形成，正是这些地质应力作用的结果。人类工程活动也经常开挖出许多人工边坡，如路堑边坡，运河渠道、船闸、溢洪道边坡，房屋基坑边坡和露天矿坑的边坡等。典型的边坡如图 13.1 所示。

边坡的形成，使岩体内部原有应力状态发生变化，坡体应力重分布，主应力方向改变，还会产生应力集中。而且，其应力状态在各种自然应力及工程影响下，随着边坡的演变而又不断变化，使边坡岩体发生不同形式的变形与破坏。不稳定的天然边坡和人工边坡，在岩土体重力、水及震动力以及其他因素作用下，常常发生危害性的变形与破坏，导致交通中断，江河堵塞，塘库淤填，甚至酿成巨大灾害。所以，必须保证工程地段的边坡有足够的稳定性。

图 13.1 典型的边坡示意

13.1.1 边坡应力状态

边坡形成前，岩体中应力场为原始应力状态。边坡成坡过程中，临空面周围的岩体发生卸荷回弹，引起应力重分布和应力集中等效应。边坡成坡后，岩体的应力状态较成坡前发生以下几个主要方面的变化：

1）坡体中主应力方向发生明显偏转（图 13.2）。坡面附近的最大主应力 σ_1 与坡面近于平行，最小主应力 σ_3 与坡面近于正交；坡体下部出现近于水平方向的剪应力，且总趋势是由内向外增强，越靠近坡脚处越强，向坡体内部逐渐恢复到原始应力状态。

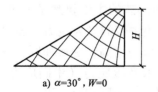 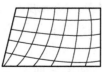 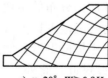 

a) $\alpha=30°$, $W=0$　　b) $\alpha=75°$, $W=0$　　c) $\alpha=20°$, $W\geqslant0.8H$　　d) $\alpha=75°$, $W\geqslant0.8H$

图 13.2 边坡主应力迹线示意图

α—坡角　H—坡高　W—谷底宽

2）坡体中产生应力集中现象。坡脚附近形成明显的应力集中带，坡角越陡，集中越明显。坡脚应力集中带的主要特点是最大主应力 σ_1 与最小主应力 σ_3 的应力差达到最大值，出现最大的剪应力集中，形成一最大剪应力增高带。

3）由于侧向压力近于零，坡面的岩土体实际上变为两向受力状态；但向坡体内部逐步变为三向受力状态。

4）坡面或坡顶的某些部位，由于水平应力明显降低而可能出现拉应力，形成张力带，如图13.3所示。

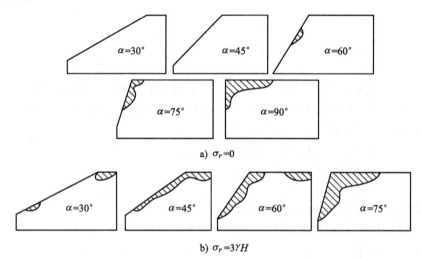

a) $\sigma_r = 0$

b) $\sigma_r = 3\gamma H$

图 13.3　**坡顶及坡面形成张力带的示意**（阴影部分为张力带）

σ_r—构造残余应力　γ—重度　H—坡高

实际上，边坡应力分布远比上述复杂，还受其他多种因素的影响。

13.1.2　影响边坡应力分布的主要因素

边坡应力分布主要受原始应力状态、坡形和岩土体结构特征的影响。

边坡应力的特征，首先取决于未被开挖前岩土体的原始应力状态。任何边坡都毫无例外地处于一定历史条件下的地应力环境之中，特别是在新构造运动强烈的地区，往往存在较大的水平构造残余应力。因而在这些地区边坡岩体的临空面附近常常形成应力集中，主要表现为加剧应力分异现象。这在坡脚、坡面及坡顶张力带表现得最为明显（图13.3b）。研究表明，水平构造残余应力越大，其影响越大，二者呈正比关系。与自重应力状态下相比，边坡变形与破坏的范围增大，程度加剧。

坡面几何形态是影响坡体应力分布的主要因素。表示坡面几何形态的主要要素是坡角。坡角增大时，坡顶及坡面张力带的范围扩大（图13.3）；坡脚应力集中带的最大应力也随之增大。谷底岩土体将因谷坡岩土体向下滑移的趋势而呈挤压状态，应力增高，变形加剧。谷坡的这种状况主要表现在坡脚附近。此外，凹坡使沿坡面走向的水平压应力（中间应力）增强，凸坡则水平压应力削弱，或出现拉应力。前者利于坡体稳定，后者则相反。可见，陡坡与缓坡，窄谷边坡与单面边坡，凸坡与凹坡，前者均比后者较易发生变形与破坏。

边坡变形与破坏的首要条件，在于坡体中存在着各种形式的脆弱结构面，其影响尤以岩质边坡最为显著。边坡岩体的结构特征对坡体应力场的影响相当复杂。其主要表现是，由于岩体的不均一和不连续，沿脆弱结构面周边出现应力集中或应力阻滞现象。因此，它构成了边坡变形与破坏的控制性条件，从而产生不同类型的边坡变形与破坏。试验表明，坡体中平缓脆弱结构面的上盘应力值较高，下盘应力值较低，而软硬两种岩土交界面处，硬侧应力值急剧增高。可见，坡体中结构面的存在，使边坡应力不连续。

13.2　岩质边坡变形与破坏类型

边坡的变形与破坏，可以说是边坡发展演化过程中两个不同的阶段，变形属量变阶段，而破坏是质变阶段，它们是一个累进破坏过程。这个过程对天然边坡来说时间往往较长，而对人工边坡来说时间则较短暂。

13.2.1　边坡变形的类型

边坡变形按其机制可分为拉裂、蠕滑和弯折倾倒三种基本形式。

1. 拉裂

在边坡岩土体内拉应力集中部位或张力带内形成的张裂隙变形称拉裂。这种现象在由坚硬岩土体组成的高陡边坡坡肩部位最常见，它往往与坡面近于平行，尤其当岩体中陡倾构造节理较发育时，拉裂将沿其发生、发展。拉裂的空间分布特点是上宽下窄，以至尖灭；由坡面向坡里逐渐减少。拉裂还可能由岩体初始应力释放而发生的卸荷回弹所致，这种拉裂通常称为卸荷裂隙。

拉裂使岩土体的完整性遭到破坏，也为风化营力深入到坡体内部以及地表水、雨水下渗提供了通道。这对边坡的稳定是不利的。

2. 蠕滑

边坡岩土体沿局部滑移面向临空方向的缓慢剪切变形称蠕滑。蠕滑发生的部位，在均质岩土体中一般受最大剪应力迹线控制。当存在软弱结构面时，往往受缓倾坡外的弱面所控制。当边坡基座由很厚的软弱岩土体组成时，则坡体可能向临空方向溯流挤出，称为深层蠕滑。当坡体内各局部剪切面（蠕滑面）贯通，且与坡顶拉裂缝也贯通时，则演变为滑坡。

蠕滑往往不易被人们察觉，因为它不像拉裂变形那样暴露于地表，一般多发生于坡体内。所以要加强监测，并采取措施控制蠕滑，使之不向滑坡方向演化。

3. 弯折倾倒

由陡倾板（片）状岩石组成的边坡，当走向与坡面平行时，在重力作用下发生的向临空方向同步弯曲的现象称弯折倾倒。这种边坡变形现象在天然边坡或人工边坡中均可见到。

弯折倾倒的特征是：弯折角为 $20° \sim 50°$，弯折倾倒程度由地面向深处逐渐减小，一般不会低于坡脚高程；下部岩层往往折断，张裂隙发育，但层序不乱，而岩层层面间位移明显；沿岩层面产生反坡向陡坎，其发展过程如图 13.4 所示。

弯折倾倒的机制，相当于悬臂梁在弯矩作用下发生的弯曲。弯折倾倒发展下去，可形成崩塌、滑坡。

13.2.2　边坡破坏的类型

边坡破坏的形式主要为崩塌和滑坡。

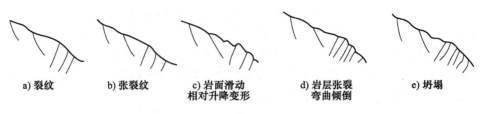

| a) 裂纹 | b) 张裂纹 | c) 岩面滑动 相对升降变形 | d) 岩层张裂 弯曲倾倒 | e) 坍塌 |

图 13.4　弯折倾倒发展过程

1. 崩塌

边坡岩土体被陡倾的拉裂面破坏分割，在重力作用下突然脱离母体而快速移动、翻滚、跳跃和坠落，堆于崖下的急剧变形破坏现象，即崩塌。

崩塌按规模大小可分为山崩和坠石，按物质成分又可分为岩崩和土崩。

崩塌的特征是，一般发生在高陡边坡的坡肩部位，质点位移矢量铅直方向较水平方向要大得多，发生时无依附面，往往是突然发生的，运动快速。

崩塌一般发生在厚层坚硬脆性岩体中。这类岩体能形成高陡的边坡，边坡前缘由于应力重分布和卸荷等原因，产生长而深的拉张裂缝，并与其他结构面组合，逐渐形成连续贯通的分离面，在触发因素作用下发生崩塌（图 13.5）。组成这类岩体的岩石有砂岩、灰岩、石英岩、花岗岩等。此外，近于水平状产出的软硬相间岩层组成的陡坡，由于软弱岩层风化剥蚀形成凹龛或蠕变，也会形成局部崩塌（图 13.6）。

图 13.5　坚硬岩石组成的边坡前缘
卸荷裂隙导致崩塌
1—灰岩　2—砂岩　3—石英岩

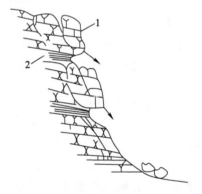

图 13.6　软硬岩性互层的陡坡
局部崩塌
1—灰岩　2—页岩

构造节理和成岩节理对崩塌的形成影响很大。硬脆性岩体中往往发育有两组或两组以上的陡倾节理，其中与坡面平行的一组节理常演化为拉张裂缝。当节理密度较小，但延展性、穿切性较好时，常能形成较大体积的崩塌体。此外，大规模的崩塌（山崩）常发生在新构造运动强烈、地震频发的高山区。

崩塌的形成又与地形直接相关。崩塌一般发生在高陡边坡的前缘。发生崩塌的地面坡度往往大于 45°，尤其是大于 60° 的陡坡。地形切割越强烈、高差越大，形成崩塌的可能性越大，破坏也越严重。

风化作用对崩塌的形成有一定影响。因为风化作用能使边坡前缘各种成因的裂隙加深加宽，对崩塌的发生起催化作用。此外，在干旱、半干旱气候区，由于物理风化强烈，导致岩石机械破碎而发生崩塌；高寒山区的冰劈作用会加剧于崩塌的形成。

在上述条件制约下，崩塌的发生还与短时的裂隙水压力及地震或爆破震动等触发因素有密切关系。尤其是强烈的地震，常可引起大规模崩塌，造成严重灾祸。

湖北省远安县境内的盐池河磷矿灾难性山崩，是崩塌形成诸条件制约的典型实例。该磷矿位于一峡谷中。岩层为上震旦统灯影组（$Z_b dn$）厚层块状白云岩及上震旦统陡山沱组（$Z_b d$）含磷矿层的薄至中厚层白云岩、白云质泥岩及砂质页岩。岩层中发育有两组垂直节理，使山顶部的灯影组厚层白云岩三面临空。地下采矿平巷使地表沿两组垂直节理追踪发展张裂缝。1980 年 6 月 8 日—10 日连续两天大雨的触发，使山体顶部前缘厚层白云岩沿层面滑出形成崩塌，体积约 100 万 m^3，造成了生命财产的严重损失（图 13.7）。

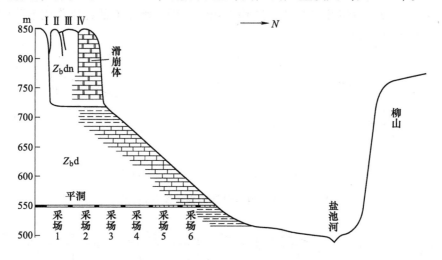

图 13.7　盐池河崩塌山体地质剖面图

2. 滑坡

边坡岩土体沿着贯通的剪切破坏面发生的滑移现象，称为滑坡。滑坡是某一滑移面上的剪应力超过了该面的抗剪强度所致。滑坡的规模有的很大，达数亿至数十亿立方米。

滑坡的特征：通常是较深层的破坏，滑移面深入到坡体内部以至坡脚以下；质点位移矢量水平方向大于铅直方向；有依附面（滑移面）存在；滑移速度往往较慢，且具有整体性。

滑坡是边坡破坏形式中分布最广、危害最为严重的一种。世界上有许多国家和地区深受滑坡灾害之苦，如欧洲阿尔卑斯山区、高加索山区，南美洲安第斯山区，日本，美国和我国等。滑坡经常与地震伴生。

滑坡的发生和发展，主要受滑床面形成机理的制约，有以下三种情况：①滑床面的形成不受已有脆弱结构面的控制；②滑床面的形成受已有脆弱结构面控制；③滑床面的形成受软弱基座的控制。

在均质完整坡体或虽已有脆弱结构面但尚不成为滑动控制面的坡体中，滑床面的形成主要受控于最大剪应力面，但在坡顶它与扩张性破裂面重合。因此，滑床面实际上与最大剪应力面有一定的偏离（有一定夹角），其纵断面线近似于对数螺旋线。为研究方便，常把滑床面近似地视为弧。这种滑床面多出现在土质、半岩质（如泥岩、泥灰岩、凝灰岩）或强风化的岩质坡体之中，均由表层蠕动发展而成。

当坡体中已存在的脆弱结构面的强度较低，而又能构成一些有利于滑动的组合形式时，它将代替最大剪应力面而成为滑动控制面。岩质边坡的破坏大都沿着边坡内已有的脆弱结构面而发生、发展。自然营力因素也常通过这种面产生作用。滑动控制面是由单一的，或一组互相平行的脆弱结构面构成的滑床面，这些滑床面或者由此脆弱结构面直通坡顶，或者被另一组陡立脆弱结构面切断，或者在后缘与切层的弧形面相连（图 13.8）。实践表明，倾向临空方向的脆弱结构面倾角在 10°左右便有产生滑动的可能；在 15°～40°范围内，滑动最多见。由两组以上的脆弱结构面构成的滑床面，其空间形态各式各样（图 13.9）。但滑床面的纵剖面线，可归纳为直线形、折线形和锯齿形（图 13.10）。应该说明，由多组脆弱结构面构成的锯齿形滑床面，在每一转折处都可能出现切角与次一级剪面的蠕动过程；但随着脆弱结构面的加密，使岩体整体性发生了变化，这种脆弱结构面对滑床面的控制作用已不明显，滑床面的总轮廓又转化为弧形。

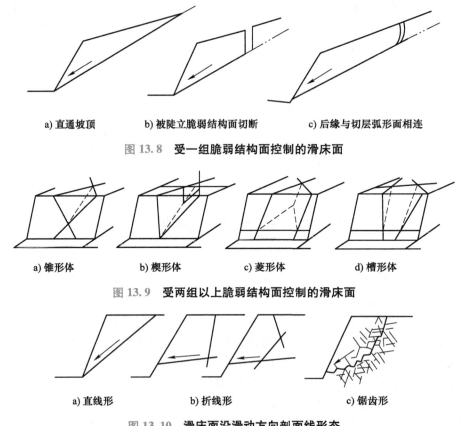

a) 直通坡顶　　　　b) 被陡立脆弱结构面切断　　c) 后缘与切层弧形面相连

图 13.8　受一组脆弱结构面控制的滑床面

a) 锥形体　　　　b) 楔形体　　　　c) 菱形体　　　　d) 槽形体

图 13.9　受两组以上脆弱结构面控制的滑床面

a) 直线形　　　　b) 折线形　　　　c) 锯齿形

图 13.10　滑床面沿滑动方向剖面线形态

受软弱基座控制的滑床面，是由软弱基座的蠕动发展而成的。它可以分为两部分：软弱基座中的滑面，一般受最大剪应力面控制；上覆岩体中的滑面，受断陷或解体裂隙或脆弱结构面控制。当上覆岩体已被分割解体而丧失强度时，滑动主要受软弱基座的控制，通常这种滑坡的滑动较缓慢（图 13.11a）。当上覆岩体中裂隙仍具有较大强度时，一旦滑动，通常为急剧的崩滑，常见于软弱基座层很薄的条件下（图 13.11b）。河谷侵蚀或挖方，可揭露软弱基座，易造成基座蠕动挤出。变形初期，往往出现一系列微小的局部滑面，容易被忽略。变形后期，局部滑面逐渐连成一连续滑床面，并产生缓慢滑动；在一定条件下，也可沿该滑床面产生急剧滑动。安加拉河谷中的这种块体滑坡，延向边坡的距离达 1.5km，单个块体长度达 250~525m，解体裂隙总宽度竟达 115m。

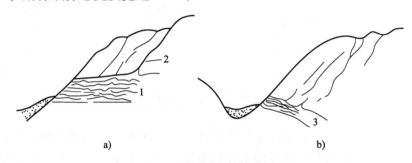

图 13.11　**受软弱基座控制的滑床面**

1—软弱基座蠕动　2—沉降裂隙　3—单薄的软弱基座

13.2.3　边坡变形破坏的地质力学模式

根据岩体变形破坏的力学机制，边坡变形也可概括为下列几种基本的地质力学模式，即蠕滑（滑移）-拉裂（creep-sliding and fracturing）；滑移-压致拉裂（sliding and compression cracking）；滑移-弯曲（sliding and bending）；弯曲-拉裂（bending and fracturing）；溯流-拉裂（plastic flowing and fracturing）。

（1）蠕滑（滑移）-拉裂　蠕滑（滑移）-拉裂导致边坡岩体向坡前临空方向发生剪切蠕变，其后缘发育为自坡面向深部发展的拉裂。主要发育在均质或似均质体边坡中，倾向坡内的薄层状体坡中也可发生。变形发展过程中，坡内有可能发展为破坏面的潜在滑移面，它受最大剪应力面分布状况的控制。该面以上实际为一自坡面向下递减的剪切蠕变带。以图 13.12 为例，这类变形演变过程可分为三个阶段：表层蠕滑（图 13.12a）、后缘拉裂（图 13.12b）、潜在剪切面剪切扰动（图 13.12c）。

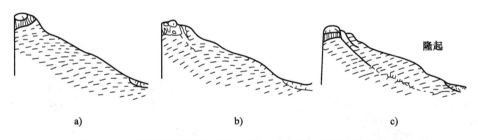

图 13.12　**倾向薄层状体边坡中蠕滑（滑移）-拉裂的演变过程**

（2）滑移-压致拉裂　滑移-压致拉裂主要发育在坡度中等至陡的平缓层状体边坡中。坡体沿平缓结构面坡前临空方向产生缓慢的蠕变性滑移。滑移面的锁固点或错列点附近，因拉应力集中产生与滑移面近于垂直的拉张裂隙，向上（个别情况向下）扩展且其方向逐渐转成与最大主应力方向趋于一致（大体平行坡面），并伴有局部滑移。这种拉裂面的形成机制与压应力作用下格里菲斯裂纹的形成扩展规律近似，所以它属压致拉裂。滑移和拉裂变形是由边坡内弱结构面处自下而上发展起来的（图 13.13）。这类变形演变过程可分为三个阶段：

卸荷回弹阶段（图13.13a）、压致拉裂面自下而上扩展阶段（图13.13b、c）、滑移面贯通阶段（图13.13d）。

图13.13 滑移-压致拉裂变形的演变过程

（3）滑移-弯曲 滑移-弯曲发育在倾向坡外层状体边坡中。沿滑移面滑移的层状岩体，由于下部受阻，在沿顺滑移方向的压应力作用下发生纵弯曲变形。下部受阻的原因多因滑移面并未临空，或滑移面下端虽已临空，但滑移面呈"靠椅"状，上部陡倾，下部转为近于水平，显著增大了滑移阻力。发育条件是沿之产生滑移的倾向坡外的软弱面倾角明显超过该面的残余摩擦角（一般大于30°），尤以薄层状及柔性较强的碳酸盐类层状岩体中最常见。沿软弱面的地下水的作用是促进这类变形的主导因素。滑移面平直的滑移-弯曲变形可划分成图13.14所示的三个演变阶段：轻微弯曲阶段（图13.14a）；强烈弯曲、隆起阶段（图13.14b）；切出面贯通阶段，滑移面贯通并发展为滑坡（图13.14c），多为崩滑。

（4）弯曲-拉裂 弯曲-拉裂主要发育在由直立或陡倾坡内的层状岩体组成的边坡中，层面走向与边坡走向夹角应小于30°。在方向近似与边坡平行的坡体内最大主应力作用下，坡体前缘部分陡倾的板状体，由前缘开始向临空方向作悬臂梁弯曲，逐渐向内发展。弯曲的板梁之间产生沿已有软弱面的互相错动，弯曲体后缘出现拉裂缝，造成平行于走向的反坡台和阶槽沟。板梁弯曲最剧烈的部位往往产生横切板梁的拉裂。演变可划分为图13.15所示的三个阶段：①卸荷回弹陡倾面拉裂阶段（图13.15a）；②板梁弯曲，拉裂面深向扩展、后向推移阶段（图13.15b、c）；③板梁根部折裂、压碎阶段，一旦失去平衡，岩块转动、倾倒，则导致崩塌（图13.15d）。

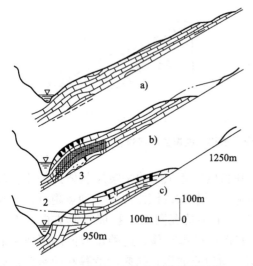
图13.14 滑移-弯曲变形的演变过程

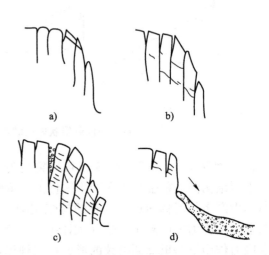
图13.15 弯曲-拉裂（厚层板梁）变形的演变过程

（5）溯流-拉裂 溯流-拉裂主要发育在以软弱层（带）为基座的软弱基座型边坡中。软弱层（带）在上覆岩（土）体压力作用下产生压缩变形和向临空或减压方向的溯流挤出，导致上覆较硬的岩（土）层拉裂、解体和不均匀沉陷。在软弱基座产状平缓的坡体中，上覆硬层的拉裂起始于接触面，这是由于软层的水平位移变形远大于硬层所致，坡体前缘常出现局部坠落，变形进一步发展为缓滑型滑坡。当上覆层被下伏溯流层驮整体向临空方向滑移，于其后缘产生拉裂造成陷落，其演变过程如图 13.16 所示。软弱基座倾向坡内的陡坡发生变形时表现为另一种形式，其演变过程依次为前缘溯流-拉裂变形和深部溯流-拉裂变形。

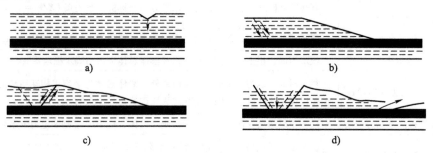

图 13.16 平缓软弱基座边坡溯流-拉裂变形的演变过程

在同一边坡变形体中，也可能包含有两种或多种变形模式，它们可以按不同方式组合。同样，某一变形模式也可在演化过程中转化为另一种模式。

上述边坡变形地质力学模式，揭示了边坡发展变化内在的力学机制，并且在很大程度上确定了边坡岩体最终破坏的可能方式与特征，因而可按与破坏相联系的变形模式，对破坏类型作进一步分类，如蠕滑-拉裂式滑坡、滑移-拉裂式滑坡、弯曲-拉裂式崩塌、溯流-拉裂式滑坡和溯流-拉裂式扩离等。所以，也可称其为边坡变形破坏地质力学模式。

13.3 岩质边坡稳定性分析

在进行岩坡稳定性分析时，首先应当查明岩坡可能的滑动类型，然后对不同类型采用相应的分析方法。严格来说，岩坡滑动大多属空间滑动问题，但对只有一个平面构成的滑裂面，或者滑裂面由多个平面组成而这些面的走向又大致平行且沿着走向长度大于坡高时，也可按平面滑动进行分析，其结果将是偏于安全的。在平面分析中常常把滑动面简化为圆弧、平面、折面，把岩体看作刚体，按莫尔-库仑强度准则对指定的滑动面进行稳定验算。

目前，用于分析岩坡稳定性的方法有刚体极限平衡法、赤平投影法、有限元法及模拟试验法等。比较成熟且目前应用较多的仍然是刚体极限平衡法。在刚体极限平衡法中，组成滑坡体的岩块被视为刚体。按此假定，可用理论力学原理分析岩块处于平衡状态时必须满足的条件。本节主要讨论刚体极限平衡法。

13.3.1 边坡稳定性评价及预测方法汇总表

进行边坡稳定性评价和预测的方法有多种。由于边坡的变形破坏与边坡岩体的结构类型有直接的关系，表 13.1 分别简要地介绍具有不同岩体结构类型的边坡的稳定性计算。

表 13.1　边坡稳定性评价及预测方法汇总

方法类型与名称		应用条件和要点
刚体极限平衡计算法	瑞典条分法（1927）	圆弧滑面，定转动中心，条块间作用合力平行滑面
	毕肖普法（1955）	圆弧滑面，拟合滑弧与转心，条块间作用力水平，条间切向力 X 为零
	简布法（1956）	非圆弧滑面，精确计算按条块滑动平衡确定条间力，按推力线（约滑面以上 1/3 高处）定法向力 E 作用点；简化条间切向力 X 为零，再对稳定系数作修正
	斯宾塞法（1976）	圆弧滑面，或拟合中心圆弧。X/E 为一给定常值
	摩根斯坦-普赖斯法（1965）	圆弧或非圆弧面，X/E 存在与水平方向坐标的函数关系（$X/E = \lambda(x)$）
	传递系数法	圆弧或非圆弧面，条块间合力方向与上一条块滑面平行（$X_i/E_i = \tan\alpha_{i-1}$）
	楔体分析法（1974）	楔形滑面，根据各滑面总抗滑力和楔体总体下滑力确定稳定系数
	萨尔玛法（1979）	复杂滑面，认为除平面和圆弧滑面外，滑体必须先破裂成相互错动的块体才能滑动，以保证块体处于极限平衡状态为原则确定稳定系数
弹塑性理论计算方法	塑性极限平衡分析法	适于土质边坡，假定土体为理想刚塑性体，按 M-C 准则确定稳定系数
	点稳定系数分析法	适用于岩质边坡，用弹塑（黏）有限元等数值法，计算边坡应力分布状况，按 M-C 准则计算出破坏点和塑性区分布状况，据此确定稳定系数
破坏概率计算法	解析法	根据抗剪强度参数的概率分布，通过解析法计算稳定系数 K 的理论分布和可靠度指标
	蒙特卡洛模拟法	通过计算抗剪强度参数的均匀分布随机数，获得参数的正态分布抽样，进而模拟 K 值的分布，并计算 $K<1$ 的概率
变形破坏判据计算法	变形起动判据分析法	按各类变形机制模式的起动判据，判定边坡所处变形发展阶段
	失稳判据分析法	按各类变形机制模式可能的破坏方式及其失稳判据进行计算，推求稳定系数
稳定图表法	泰勒（1937）和毕肖普（1960）等稳定图表法	根据土的物理力学参数及边坡高度和坡长，用图解法确定稳定系数 K，或给定 K 确定稳定坡比
稳定程度空间评价预报	因子叠加法	按在边坡变形破坏中作用大小，赋予每一因子一定数值，根据叠加数据按一定标准评定区域边坡稳定性
	因子聚类法	将研究区划分为网格单元（规则或不规则），以单元内影响因子作为变量，抽样论证边坡稳定性与变量特征组合的关系，再按变量的相似程度对单元聚类，可用模糊聚类等方法
	综合因子法	将所有主要因子在边坡演化中的作用以一种综合参数表示，将综合因子与其临界参数进行比较，判定地区边坡地危险程度。具体方法有系统模型法、逻辑信息法、消息量法、模糊信息法等

13.3.2　圆弧法岩坡稳定性分析

对于均质的及没有断裂面的岩坡，在一定的条件下可看作平面问题，用圆弧法进行稳定性分析。圆弧法是最简单的分析方法之一。

在用圆弧法进行分析时，首先假定滑动面为一圆弧（图 13.17），把滑动岩体看作刚体，求滑动面上的滑动力及抗滑力，再求这两个力对滑动圆心的力矩。该岩坡的稳定安全系数

F_s 为抗滑力矩 M_R 和滑动力矩 M_S 之比，即

$$F_s = \frac{抗滑力矩}{滑动力矩} = \frac{M_R}{M_S} \qquad (13.1)$$

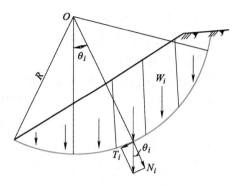

图 13.17　圆弧法岩坡分析

如果 $F_s > 1$，则沿着这个计算滑动面是稳定的；如果 $F_s < 1$，则是不稳定的；如果 $F_s = 1$，则说明这个计算滑动面处于极限平衡状态。

由于假定计算滑动面上的各点覆盖岩石重量各不相同。因此，由岩石重量引起在滑动面上各点的法向压力也不同。抗滑力中的摩擦力与引起法向应力的力的大小有关，所以应当计算出假定滑动面上各点的法向应力。为此可以把滑弧内的岩石分条，用条分法进行分析。

如图 13.17 所示，把滑体分为 n 条，其中第 i 条传给滑动面上的重力 W_i，它可以分解为两个力：一是垂直于圆弧的法向力 N_i；另一是切于圆弧的切向力 T_i。

由图 13.17 可见

$$\begin{cases} N_i = W_i \cos\theta_i \\ T_i = W_i \sin\theta_i \end{cases} \qquad (13.2)$$

式中，θ_i 表示该岩条底面中点的法线与竖直线的夹角。

N_i 通过圆心，其本身对岩坡滑动不起作用。但是 N_i 可使岩条滑动面上产生摩擦力 $N_i \tan\varphi_i$（φ_i 为该弧所在的岩体的内摩擦角），其作用方向与岩体滑动方向相反，故对岩坡起着抗滑作用。

此外，滑动面上的黏聚力 C 也是起抗滑动作用（抗滑力）的，所以第 i 条岩条滑弧上的抗滑力为 $C_i l_i + N_i \tan\varphi_i$，因此，第 i 条产生的抗滑力矩为

$$(M_R)_i = (C_i l_i + N_i \tan\varphi_i) R$$

式中，C_i 为第 i 条滑弧所在岩层的黏聚力；φ_i 为第 i 条滑弧所在岩层的内摩擦角；l_i 为第 i 条岩条的圆弧长度。

对每一岩条进行类似分析，可以得到总的抗滑力矩

$$M_R = \left(\sum_{i=1}^{n} C_i l_i + \sum_{i=1}^{n} N_i \tan\varphi_i \right) R \qquad (13.3)$$

而滑动面上总的滑动力矩为

$$M_S = \sum_{i=1}^{n} T_i R \qquad (13.4)$$

将式（13.3）及式（13.4）代入安全系数定义式（13.1），得到假定滑动面上的安全系数为

$$F_s = \frac{\sum\limits_{i=1}^{n} C_i l_i + \sum\limits_{i=1}^{n} N_i \tan\varphi_i}{\sum\limits_{i=1}^{n} T_i} \qquad (13.5)$$

由于圆心和滑动面是任意假定的，因此要假定多个圆心和相应的滑动面做类似的分析试

算，从中找到最小的安全系数即真正的安全系数，其对应的圆心和滑动面即最危险的圆心和滑动面。

根据用圆弧法的大量计算结果，有人绘制出了图 13.18 所示的均质岩坡高度与坡角的关系曲线。在图上，横轴表示坡角 α，纵轴表示坡高系数 H'；H_{90} 表示均质垂直岩坡的极限高度，即坡顶张裂缝的最大深度，可用下式计算

$$H_{90} = \frac{2C}{\gamma}\tan\left(45° + \frac{\varphi}{2}\right) \quad (13.6)$$

利用这些曲线可以很快地确定坡高或坡角，其计算步骤如下：

1）根据岩体的性质指标（C、φ、γ）按式（13.6）确定 H_{90}。

2）如果已知坡角，需要求坡高，则在横轴上找到已知坡角位的那点，自该点向上作一垂直线，相交于对应已知内摩擦角 φ 的曲线，得一交点，然后从该点作一水平线交于纵轴，求得 H'，将 H' 乘以 H_{90} 即得要求的坡高 H

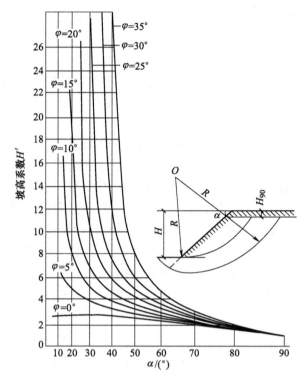

图 13.18　对于各种不同计算指标的均质岩坡高度与坡角的关系曲线

$$H = H'H_{90} \quad (13.7)$$

3）如果已知坡高 H，需要确定坡角，则首先用下式确定 H'

$$H' = \frac{H}{H_{90}}$$

根据这个 H'，从纵轴上找到相应点，通过该点作一水平线相交于对应已知 φ 的曲线，得一交点，然后从该交点作向下的垂直线交于横轴，即得坡角。

13.3.3　平面滑动岩坡稳定性分析

1. 平面滑动的一般条件

岩坡沿着单一的平面发生滑动，一般必须满足下列几何条件：

1）滑动面的走向必须与坡面平行或接近平行（约在 ±20° 的范围内）。

2）滑动面必须在边坡面露出，即滑动面的倾角 β 必须小于坡面的倾角 γ。

3）滑动面的倾角 β 必须大于该平面的内摩擦角 φ。

4）岩体中必须存在相对于滑动阻力很小的分离面，以定出滑动的侧面边界。

2. 平面滑动分析

大多数岩坡在滑动之前会在坡顶或坡面上出现张裂缝，如图 13.19 所示。张裂缝中不可

避免地还充有水，从而产生侧向水压力，使岩坡的稳定性降低。在分析中往往做下列假定：

1）滑动面及张裂缝的走向平行于坡面。

2）张裂缝垂直，其充水深度为 z_w。

3）水沿张裂缝底进入滑动面渗漏，张裂缝底与坡趾间的长度内水压力按线性变化至零（三角形分布），如图 13.19 所示。

4）滑动块体重量 W、滑动面上水压力

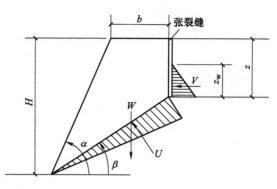

图 13.19　平面滑动分析简图

U 和张裂缝中水压力 V 三者的作用线均通过滑体的重心，即假定没有使岩块转动的力矩，破坏只是由于滑动。一般而言，忽视力矩造成的误差可以忽略不计，但对于具有陡倾结构面的陡边坡，要考虑可能产生的倾倒破坏。

潜在滑动面上的安全系数可按极限平衡条件求得。这时安全系数等于总抗滑力与总滑动力之比，即

$$F_s = \frac{CL + (W\cos\beta - U - V\sin\beta)\tan\varphi}{W\sin\beta + V\cos\beta} \tag{13.8}$$

式中，L 为滑动面长度（每单位长度内的滑面面积），m；其余符号意义同前。

$$L = \frac{H - z}{\sin\beta} \tag{13.9}$$

$$U = \frac{1}{2}\gamma_w z_w L \tag{13.10}$$

$$V = \frac{1}{2}\gamma_w z_w^2 \tag{13.11}$$

W 按下列公式计算：

当张裂缝位于坡顶面时

$$W = \frac{1}{2}\gamma H^2\left\{\left[1 - \left(\frac{z}{H}\right)^2\right]\cot\beta - \cot\alpha\right\} \tag{13.12}$$

当张裂缝位于坡面上时

$$W = \frac{1}{2}\gamma H^2\left\{\left[1 - \left(\frac{z}{H}\right)^2\right]\cot\beta(\cot\beta\tan\alpha - 1)\right\} \tag{13.13}$$

当边坡的几何要素和张裂缝内的水深为已知时，用上述公式计算安全系数很简单。但有时需要对不同的边坡几何要素、水深、不同抗剪强度的影响进行比较，这时用上述公式计算就相当麻烦。为了简化起见，可将式（13.8）重新整理成下列无量纲的形式

$$F_s = \frac{(2C/\gamma H)P + [Q\arctan\beta - R(P + S)]\tan\varphi}{Q + RS\arctan\beta} \tag{13.14}$$

式中

$$P = \frac{1 - z/H}{\sin\beta} \tag{13.15}$$

当张裂缝在坡顶面上时

$$Q = \left\{ \left[1 - \left(\frac{z}{H} \right)^2 \right] \cot\beta - \cot\alpha \right\} \sin\beta \tag{13.16}$$

当张裂缝在坡面上时

$$Q = \left(1 - \frac{z}{H} \right)^2 \cot\beta (\cot\beta\tan\alpha - 1) \tag{13.17}$$

其他

$$R = \frac{\gamma_w}{\gamma} \times \frac{z_w}{z} \times \frac{z}{H} \tag{13.18}$$

$$S = \frac{z_w}{z} \times \frac{z}{H} \sin\beta \tag{13.19}$$

P、Q、R、S 均为无量纲的量，它们只取决于边坡的几何要素，而不取决于边坡的尺寸大小。因此，当黏聚力 $C=0$ 时，安全系数 F_s 不取决于边坡的具体尺寸。

图 13.20、图 13.21 和图 13.22 分别表示各种几何要素的边坡的 Q、P、S 的值，可供计算使用。两种张裂缝的位置都包括在 Q 比值的图解曲线中，所以不论边坡外形如何，都不需检查张裂缝的位置就能求得 Q 值，但应该注意张裂缝的深度一律从坡顶面算起。

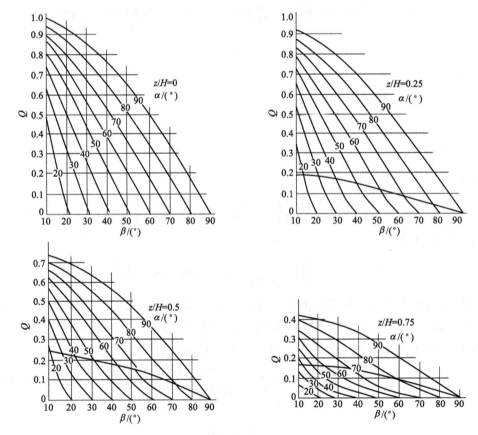

图 13.20　不同边坡几何要素的 Q 值

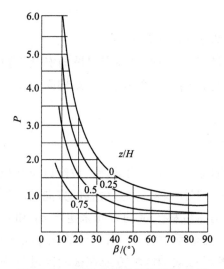

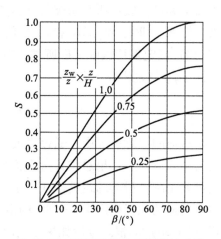

图 13.21　不同边坡几何要素的 P 值　　　　图 13.22　不同边坡几何要素的 S 值

13.3.4　双平面滑动岩坡稳定性分析

如图 13.23 所示，岩坡内有两条相交的结构面，形成潜在的滑动面。上面的滑动面的倾角 α_1 大于结构面内摩擦角 φ_1，设 $C_1 = 0$，则其上岩块体有下滑的趋势，从而通过接触面将力传递给下面的块体，称上面的岩块体为主动岩块体。下面的潜在滑动面的倾角 α_2 小于结构面的内摩擦角 φ_2，它受到上面滑动块体传来的力，因而也可能滑动，称下面的岩块体为被动滑块体。为了使岩体保持平衡，必须对岩体施加支撑力 F_b，该力与水平线成 θ 角。假设主动块体与被动块体之间的边界面为垂直，对上、下两滑块体分别进行图 13.23 所示力系的分析，可以得到极限平衡所需施加的支撑力

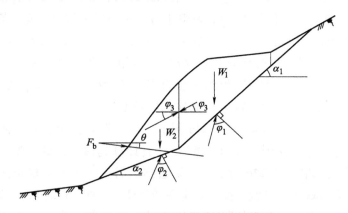

图 13.23　双平面抗滑稳定分析模型

$$F_b = \frac{W_1 \sin(\alpha_1 - \varphi_1) \cos(\alpha_2 - \varphi_2 - \varphi_3) + W_2 \sin(\alpha_2 - \varphi_2) \cos(\alpha_1 - \varphi_1 - \varphi_3)}{\cos(\alpha_2 - \varphi_2 - \theta) \cos(\alpha_1 - \varphi_1 - \varphi_3)}$$

（13.20）

式中，φ_1、φ_2、φ_3 分别为上滑动面、下滑动面以及垂直滑动面上的内摩擦角；W_1、W_2 分别

为单位长度主动和被动滑动块体的重力。

为了简单起见，假定所有摩擦角是相同的，即 $\varphi_1 = \varphi_2 = \varphi_3 = \varphi$。

如果已知 F_b、W_1、W_2、α_1 和 α_2 的值，则可以用下列方法确定岩坡的安全系数：首先用式（13.20）确定保持极限平衡所需的内摩擦角值 $\varphi_{需要}$，然后将岩体结构面上设计采用的内摩擦角值 $\varphi_{实有}$ 与之比较，即

$$F_b = \frac{\tan\varphi_{实有}}{\tan\varphi_{需要}} \tag{13.21}$$

在开始滑动的实际情况中，通过岩坡的位移测量可以确定出坡顶、坡趾以及其他各处的总位移的大小和方向。如果总位移量在整个岩坡中到处一样，并且位移的方向是向外的和向下的，则可能是刚性滑动的运动形式。于是可以用总位移矢量的方向来定出 α_1 和 α_2 的值，并且可用张裂缝的位置确定 W_1 和 W_2 的值。假设安全系数为 1，可以计算出 $\varphi_{实有}$ 的值，此值即方程（13.20）的根。今后如果在主动区开挖或在被动区填方或在被动区进行锚固，均可提高安全系数。这些新条件下所需的内摩擦角 $\varphi_{需要}$ 也可由式（13.20）得出。在新条件下对安全系数的增加也就不难求得。

13.3.5　力多边形法岩坡稳定性分析

两个或两个以上多平面的滑动或者其他形式的折线和不规则曲线的滑动，都可以按照极限平衡条件用力多边形（分条图解）法来进行分析。下面说明这种方法。

如图 13.24a 所示，假定根据工程地质分析，ABC 是一个可能的滑动面，将这个滑动区域（简称为滑楔）用垂直线划分为若干岩条，对每一岩条都考虑相邻岩条的反作用力，并绘制每一岩条的力多边形。

以第 i 条为例，岩条上作用着下列各力（图 13.24b）：W_i 为第 i 条岩条的重量；R' 为相邻的上面的岩条对 i 条岩条的作用力；Cl' 为相邻的上面的岩条与第 i 条岩条垂直界面之间的黏聚力（这里 C 为单位面积黏聚力，l' 为相邻交界线的长度）；R' 与 Cl' 组成合力 E'；R'' 为相邻的下面岩条对第 i 条岩条的反作用力；Cl'' 为相邻的下面岩条与第 i 条岩条之间的黏聚力（l'' 为相邻交界线的长度）；R''' 与 Cl''' 组成合力 E'''；R'' 为第 i 条岩条底部的反作用力；Cl'' 为第 i 条岩条底部的黏聚力（l'' 为第 i 条岩条底部的长度）。

根据这些力绘制力的多边形如图 13.24c 所示。在计算时，应当从上向下自第一块岩条一个一个地进行图解计算（在图中分为 6 条），一直计算到最下面的一块岩条。力的多边形可以绘在同一个图上，如图 13.24d 所示。如果绘到最后一个力多边形是闭合的，就说明岩坡刚好是处于极限平衡状态，也就是稳定安全系数等于 1（图 13.24d 的实线）。

如果绘出的力多边形不闭合，如图 13.24d 左边的虚线箭头所示，说明该岩坡是不稳定的，因为使图形闭合还缺少一部分黏聚力。如果最后的力多边形如右边的虚线箭头所示，说明岩坡是稳定的，因为为了多边形的闭合还可少用一些黏聚力，即黏聚力还有多余。用岩体的黏聚力 C 和内摩擦角 φ 进行上述的这种分析，只能看出岩坡是稳定的还是不稳定的，但不能求出岩坡的稳定安全系数。为了求得安全系数必须进行多次的试算。这时一般可以先假定一个安全系数，如 $(F_s)_1$，把岩体的黏聚力 C 和内摩擦系数 $\tan\varphi$ 都除以 $(F_s)_1$，即

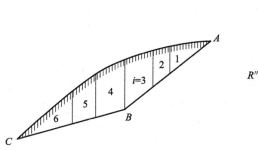
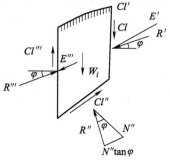

a) 当岩坡稳定分析时对岩坡分条　　　　　　b) 第 i 条岩块的受力

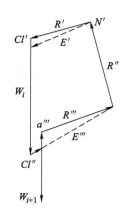
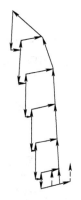

c) 第 i 条岩条的力多边形　　　　　　d) 整个岩条的力多边形

图 13.24　用力多边形进行岩坡稳定性分析

$$
\begin{cases}
\tan\varphi_1 = \dfrac{\tan\varphi}{(F_s)_1} \\[3mm]
C_1 = \dfrac{C}{(F_s)_1}
\end{cases}
\tag{13.22}
$$

　　然后用 C_1、φ_1 进行上述图解验算。如果图解结果的力多边形刚好是闭合的，则假定的安全系数就是在这一滑动面下的岩坡安全系数；如果不闭合，则更新假定安全系数，直至闭合为止，求出真正的安全系数。如果岩坡有水压力、地震力及其他力，也可在图解中把它们包括进去。

13.3.6　力的代数叠加法岩坡稳定分析

　　当岩坡的坡角小于 45°时，采用垂直线把滑楔分条，则可以近似地做下列假定：分条块边界上反力的方向与其下一条块的底面滑动线的方向一致。如图 13.25 所示，第 i 条岩条的底部滑动线与下一岩条 $i+1$ 的底部滑动线相差 $\Delta\theta_i$ 角度，$\Delta\theta_i = \theta_i - \theta_{i+1}$。

　　在这种情况下，岩条之间边界上的反力通过分析用下列公式决定

$$E_i = \frac{W_i(\sin\theta_i - \cos\theta_i\tan\varphi) - Cl_i + E_{i-1}}{\cos\Delta\theta_i + \sin\Delta\theta_i\tan\varphi}$$

$$(13.23)$$

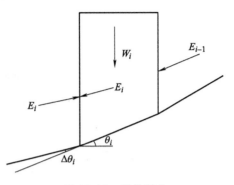

图 13.25 岩条受力

当 $\Delta\theta$ 角减小时，上式分母就趋近于1。

如果设式（13.23）中的分母等于1，并解此方程式则可以求出所有岩条上的反力 E_i，用下列各式表示

$$E_1 = W_1(\sin\theta_1 - \cos\theta_1\tan\varphi) - Cl_1$$

$$E_2 = W_2(\sin\theta_2 - \cos\theta_2\tan\varphi) - Cl_2 + E_1$$

$$E_3 = W_3(\sin\theta_3 - \cos\theta_3\tan\varphi) - Cl_3 + E_2$$

$$\cdots$$

$$E_n = W_n(\sin\theta_n - \cos\theta_n\tan\varphi) - Cl_n + E_{n-1} \qquad (13.24)$$

式中，C 为岩石黏聚力，MPa；φ 为岩石内摩擦角，°；l_1，l_2，$\cdots$，l_n 为各分条底部滑动线的长度，m。

计算时，先算 E_1，再算 E_2，E_3，$\cdots$，E_n。如果算到最后有

$$E_n = 0 \qquad (13.25)$$

$$\sum_{i=1}^{n} W_i(\sin\theta_i - \cos\theta_i\tan\varphi) - \sum_{i=1}^{n} Cl_i = 0 \qquad (13.26)$$

则表明岩坡处于极限状态，安全系数等于1。如果 $E_n > 0$，则岩坡是不稳定的；反之如果 $E_n < 0$，则该岩坡是稳定的。为了求安全系数，也可以采用上节的方法试算，即用 $C_1 = C_1/(F_s)_1$，$\tan\varphi_1 = \tan\varphi_1/(F_s)_1$，$\cdots$代入式（13.24），求出满足式（13.25）和式（13.26）的安全系数。

用力的代数叠加法计算时，滑动面一般应为较平缓的曲线或折线。

13.3.7 楔形滑动岩坡稳定性分析

前面讨论的岩坡稳定分析方法，都是适用于走向平行或接近平行于坡面的滑动破坏。前已说明，只要滑动破坏面的走向是在坡面走向的±20°范围以内，用这些分析方法就是有效的。本节讨论另一种滑动破坏，这时沿着发生滑动的结构软弱面的走向都交切坡顶面，而分离的楔形体沿着两个这样的平面的交线发生滑动，即楔形滑动，如图13.26a所示。

设滑动面1和2的内摩擦角分别为 φ_1 和 φ_2，黏聚力分别为 C_1 和 C_2，面积分别为 A_1 和 A_2，倾角分别为 β_1 和 β_2，走向分别为 ψ_1 和 ψ_2，两滑动面交线的倾角为 β_s，走向为 ψ_s，交线的法线 $\vec{n}$ 和滑动面之间的夹角分别为 ω_1 和 ω_2，楔形体重量为 W，W 作用在滑动面上的法向力分别为 N_1 和 N_2。楔形体对滑动的安全系数为

$$F_s = \frac{N_1\tan\varphi_1 + N_2\tan\varphi_2 + C_1A_1 + C_2A_2}{W\sin\beta_s} \qquad (13.27)$$

其中，N_1 和 N_2 可根据平衡条件求得

$$N_1\sin\omega_1 + N_2\sin\omega_2 = W\cos\beta_s \qquad (13.28)$$

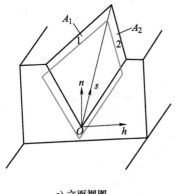
a) 立面视图

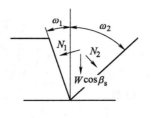
b) 沿交线视图

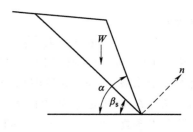
c) 正交交线视图

图 13.26　楔形滑动图形

A_1—滑动面 1　　A_2—滑动面 2

$$N_1\cos\omega_1 = N_2\cos\omega_2 \tag{13.29}$$

从而可解得

$$N_1 = \frac{W\cos\beta_s\cos\omega_2}{\sin\omega_1\cos\omega_2 + \cos\omega_1\sin\omega_2} \tag{13.30}$$

$$N_2 = \frac{W\cos\beta_s\cos\omega_1}{\sin\omega_1\cos\omega_2 + \cos\omega_1\sin\omega_2} \tag{13.31}$$

式中

$$\sin\omega_i = \sin\beta_i\sin\beta_s\sin(\psi_s - \psi_i) + \cos\beta_i\cos\beta_s \tag{13.32}$$

如果忽略滑动面上的黏聚力 C_1 和 C_2，并设两个面上的内摩擦角相同，都为 φ_j，则安全系数可进一步简化为

$$F_s = \frac{(N_1 + N_2)\tan\varphi_j}{W\sin\beta_s} \tag{13.33}$$

根据式（13.30）和式（13.31），并经过化简，得

$$N_1 + N_2 = \frac{W\cos\beta_s\cos\dfrac{\omega_2 - \omega_1}{2}}{\sin\dfrac{\omega_1 + \omega_2}{2}}$$

因而

$$F_s = \frac{\cos\dfrac{\omega_2 - \omega_1}{2}\tan\varphi_j}{\sin\dfrac{\omega_1 + \omega_2}{2}\sin\beta_s} = \frac{\sin\left(90° - \dfrac{\omega_2}{2} + \dfrac{\omega_1}{2}\right)\tan\varphi_j}{\sin\dfrac{\omega_1 + \omega_2}{2}\sin\beta_s}$$

不难证明，$\omega_1 + \omega_2 = \xi$ 是两个滑动面间的夹角，而 $90° - \omega_2/2 + \omega_1/2 = \beta$ 是滑动面底部水平面与这夹角的交线之间的角度（自底部水平面逆时针转向算起），如图 13.27 的右上角。

因而

$$F_s = \frac{\sin\beta}{\sin\frac{1}{2}\xi}\left(\frac{\tan\varphi_j}{\tan\beta_s}\right) \tag{13.34}$$

或写成

$$(F_s)_{楔} = K(F_s)_{平} \tag{13.35}$$

式中，$(F_s)_{楔}$ 为仅有摩擦力时楔形体的抗滑安全系数；$(F_s)_{平}$ 是坡角为 α、滑动面倾角为 β_s 时平面破坏的抗滑安全系数；K 是楔体系数，它取决于楔体的夹角 ξ 及楔体的歪斜角 β。

图 13.27 上绘有对应于一系列 ξ 和 β 的 K 值，可供使用。

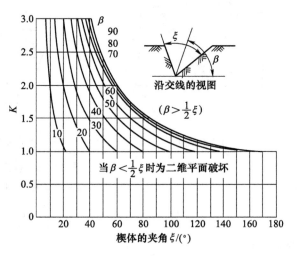

图 13.27　楔体系数 K 的曲线

13.3.8　倾倒破坏岩坡稳定性分析

如图 13.28 所示，在不考虑岩体黏聚力影响的情况下，当 $\alpha < \varphi$ 及 $b/h < \tan\alpha$ 时，岩块将发生倾倒；当 $\alpha > \varphi$ 及 $b/h < \tan\alpha$ 时，岩块将既会滑动又会倾倒。

根据破坏的形成过程，可将其细分为弯曲式倾倒、岩块式倾倒和岩块弯曲复合式倾倒（图 13.29），以及因坡脚被侵蚀、开挖等而引起的次生倾倒等类型。

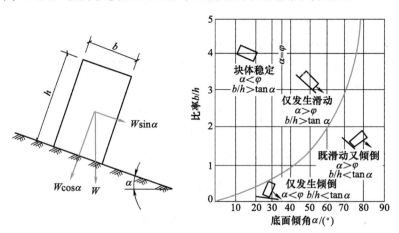

图 13.28　岩坡的倾倒破坏

在阶梯状底面上，岩块倾倒的极限平衡分析法为：设如图 13.30 所示的岩块系统，边坡坡角为 θ，岩层倾角为 $90°-\alpha$，阶梯状底面总倾角为 β，图中的常量 a_1、a_2 和 b（假定为理想阶梯形）分别为

$$a_1 = \Delta x\tan(\theta - \alpha)$$

$$a_2 = \Delta x\tan\alpha$$

$$b = \Delta x\tan(\beta - \alpha)$$

式中，Δx 为各个岩块的宽度。

a) 弯曲式倾倒

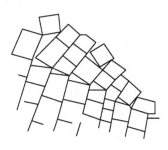
b) 岩块式倾倒

c) 岩块弯曲复合式倾倒

图 13.29　倾倒破坏的主要类型

位于坡顶线以下的第 n 块岩块的高度为

$$Y_n = n(a_1 - b)$$

位于坡顶线以上的第 n 块岩块的高度为

$$Y_n = Y_{n-1} - a_2 - b$$

图 13.31a 表示一典型岩块，其底面上的作用力有 R_n 和 S_n，侧面上的作用力有 P_n、Q_n、P_{n-1}、Q_{n-1}。当发生转动时，$K_n = 0$。

M_n、L_n 的位置见表 13.2。

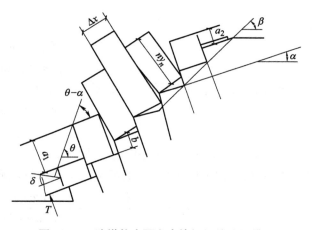

图 13.30　阶梯状底面上岩块倾倒的分析模型

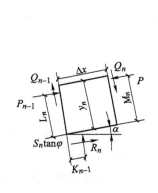
a) 作用于第 n 块岩块上的力

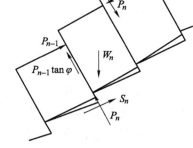
b) 第 n 块岩块的倾倒

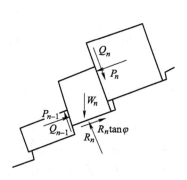
c) 第 n 块岩块的滑动

图 13.31　第 n 块岩块倾倒与滑动的极限平衡条件

表 13.2　第 n 块岩块作用力 P_n、P_{n-1} 的位置表达式

岩块位于坡顶以下	岩块位于坡顶线处	岩块位于坡顶以上
$M_n = Y_n$	$M_n = Y_n - a_2$	$M_n = Y_n - a_2$
$L_n = Y_n - a_1$	$L_n = Y_n - a_1$	$L_n = Y_n$

对于不规则的岩块系统，Y_n、L_n 与 M_n 可以采用图解法确定。

岩块侧面上的摩擦力为

$$\begin{cases} Q_n = P_n \tan\varphi \\ Q_{n-1} = P_{n-1} \tan\varphi \end{cases}$$

按垂直和平行于岩块底面力的平衡关系，有

$$\begin{cases} R_n = W_n \cos\alpha + (P_n - P_{n-1}) \tan\alpha \\ S_n = W_n \sin\alpha + (P_n - P_{n-1}) \end{cases} \tag{13.36}$$

根据力矩平衡条件，如图 13.31b 所示，阻止倾倒的力 P_{n-1} 的值为

$$P_{n-1,t} = \frac{P_n(M_n - \Delta x \tan\varphi) + (W_n/2)(Y_n \sin\alpha - \Delta x \cos\alpha)}{L_n} \tag{13.37}$$

且

$$R_n > 0$$
$$|S_n| < R_n \tan\varphi$$

根据滑动方向的平衡条件，如图 13.31c 所示，阻止滑动的力 P_{n-1} 值为

$$P_{n-1,s} = P_n - \frac{W_n(\tan\varphi\cos\alpha - \sin\alpha)}{1 - \tan^2\varphi} \tag{13.38}$$

求解边坡加固所需的锚固力，在图 13.30 中，T 为施加于第 1 块上的锚固力，T 与底面的距离为 L_1，向下倾角为 δ。为阻止第 1 岩块倾倒所需的锚固张力为

$$T_t = \frac{(W_1/2)(Y_1 \sin\alpha - \Delta x \cos\alpha) + P_1(Y_1 - \Delta x \tan\varphi)}{L_1 \cos(\alpha + \delta)} \tag{13.39}$$

为阻止第 1 岩块滑动所需的锚固张力为

$$T_s = \frac{P_1(1 - \tan^2\varphi) - W_n(\tan\varphi\cos\alpha - \sin\alpha)}{\tan\varphi\sin(\alpha + \delta) + \cos(\alpha + \delta)} \tag{13.40}$$

所需的锚固力，选择 T_t 和 T_s 两者中的较大者。

13.4　岩质边坡加固简介

经过对边坡进行稳定性分析，若边坡不稳定或有潜在失稳的可能，而边坡的破坏将导致道路阻塞、建筑物破坏或其他重大损失时，加强观察、检测，同时应根据岩体的工程性质、环境因素、地质条件、植被完整性、地表水汇集等因素进行综合治理，采用加固措施来改善边坡的稳定性。对于潜在的小规模岩石滑坡，常采用如下方法进行岩坡加固。

13.4.1　注浆加固

对于裂隙比较发育但仍处于稳定的岩体，应对岩体裂隙进行注浆、勾缝、填塞等方法处理。岩体内的断裂面往往就是潜在的滑动面。用混凝土填塞断裂部分就消除了滑动的可能，如图 13.32 所示。在填塞混凝土以前，应当将断裂部分的泥质冲洗干净，这样混凝土与岩石可以良好地结合。有时还可以将断裂部分加宽再进行填塞。这样既清除了断裂面表面部分的风化岩石或软弱岩石，又使灌注工作容易进行。

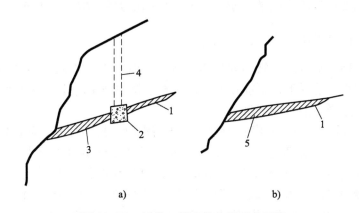

图 13.32　注浆、填塞等加固岩体裂隙

1—岩体断裂　2—混凝土块　3—清洗断裂面并注浆　4—钻孔　5—清洗和扩大断裂并充填混凝土

13.4.2　锚杆或预应力锚索加固

在不安全岩石边坡的工程地质测绘中，经常发现岩体的深部岩石较坚固，不受风化的影响，足以支持不稳定的和存在某种危险状况的表层岩石。在这种情况下采用锚杆或预应力锚索进行岩石锚固，是一种有效的治理方法。

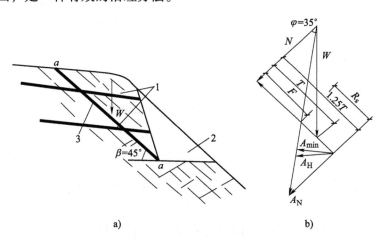

图 13.33　用锚杆加固岩石的实例

1—岩石锚杆　2—挖方　3—潜在破坏面

图 13.33a 表示用锚杆加固岩石的一个例子。在图 13.33b 上绘出了作用于岩坡上的力的多边形。W 表示潜在滑动面以上岩体的重力；N 和 T 表示该重力在 a-a 面上的法向分力和切向分力。假定 a-a 面上的摩擦角为 35°，F 为该面上的摩擦力。从图上看出，摩擦力 F 不足以抵抗剪切力 T，（$T-F$）的差值将使岩体产生滑动破坏。这个差值必须由外力加以平衡。在设计时，为了保证安全，这个外力应当大于（$T-F$）的差值，一般应能使被加固岩体的抗滑安全系数提高到 1.25。安设锚杆就能实现这个目的。为此，既可以布置垂直于潜在剪切面 a-a 而作用的锚杆，以形成阻力 R_s（剪切锚杆的总力），也可以布置与剪切面 a-a 倾斜的锚

杆（倾斜的角度需要由计算和构造要求确定），从而在力系中增加阻力 A_{min}、A_H、A_N。

13.4.3 混凝土挡墙加固

在山区修建大坝、水电站、铁路和公路进行开挖时，天然或人工的边坡经常需要防护，以免岩石滑塌。在很多情况下，不能用额外的开挖放缓边坡来防止岩石的滑动而应当采用混凝土挡墙或支墩，这样可能比较经济。

如图 13.34a 所示，岩坡内有潜在滑面，采用混凝土挡墙加固。如面以上的岩体重形，潜在滑动面方向有分力（剪切力）$T = W\sin\beta$，垂直于潜在滑动面的分力 $N = W\cos\beta$，抵抗滑动的摩擦力 $F = W\cos\beta\tan\varphi$。显然（图 13.34b），这里的摩擦力 F 比剪力 T 小，不能抵抗滑动，如果没有挡墙的反作用力 P（假定墙面光滑），岩体就不能稳定。由于 P 在滑动方向造成分力 F^*，岩体才能静力平衡，即 $F + F^* = T$。应当指出，从挡墙来的反作用力只有当岩体开始滑动时才成为一个有效的力。

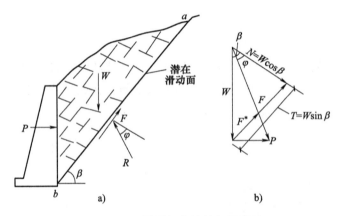

图 13.34　用混凝土挡墙加固岩坡

13.4.4 挡墙与锚杆相结合的加固

在大多数情况下采用挡墙与锚杆相结合的办法来加固岩坡。锚杆可以是预应力的，也可以不是预应力的。

图 13.35a 表示挡墙与锚杆相结合的例子。这里挡墙较薄较轻，目的在于防冻和防风化，它只受图中阴影部分的岩楔下滑产生的压力（图 13.35b）。只要后边的岩楔受到支持，其后的岩体就处于稳定状态。在图 13.35c 上绘有力多边形，其中 W_r 表示不稳定岩石（图中的阴影部分）的重力，W_w 表示有拉杆锚固时挡墙的重力，W_w' 表示无拉杆锚固时挡墙应当增加的重力（虚线），R 表示合力，A 表示拉杆总拉力，R' 表示无拉杆时的合力，1.25 表示安全系数，φ 表示沿节理面摩擦角。从力多边形中明显看出，需要用挡墙的自重和拉杆的总拉力来保护岩石的不稳定部分。在设计时可按拉杆沿着路面均匀布置，并使每根拉杆的应力和贯入稳定岩体的深度减到最小。挡墙上的荷载也假定均匀分布。从这个力多边形中还可看出，采用拉杆后，挡墙的断面就可大大缩小。因此只要在墙后适当距离内有坚固而稳定的岩石就可以用锚固挡墙来支撑不稳定岩石及其上部的覆盖物。但拉杆集中于一行时，将使锚固挡土墙的断面有所增大。

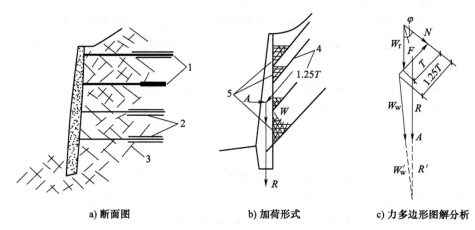

a) 断面图 b) 加荷形式 c) 力多边形图解分析

图 13.35　挡墙与锚杆相结合的加固

1—锚杆　2—灌浆　3—有节理的岩体　4—节理方向　5—被支撑的岩楔

图 13.36 所示为有混凝土挡墙与高强度预应力锚杆加固不稳定岩坡的实例。由于预应力的作用，可以在挡墙断面内造成较高的应力，所以挡墙的断面不能太薄。从静力学观点出发，要求锚杆位于尽可能高的位置。不过邻近锚杆插入处的挡墙和岩体之间的接触也极为重要。根据经验，锚固挡墙的最大经济高度 H 为锚杆距地面高度 h_b 的两倍。

利用锚固挡墙，特别是在建筑物较长时，减少开挖量和减小墙的断面节约的石方量和混凝土量是相当可观的，使用预制混凝土构件可能更加经济。

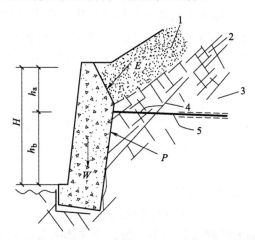

图 13.36　混凝土挡墙与高强度预应力锚杆加固不稳定岩坡实例

1—覆盖土　2—破碎岩石　3—坚固岩石　4—锚杆　5—预应力岩石锚固

13.5　岩质边坡稳定分析程序简介

随着建筑、交通、铁道、水利水电等工程建设的迅速发展，越来越多的工程面临着边坡稳定问题。边坡工程设计的对象包括天然边坡与人工开挖边坡。就岩土材料而言，包括岩质边坡、土质边坡；就性质而言，包括临时边坡、永久边坡等。

20世纪90年代初期，为适应边坡工程设计和施工的需要，中国水利水电科学研究院开发了一套岩质边坡稳定分析的程序，用来实现本章阐述的理论和方法。此程序系列包括以下软件：

1）对岩体结构面的极点统计和边坡失稳模式判断程序 YCW。

2）平面和弧面滑动边坡稳定分析程序 EMU。

3）岩质边坡倾倒分析程序 TOPPLE。

4）岩质边坡楔体稳定分析程序 WEDGE。

自2001年7月开始，高边坡课题组对边坡稳定分析系列软件进行了标准化、实用化的视窗界面开发，使边坡设计在失稳模式判断、计算方法、允许安全系数的取值方面形成了一套规范化的工作程序，显著提高了边坡设计的效率和可靠度。

1. YCW

YCW 主要功能如下：

1）结构面统计。YCW 是根据赤平极射投影原理运行的。该程序一方面将工地现场测量的结构面倾向、倾角等数据进行赤平投影，生成散点图，根据散点图进行结构面分组，用数理统计方法统计出数组结构面倾向与倾角的均值、方差和标准差；另一方面，程序根据数组结构面的赤平极点投影图进行边坡体的稳定性分析。

2）失稳模式判断。失稳模式判断功能的基本原理是将开挖面各角度的视倾角投影连接形成滑动区，在相反方向形成倾倒区。例如，结构面赤平极点的投影落在滑动区，则认为边坡将有可能产生滑动；若两结构面交线的赤平极点投影落在滑动区，则有可能产生楔形体滑动；若结构面赤平极点的投影落在倾倒区，将有可能产生倾倒破坏。这样，通过简单的图像，就可以很容易判断边坡的稳定性，为下一步边坡稳定性的定性分析提供依据。

2. WEDGE

WEDGE 中的 WEDGE 2.0，采用面向对象的程序设计思想，开发环境为 Visual C++及 OPENGL。它允许两结构面的强度参数不同，并可以考虑后缘张裂缝的影响；该程序还考虑楔体中存在地下水及有外荷载作用的影响。该程序可以实现 13.3 节介绍的楔体稳定分析步骤。

WEDGE 的基本功能主要包括以下几种：

1）给定楔体两结构面的产状，求楔体的安全系数。

2）给定楔体两结构面的产状及其安全系数，求楔体的最佳锚固力和锚固方向。

3）给定楔体两结构面的产状、锚固方向及其安全系数，求锚固力。

目前，WEDGE 程序尚未纳入 13.3 节介绍的上限解功能。

3. EMU

1992年，陈祖煜在澳大利亚莫纳什大学任高级研究员期间与 Donald 教授合作，开展了边坡稳定塑性力学上限解的研究，编制了一种计算机程序，命名为 EMU（Energy Method Upper Bound Limit Analysis）。

应当指出，Donald 和陈祖煜已经证明了能量法和 Sarma 法的等效性，并且将 EMU 程序的计算结果与 Sarma 法的解析结果（由 Hoek 教授编写）进行了比较，得到了完全一致的答案。因此，可以认为，EMU 就是使用 Sarma 法进行边坡稳定分析的程序。

EMU 程序的最大特色是对滑坡体采用倾斜条块。一般情况下，倾斜侧面上的强度指标取该侧面通过的土层指标的平均值。当滑坡体为连续介质时（如土质边坡），每个土条界面的倾斜角度 δ_i 将和滑面坐标一起通过优化计算确定一个相应最小安全系数的临界模式。

1）强度指标。本程序主要使用 M-C 准则，同时也有使用 H-B 准则的功能。

2）孔隙水压力。孔隙水压力根据浸润线的位置按简化原则确定：假定流场的等势线铅直；孔隙水压力系数取 r_u；外荷载（包括表面集中荷载和分布荷载、锚索和抗滑桩荷载）。

13.6 有限元强度折减法原理

1. 有限元强度折减法的概念与强度折减安全系数的定义

在应用有限元强度折减法进行边坡稳定性分析时，不断降低边坡岩土体的抗剪强度参数，直至达到极限破坏状态，程序自动根据弹塑性有限元计算结果得到滑动破坏面，同时得到边坡的强度储备安全系数。

对于 M-C 材料，强度折减安全系数可表示为

$$\tau = \frac{C + \sigma\tan\varphi}{\omega} = \frac{C}{\omega} + \sigma\frac{\tan\varphi}{\omega} = C' + \sigma\tan\varphi' \tag{13.41}$$

所以有

$$C' = \frac{C}{\omega}, \tan\varphi' = \frac{\tan\varphi}{\omega} \tag{13.42}$$

这种强度折减安全系数的定义与边坡稳定分析的极限平衡条分法安全系数的定义是一致的，都属于强度储备安全系数。但对实际的边坡工程，它们都表示的是整个滑面的安全系数，也就是滑面的平均安全系数，而不是某个应力点的安全系数。

20 世纪 70 年代末，英国科学家 Zienkiewicz[7] 就已经提出在有限元中采用增加外荷载或降低岩土强度的方法来计算岩土工程的安全系数，实质上它就是极限分析有限元法；当采用降低强度的方法时，就是有限元强度折减法，可惜长期以来没有得到岩土工程界的广泛接受，其原因大致如下：

1）当时计算力学还在起步阶段，缺少严密可靠且功能强大的大型商用程序，有限元的前、后处理技术水平较低，限制了极限分析有限元法的应用。当前，这一情况有了根本改变。

2）有限元中边坡破坏的力学机理不清楚，边坡达到极限破坏状态的判据没有统一的认识。

3）人们对这种方法的掌握还不够，计算精度还不足。

1999 年，Griffiths 等[8] 采用有限元强度折减法得到的边坡稳定安全系数与用传统方法得到的边坡稳定安全系数比较接近，这再次引起了国内外学者的广泛关注，表明采用有限元强度折减法分析边坡稳定性是可行的。郑颖人等[9] 国内学者在提高计算精度方面做了大量工

作，使有限元强度折减法的计算精度得到了较大提高，并将有限元强度折减法应用于岩质边坡和边（滑）坡支挡结构的计算，扩大了有限元强度折减法的应用范围。

2. 有限元强度折减法的优点

有限元强度折减法在理论体系上比极限平衡法更为严格，它全面满足了静力许可、应变相容，以及土体的非线性应力-应变关系。与传统极限平衡法相比，采用有限元强度折减法分析边坡稳定性具有下列优点：

1）求解安全系数时，不需要假定滑动面的形状和位置，也不用进行条分，而是由程序自动求出滑动面，滑动破坏自然地发生在岩土体剪切带上，或塑性应变和位移突变的地方。

2）能够模拟岩土体与各种支挡结构的共同作用，能够考虑开挖施工过程对边坡稳定性的影响，可以根据岩土介质与支挡结构的共同作用计算各种支挡结构的内力。

3）可求出各种支挡结构作用下边坡的新滑面与稳定安全系数。

4）由于采用数值分析方法，能够对具有复杂地貌、地质的边坡进行计算，不受边坡几何形状、边界条件，以及材料的不均匀性限制。

5）能够模拟边坡的渐进破坏过程，并提供应力、应变和位移等力与变形的全部信息。

3. 有限元中边坡整体失稳的判据

极限平衡法是超静定问题，因而无论采用哪种极限平衡法都要做一些假定。然而，使用有限元强度折减法计算破坏判据时，可使计算变成静定问题，不做任何假定就能求得边坡的稳定安全系数。那么，有限元计算中边坡整体失稳的判据究竟是什么呢？下面就来讨论这一问题。

一般认为，边坡的破坏指岩土体沿滑面（破裂面）发生滑落或坍塌。边坡一旦整体失稳，表现为整体不能继续承载，岩土体沿滑面快速滑动直至滑落、坍塌。当前，人们对边坡整体破坏的力学行为尚没有统一的认识，国内外多数学者的做法是以有限元静力计算不收敛作为边坡整体失稳的判据。而有些学者认为，如果滑面上每点都处于极限应力状态，即滑面处于极限平衡状态，那么滑体就可能沿滑面滑动而发生破坏，经典极限平衡理论中常以此作为破坏条件。不过，滑面达到极限平衡状态表征着滑面由弹性状态转入了塑性状态，这只是边坡破坏的必要条件，而非充分条件。即使滑动面上每点都处于极限平衡状态，但受困于边界条件的约束，岩土体没有足够的位移，仍不会发生滑动破坏。如水没有抗剪强度，水池中的水始终处于极限平衡状态，但受困于池壁的约束，水仍然不会流动。由此可见，把滑面上每点都达到极限平衡作为整体破坏的条件是不够全面的，塑性区从边坡坡脚到坡顶贯通并不一定是边坡已经整体失稳，塑性区贯通是破坏的必要条件，但不是充分条件，它只表征渐进破坏的开始。由此可见，边坡整体破坏不仅要看滑面上每点都达到极限应力状态，还要看滑面上每点的应变是否都达到了极限应变状态。

从破坏现象上看，边坡失稳，滑体滑出，滑体由稳定静止状态变为运动状态，滑面节点位移和塑性应变将产生突变；此后，位移和塑性应变将以高速无限发展下去，这一现象符合边坡破坏的概念，因此可把滑面上节点的塑性应变或位移突变作为边坡整体失稳的标志。与此同时，静力平衡有限元计算正好表现为计算不收敛，因此也可将有限元静力计算是否收敛作为边坡失稳的判据。这表明，目前国际上惯用的以计算机不收敛作为破坏判据是合理的。

4. 应用有限元强度折减法需要满足的条件

应用有限元强度折减法分析边坡稳定性需要满足的条件：

1）要有一个成熟可靠和功能强大的有限元程序。

2）计算范围、边界条件、网格划分等要满足有限元计算精度要求。

3）可供使用的岩土材料本构模型和强度准则。

关于本构模型的选择，岩土材料具有复杂的本构特性，边坡的稳定分析主要关心的是力和强度问题，而不是位移和变形问题，因而对于本构关系的选择不必十分严格。因此，可在有限元强度折减法中采用理想弹塑性本构模型，但应选择合适的强度准则。以往，该方法计算精度不高，多数是因为强度准则选择不当。

 拓展阅读

典型岩石力学与工程——江西德兴铜矿场

富家坞采区处于构造剥蚀山区，地形切割强烈，山势陡峻，一般山坡自然坡度为 40°～44°。矿体赋存于官帽山主峰东南侧的盆地中，四面环山，矿床成因类型属典型斑岩铜钼矿床。该矿床规模巨大，矿体形态简单，产状稳定，品位均匀，矿化连续性好。全区共圈出矿体 50 个，主矿体 1 个（1#矿体），其储量占总储量的 99.5%以上。

采矿工程中的陡帮开采技术具有基建剥离量小、基建时间短、投产早、达产快、效益明显的特点，根据富家坞采区基建和生产现场情况，结合矿体模型进行方案的可行性与技术经济比较，该技术应用于扩建改造的富家坞采区无论是在经济上，还是在技术上都可行。

富家坞陡帮开采设计主要涉及临时开采境界、陡帮角度及安全平台等系列参数的设计、采区内运输道路的设计与原运输道路的衔接等问题。

岩石力学与工程学科专家——陈祖煜

陈祖煜，中国科学院院士，水利水电、土木工程专家。

陈祖煜长期从事边坡稳定理论和数值分析的研究工作，发展完善了以极限平衡为基础的边坡稳定分析理论，得出了边坡稳定分析上限解的微分方程及相应的解析解，并将有关理论和方法推广到三维问题的求解，使边坡三维稳定分析成为现实可行。

陈祖煜早期的工作是在理论和分析计算方法两个方面完善了边坡稳定分析领域中著名的 Morgenstern-Price 法。其主要贡献为对这一方法的数学力学表达和理论内涵做出了重要改进，给出了力和力矩平衡方程式的解析解，并根据剪应力成对原理提出了求解该方程所必需的边界条件。用严格的解析方法推导出土体力和力矩平衡微分方程式，并获得闭合解；推导了用牛顿法求解力和力矩平衡方程所需的各项导数的计算公式，解决了各种稳定分析严格方法长期未能解决的数值计算收敛困难的问题；提出对土条侧向力的假定必须满足的边界条件，以保证剪应力成对的原理不受破坏，以此全面改进了在边坡稳定分析领域中具有重要学术地位的 Morgenstern-Price 法。1983 年，在 Morgenstern-Price 法发表以后的 18 年，一个以 Chen 和 Morgenstern 署名的新方法出现在加拿大《岩土工程学报》，这一新的完善的方法引起了国际土力学界的重视，并先后于 2003、2020 年纳入我国的《碾压式土石坝设计规范》。

1998 年，他将改进后的 Morgenstern-Price 法推广到主动土压力领域，克服了传统的库仑主动土压力理论不适用于柔性支挡结构（如锚拉、支撑、悬臂墙）的缺点，实现了土力学创始人 Terzaghi 教授提出的通过引入力矩平衡条件建立统一的主动土压力分析方法的构想。

从 20 世纪 90 年代开始，陈祖煜将研究工作重点放在建立一个理论体系更为严格的边坡稳定分析方法上面，提出了建立在斜条分法基础上的极限分析上限解的微分方程及相应的解析解，获得了与 20 世纪 20 年代 Prandtl 和 50 年代索科洛夫斯基提出的闭合解完全一致的结果（误差小于 1%）。这一理论体系严格的新方法为传统的地基承载力领域摆脱一系列经验修正系数创造了条件。

陈祖煜在《国际岩石力学与采矿工程学报》发表的论文中，提出了一个楔体稳定分析的广义解，对这一特定的领域，他以无懈可击的数学力学推导，证明了在剪胀角等于摩擦角，从而使最大原理在楔体稳定领域得到佐证，也修正了已经在国内外使用了半个世纪的教科书经典方法，获得了中国学者向传统方法挑战的独创性学术成果。

陈祖煜十分重视研究工作的推广应用。他编制的边坡稳定分析程序 STAB 经过水利部水电规划设计院鉴定，列为土石坝设计专用程序。经过近 20 年的推广和应用，该程序已成为拥有 141 个合法用户的重要的行业专用计算机软件，已在国内外一百多家工程、科研单位和高校获得广泛的应用。

复习思考题

13.1 边坡的分类有哪些？

13.2 简述岩石边坡破坏的基本类型及特点。

13.3 影响边坡稳定性的因素有哪些？哪些是主要因素？

13.4 岩石边坡稳定性分析主要有哪几种方法？极限平衡法的原理是什么？

13.5 岩石边坡加固常见的方法有哪些？

13.6 按经验，不利于岩石边坡稳定的条件有哪些？

13.7 已知均质岩坡的 $\varphi = 30°$、$C = 300\text{kPa}$、$\gamma = 25\text{kN/m}^3$，试问：当岩坡高度为 200m 时，坡角应当是多少？如果已知坡角为 50°，则极限的坡高是多少？

13.8 有一岩坡坡高 $H = 100\text{m}$，坡顶垂直张裂隙的深度为 40m，坡角 $\alpha = 35°$，结构面倾角 $\beta = 20°$。岩体的指标数据为 $\gamma = 25\text{kN/m}^3$、$C_j = 0$、$\varphi_j = 25°$。试问当裂隙内的水深 z_w 为多少时，岩坡处于极限平衡状态？

参 考 文 献

[1] 郑颖人，陈祖煜，王恭先. 边坡与滑坡工程治理 [M]. 北京：人民交通出版社，2007.

[2] SARMA S K. Stability analysis of embankments and slope [J]. Geotechnique, 1973, 3: 423-433.

[3] DONALD I, CHEN Z Y. Slope stability analysis by the upper bound approach: fundamentals and methods [J]. Canadian Geotechnical Journal, 1997, 34: 853-862.

[4] HOEK E, BRAY J W. Rock slope engineering [M]. London: The Institute of Mining and Metallurgy, 1977.

[5] 潘家铮. 建筑物的抗滑稳定和滑坡分析 [M]. 北京：中国水利水电出版社，1980.

［6］ GOODMAN R E, BRAY J W. Toppling of rock slopes ［C］//Proceedings of the Speciality Conference on Rock Engineering for Foundations and Slopes, ASCE/ Bouider, Colorado, 1976.

［7］ ZIENKIEWICZ O C, HUMPHESON C, LEWIS R W. Associated and non-associated visco-plasticity and plasticity in soil mechanics ［J］. Geotechnique, 1975, 25 (4): 671-689.

［8］ GRIFFITHS D V, LANE P A. Slope stability analysis by finite elements ［J］. Geotechnique, 1999, 49 (3): 387-403.

［9］ 郑颖人, 赵尚毅, 邓楚键, 等. 有限元极限分析法发展及其在岩土工程中的应用 ［J］. 中国工程科学, 2006, 8 (12): 39-61.